教育部职业教育与成人教育司推荐教材

高等职业教育模具专业教学用书

模具钳工技术与实训

教育部机械职业教育教学指导委员会
中国机械工业教育协会 组编

主　编　殷　铖　王明哲

参　编　李宏林　冯　勇

主　审　窦君英

机械工业出版社

本书主要内容包括模具钳工基础知识、冷冲模具、塑料模具以及橡胶成型模、压铸模、锻模等模具钳工基本知识，并根据职业特点及模具钳工知识点设置大量相关实训课题，以切实培养学生模具钳工技能。

本书为全国高等职业技术院校模具设计与制造专业教材，供各类高职院校、高级技校相关专业使用，也可作为机电类学生实训教材及相关技术人员的参考书。

图书在版编目（CIP）数据

模具钳工技术与实训/殷铖，王明哲主编．—北京：机械工业出版社，2007.4（2021.7 重印）

教育部职业教育与成人教育司推荐教材．高等职业教育模具专业教学用书

ISBN 978-7-111-21325-3

Ⅰ.模…　Ⅱ.①殷…②王…　Ⅲ.模具－钳工－高等学校：技术学校－教材　Ⅳ.TG76

中国版本图书馆 CIP 数据核字（2007）第 054283 号

机械工业出版社（北京市百万庄大街 22 号　邮政编码 100037）
策划编辑：汪光灿
责任编辑：汪光灿　版式设计：冉晓华　责任校对：李秋荣
责任印制：常天培
北京机工印刷厂印刷
2021 年 7 月第 1 版第 7 次印刷
184mm×260mm · 18.5 印张 · 459 千字
标准书号：ISBN 978-7-111-21325-3
定价：49.00 元

电话服务
客服电话：010-88361066
010-88379833
010-68326294

网络服务
机　工　官　网：www.cmpbook.com
机　工　官　博：weibo.com/cmp1952
金　　书　　网：www.golden-book.com
机工教育服务网：www.cmpedu.com

前　言

为了贯彻落实“国务院关于大力推进职业教育改革与发展的决定”，大力推进高等职业技术教育经济结构调整，以适应科技进步和劳动力市场的需要，并推动高等职业技术院校实施职业资格证书制度，加快高技能人才的培养，机械教育发展中心模具专业教学指导委员会在充分调研和论证的基础上，组织编写了高等职业技术院校系列教材。

模具设计与制造专业教材主要包括《机械制造基础》、《冲压模具及设备》、《塑料成型模具与设备》、《模具制造工艺》、《模具钳工技术与实训》等。此套教材为全国高等职业技术院校模具设计与制造专业教材，供各类高职院校、高级技校相关专业使用，也可作为机电类学生实训教材及供相关技术人员参考。

本书在编写过程中，坚持以高技能型人才为培养方向，从职业（岗位）分析入手，以国家职业资格为标准依据，紧密结合高职院校教学实际情况，强调实用性，力求覆盖职业技能鉴定的各项要求，打破传统教材编写模式，根据职业特点设置相应课题并结合针对性训练环节，切实提高学生实践操作能力，以实现技能型人才培养的需求。

本书主要内容包括模具钳工基础知识、冷冲模具、塑料模具以及橡胶成型模、压铸模、锻模等模具钳工基本知识，并根据职业特点及模具钳工知识点设置相关实训课题，以切实培养学生模具钳工技能。本书推荐理论课时为40～50课时，配套实训6～8周。

全书由殷铖（编写第三单元）、王明哲（编写第二单元）主编，李宏林（编写第一单元）、冯勇（编写第四单元）参编，窦君英主审。审稿会上，重庆职业技术学院刘大康、虞学军、文琍、赵柏森、刘峥，成都工业学校史铁樑等多位专家提出了许多宝贵意见，在此特别表示感谢。

目　　录

第一单元　模具钳工基础

课题一　模具钳工基本知识

一、模具基础知识

1. 模具及其特点

模具是由机械零件构成的，在与相应的压力成形机械（如冲床、塑料注射机、压铸机等）相配合时，可直接改变金属或非金属材料的形状、尺寸、相对位置和性质，使之成形为合格制件或半成品的成形工具。

由于模具生产技术的现代化，在现代工业生产中，模具已广泛用于电动机与电器产品，电子与计算机产品，仪表、家用电器产品与办公设备、汽车、军械、通用机械等产品的生产中。其主要原因是由于模具有一系列特点：

(1) 模具的适应性强　针对产品零件的生产规模和生产形式，可采用不同结构和档次的模具与之相适应。如为适应产品零件的大批量生产，可采用高效率、高精度和高寿命的、自动化程度高的模具；为适应产品试制或多品种、小批量的产品零件的生产，可采用通用模具，如组合冲模、快换模具（可用于柔性生产线）以及各种经济模具。

根据不同产品零件的结构、性质、精度和批量以及零件材料和材料性质、供货形式，可采用不同类别和种类的模具与之相适应。

(2) 制件的互换性好　即在模具一定使用寿命范围内，合格制件（冲件、塑件、锻件等）的相似性好，可完全互换。常用模具寿命见表1-1。

表1-1　常用模具寿命

模具种类和名称		模具参考寿命/万件	说明
冲模	一般钢冲模	100~300	平均寿命
	电动机定、转子硬质合金冲模	4000~8000	
	E形片硬质合金冲模	6000~10000	
塑料注射模	钢塑料注射模	40~60	模具采用中碳钢制
	合金钢塑料注射模	100以上	模具采用优质模具钢
压铸模	中小型铝合金件用压铸模	10~20	
	中大型铝合金件用压铸模	5~7	
锻模	齿轮精锻模	1~1.5	
	一般锤锻模	1~2	

(3) 生产效率高、低耗　采用模具成形加工，产品零件的生产效率高。高速冲压达1800次/min，由于模具寿命和产品产量等因素限制，常用冲模也在200~600次/min范围内。塑件注射循环时间可缩短在1~2min内成形；若采用热流道模具，进行连续注射成形，

生产效率则更高，可满足塑件大批量生产的要求。采用高效滚锻工艺和滚锻模，可进行连杆锻件连续滚锻成形。采用塑料异型材挤出模，进行建筑用门窗异型材挤出成型，其挤出成型速度可达4m/min。可见，采用模具进行成形加工与机械加工相比，不仅生产效率高，而且生产消耗低，可大幅度节约原材料和人力资源，是进行产品生产的一种优质、高效、低耗的生产技术。

（4）社会效益高　模具是高技术含量的社会产品，其价值和价格主要取决于模具材料、加工、外购件的劳动与消耗等三项直接发生的费用，以及模具设计与试（验）模等技术费用。后者是模具价值和市场价格的主要组成部分，其中一部分技术价值计入了市场价格，而更大一部分价值，则是模具用户受惠变为社会效益。如电视机用模具，其模具费用仅为电视机产品价格的1/3000～1/5000。尽管模具的一次投资较大，但在大批量生产的每台电视机的成本中仅占极小部分，甚至可以忽略不计，而实际上，很高模具的价值为社会所拥有，变成了社会财富。

模具是现代工业生产中广泛应用的优质、高效、低耗、适应性很强的生产技术，或称成形工具、成形工装产品。模具是技术含量高、附加值高、使用广泛的新技术产品，是价值很高的社会财富。

2. 模具分类

模具分类方法很多，可按模具结构形式、模具使用对象、模具材料、工艺性质等分类。表1-2给出一种较详细的分类。

表1-2　模具种类和用途

模具类别		模具品种	使用对象和成型工艺性质
金属板材成形模具	冲模	冲裁模：少、无废料冲模，整修模，光洁冲模，深孔冲模，精冲模等 单工序模：冲孔模，落料模，弯曲模，拉深模，成形模等 复合冲模 级进冲模（含传递模） 汽车覆盖件冲模 硅钢片冲模 硬质合金冲模 微型冲件用精密冲模	使用金属（黑色和有色金属）板材，通过冲裁模和精冲模，或根据零件的不同的生产批量、冲件精度，采用单工序模、复合模或级进模等相应工艺方法，成形加工为合格的冲件
非金属材料制品成型模具	塑料成型模具	塑料注射模：立式、卧式、角式注射机用模具，无浇道凝料模具，电视机壳、录音机壳、洗衣机桶、汽车保险杠、录像（音）机盒注射模等 压缩模（含压胶模） 挤塑模（含传递模） 挤出模：型材、管件、薄膜挤出模 发泡模（含低发泡模） 吹（吸）塑模具 塑封模 滚塑模等	使用热固性和热塑性的塑料，通过注射、压缩、挤塑、挤出、发泡、吹塑和吸塑等成型加工为合格的塑件，塑件也具有板材和体积成形两种成型工艺

（续）

模具类别		模具品种	使用对象和成型工艺性质
非金属材料制品成型模具	玻璃制品成型模具	铸压成型模具 吹－吹法成型瓶罐模 压－吹法成型瓶罐模 玻璃器皿模具等	用于玻璃瓶、罐、盒、桶以及工业产品零件的成型加工
	橡胶制品成型模具	压胶模 挤胶模 注射模 橡胶轮胎模（整体和活络模） ○形密封圈橡胶模等	汽车轮胎、○形密封圈及其他杂件，与硫化机配套，成形加工为合格的橡胶零件
	陶瓷制品成型模具	压缩模 注射模等	建筑用的陶瓷构件、陶瓷器皿及工业生产用陶瓷零件的成形加工
金属体积成形模具	压铸模	热压室压铸机压铸模 冷压室压铸机压铸模 铝合金压铸模 铜合金压铸模 锌合金压铸模 黑色金属压铸模等	金属零件产品如汽车、摩托、汽油机油缸，变速箱体等有色金属零件（锌、铝、铜），通过注入模具型腔的液态金属，加压成形
	锻造成形模具	压力机用锻模 摩擦压力机用锻模 平锻机用锻模 辊锻机用锻模 高速锤机用锻模 开（闭）式锻模 校正模、压印模、切边模、冲孔模、精锻模、多向锻模、胎模、闭塞锻模等 冷镦模 挤压模 拉丝模	采用有色金属、黑色金属的块料或棒料、丝材，经锻、镦、挤、拉等工艺成形，加工成合格零件、毛坯和丝材
通用模具与经济模具		组合冲模 薄板冲模 叠层模具 快换冲模 环氧树脂模 低熔点合金模等	适用于产品试制、多品种、少批量生产

3．模具制造工艺特点

模具制造是指在相应的制造装备和制造工艺的条件下，直接对模具构件用材料（一般为 金属材料）进行加工，以改变其形状、尺寸、相对位置和性质，使之成为符合要求的构件，再将这些构件经配合、定位、连接并固定装配成为模具的过程。这一过程是通过按照各种专业工艺尺寸、工艺过程管理和工艺顺序进行加工、装配来实现的。

模具制造技术就是运用各类生产工艺装备和加工技术，生产出各种特定形状和加工作用的模具，并使其应用于实际生产中的一系列工程应用技术。它包括产品零件的分析技术，模具设计与制造技术，模具的质量检测技术，模具的装配、调试技术和模具的使用、维护技术等。

模具制造的工艺特征主要表现为：

（1）模具制造难度大　模具形状复杂，其工作部分一般都是二维或三维的复杂曲面，采用常规的加工方法有时会难以获得所需形状。另外，模具材料硬度高，一般都是用淬火工具钢或硬质合金等材料制造，若采用传统的制造工艺，往往很难实现加工要求并达到制造标准。

（2）模具制造质量要求高　通常情况下，模具工作部分的制造公差都要求控制在±0.01mm以内，有的甚至要求在微米级范围内；加工后的模具表面一般不允许有任何缺陷，其工作部分的表面粗糙度 R_a 值要求小于0.8μm。

（3）模具制造工艺独特　模具制造一般都是单件生产，其生产周期较长，生产成本较高。模具零件的加工由于具有精度高、形状复杂、品种多、数量少的特点，因此一般多使用通用夹具夹持，并采取配合加工的方法来制造。其中，有些工作部分的尺寸和位置必须经过试验后才能确定，即由划线和试切法来保证尺寸精度。

二、模具钳工特点及技能要求

1. 模具钳工特点

钳工是采用以手工操作为主的方法进行工件加工、产品装配及零件（或机器）修理的一个工种。

钳工在模具制造及修理工作中起着十分重要的作用：

1）完成加工前的准备工作，如毛坯表面的清理、在工件上划线等。

2）某些精密零件的加工，如制作样板及工具、模具用的有关零件，刮配研磨有关表面。

3）模具的组装、调整、试模及维修。

4）模具在装配前进行的钻孔、铰孔、攻螺纹、套螺纹及装配时对零件的修理等。

钳工的主要工艺特点是：加工灵活、方便，工具简单，能完成机加工不方便或难以完成的工作，但劳动强度大、生产率低，对工人技术水平要求较高。

2. 模具钳工应具备的操作技能

钳工大多是在钳工台上以手工工具为主对工件进行加工的。手工操作的特点是技艺性强，加工质量好坏主要取决于操作者技能水平的高低。因此，凡是采用机械加工方法不太适宜或难以进行机械加工的场合，通常可由钳工来完成；尤其是模具与机械产品的装配、调试、安装和维修等更需要钳工操作。钳工主要分为普通钳工和工具钳工。模具钳工是工具钳工的一种。

作为一名优秀的模具钳工，首先应具备各项基本操作技能，如划线、錾削、锉削、锯削、钻孔、扩孔、锪孔、铰孔、攻螺纹、套螺纹、矫正、弯形、刮削、研磨、技术测量和简单的热处理等；进而应掌握模具零部件的加工制作方法，模具的修理和调试的技能。

3. 模具钳工应具备的专业知识

模具钳工应掌握所加工模具的结构与构造，模具零、部件加工工艺和工艺过程，模具材料及其性能，模具的标准化等知识。

课题二　划线及孔加工

一、划线

划线是根据图样要求，在零件表面（毛坯面或已加工表面）准确地划出加工界线的操作。划线是钳工的一种基本操作，是零件在成形加工前的一道重要工序。其作用是：

1）指导加工。通过划线确定零件加工面的位置，明确地表示出表面的加工余量，确定孔的位置或划出加工位置的找正线，作为加工的依据。

2）通过划线及时发现毛坯的各种质量问题。当毛坯余量小的时候，可通过划线代借料予以补救，从而可提高坯件的合格率，对不能补救的毛坯不再转入下一道工序，以避免不必要的加工浪费。

3）在型材上按划线下料，可合理使用材料。

划线是一种复杂、细致而重要的工作，直接关系到产品质量的好坏。大部分的模具零件在加工过程中都要经过一次或多次划线。在划线前首先要看清楚图样，了解零件的作用，分析零件的加工程序和加工方法，从而确定要加工的余量和在工件表面上需划出哪些线。划线时不但要划出清晰均匀的线条，还要保证尺寸正确，一般精度要求控制在 0.1 ~0.25mm 之间。划完线之后要认真核对尺寸和划线位置，以保证划线准确。

按加工中的作用，划线可分为加工线、证明线和找正线。加工线是按图样要求划在零件表面上作为加工界线的线。证明线是用来检查发现工件在加工后的各种差错，甚至在出现废品时作为分析原因用的线。找正线是用来找正零件加工或装配位置时所用的线。一般证明线离加工线 5 ~10mm，当证明线与其他线容易混淆时，可省略不划。

划线作业按复杂程度不同，可分为平面划线和立体划线两种类型。平面划线是在毛坯或工件的一个表面上划线；立体划线是在毛坯或工件两个以上平面上划线。

1. 划线工具的种类

划线工具按用途分，有以下四种：

（1）基本工具　它包括划线平台（图 1-1）、方箱（图 1-2）、V 形铁（图 1-3）、三角铁、板（直角板）以及各种分度头等。

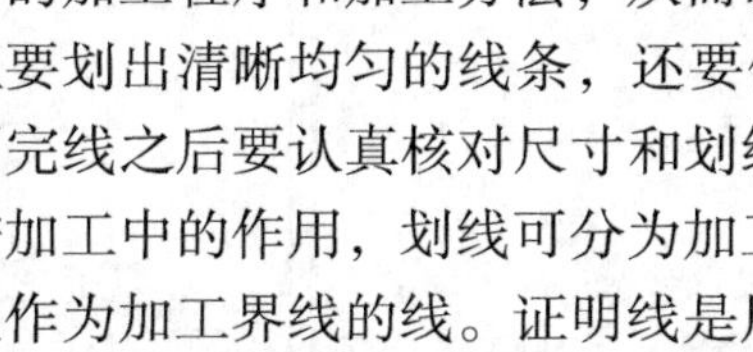

图 1-1　划线平台

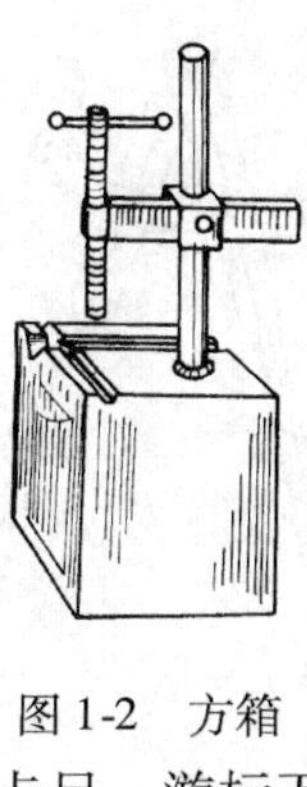

图 1-2　方箱

（2）量具　它包括钢直尺、高度游标卡尺（图 1-4）、游标卡尺、游标万能角度尺、90°角尺、钢卷尺等。

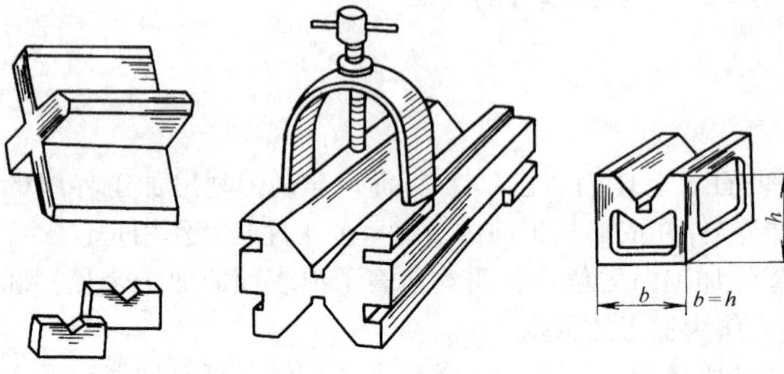

a）　　　b）　　　c）

图 1-3　V 形铁

a）普通 V 形铁　b）带夹持弓架 V 形铁　c）精密 V 形铁

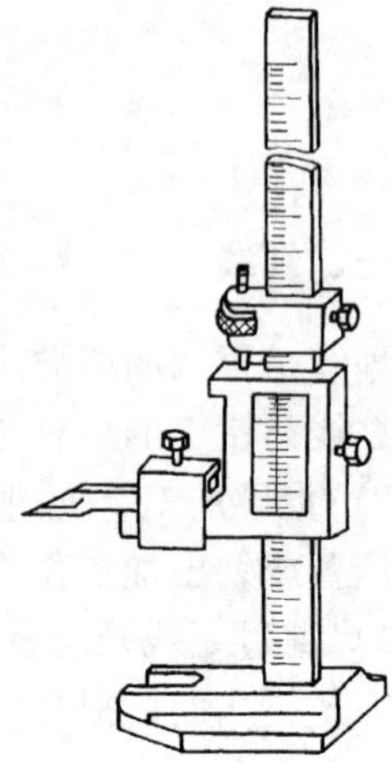

图 1-4　高度游标卡尺

（3）绘划工具　它包括划针（图 1-5）、划线盘（图 1-6）、划线游标角度尺、划规（图 1-7）、划卡（图 1-8）、平尺、曲线板以及锤子、样冲（图 1-9）等。

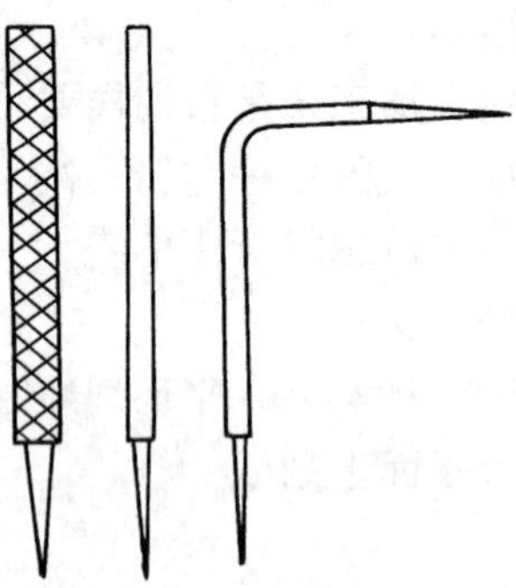

图 1-5　划针

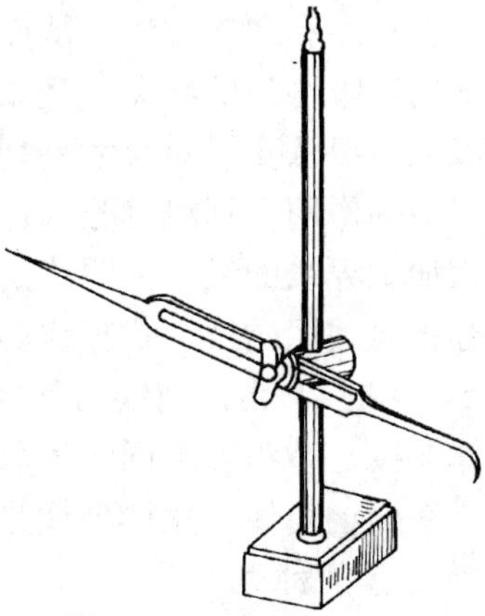

图 1-6　划线盘

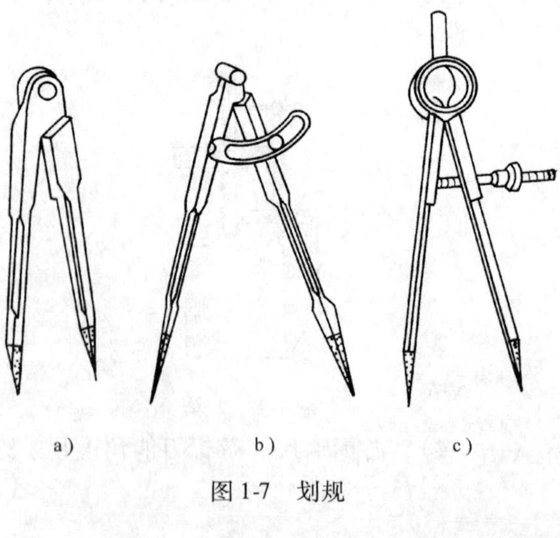

a）　　　b）　　　c）

图 1-7　划规

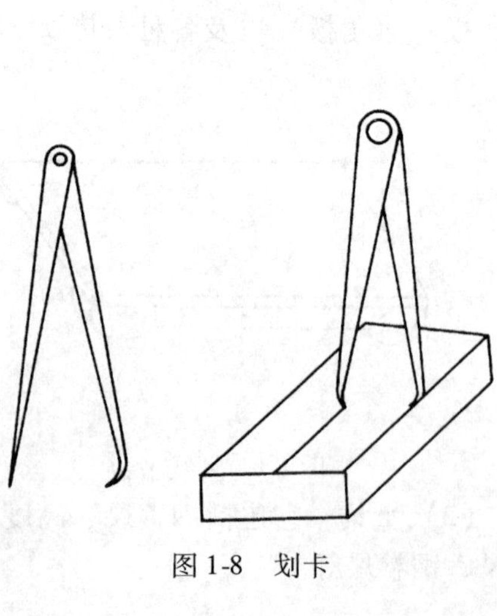

图 1-8　划卡

（4）辅助工具　它包括垫铁（图 1-10）、千斤顶（图 1-11）、C 形夹头（图 1-12）、夹钳以及找中心或划圆时打入工件孔中的木条、铅条等。

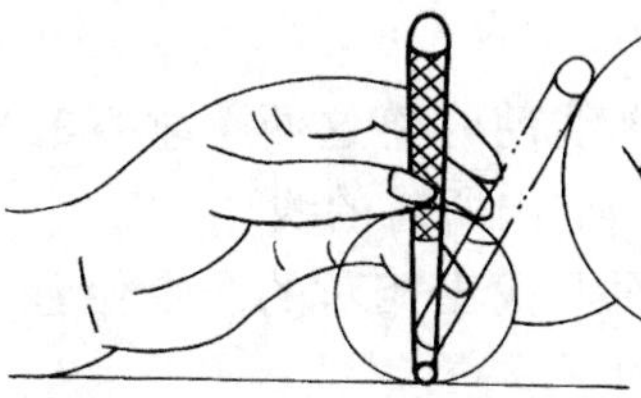

图 1-9　样冲

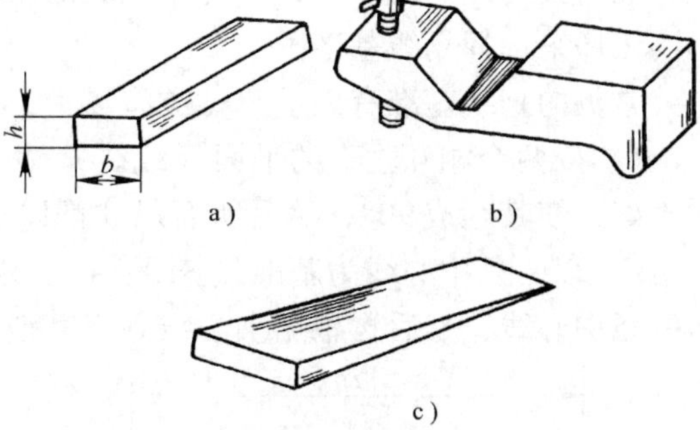

图 1-10　垫铁

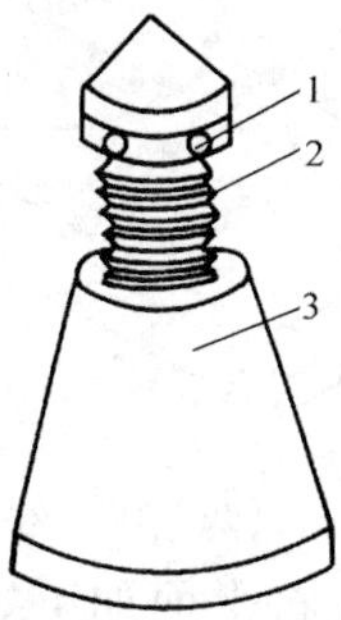

图 1-11　千斤顶

1—扳手孔　2—螺杆　3—千斤顶

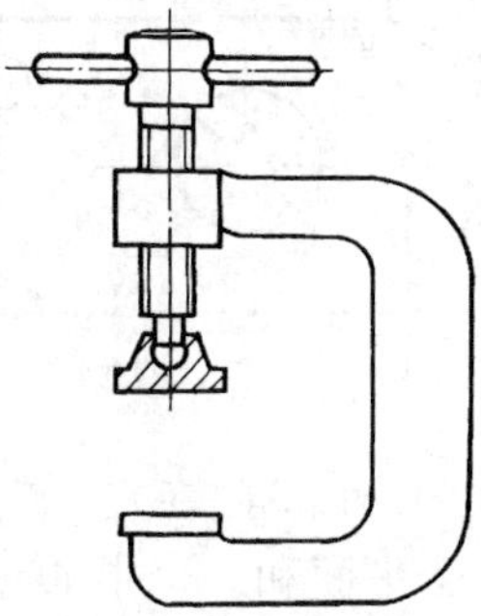

图 1-12　C 形夹头

2. 划线过程

（1）准备工作　为了使划线工作顺利进行，需做好划线前的准备工作。

1）工具准备。划线前需根据工件划线的图样及各项技术要求，合理地选择所需的各种划线工具。每件工具都要认真检查和校验，如有缺陷应及时修理，否则会影响划线质量。

2）工件的准备包括工件的清理、工件的涂色及在工件孔中装中心塞块 3 个方面：

第一、工件的清理。毛坯件上的氧化皮、型砂、毛边、残留的泥沙污垢以及加工件上的毛刺飞边、铁屑等，必须预先清理干净，否则会影响划线的清晰度、准确度以及损伤较精密的划线工具。

第二、工件的涂色。为了使划线清晰，划线前要在工件要划线部位涂上一层薄而均匀的涂料。常用的有以下几种：①白灰浆。它是由白石灰加水胶制成，主要用于铸、锻件毛坯表面。②紫色。它是由 2%～4% 龙胆紫、3%～5% 虫胶漆、91%～95% 酒精配制而成，适用于已加工表面。③白粉笔。多用于工件表面比较粗糙，批量极少的情况下。

第三、在工件孔中装中心塞块。划线时为了划出孔的中心，便于用划规划圆，在孔中要装入中心塞块。

（2）选择基准　在划线时用来确定各部位尺寸、几何形状及相对位置的依据，称为划线基准。

在划线时所取的划线基准最好与零件图上的设计基准一致，以便能直接取划线尺寸，从而可简化换算，提高划线质量和效率。正确地选择划线基准是划好线的关键，因而，在选择划线基准时，需将工件、加工工艺、设计要求和划线工具等综合起来分析，找出工件上与各个方面有关的点、线或面，作为划线时的尺寸基准、放置基准以及校正基准，同时还要按照不同工序来选择划线基准。

常见的划线基准有以下三种类型：

1）以两个相互垂直的平面（或线）为基准（图 1-13）。划线前先将这两个垂直的平面加工好，使其互成90°，然后所有尺寸都以这两个平面为基准，划出所有的线。

2）以两条中心线为基准（图 1-14）。划线前先在工件表面上找出相对的两个位置，划出两条中心线，然后再根据中心线划出其他的加工线。

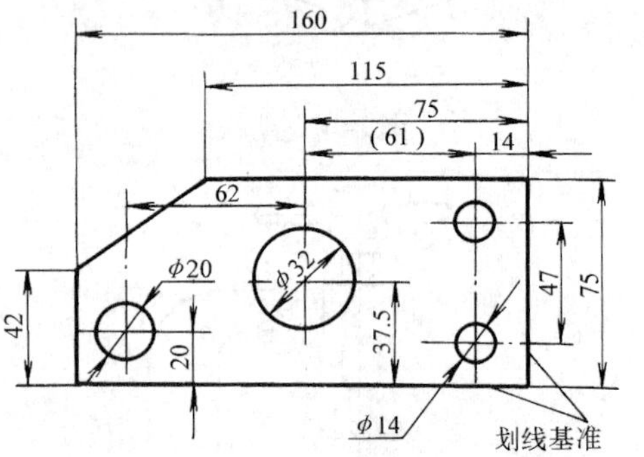

图 1-13 以两个相互垂直平面为基准

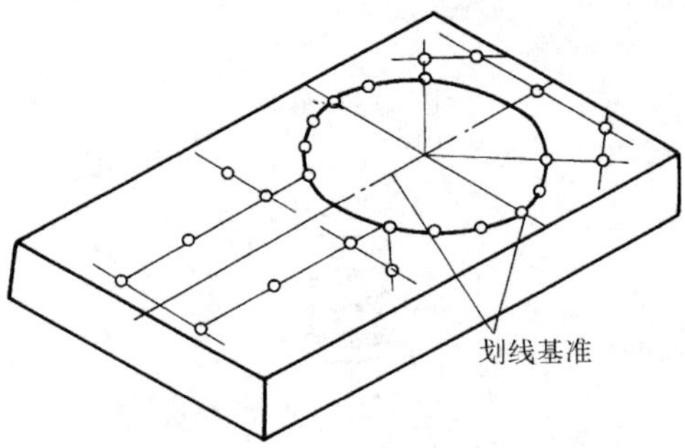

图 1-14 以两条中心线为基准

3）以一个平面和一个中心线为基准（图 1-15）。划线前先将平面加工好，再划出中心线和其他加工线。

复杂形状零件划线，还应注意以下几点：

① 通常比较复杂的工件，往往要经过多次划线和加工才能完成，所以划线前应首先明确工件的加工工序，然后按照工艺要求选择相应的划线基准和放置基准，划出本工序所应划的线。划线时应避免所划的线被加工掉而重划和多划不需要的线。

② 确定划线基准时，既要保证划线的质量，提高划线效率，同时也应考虑工件放置要合理。一般说来，较复杂工件的划线基准的选择，可按以下两个原则考虑：划线基准应尽量与设计基准一致；选择较大而平直的面作为划线基面。

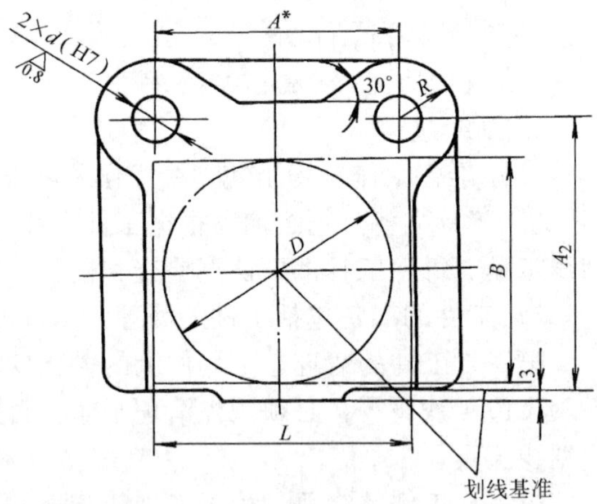

图 1-15 以一个平面和一个中心线为基准

③ 在选择第一划线位置时应使工件上的主要中心线平行于平台面，划出较多的尺寸线。

④ 当在工件上划线时，凡须将工件多次进行翻转，经过几个划线位置才能将各面所属的线划出的工件，它们各面的线都是相互制约的，就是说整个划线工件所有划线部位的基准是同一的。因此，在工件翻转后，应使原来与平台相互平行的线变成与平台相互垂直或成一定角度的线。

（3）工件定位　选用适当的工具支承工件，使有关表面处于合适的位置上，一般工件定位采用三点支承，如图 1-16a 所示；用已加工过的平面作基准的工件定位，可将它置于平板上，如图 1-16b 所示；圆柱形工件定位宜用 V 形铁等工具，如图 1-16c 所示。

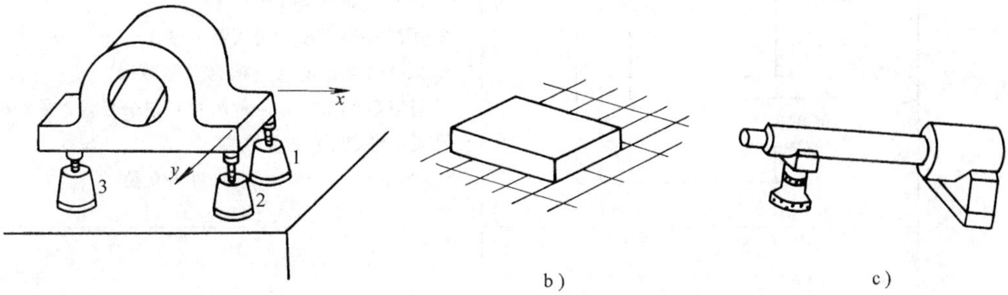

a)　b)　c)

图 1-16　工件定位

a）三点定位　b）已加工平面定位　c）V 形铁定位

（4）划线　先划基准线，再划其他线。划完后要仔细检查划线的准确性，看是否漏掉线条，检查后再打样冲眼。

3. 划线方法

常用划线方法按划线面的多少分为平面划线和立体划线。

（1）平面划线与平面作图方法类似，在工件的表面上按图样要求划出所需的线或点。表 1-3 为冲模凸模的平面划线过程。

（2）立体划线　立体划线较为复杂，它主要是借助专用的划线工具、测量工具和其他一些辅助工具，找出复杂工件中共有的基准，再以此基准确定各个面与此相关的基准，最后再对工件进行全面的划线。在对一个工件划线时，首先必须认真研究图样上各部分尺寸及要

表 1-3　冲模凸模的平面划线过程

顺序	图　形	说　明
划线图形	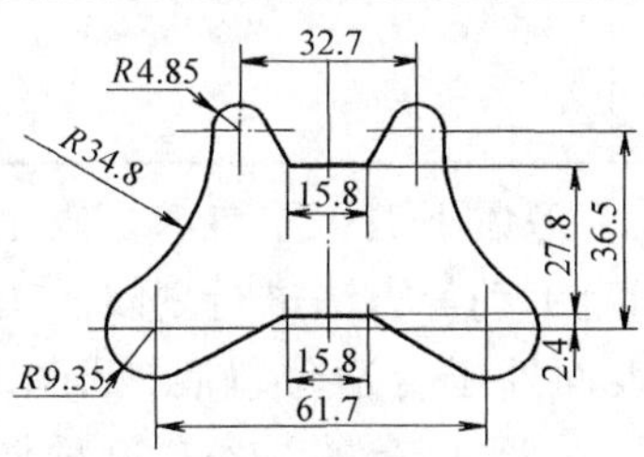	1. 一般划线后的加工过程中都要用测量工具测量，因此可直接按基本尺寸划线 2. 划线后加工时，均按线加工放余量
坯料准备	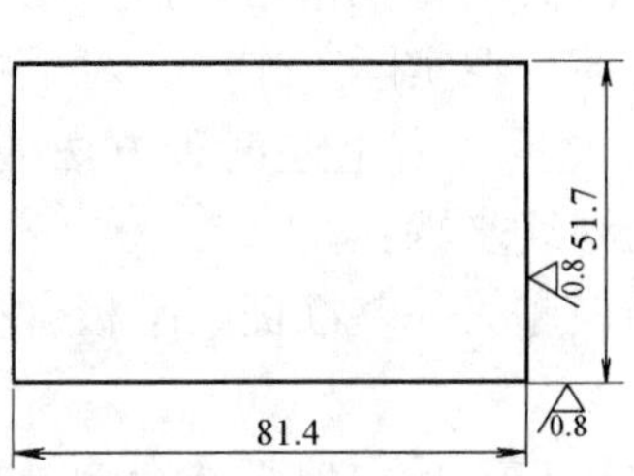	1. 刨成六面体，每边放余量 0.3 ~ 0.5 mm 后尺寸为 81.4mm × 51.7mm × 42.5mm 2. 划线平面及一对互相垂直的基准面用平面磨床磨平 3. 去毛刺，划线平面去油、去锈后涂色

（续）

<table>
<tr><th>顺序</th><th>图　形</th><th>说　明</th></tr>
<tr><td>划直线</td><td>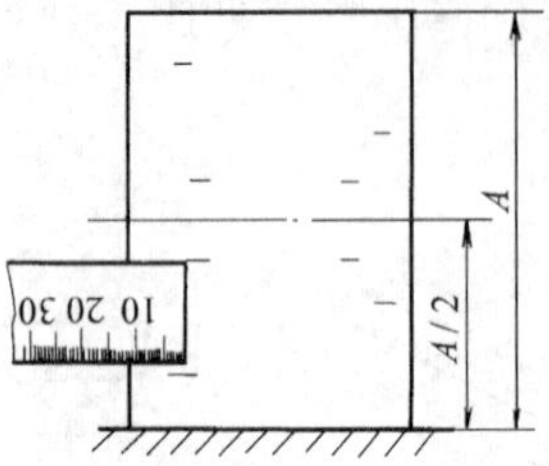
</td><td>1. 以基准面放平在平板上
2. 用游标高度尺测得实际高度 A
3. 以 A/2 划中心线（适合对称形状）
4. 计算各圆弧中心位置尺寸并划中心线，划线时用钢直尺大致确定划线横向位置
5. 划出尺寸 15.8mm 线的两端位置</td></tr>
<tr><td>划直线</td><td>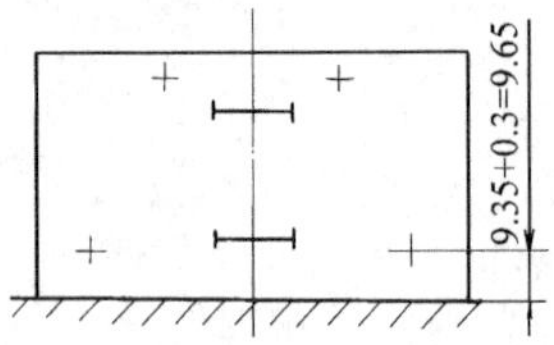
</td><td>1. 另一基准面放平在平板上
2. 划 R9.35mm 中心线，加放 0.3mm 余量
3. 计算各线尺寸后划线</td></tr>
<tr><td>划圆弧线</td><td>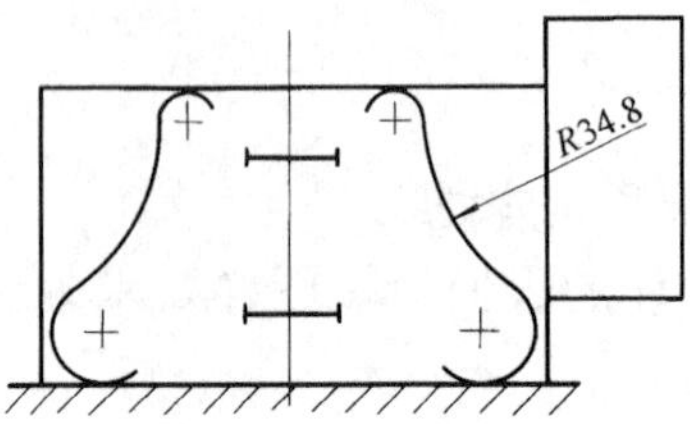
</td><td>1. 在圆弧十字线中心轻轻敲样冲眼（划线较深时可不敲）
2. 用划规划各圆弧线
3. R34.8mm 圆弧中心在坯料之外，取用一辅助块，用平口钳夹紧在工件侧面，求出圆心后划线</td></tr>
<tr><td>连接斜线</td><td>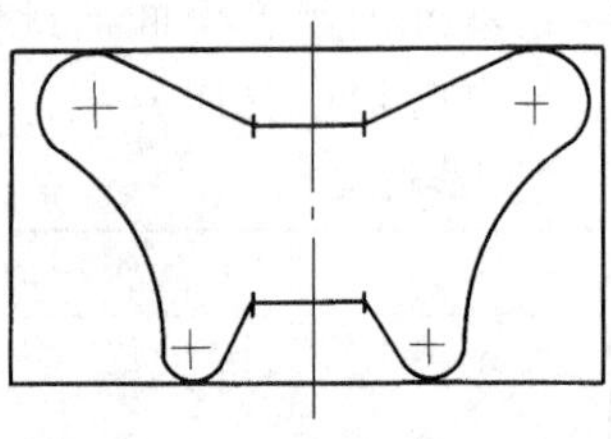</td><td>用钢直尺、划针连接各斜线</td></tr>
</table>

求，然后选定划线基准，并了解有关的加工工艺，考虑下道工序要求，确定加工余量和需要划出的线。立体划线常用工件翻转移动、工件固定不动等方法进行划线。工件翻转移动法是将所需划线的工件支承在平板上，并使其有关表面处于合适位置后，划出一个平面上的线条，然后翻转移动工件，重新支承并找正，划另一个平面上的线条。这种划线方法能对零件进行全面的检查，可方便地在任意平面上划线，但其调整找正难，精度比较低。工件固定不动法是在工件固定的情况下进行的划线，精度较高。在实际工作中，对于中小工件，有时将它固定在支承工具上，划线时让支承工具翻转。此法具有上述两种方法的优点。图 1-17 所示为汽车覆盖件拉延模凸模座窝座线及中心线的划线步骤：

图 1-17a 所示是将凸模座夹紧于角铁上，凸模座另一基准面与平板合平，用游标划线尺划出平行于平板平面的中心线与窝座线。

图 1-17b 所示是将凸模座转动 90°，用 90°角尺与千斤顶校正基准画的垂直度，夹紧后用游标划线尺划出中心线与窝座线。

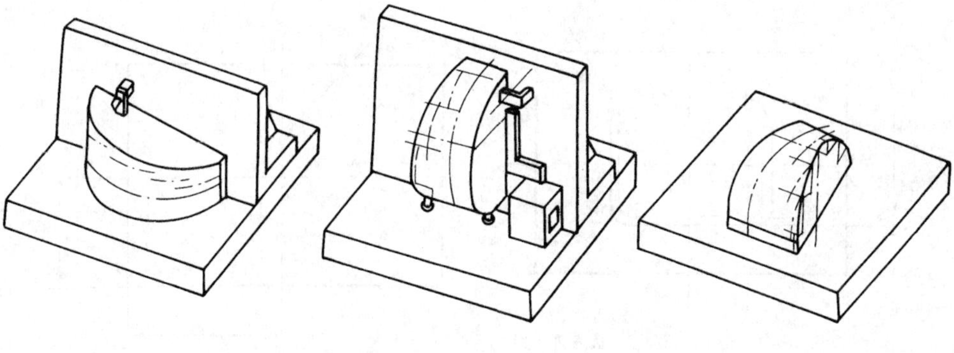

a) b) c)

图 1-17 拉延模凸模座划线

图 1-17c 所示是将凸模座底面放在平板上，划出窝座深度线。

4. 模具划线时的一般注意事项

模具零件的划线，虽然其所用的工具和方法与一般零件的划线没什么两样，但由于模具是精密的工装，其工作部分的形状、尺寸精度较高，且相对位置精度又有一定的要求，因此在划线时应注意以下几点：

1）为了避免模具工作部分在模具装配后产生错位，上、下模型腔划线时最好用样板或定好尺寸的划规或划线尺一次划出。

2）要充分注意模板各平面之间的垂直度和平行度要求。如果模板各面相互位置不正确，就会使划线和后续工序的加工造成误差，也就无法制造出高精度的模具。

3）划线要在对模具零件的尺寸公差和与其相关尺寸充分了解之后进行。这样，对具有同一形状型面的零件，如冲裁模的凸模和凹模，其型面的划线就可以一起进行，这对缩短划线时间和防止差错都是有利的。

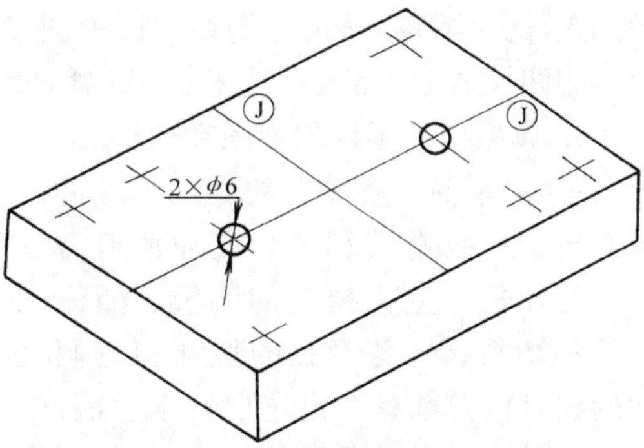

图 1-18 加工基准的标记

4）划线时，要考虑工件加工的顺序，不要划不需要的线，也不要使所划的线超过必要的尺度，以避免线条繁杂。模块中心线要划得明显，这是因为它是尺寸基准线，有时又是加工基准。对于加工基准，最好在基准线附近作出记号，便于后续加工。例如在使用坐标镗床加工时，如图 1-18 所示，在基准线附近作出标记，则其指示明确，便于加工。

5）划线还要考虑零件加工方法的要求，加工方法所用的工具不同时，要划的加工线也不同，如图 1-19 所示。图中 1-19a 为铣削型腔需划的加工线，图 1-19b 是电火花加工型腔的划线。因加工时电极以 A 和 B 面为基准，工作台移动 L 及 L_1 尺寸即可加工型腔，因此不需要划出型腔的尺寸线。

6）工件上划好的线，随着加工进展将会消失，因此对于以后有用的线，要事先延长到工件的外侧，并在工件非工作表面上作出标记。

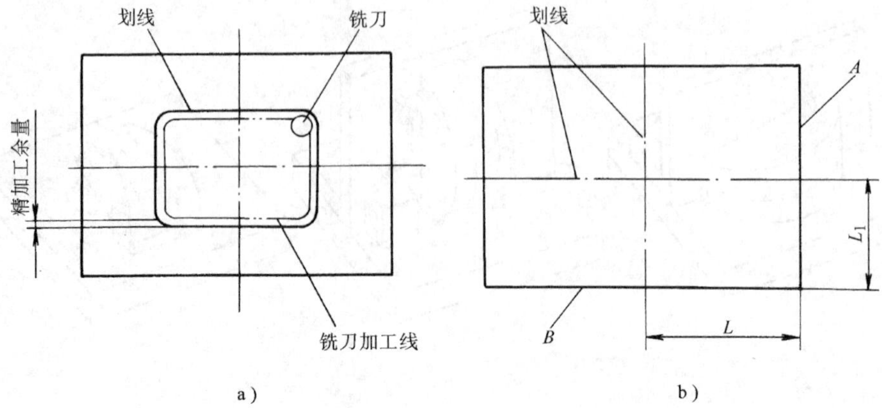

图 1-19　用于铣工和电工加工的两种划线

7）划线时线条必须准确、清晰，线条一般粗细为 0.05～0.1mm。划完线后，就用样冲打样冲眼，样冲眼的大小、疏密要适当而准确。如果划完线的工件不能及时加工时，要妥善保管，以免线条被擦掉。

8）对于压铸模、锻模等热成形模具的划线，在划线时必须考虑正常情况下的收缩量。由于这些模具都具有脱模斜度，划线时应注意标明斜度的基点是在模具分型面上，还是在型腔的底面。

9）脱模斜度一般不划出，凸模或零件上的凸出部位均按大端尺寸划线，凹模或零件上的凹入部分均按小端尺寸划线，脱模斜度在加工中保证；用专用的斜度铣刀加工脱模斜度时，则凹模或凹入部分、凸模或凸出部分划线时所取的尺寸线应与上述取法相反。

5. 典型模具零件的划线举例

（1）平面上多型孔的划线　在冲裁模制造中，级进模和多凸模冲裁模占有一定的比例。这类模具的凹模、凸模固定板和卸料板，各型孔的尺寸和它们之间的相对位置都有一定精度要求。因此，在划线时应注意以下两点：

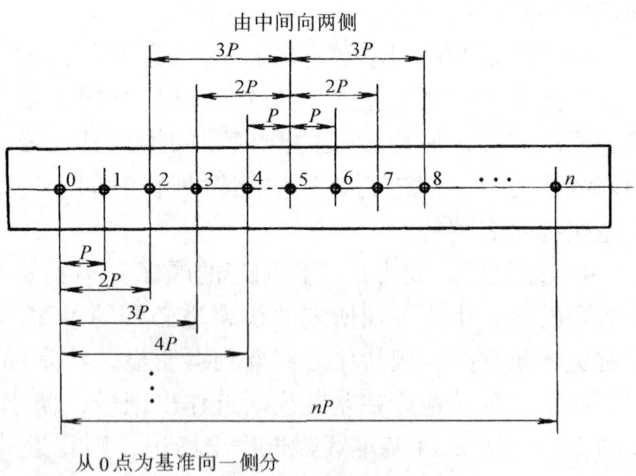

图 1-20　在直线上划等分

1）在具有多型孔的级进模中，各工位步距误差和步距累积误差都有一定的要求。在划各工位步距中心线时，就不能像走路那样从起点一步一步地划到最后，这样会导致误差积累过大。正确的划线方法如图 1-20 所示，以 0 点为基准、步距 P 为单位，分别划出 P、$2P$、$3P$…的等分点，或取中间一点为基准，由中间向两侧分，这样就不会有误差积累现象了。

2）型孔为圆形时，模具的加工比较简单，这些孔系通常安排在立铣、工具铣或坐标镗床上加工。型孔为非圆形孔时，型孔的加工比较困难，其加工工艺过程随所用的加工设备的不同而异，因此，划线方法也有所变化。

例 1　图 1-21 所示为级进冲裁模的凹模。一次冲落三个垫圈和一个异形件，工位间的步距为 33.4mm，异形件型孔尺寸基准线与凹模外形基准成 45°角。其划线步骤如下：

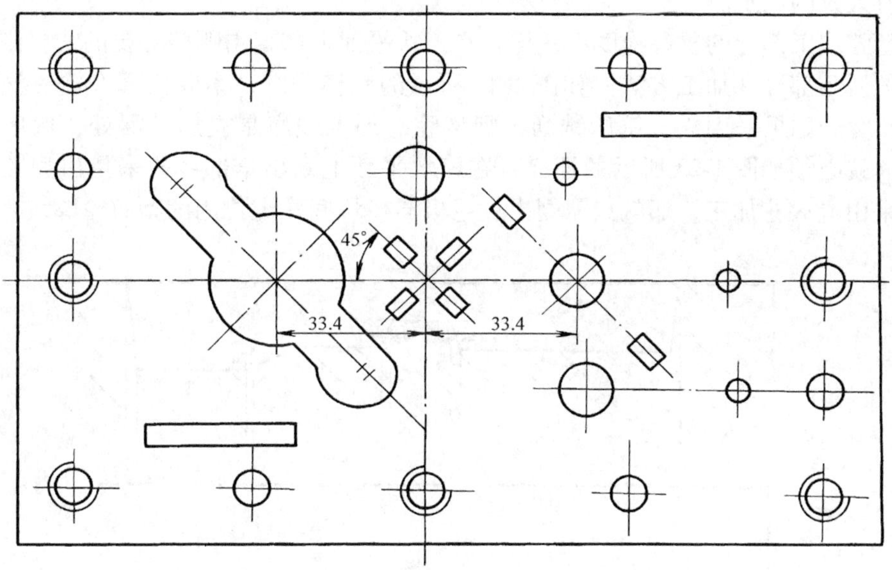

图 1-21　级进冲裁模的凹模

第一步：以凹模块的一对互相垂直的平面为划线基准，划出十字中心线（X、Y 的坐标线）和各螺孔、销钉孔十字中心线。

第二步：以垂直基准面为基准划出两个定距侧刃型孔和上下两侧刃的四个圆形孔的中心线。

第三步：通过凹模块十字中心线交点，用游标万能角度尺划出 45°角斜线。

第四步：将凹模块放在 V 形铁中，用高度游标卡尺校平 45°斜线，如图 1-22a 所示。然后用高度游标卡尺测得基准面至 O 点的距离 H_1，根据尺寸计算出各尺寸，划出平行于 45°线的各条直线。尺寸 P 计算如下：

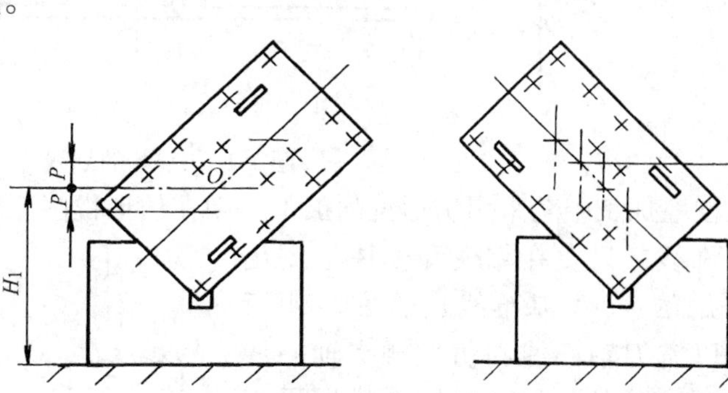

a)　　　　b)

图 1-22　利用 V 形铁划线

$$P = 33.4\text{mm} \times \cos 45° = 23.61\text{mm}$$

第五步：将凹模块转 90°放在 V 形铁中，用 90°角尺校正 45°斜线垂直度误差，如图 1-22b 所示。测得尺寸 H_2，计算各尺寸划出各线。

第六步：连接各圆弧，使其划线成形。

对于机械加工来说，上述划线是必不可少的。如果用组合电极电火花来加工，型孔的轮廓线可以不要，只要划出模块的基准线和供电极定位用的基准孔即可。如果采用线切割机床加工，那就先镗型孔的线切割工艺穿丝孔，型孔轮廓线也不要了，但要准备好模具加工程序。由此可见，划线方法是随着型孔的加工工艺过程所用的加工设备的不同而有所变化的。

（2）型腔的划线　型腔划线是在模块表面上划出型腔的轮廓，其划线方法与一般的划线方法没有太大的区别。

由于型腔加工部分的复杂程度不一样，在模块平面上需划出哪些必要的线，则要综合考虑所加工的型腔部分和加工方法。如图1-23所示的锻模型腔，型腔内部有深有浅，侧壁有7°的脱模斜度。如果采用立式铣床铣削，则型腔的加工顺序是先加工深处，然后再加工浅处，划线时就必须如图1-23所示的那样，在模块平面上划出全部线条来指出型腔所需的尺寸。如果采用电火花加工，那就只需划出供电极与模块间作定位用的型腔轮廓线。

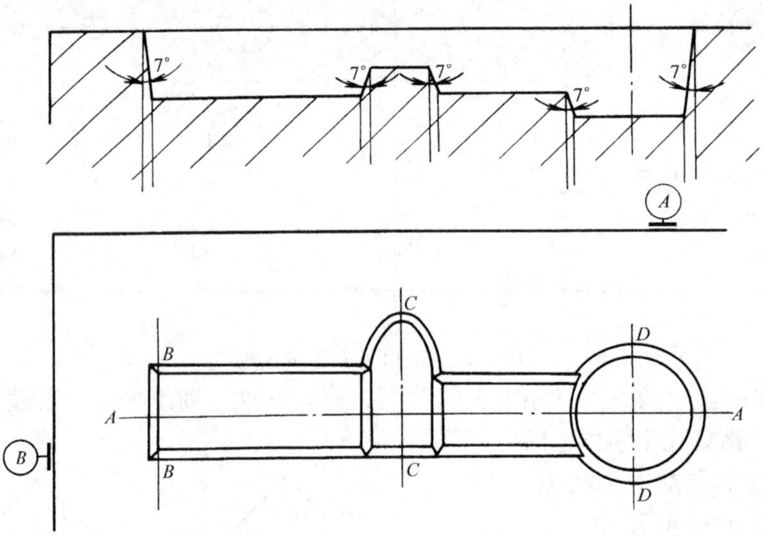

图1-23　型腔的划线

在型腔加工中若采用仿形铣削加工，则在仿形铣削型腔时，一般不需在模块平面上划出型腔轮廓线，只要在靠模和模块上划出作定位用的 X、Y 基准线。如图1-24所示，是以铣刀轴心线和仿形触头轴心线作为中心定位的。但有时还在模块平面上划出表示型腔位置的轮廓线，它不是型腔的加工线，是用来检查模块与靠模上所划线的位置是否一致用的，当两者不一致时，可予以修正。

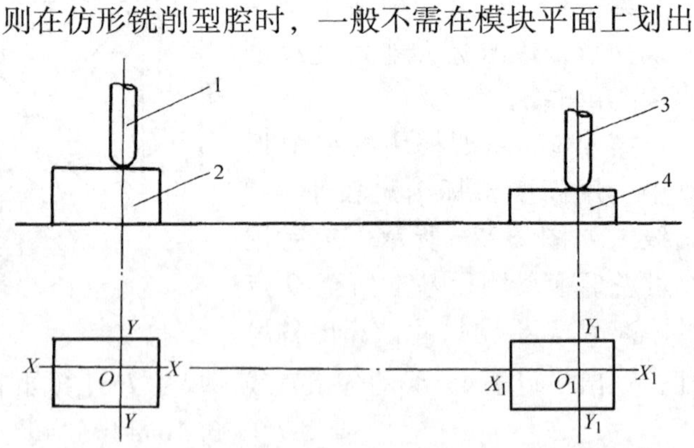

图1-24　模块与靠模的关系
1—铣刀　2—模块　3—仿形触头　4—靠模

（3）成形模的划线　冷冲模中的拉深、弯曲、成形模的凸模和凹模以及锻模、塑料模、压铸模中的型芯和型腔及其镶块的划线，大多是立体划线。划线时要经过将工件多次进行翻转，才能将各面所需的线划出。在划线前，要从多方面进行考虑，明确工件的加工工艺过程，按照工艺要求，确定划线方法和选择好基准。

图1-25所示为锻模的划线，为了使上、下模划得正确，应尽可能将两件放在一起。由

于毛坯还没有加工过，所以要在平台上用千斤顶把锻模毛坯支撑起来，划出分模面、锻模支撑面和合模基准面的水平线，如图1-25a 所示。然后将毛坯转动90°，用90°角尺与千斤顶找正，保证所划水平线的垂直度要求，如图1-25b 所示。根据毛坯尺寸划出中心线Ⅰ—Ⅰ，再划1—1、2—2、3—3 线，最后连接燕尾线。

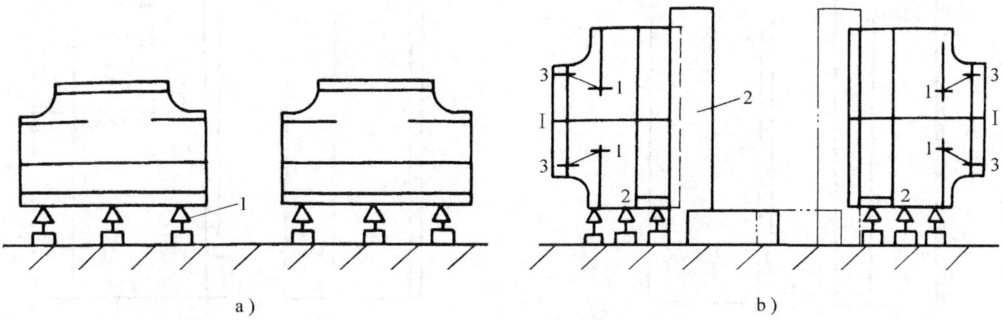

图1-25　锻模的划线

1—千斤顶　2—90°角尺

待分模面、燕尾以及合模基准面经过精刨和精铣后，以合模基准面为基准，划锻模型腔轮廓线，如图1-23 所示，先划 *A*—*A* 轴线，再划 *B*—*B* 线、*C*—*C* 线和 *D*—*D* 线，最后划出全部型腔的加工线。为了避免上、下模错位，如果型腔形状较简单，上、下模型腔可以一次划线，这时候要用千斤顶和高精度卡尺把两件的合模基准调整到一样高。

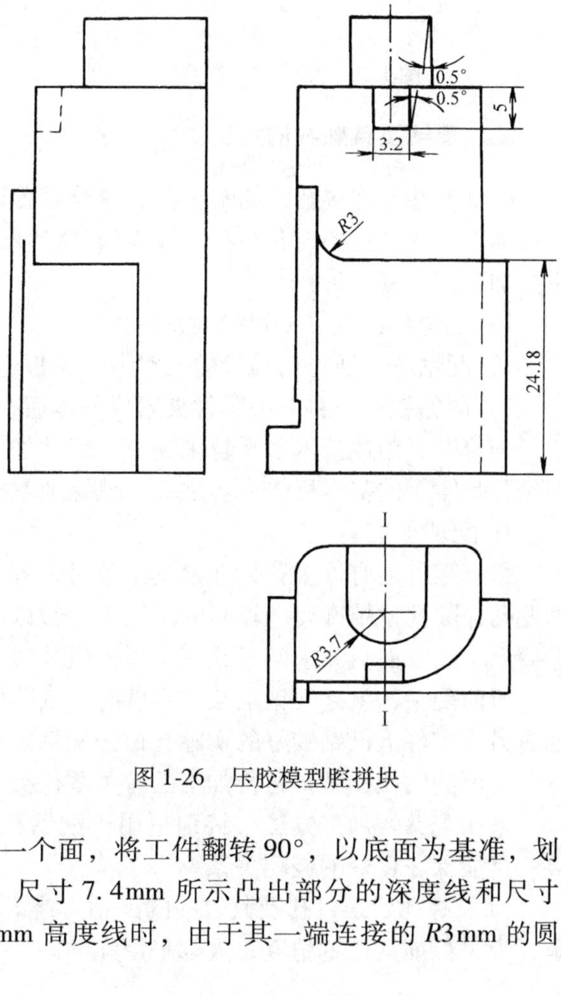

图1-26　压胶模型腔拼块

图1-26 所示为压胶模型腔拼块，划线前的半制品如图1-27 所示，根据后续工序立铣加工所需在各个面上的划线线条如图1-28 所示。其划线步骤如下：按图1-26 所示，选工件右面为第一划线面，首先划出主要中心线Ⅰ—Ⅰ，再划出尺寸7. 4mm 所示凸出部分和尺寸3. 2mm 凹进部分两侧面的加工线以及半径 *R*3. 7mm 圆心的十字中心线。为方便划线，各0. 5°斜度线不再划出，但需注意尺寸7. 4mm 所示的凸出部尺寸线应按大端尺寸划线，即应大于7. 4mm（如果用带斜度的成形铣刀加工，则以小端7. 4mm 尺寸划线），而尺寸3. 2mm 所示的凹进部分，尺寸线应按小端尺寸划线。划完第一个面，将工件翻转90°，以底面为基准，划尺寸24. 18mm 高度线、*R*3mm 的十字中心线、尺寸7. 4mm 所示凸出部分的深度线和尺寸3. 2mm 所示凹进部分的底线。在划尺寸24. 18mm 高度线时，由于其一端连接的 *R*3mm 的圆

弧，因旁边有台阶而不能划出，因此高度线不能划到底，而划出 $R3$mm 的十字中心线是为了防止铣削加工时产生废品，最后用划规划各圆弧。

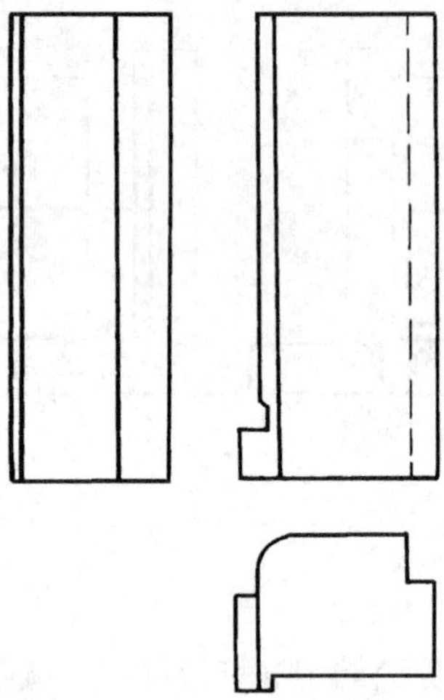

图 1-27　划线前半制品

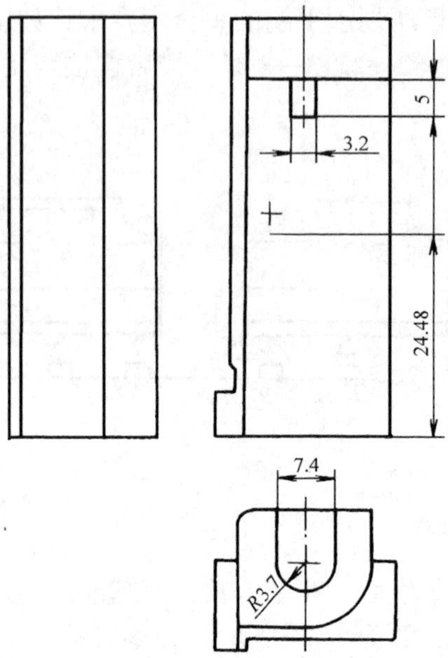

图 1-28　划线后零件

二、配钻及特殊孔的加工

模具零件上许多孔，如螺纹孔、螺栓穿孔、销钉孔、顶杆孔、型芯固定孔等，都需要经钻铰加工，达到孔径、孔距精度及表面粗糙度值的要求，这些孔大部分都在划线后加工。常用的加工方法有三种：

1）单个零件直接按划线位置钻孔。

2）配钻——通过已钻铰的孔对另一零件进行钻孔、铰孔。

3）同钻铰——将有关零件夹紧成一体后，同时钻孔、铰孔。

随着模具制造技术水平越来越高，配钻加工等的钻床操作，在模具制造中虽日益减少，但钻孔是钳工的基本操作内容之一，熟练地掌握这些基本作业仍然是必要的。

1. 配钻加工

模具零件上有许多孔，在模具组装时，各零件之间对孔位都要求有不同程度的一致性。这些孔，除孔位精度要求较高的采用坐标镗床、立铣等机床来钻孔、镗孔外，当孔距本身公差要求不高，而只要求两个或三个零件组装时孔位一致，常采用配钻和同钻铰方法来加工。

所谓配钻，就是在钻削某一零件时，其孔位不是按照图样中的尺寸和公差来加工，而是通过另一零件上已钻铰好的实际孔位来配钻。

所谓同钻铰，就是将待加工的有关零件夹紧成一体后，同时钻孔、铰孔。

采用配钻的加工方法，特别适用于配钻孔较多的场合，比划线后再钻孔的方法精度要高，且能保证良好的装配关系。

（1）螺孔、螺钉孔及其过孔的配钻　螺孔及其过孔的加工质量对模具装配有很大的影响，为了保证其位置精度，大都采用配钻。

配钻原因有：划线误差较大，几个零件分别划线后钻孔，其累积误差更大；凸、凹模等在热处理后其螺孔、螺钉孔及其过孔因变形发生位置偏移。

装配质量除与凸、凹模上的螺孔、螺钉孔及其过孔的本身位置精度有关外，还与刃口（工作部分）的相对位置精度有关。因装配以刃口为基准，而刃口在零件的中部，螺孔、螺钉孔及其过孔在边缘，故该相对位置不易保证。

常见的配钻方法有以下几种：

1）直接引钻法是通过已加工好的光孔配钻螺纹底孔。将两个零件按要求位置夹紧在一起，用与光孔直径相同的钻头，以光孔作引导，在待加工件上先钻一锥坑，再把两个件分开，以锥坑为准钻孔。

当配钻要求高时，可采用以下措施：

① 钻锥坑钻头顶角取105°～110°，以利导正后续钻头。

② 钻锥坑时，当钻头接触到工件便缓慢进刀，达锥坑深度后略回升，再慢进刀0.02～0.03mm，可达到较高的同轴度要求。

通过已加工螺孔配钻过孔是将两个零件按要求位置夹紧在一起，用直径略小于螺孔顶径的钻头，在待加工件上钻孔，将两件分开，把小孔扩大到所需直径。

2）螺纹中心冲印孔法是根据已加工的不通孔螺孔来配作时，可采用如图1-29a所示的螺纹中心冲印孔。该中心冲锥尖经淬硬处理并与螺纹中心有同轴度要求。使用时将螺纹中心冲旋入已加工的螺孔内，用高度尺找平，将两工件按装配位置叠在一起并加压，使在待加工的各对应孔中心压出中心冲眼后钻孔。该中心冲结构如图1-29b所示。

3）复印法是在已加工的光孔或螺纹孔的平面上涂一层红丹粉，将两零件按装配位置叠在一起，使在待加工的平面上印出孔印，据此钻中心孔。

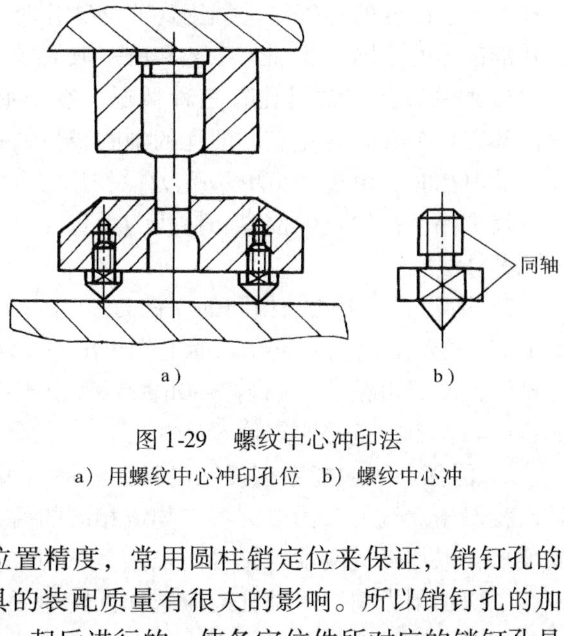

图1-29 螺纹中心冲印法
a）用螺纹中心冲印孔位 b）螺纹中心冲

（2）销孔的配钻铰 模具零件相互间的位置精度，常用圆柱销定位来保证，销钉孔的加工质量和销钉的定位准确程度，对整副模具的装配质量有很大的影响。所以销钉孔的加工，是在把装配调整好的各零件用螺钉紧固在一起后进行的，使各定位件所对应的销钉孔具有较高的同轴度要求。

若被固定件已淬硬，其销孔一般应预先加工好（用比该孔径小0.1～0.2mm的钻头锪锥坑后），经该销孔作引导进行钻、铰；若被固定件未经淬硬，其销孔一般不预先加工出来，而是采用同钻、铰加工。

对淬硬件上的销孔，为了减少变形的影响，可采用以下措施：

1）用硬质合金铰刀，对销孔精铰一次。

2）用埋金法，即在淬火前先将销孔扩大，淬后用压入或无机粘结法镶实心软钢，再在软钢上加工销孔。此法用于淬硬件上的不通销孔，更显优越性。

3）淬硬后磨削销孔。

4）根据用铸铁棒加研磨剂研磨的实际尺寸，配制非标准销钉。

5）淬硬前将销孔扩大，淬后压入一空心销钉套，据此配作。

6）线切割销孔，程序一次编出，可互换。

为了保证销钉孔的加工质量。配钻铰销钉孔时，选用比已加工好的销钉孔直径小0.1～0.2mm的钻头锪锥坑找正中心，再进行钻、锪和粗、精铰孔，所留余量要适当。在铰削过程中，要加注充分的切削液。

此外，加工销孔时还应注意：

① 销孔的有效配合长度（R_a为0.4～0.8μm）不宜过长，每个零件上孔的有效配合长度取孔径1～1.5倍，其余部分的孔径扩大，以免影响铰孔精度。

② 用钻后铰孔工艺，在直径上留铰量0.2mm左右。

③ 用钻后扩孔再铰孔工艺，留铰量0.1mm左右。

2. 特殊孔的钻削加工

在模具加工中，常遇到各种不同形状和类型孔的加工，例如圆形、方形、多边形或不规则形的孔的加工；在硬质合金上或在橡胶上钻孔；缺乏专用铰刀时的钻精孔；加工排气或通气孔时钻小而深的孔等等。加工这些特殊孔时，由于加工件的结构、加工材料、质量要求和钻孔部位等的不同，其加工工艺和所采取的措施也应随着改变。

（1）钻斜孔　钻斜孔有三种情况：在斜面上钻孔、在平面上钻斜孔和在曲面上钻孔。它们都有一个共同的特点，即孔的中心线与钻孔端面不垂直。

钻斜孔时，由于钻头单边受力，作用在钻头切削刃上的径向分力，会使钻头向一侧偏移，很难保证孔的正确位置和钻孔的垂直度要求，且钻头也容易弯曲而折断。为此可采用以下几种办法：

1）钻孔前先用孔径相同的立铣刀铣出一个与钻头轴线相垂直的平面，然后再钻孔，如图1-30a所示。或用錾子在斜面上先錾出一个小平面，然后用中心钻在孔中心钻出一个较大的锥坑，而后再钻孔，如图1-30b所示。由于中心钻的柄部直径较好，不易弯曲，因此可以保持中心孔不会偏移原定位置。

2）圆弧斜刃多能钻直接钻出斜孔，将钻头修磨成圆弧刃多能钻，如图1-31所示。这种钻头相似于立铣刀，圆弧刃各点均成相同的后角（6°～10°），横刃需经过修磨。这种钻头长度要短，以增强其刚度。钻孔时虽然是单向受力，由于刃呈圆弧形，钻头所受径向力小些，改善了偏切削力情况。钻孔时应选择低转速手动进给。

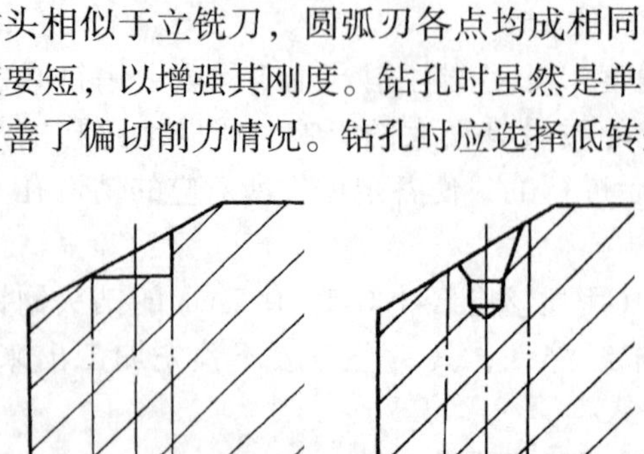

a）　b）

图1-30　钻斜孔的方法

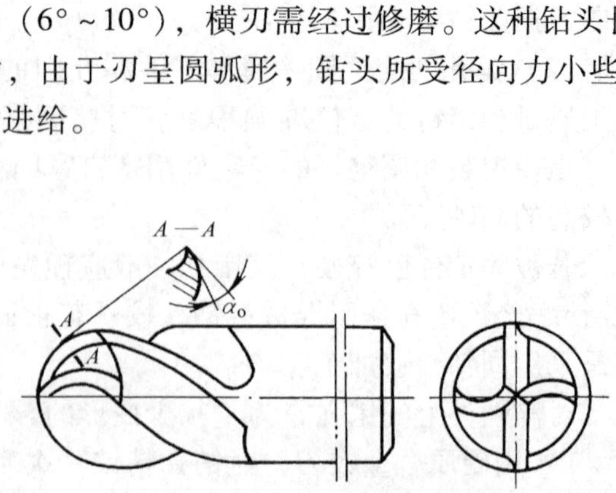

图1-31　圆弧斜刃多能钻

3）可采用垫块垫斜度的方法，或者用钻床上有可调整斜度的工作台进行钻孔。

（2）钻小孔　小孔是指直径在5mm以下的孔。有的孔虽然直径大于此值，但深度为直径的10倍以上，加工困难，也应按钻小孔的特点进行加工。

钻小孔时由于钻头直径小、强度低、刚性差和排屑不畅等原因，易发生孔偏斜及折断钻头等问题。而且钻小孔时钻头转速又快，切削温度高，且不易散热，加剧了钻头的磨损，降低了钻头的寿命。为了提高钻头的寿命和加工效率，在生产中采用如下措施：

1）正确选择钻头的形状。钻孔一般常用直柄麻花钻头或中心钻，前者刚性差，但钻孔深度大，后者刚性好，钻孔深度小。为此当需要经常加工小孔时，应采用加长切削部分长度中心钻等专用工具进行加工。

2）改进钻形。钻小孔的钻形有几种形式，如图1-32所示。其特点为：

①　采用双重顶角或单边磨出第二锋角进行分屑，它用于$\phi2\sim5$mm钻头。

②　适当加大顶角（$2\varphi=140°\sim160°$），减少了刃沟的摩擦阻力，使切屑向上窜出，便于排屑。

③　钻心稍稍磨偏，偏心量约为0.1～0.2mm。这样就适当增加了孔的扩张量（在孔精度允许的情况下），减少摩擦和改善排屑。当采用单边第二顶角时，磨出适当的偏心量可用来重新达到近似的径向力平衡。

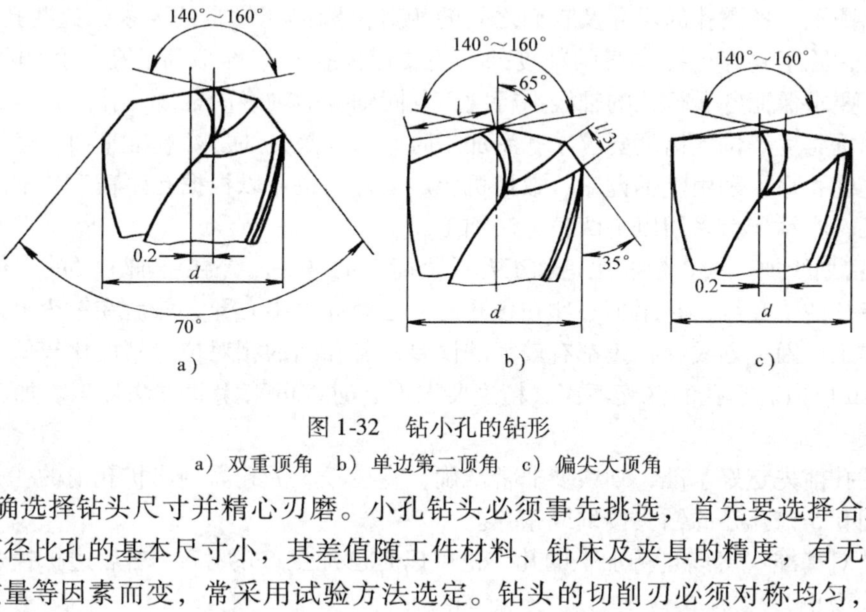

图1-32　钻小孔的钻形

a）双重顶角　b）单边第二顶角　c）偏尖大顶角

3）正确选择钻头尺寸并精心刃磨。小孔钻头必须事先挑选，首先要选择合适的直径，一般钻头直径比孔的基本尺寸小，其差值随工件材料、钻床及夹具的精度，有无导向措施，钻头刃磨质量等因素而变，常采用试验方法选定。钻头的切削刃必须对称均匀，要精心刃磨。

4）正确安排钻孔顺序。一般钻孔前，必须在机床上选用小孔直径的中心钻定中心，并钻入一定深度，然后再用钻头加工小孔，当孔径大而不深时则可一次加工，反之则需要几次钻孔。分次钻孔有两种形式：

①　孔径较大，可先用小直径钻头（或旧钻头）钻孔，然后用要求尺寸的钻头进行钻扩加工。

②　加工直径小而深的孔时，可先用新钻头钻到一定深度，然后以此为导向再用旧钻头钻孔。

5）正确选择机床、夹具及操作方法。钻孔用的机床主轴刚性应好，轴向窜动及径向圆跳动量小，工作台应能灵活移动，最好选用精密和转速较高的（加工孔系时应选用没有精密坐标尺的工作台）铣、钻、镗床及坐标镗床等。夹持钻头的夹具一般采用弹簧夹头，必须保持与机床主轴同心，夹持钻头时伸出长度只要保证钻孔的深度即可。

钻孔时最好钻头从正面钻入，钻入深度应比要求深度略深，端面应留磨量待加工后磨平，背面的扩孔部分应在钻孔后加工，如图 1-33 所示，这样可以防止钻头折断。钻孔时工件应固定牢。

6）提高转速减小进给力。钻孔时，切削速度及进给量应配合好，尽可能采用较高的转速，利用甩屑的作用促使切屑排出。但切削速度太高，会造成切削刃磨损快、被加工材料硬化、发热量大及排屑不良等弊病，且容易折断钻头。切屑形状以呈连续螺旋状为佳。加工时，进给力要小而均匀，尤其在开始钻进时进给力要小，防止钻头弯曲和滑移，以保证初始钻孔的正确位置。

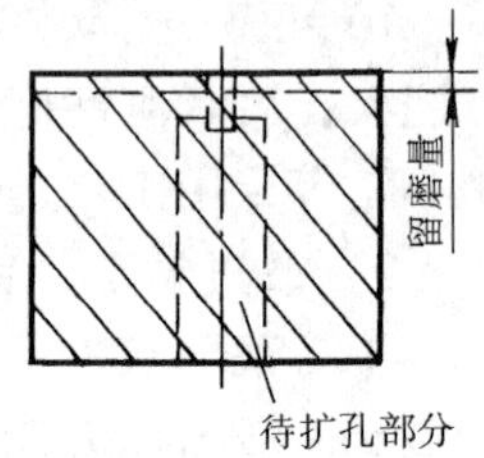

图 1-33　端面留有余量

7）及时排屑充分冷却润滑。钻孔时应及时退出钻头进行排屑，并使钻头在空气中得到冷却和向孔中注入充足的切削液。

（3）孔系的加工　在模具零件加工中，有些零件如凹模、凸模固定板、上下模座等常带有一系列圆孔，各圆孔的尺寸及它们之间的相对位置都有一定的要求，这些孔称为孔系。加工孔系时，除了要保证孔本身的精度外，还要保证孔与基准平面、孔与孔的距离尺寸精度，有的还要求保证各平行孔的轴线平行度、各同轴孔的轴线同轴度、孔的轴线与基准平面的平行度和垂直度等位置精度要求。孔系加工时，一般是先加工好基准平面，然后再加工所有的孔。这些孔除了采用坐标镗床、数控机床加工外，也可以根据孔距精度要求的不同程度和孔的深浅，在钻床上采用以下两种方法加工。

1）精密划线加工法。划线法是加工孔系最简单的方法。先在已加工过的工件表面上精确地划出各孔的中心线，并用中心冲在各孔的中心处冲出中心孔，然后在钻床上按照划线逐个找正和加工。因为划线和找正都有较大的误差，各孔间的相对位置精度比较低，孔距精度在 ±0.05mm 以内。当孔的深度不深，精度要求不高时，可采用此方法加工。加工时应掌握以下几点：

① 钻孔前先定好基准，划线要非常准确，直径较大的孔需划出扩孔前的孔圆周线。

② 用 0.5 倍孔径的钻头按划线钻孔。

③ 先对基准（可以是待加工的孔，也可以是已加工好的孔），然后边扩镗边测量，直到符合要求为止。

2）找正加工法。找正法是在钻床等通用机床上，借助一些辅助装置来找正每个被加工孔的正确位置。如图 1-34 所示，用精密心轴和量块来找正孔的位置，将芯轴分别插在机床主轴孔和已加工的孔内，用量块来找正主轴。在精度较高的钻床上，也可以由预先布置好的量套来确定欲钻孔的位置。如图 1-35 所示，加工前，先制作好与要加工孔孔数相同、磨至同一外径尺寸的若干孔（孔径为 6 ~ 7mm）的高度为 15 ~ 25mm 的量套，其端面与外圆柱表面有较高的垂直度要求。当孔距精度要求在 ±（0.01 ~ 0.02）mm 时，可采用此方法加工。其加工的具体方法如下：

① 用普通的划线方法划出各孔的圆周线。

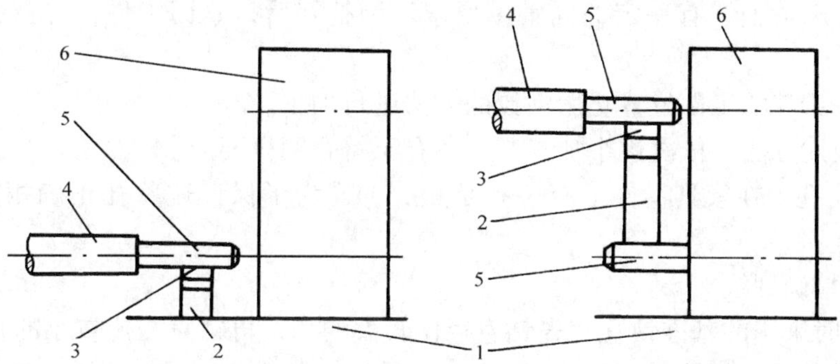

图 1-34　找正法加工
1—机床工作台　2—量块　3—塞尺　4—机床主轴　5—心轴　6—工件

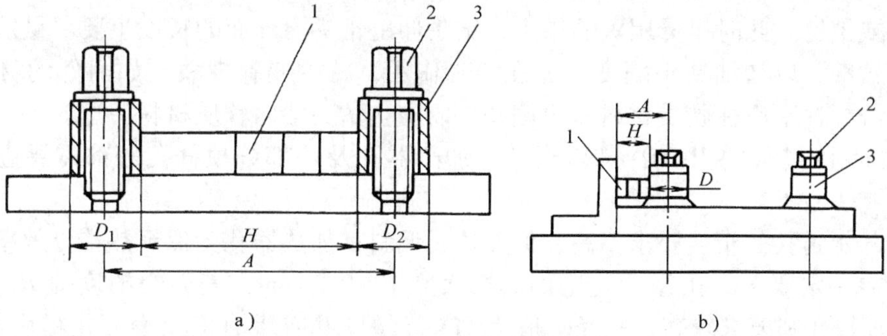

图 1-35　量套位置的调整
1—量块　2—螺钉　3—量套

② 分别在工件各孔的中心位置上，攻小螺纹（M5 或 M6）。

③ 用螺钉 2 把量套 3 轻轻地紧固于各孔的中心位置，并用量块组 1 精确地调整量套的位置，如图 1-35a 所示。使各量套的中心距尺寸与图样要求一致，然后紧固。量块组尺寸 H 可用下式求得

$$H = A - \frac{D_1 + D_2}{2}$$

式中　A——两孔要求的中心距（mm）；

D_1、D_2——分别为两量套的实际外径（mm）。

如果所要加工的孔与工件上某一基准面还有一定的尺寸要求时，可如图 1-35b 所示，在基准面上放一个精密角铁，然后再用量块来调整量套的位置，但这时量块尺寸应按下式求得

$$H = A - \frac{D}{2}$$

式中　A——孔中心到工件基准面的距离（mm）；

D——量套的实际外径（mm）。

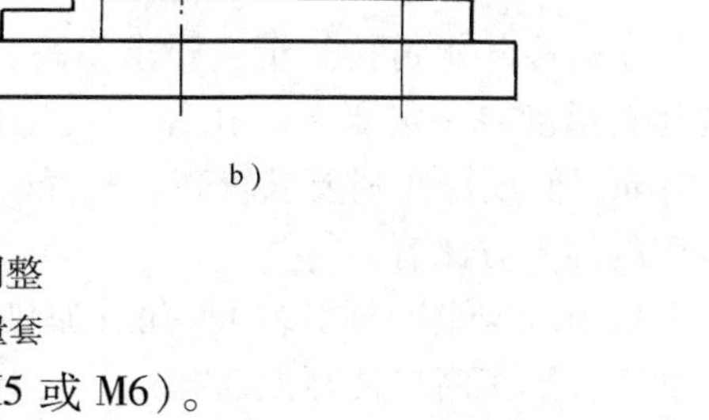

图 1-36　加工时工件位置的调整
1—百分表　2—钻床主轴

④ 工件在加工前，如图 1-36 所示，先在钻床主轴 2 上装一个百分表 1，使百分表的测头与其中任意一个量套的外圆柱面接触，然后调整工件的位置，使

量套的中心与钻床主轴线有一定的同轴度要求。调整好后，紧固工件，并拆去百分表和量套。

⑤ 在拆去量套的工件位置上用钻铰的方法进行加工。

⑥ 按照上述方法，依次逐个加工其他各孔至符合图样要求。

（4）钻相交孔 在模具零件上有些孔是相交的，为了保证这些孔正确相交，在加工时需掌握如下几点：

1）对基准精确划线。

2）按划线时采用的基准钻孔，先钻直径比较大的孔，再钻直径比较小的孔。

3）分2~3次钻、扩孔。

4）当孔与孔即将钻穿时需减小手动进给，避免钻头折断或造成孔的歪斜。

（5）钻骑缝孔 在连接件上钻骑缝孔，例如浇注系统套与固定板、模柄与上模座之间装骑缝螺钉或销钉。此时尽量用短的钻头，钻头伸出钻头夹外面的长度也要尽量短，钻头的横刃要尽量磨窄，以增加钻头刚度，加强定心作用，减少偏斜现象。如两件的材料性质不同，则打中心样冲眼应往硬质材料一边偏些，以防止钻头偏向软质材料一边。

（6）钻深孔 塑料模中的冷却水道孔、加热器孔及一部分顶杆孔等都需要进行深孔加工。

一般冷却水道孔的精度要求不高，但要防止偏斜；加热器孔为保证热传导效率，孔径及表面粗糙度有一定要求，孔径一般比加热棒大0.1~0.3 mm，表面粗糙度值R_a为12.5~6.3μm；而顶杆孔则要求较高，孔径一般为IT8级精度并有垂直度及表面粗糙度值的要求。常用的加工方法有：

1）中小型模具的冷却水孔及加热孔，常用普通钻头或加长钻头在立式钻床、摇臂钻床上加工，加工时应注意及时排屑、冷却，进给量要小，防止孔偏斜。

2）中、大型模具的孔一般在摇臂钻床、镗床及深孔钻床上加工，较先进的方法是可在加工中心机床上与其他孔一起加工。

3）过长的低精度孔也可采用划线后从两头对钻。

4）垂直度要求较高的孔应采取一定的工艺措施予以导向，如采用钻模等。钻深孔时应注意：

① 钻孔时一般钻深到直径的3倍时，需将钻头提出排屑，以后每进一定深度，钻头均应退出排屑，以免钻头因切屑阻塞而折断。

② 有的深孔深度超过钻头的总长度或更深一些，这时可使用加长杆钻头或连接杆钻头钻孔，这两种钻头可外购或自制。

③ 对于一些特殊的深孔，如某些透孔的加工，一般采用专用设备，或在机床上进行，此时，需要特别的加长杆钻头。这种钻头需根据工件的具体情况，自行研究制作。

（7）钻大孔 一般钻直径超过30mm的大孔要分两次钻削，例如在模座上加工模柄安装孔。先用ϕ3~5mm钻头钻出中心孔，再用0.5~0.7倍孔径的钻头钻孔，然后用所需孔径的钻头扩孔。这样可以减少轴向力，保护机床，同时也可以提高钻孔质量。

（8）钻精孔 它是一种新的精加工孔的方法，在某些特殊情况下，如孔径是非标准尺寸，而又缺乏专用铰刀时，采用这种方法来获得较高精度和较好表面质量的孔，就显得比较方便。

精孔一般分两次钻出，第一次先钻出底孔，根据孔径的大小，留 0.2 ~1mm 左右的精加工余量，然后用精孔钻再精扩到所需尺寸。

为了能加工出精度较高的孔，扩钻精孔时常采用以下几项措施：

1）钻头的几何参数主要有以下几方面（图 1-37）：

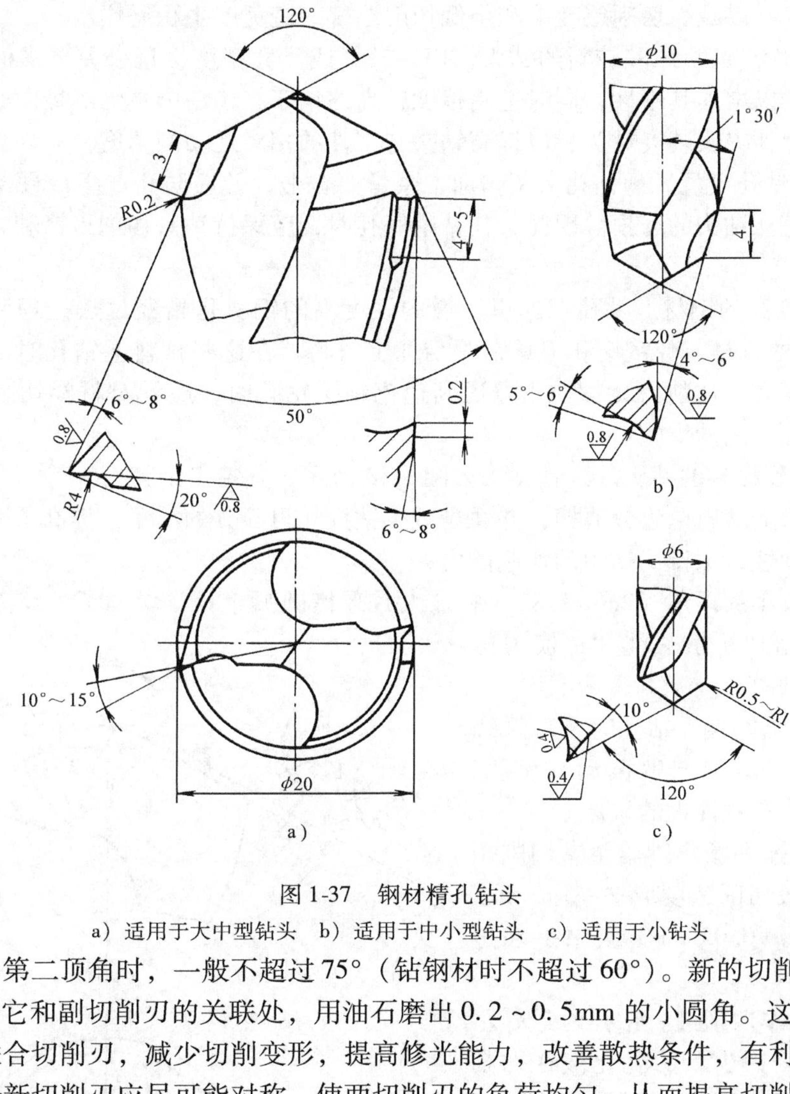

图 1-37　钢材精孔钻头

a）适用于大中型钻头　b）适用于中小型钻头　c）适用于小钻头

①　磨出第二顶角时，一般不超过 75°（钻钢材时不超过 60°）。新的切削刃长度约为 3 ~4mm，并在它和副切削刃的关联处，用油石磨出 0.2 ~0.5mm 的小圆角。这样就可以形成粗、精加工联合切削刃，减少切削变形，提高修光能力，改善散热条件，有利于提高孔的表面质量。两个新切削刃应尽可能对称，使两切削刃的负荷均匀，从而提高切削稳定性。当钻头直径较小时，可不磨出第二顶角。

②　磨窄钻头前端刃带时，在钻头前端刃带 4 ~5mm 的长度上，把刃带宽度修窄为 0.1 ~0.2mm，并磨出副后角 6° ~8°，形成锐角，减少它与孔壁的摩擦。

③　磨出正的端面刃倾角时，一般为 10° ~15°，使切屑流向未加工表面，避免切屑与孔壁的挤刮，同时也使副切削刃（刃带）变得锋利。

④　主切削刃后角一般取 6° ~8°，不宜过大，以免产生振动。

2）减少摩擦与刮伤。切削刃口应锋利，并用油石研光切削刃的前、后刀面和刃带，表面粗糙度值 R_a 为 0.8 ~0.4μm，以保证切削省力。要及时清除刃带上的积屑瘤残痕，避免孔壁的撕裂和划伤。

3）降低转速和减少进给量。扩精钻钢件时，宜降低转速，切削速度一般在 8 ~ 10m/min 左右，进给量为 0.1mm/r 左右。

4）要充分冷却润滑。钻孔时应选择合适的切削液（如 10% ~20% 的乳化液或菜油）予以充分冷却润滑，以减少切削层变形和降低切削温度，避免产生积屑瘤。

5）使用精度高的机床和较新的钻头。使用较新或尺寸精度接近公差要求的钻头，钻头尽可能短一些，以增加其刚性，同时选用精度较高的钻床。如钻床主轴的径向圆跳动误差较大时，应采用浮动夹头装夹钻头，以提高钻头与工件的相对运动的精度。

6）提高预钻孔质量。预钻孔所留精加工余量要合适，并应防止产生冷硬层，否则会增加钻削负荷和精孔钻头的磨损。因此，在钻削底孔时，应保持钻头切削刃锋利，并施加足够的切削液。

（9）在硬度高的钢材上钻孔　这里所说的硬度高的钢材是指经过热处理后，其硬度达到 38 ~43HRC 的钢材或弹簧钢和工具钢等难加工材料。在这些材料上钻孔时，其主要问题足硬度高、强度大、切削力大。如用普通高速钢钻头钻孔时，应针对材料切削负荷大的特点，采取如下几方面的措施：

1）采用钻硬材料的钻头。这种钻头如图 1-38 所示，其特点是：

①　在外刃上磨出单边分屑槽，并适当减少钻头外刃部分的前角。提高了断屑能力，增强了刃口的强固性，保持了钻刃的切削能力；

②　选用较小的顶角（$2\varphi = 118°$）和加大月牙槽圆弧半径，增强了外缘刀尖角，提高了刀齿强度，增加了散热能力；横刃修窄后，减少了轴向力。

2）增强系统刚性。钻孔时要求系统刚性尽可能好，避免产生振动。为此，尽量选用短钻头和刚性大的机床。

3）降低转速和减小进给量。切削用量要小些，一般切削速度取 2 ~5m/min，进给量为 0.03 ~0.05mm/r 或用手动进给。

4）使用油作切削液。钻孔时最好不要用乳化液，因为少量的乳化液在切削刃与孔底之间显得很滑，不利于切削刃对薄切削层的切入。钻削时应着重考虑切削液的润滑作用，最好采用油作切削液。

（10）在橡胶上钻孔　橡胶是弹性体，受到很小的力就会有很大的变形。在橡胶上钻孔时，如果钻头刃口不锋利，橡胶会产生很大的变形，使孔径收缩量很大，易成上大下小的锥形，严重时孔

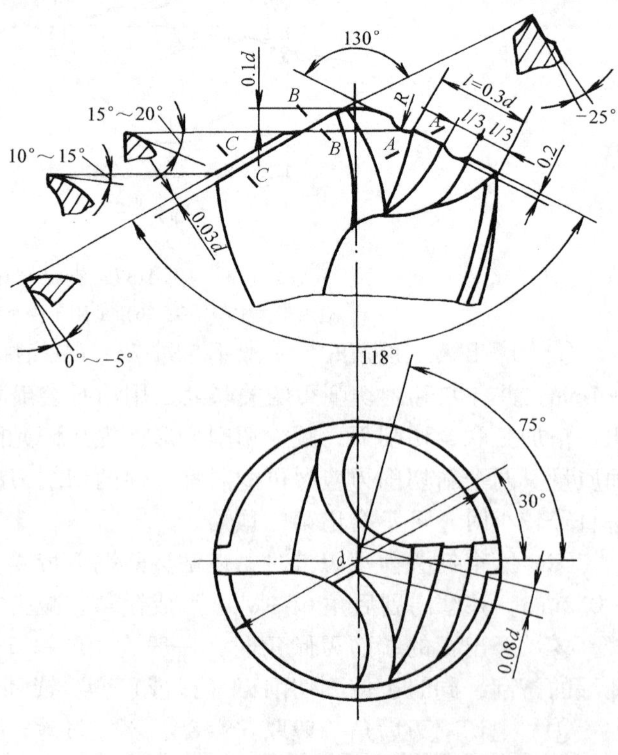

图 1-38　钻削硬度高的钢材钻头

（$d<15$mm 时不开外刃分屑槽）

壁有撕伤，甚至不成孔形。

为获得较好的钻孔质量，应采取如下措施：

1）采用橡胶钻。将钻头按图1-39所示的形式进行修磨，其要点是：

① 将两外缘处径向（即朝向钻心）的圆弧刃磨出一条很锋利的沿着刃带圆周切线方向的切削刃，并使这一小段刃口稍向前倾斜。由于切向刃口方向与切削速度方向一致，且循序切入，减少了变形，使切口光洁整齐。然后，里边的圆弧刃把已经与孔壁分离的料心切屑成屑瓣，减少对孔壁的影响。

② 选用较大的后角（本例为30°），减少材料变形对钻头切削刃后刀面的摩擦。

③ 修短横刃（本例横刃长为0.2mm），减少内刃锋角（本例为95°），使钻心先切入，既能定住中心，又能减轻轴向压力。

橡胶越软、越厚，则越应将内刃锋角减小，使圆弧刃尽量加深，并进一步加大后角。

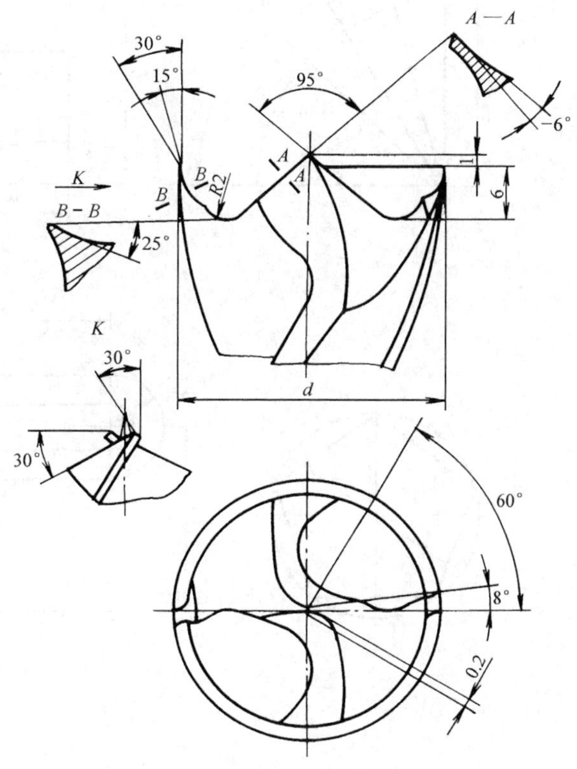

图1-39　钻橡胶的钻头

2）提高转速和减小进给量。采用较高的切削速度，一般为30～40m/min，便于排屑。进给量要小，一般取0.05～0.12mm/r。

图1-39所标出的几何参数，是钻较硬的薄橡胶板，直径为23mm钻头的几何参数，仅供参考。

三、技能训练

1. 平面划线

（1）训练课题　在200mm×300mm薄板上合理安排好各图基准线位置，依次完成图1-40所示备工件的平面划线操作。

材料：08钢；工时：5h。

（2）训练图如图1-40所示。

（3）训练步骤

1）准备好所用的划线工具，并对实习件进行清理和划线表面涂色。

2）熟悉各图形的划线方法，并按各图应采取的划线基准及最大轮廓尺寸安排各图基准线在实习件上的合理位置。

3）按各图的编号顺序及所标注的尺寸，依次完成划线（图中不注尺寸，作图线可保留）。

4）对图形、尺寸复检校对，确认无误后，在图1-40d中的ϕ26mm孔、尺寸45mm长形腰孔及30°的弧形腰孔的线条上敲上检验样冲眼。

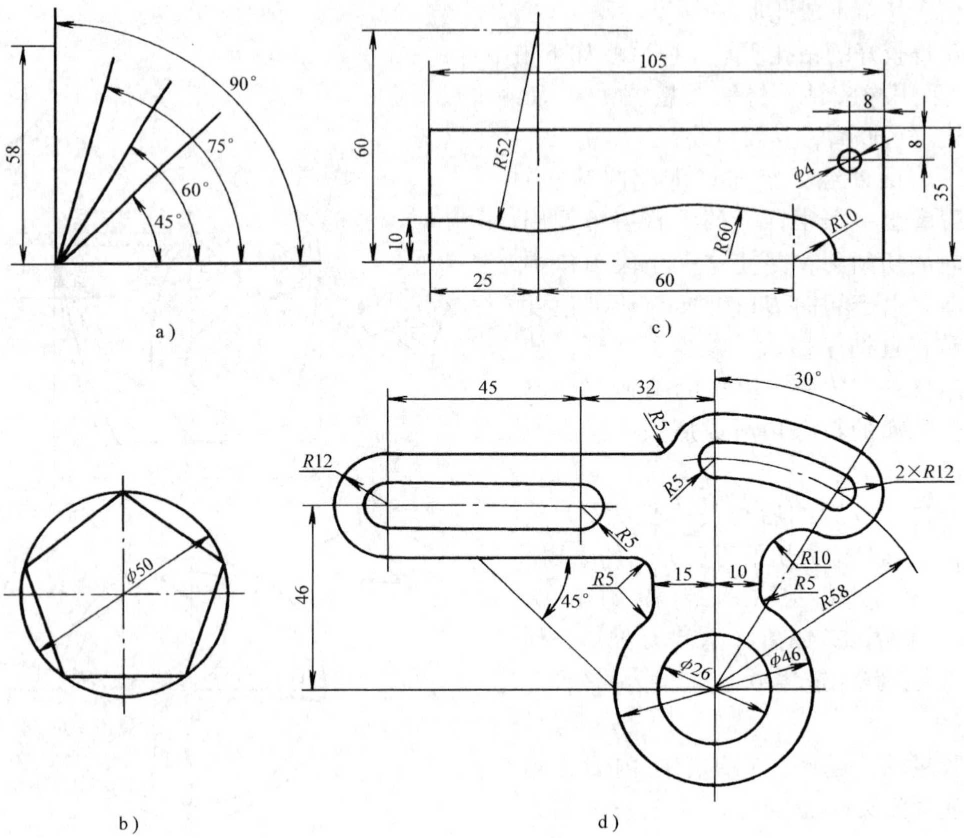

图1-40　平面划线生产实习图

5）为了熟悉各图形的作图方法，实习操作前可作一次纸上练习。

（4）练习记录及成绩评定见表1-4。

2. 立体划线

（1）训练课题　在已加工好的光板上对图1-41所示的模具型腔板零件进行立体划线。材料：Q235或35钢；工时：6h。

（2）训练图如图1-41所示。

（3）训练步骤

1）准备好所用的划线工具，并对实习件进行清理和划线表面涂色。

2）熟悉划线操作要点，并按图中所标注的尺寸依次完成划线。

3）对两侧滑道（T形滑槽）线，以C面为基准划8、15、25三道平行线即可；型腔内30、40两道深度线可在加工工艺中说明，由加工机床控制。

4）对图形、尺寸复检校对，确认无误后，即可在光板上进行划线。

5）为了熟悉图形及立体划线的方法，实习操作前可作一次模拟练习。

（4）说明

1）由于该工件为已加工好的光板（尺寸规格：300mm×250mm×75mm），并具有互相垂直且粗糙度值较小的三个平面A、B、C，因此在平板上划线时可不必用千斤顶，依次直接将基准面A、B、C放在平板上，以这三个基准面为基准进行划线。

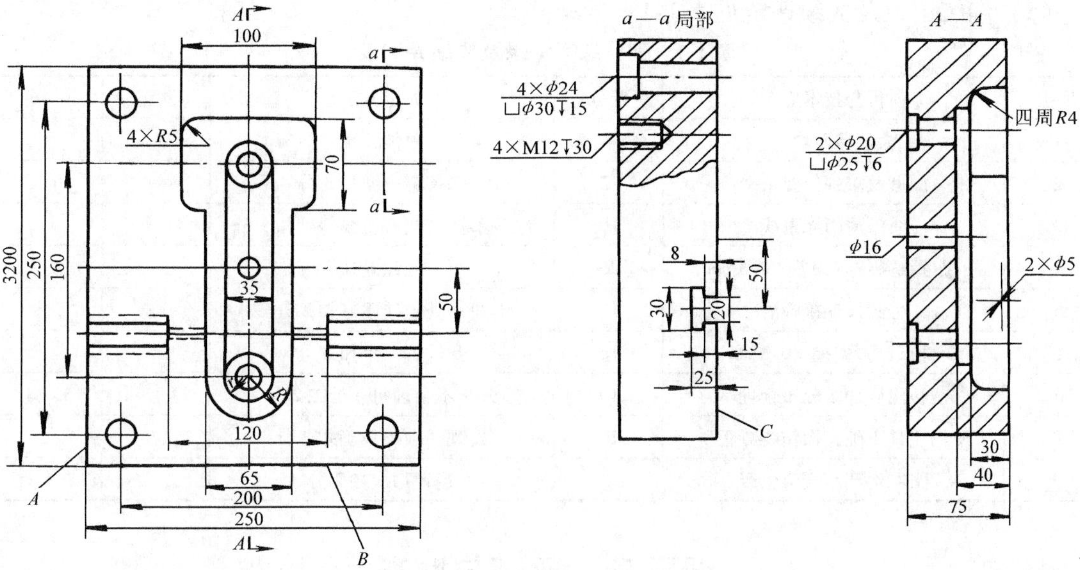

图 1-41　模具型腔板

2）模具型腔的尺寸界限轮廓一般是不打样冲眼的，所以涂色时宜采用稀硫酸铜溶液。

3）划线工具最好采用划线尺，不用划线盘。

4）图 1-42 所示是由原工件图（图 1-41）的尺寸换算过来的零基准划线图。采用零基准划线不仅容易实现，而且给模具生产中各道工序的进行带来了极大的方便。

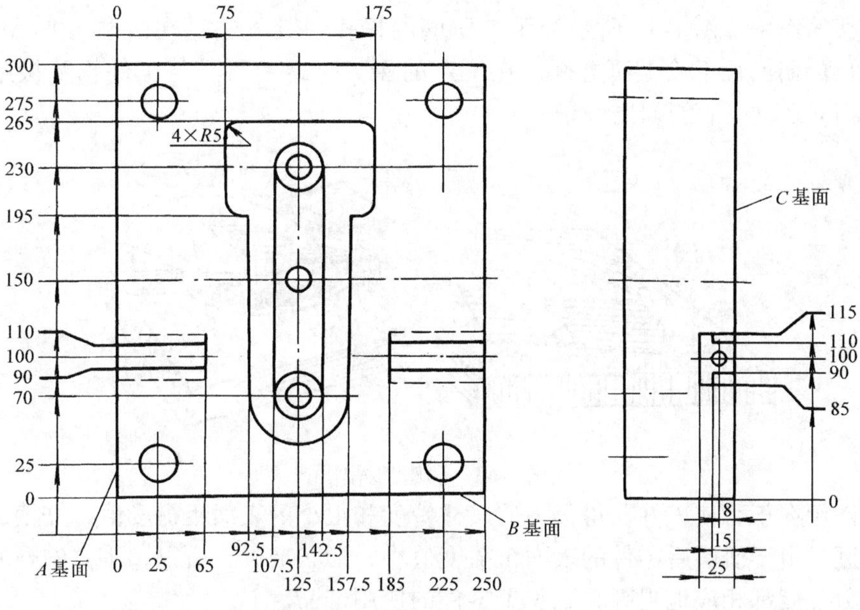

图 1-42　采用平板零件基准划线

5）在做立体划线训练时，各教学单位可根据生产产品的实际情况自行选择。一般要求每人应进行不少于两件练习件的划线练习，至于实习件可用阀体、轴承座、减速器箱或其他模具零件取代。

（5）训练记录及成绩评定见表1-4。

表1-4　划线练习记录及成绩评定表

项次	项目与技术要求	配分	评定方法	实测记录	得分
1	涂色薄而均匀	4	总体评定		
2	图形及排列位置正确	12	每差错一图扣3分		
3	线条清晰无重线	10	线条不清楚或有重线每处扣1分		
4	尺寸线条位置偏差 ±0.3mm	26	每一处超差扣2分		
5	各圆弧连接圆滑	12	每一处连接不好扣2分		
6	冲点位置偏差 ±0.3mm	16	凡冲偏一个扣2分		
7	检验样冲眼分布合理	10	分布不合理每一处扣2分		
8	使用工具正确，操作姿势正确	10	发现一项不正确扣2分		
9	文明生产与安全生产		违者每次扣2分		

课题三　研磨与抛光

一、研磨

1. 概述

用研磨工具和研磨剂从工件上研去一层极薄表面层的精加工方法，称为研磨。研磨的基本原理包含着物理和化学的综合作用。

（1）研磨的作用　图1-43所示为手工研磨的操作，其方法是在研磨工具（简称研具，图中为平板）的研磨面上涂上研磨剂，在一定的压力下，使研具与工件相互接触，并按一定的轨迹作相对运动，直至研磨完毕。

图1-43　研磨的操作

研磨的作用在于可使工件获得很高的尺寸精度和很小的表面粗糙度值，并使工件的几何形状得到改进。由于研磨后零件的表面粗糙度值小、形状准确，所以，零件的耐磨性、抗腐蚀能力和疲劳强度都相应地提高，延长了零件的使用寿命。

（2）研磨的形式　研磨的形式常用的有湿研磨和干研磨两种。

1）湿研磨是指在研磨过程中，将研磨剂涂抹在研具或工件上，用分散的磨粒进行研磨，如图1-44a所示，这是目前最常用的研磨方法。研磨剂中除磨粒外，还有煤油、机油、油酸、硬脂酸等物质。磨粒的切削作用以滚动切削为主，生产效率高，但加工出的工件表面一般没有光泽。

2）干研磨是指在研磨之前，先将磨粒压入研具，用压砂研具对工件进行研磨。这种研磨方法一般在研磨时不加其他物质，只进行干研磨，如图1-44b所示。磨粒在研磨过程中基本固定在研具上，它的切削作用以滑动为主，生产效率不如湿研磨，但可以达到很高的尺寸精度和很小的表面粗糙度值。

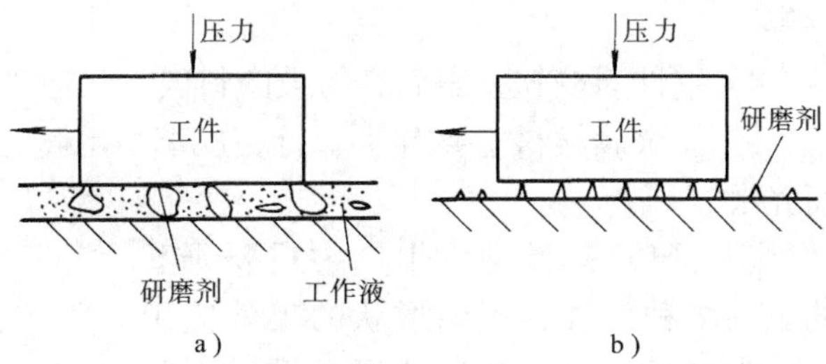

图1-44 湿研磨与干研磨
a）湿研磨 b）干研磨

（3）研磨余量 研磨是微量切削，每研磨一遍所磨去的金属层不超过0.002mm，因此研磨余量不能太大，一般研磨量在0.005～0.030mm之间比较适宜。有时研磨余量就留在工件的公差之内。具体确定时，可从三个方面来考虑。

1）面积大、形状复杂、精度要求高的零件，应取较大的余量。

2）预加工质量高，应取较小的余量；否则取较大的余量。

3）双面、多面、位置精度要求很高的零件及不同的加工方式，应根据具体情况选择研磨余量，见表1-5。

表1-5 研磨余量

零件形状	前工序	表面粗糙度 R_a/μm	研磨余量/μm	研后表面粗糙度 R_a/μm
平面	粗磨	0.8～0.4	3～15	0.1
	刮削	1.6～0.8	3～20	0.1
内圆	内圆磨	0.8～0.2	5～20	0.1
	精车	1.6	20～40	0.1
	铰孔	3.2～1.6	20～50	0.1
型腔	线切割	细钼丝：1.6	5～10	0.1
		粗钼丝：6.3	10～20	
外圆	外圆磨	0.8～0.4	10～30	0.1
	精车	1.6	20～35	0.1

2. 研具

在研磨加工中，研具是保证研磨工件几何形状正确的主要因素，因此对研具的材料、几何精度要求较高，而表面粗糙度值要小。

（1）研具材料 研具材料应满足如下技术要求：材料的组织要细致均匀，要有很高的稳定性和耐磨性，具有较好的嵌存磨料的性能，工作面的硬度应比工件表面的硬度稍软。

常用的研具材料有如下几种：

1）灰铸铁有润滑性好、磨耗较慢、硬度适中、研磨剂在其表面容易涂布均匀等优点，是一种研磨效果较好、价廉易得的研具材料，因此得到广泛应用。

2）球墨铸铁比一般灰铸铁更容易嵌存磨料，且更均匀、牢固、适度，同时还能增加研具的耐用度。采用球墨铸铁制作研具已得到广泛应用，尤其适用于精密工件的研磨。

3）软钢的韧性较好，不容易折断，常用来作小型研具，如研磨螺纹和小直径工具、工件等。

4）铜性质较软，表面容易被磨料嵌入，适于作研磨软钢类工件的研具。

5）非金属材料主要有木、竹、皮革、毛毡、玻璃、涤纶织物等。其作用是使被研磨表面光滑。

（2）研具的类型　生产中需要研磨的工件多种多样，不同形状的工件应用不同类型的研具。常用的研具有以下几种：

1）研磨平板主要用来研磨平面，如研磨量块、精密量具的平面等。它分有槽的和光滑的两种，如图1-45所示。有槽的用于粗研，研磨时易于将工件压平，可防止将研磨面磨成凸弧面；精研时，则应在光滑的平板上进行。

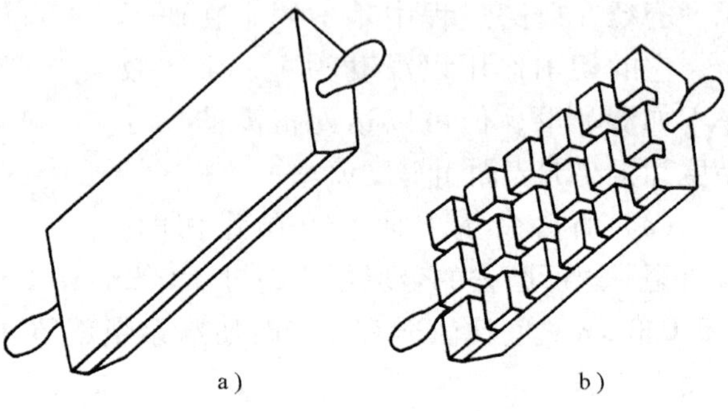

图1-45　研磨平板

a）光滑平板　b）有槽平板

2）研磨环主要用来研磨外圆柱表面。研磨环的内径应比工件的外径大0.025～0.05mm，其结构如图1-46所示。当研磨一段时间后，若研磨环内孔磨大，拧紧调节螺钉2，可使孔径缩小，以达到所需间隙，如图1-46a所示。图1-46b所示的研磨环，孔径的调整则靠右侧的螺钉。

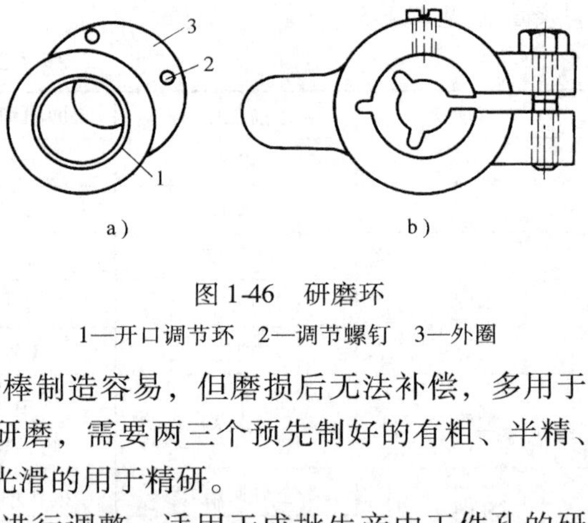

图1-46　研磨环

1—开口调节环　2—调节螺钉　3—外圈

3）研磨棒主要用于圆柱孔的研磨，有固定式和可调节式两种，如图1-47所示。固定式研磨棒制造容易，但磨损后无法补偿，多用于单件研磨或机修当中。对工件上某一尺寸孔径的研磨，需要两三个预先制好的有粗、半精、精研磨余量的研磨棒来完成。有槽的用于粗研，光滑的用于精研。

可调节的研磨棒因为能在一定的尺寸范围内进行调整，适用于成批生产中工件孔的研磨，寿命较长，应用较广。

如果把研磨环的内孔、研磨棒的外圆做成圆锥形，则可用来研磨内、外圆锥表面。

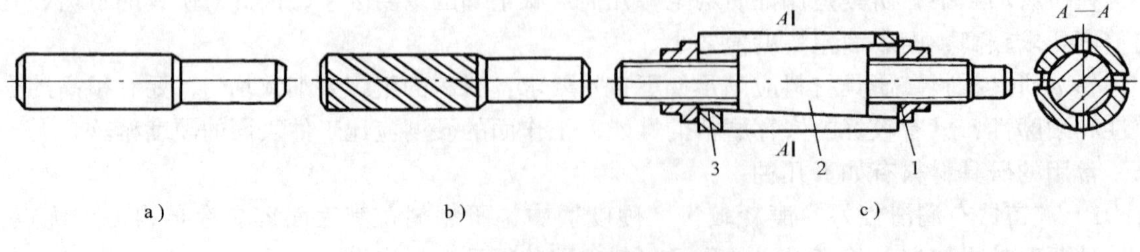

图1-47　研磨棒

a）固定式光滑研磨棒　b）固定式带槽研磨棒　c）可调节式研磨棒

1—调节螺母　2—锥度心轴　3—开槽研磨套

3. 磨料与研磨剂

（1）磨料　磨料在研磨中起切削作用，研磨工作的效率、工件的精度和表面粗糙度值与磨料有密切的关系。

磨料的种类很多，一般是按硬度来划分的，磨料的硬度是指磨料表面抵抗局部外力作用的能力，它与磨具的硬度是两个截然不同的概念，磨具的硬度（如油石）通常是指粘结剂粘结磨料在受外力作用时的牢固程度。研磨加工就是利用磨料与被研工件的硬度差来实现的，磨料的硬度越高，它的切削能力也就越强。磨料的强度是指磨料本身的牢固程度。强度差的磨料，磨粒粉碎得快，切削能力低，使用寿命短，不利于研磨加工。

研磨中常用的磨料有以下三类：

1）氧化物磨料。氧化物磨料有粉状和块状两种，主要用于碳素工具钢、合金工具钢、高速钢和铸铁工件的研磨。

2）碳化物磨料。碳化物磨料呈粉状，它的硬度高于氧化物磨料，除用于一般钢铁材料制件的研磨外，主要用来研磨硬质合金、陶瓷之类的高硬度工件。

3）金刚石磨料。金刚石磨料分人造和天然两种，其切削能力、硬度比氧化物、碳化物磨料都高，实用效果也好。但由于价格昂贵，一般只用于硬质合金、宝石、玛瑙和陶瓷等高硬度材料的精研磨加工。

磨料的系列与用途如表1-6所示。

表1-6　磨料的系列与用途

系列	磨料的名称	代号	特性	适用范围
氧化铝系	棕刚玉	A	棕褐色，硬度高，韧性大，价格便宜	粗、精研磨钢、铸铁和黄铜
	白刚玉	WA	白色，硬度比棕刚玉高，韧性比棕刚玉差	精研磨淬火钢、高速钢、高碳钢及薄壁零件
	铬刚玉	PA	玫瑰红或紫红色，韧性比白刚玉好，磨削粗糙度值低	研磨量具、仪表零件等
	单晶刚玉	SA	淡黄色或白色，硬度和韧性比白刚玉高和好	研磨不锈钢、高钒高速钢等强度高、韧性强的材料
碳化物系	黑碳化硅	C	黑色，有光泽，硬度比白刚玉高，脆而锋利，导热性和导电性良好	研磨铸铁、黄铜、铝、耐火材料及非金属材料
	绿碳化硅	GC	绿色，硬度和脆性比黑碳化硅高，具有良好的导热性和导电性	研磨硬质合金、宝石、陶瓷、玻璃等材料
	碳化硼	BC	灰黑色，硬度仅次于金刚石，耐磨性好	精研磨和抛光硬质合金、人造宝石等硬质材料
金刚石系	人造金刚石	SD	无色遗明或淡黄色、黄绿色、黑色，硬度高，比天然金刚石略脆，表面粗糙	粗、精研磨硬质合金、人造宝石、半导体等高硬度脆性材料
	天然金刚石	D	硬度最高，价格昂贵	
其他	氧化铁	—	红色至暗红色，比氧化铬软	精研磨或抛光钢、玻璃等材料
	氧化铬	—	深绿色	

磨料的粗细是用粒度来表示的，它是指磨料的颗粒尺寸。根据磨料标准（GB/T 2477—

1983)，规定粒度用 41 个粒度代号表示，见表 1-7，其表示方法有两种。基本粒尺寸大于 50μm 的磨粒，用筛网分的方法测定，粒度号代表的是磨粒所通过的筛网在每 1 英寸（约 25.4mm）长度上所含的孔眼数。例如，60 号粒度是指它可以通过每英寸上有 60 个孔眼的筛网，但不能通过每英寸上有 70 个孔眼的筛网。因此用这种方法表示的粒度号越大，磨粒就越细。

表 1-7 磨料粒度

粒度号	磨料基本粒尺寸/μm	粒度号	磨料基本粒尺寸/μm	粒度号	磨料基本粒尺寸/μm
4	5600~4750	40	500~425	W50	50~40
5	4750~4000	46	425~355	W40	40~28
6	4000~3350	54	355~300	W28	28~20
7	3350~2800	60	300~250	W20	20~14
8	2800~2360	70	250~212	W14	14~10
10	2360~2000	80	212~180	W10	10~7
12	2000~1700	90	180~150	W7	7~5
14	1700~1400	100	150~125	W5	5~3.5
16	1400~1180	120	125~106	W3.5	3.5~2.5
20	1180~1000	150	106~90	W2.5	2.5~1.5
22	1000~850	180	90~75	W1.5	1.5~1.0
24	850~710	220	75~63	W1.0	1.0~0.5
30	710~600	240	63~50	W0.5	0.5 及更细
36	600~500	W63	63~50		

尺寸很小的磨粒，呈微粉状，一般用显微镜测量的方法测定其粒度，粒度号“W”表示微粉，阿拉伯数表示基本粒的实际尺寸。例如 W40 表示基本粒大小为 40~28μm。研磨所用磨粒应根据研磨精度的高低按表 1-8 选用。

表 1-8 常用研磨磨料

号数	研磨加工类别	可达表面粗糙度 R_a/μm	号数	研磨加工类别	可达表面粗糙度 R_a/μm
100~W50 W60~W40	用于最初的加工 用于粗研磨加工	0.4~0.2	W14~W7 W5 以下	用于半精研磨加工 用于精研磨加工	0.2~0.1 0.1 以下

（2）研磨液及研磨剂的配制　研磨液在研磨中起调和磨料、冷却和润滑的作用。常用的研磨液有煤油、汽油、10 号机油、锭子油等，见表 1-9。

表 1-9 常用研磨液

工件材料	研磨名称	研　磨　液
钢	粗研	10 号机油 1 份，煤油 3 份，透平油或锭子油少量，轻质矿物油或变压器油（适量）
	精研	10 号机油
铸铁	粗研	煤油主要用于稀释，润滑较差
淬硬钢，不锈钢	粗、精研	植物油，透平油或乳化液
钢	粗、精研	动物油（熟猪油加磨料，拌成糊状，加 30 倍煤油），锭子油少量，植物油适量
硬质合金	粗、精研	汽油稀释

在磨粒和研磨液中加入适量的石蜡、蜂蜡等填料和黏性较大而氧化作用较强的油酸、脂肪酸、硬脂酸和工业甘油等，即可配成研磨剂或研磨膏，其作用是使工件表面形成氧化膜，加速研磨进程。

根据存在的状态不同，研磨剂分液态研磨剂和固态研磨剂两类。

① 液态研磨剂由研磨粉、硬脂酸、航空汽油、煤油等配制而成。表 1-10 所示为常用液态研磨剂的配方。

表 1-10　常用液态研磨剂的配方

配方		调配方法	用途
白刚玉（W14） 硬脂酸 蜂蜡 油酸 航空汽油 煤油	16g 8g 1g 15g 80g 80g	先将硬脂酸、蜂蜡加热熔解，冷却后加入汽油搅拌，经双层纱布过滤，最后加入研磨粉、煤油、油酸搅拌均匀	粗研冷、热模具钢，各类合金工具钢及一般钢材
白刚玉（W7） 硬脂酸 蜂蜡 航空汽油 煤油	16g 8g 1g 80g 100g	先将硬脂酸、蜂蜡加热溶解，冷却后加入汽油搅拌，经双层纱布过滤，最后加入研磨粉、煤油等搅拌均匀（注：精研时不加油酸）	精研冷、热模具钢，各类合金工具钢及一般钢材
白刚玉 硬脂酸 航空汽油 煤油	15g 8g 200ml 35ml	先将硬脂酸、蜂蜡加热溶解，冷却后加入汽油搅拌，经双层纱布过滤，最后加入研磨粉、煤油等搅拌均匀	精细研磨冷、热模具钢，各类合金工具钢及一般钢材
金刚砂 硬脂酸 航空汽油 煤油	4～6g 2～3g 90g 10g	将硬脂酸和航空汽油在清洁的瓶中混合，然后加入金刚砂摇晃至乳白色且金刚砂不易下沉为宜，再滴入煤油即可	研磨各种硬质合金材料

注：1. 液态研磨剂中，硬脂酸溶于汽油中，可增加汽油的黏度，以降低磨料的沉淀速度，使磨料更趋均匀。此外，在研磨时，硬脂酸还有冷却润滑和促进氧化的作用。
2. 航空汽油主要起稀释作用，将磨粒聚团稀释开，以保证磨粒的切削性能。
3. 煤油一般起冷却润滑作用。

② 固态研磨剂一般是指研磨膏和研磨皂。通常使用的研磨膏有研磨软材料用研磨膏、研磨硬材料（如硬质合金）用研磨膏及抛光用研磨膏三大类。研磨膏一般由磨料、混合脂（粘结剂）、润滑剂和油酸等按一定比例调制而成，使用时要加煤油或汽油稀释。粗研和半精研用 W20～W10，精研时用 W7 以下的研磨膏。研磨皂可用来降低工件表面粗糙度值，并具有抛光作用。

选择研磨膏时，对于钢铁类材料的研磨主要选用刚玉（氧化铝）类研磨膏，如表 1-11 所示；对于硬质合金、陶瓷等高硬度材料，可选用碳化硅、碳化硼类研磨膏，如表 1-12 所示；而精细研磨或抛光有色金属，则选用氧化铬类研磨膏；至于金刚石研磨膏，则主要用来研磨如硬质合金等高硬度的工件，这种研磨膏可分为水溶性和油溶性两种，如表 1-13 所示。

表 1-11　氧化铝研磨膏配方

粒度号	成分及比例（质量分数）(%)				用途	配　制
	微粉	油酸	混合酸	其他		
W20	52	22	26	煤油少许	精研	将油酸、混合酸、凡士林加热到 90 ~ 100°C 后搅拌均匀，冷至 60 ~ 80°C 时，渐渐加入磨料并不断搅拌，到凝固时，再加入少许煤油搅拌成膏状
W14	45	26	29	煤油少许	半精研	
W10	41	28	31	煤油少许	半精研	
W7	41	28	31	煤油少许	研端面及精研	
W5	40	28	32	煤油少许	精研	
W3.5	45	25	18	凡士林 8	精细研	
W1	20	30	35	凡士林 10	配研	

表 1-12　碳化硅、碳化硼研磨膏

名称	成分及比例（质量分数）(%)	用途
碳化硅	碳化硅（240 ~ W40）83、润滑脂 17	粗研
碳化硼	碳化硼（W20）65、石蜡 35	半精研
混合研磨膏	碳化硼（W20）35、白刚玉（W20 ~ W10）15 与混合脂 15、油酸 35	半精研
碳化硼	碳化硼（W7 ~ W1）76、石蜡 12、羊脂 10、松节油 2	精洗研

表 1-13　金刚石研磨膏配方

配方	调配方法	用途
金刚砂 40% 氧化铬 20% 硬脂酸 25% 变压器油 10% 煤油 5%	制作研磨膏时，先将氧化铬与变压器油放在一烧杯内加热 10min 后取下，待冷却后将浮在上面的一层倒出待用	研磨硬质合金等高硬度材料

一般工件选用成品研磨膏。成品研磨膏分粗、中、细三种，须根据模具精度要求选用。使用时，加机油稀释即可。

4. 研磨方法

(1) 平面研磨　平面研磨包括一般平面研磨和狭窄平面研磨。

1) 一般平面研磨。其方法如图 1-48 所示，工件沿平板全部表面，按 8 字形、仿 8 字形或螺旋形运动轨迹运行研磨。研磨时工件受压要均匀，压力大小应适中。压力大，研磨切削量大，表面粗糙度值大，还会使磨料被压碎或划伤表面。粗研时宜用压力 10^5 ~ 2 × 10^5Pa，精研时宜用压力 10^4 ~ 5 × 10^4Pa。研磨速度不应太快。手工粗研时，每分钟往复 40 ~ 60 次左右；精研磨每分钟 20 ~ 40 次。否则会引起工件发热，降低研磨

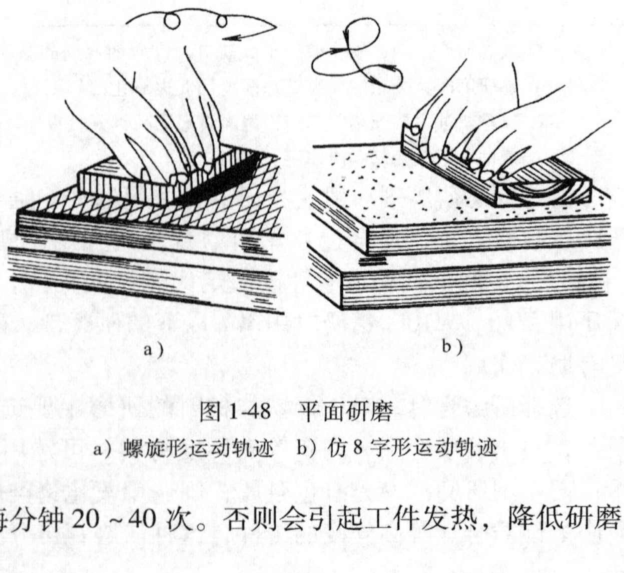

a)　　b)

图 1-48　平面研磨

a) 螺旋形运动轨迹　b) 仿 8 字形运动轨迹

质量。

2）狭窄平面研磨。图1-49所示为狭窄平面的研磨方法。为防止研磨平面产生倾斜和圆角，研磨时应用金属块做成“导靠”，见图1-49a，采用直线研磨轨迹。图1-49b所示为样板上要研出半径为R的圆角，须采用摆动式直线研磨运动轨迹。如工件数量较多，则应采用C形夹头，将几个工件夹在一起研磨，能有效地防止倾斜，如图1-50所示。

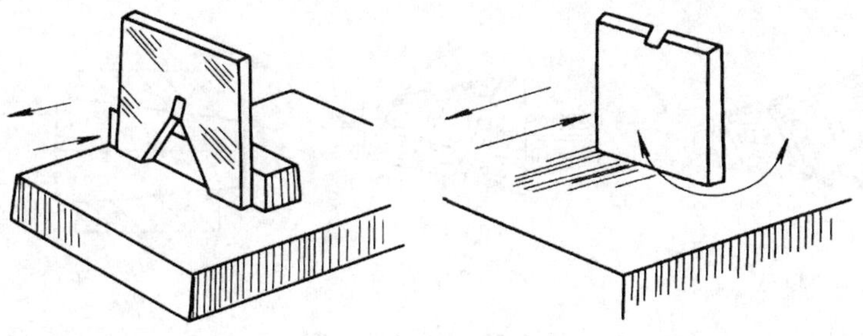

a）　　　b）

图1-49　狭窄平面研磨

（2）圆柱面研磨　圆柱面研磨一般是手工与机器配合进行研磨。

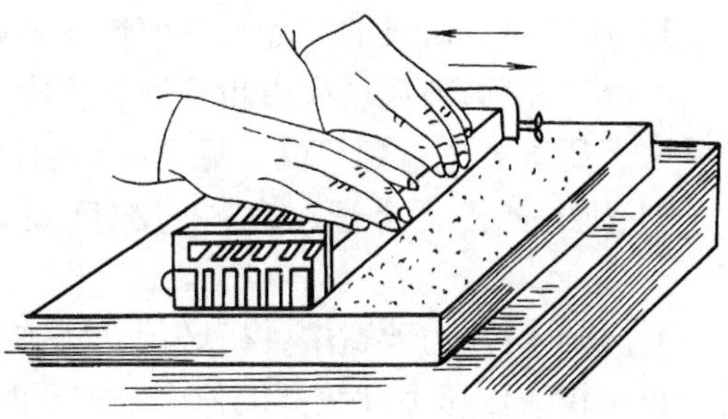

图1-50　多件研磨

外圆柱面的研磨如图1-51所示，工件由车床带动，其上均匀涂布研磨剂，用手推动研磨环，通过工件的旋转和研磨环在工件上沿轴线方向作往复运动进行研磨。一般工件的转速，在直径小于80mm时为100r/min；直径大于100mm时为50r/min。研磨环的往复移动速度，可根据工件在研磨时出现的网纹来控制。当出现45°交叉网纹时，说明研磨环的移动速度适宜（见图1-51c最右图）。

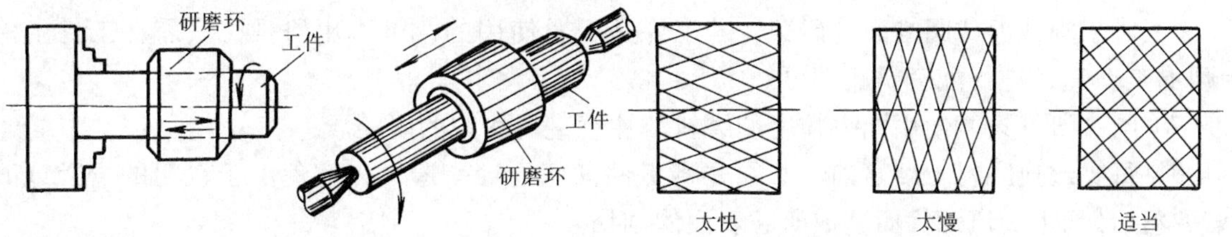

a）　　　b）　　　c）

图1-51　研磨外圆柱面

内圆柱面的研磨是将研磨棒装夹在车床卡盘内或钻床的主轴上，然后把工件套在研磨棒上进行研磨。研磨棒的外径应比工件内径小0.01～0.025mm，研磨棒工作部分的长度一般为工件长度的1.5～2倍。研磨时应调节好研磨棒与工件配合的松紧程度，以防产生孔口拉毛或孔形不符合要求。研磨后，应将工件清洗干净，冷却至室温后再进行测量。

（3）圆锥面研磨　工件圆锥表面的研磨，包括圆锥孔和外圆锥面的研磨。研磨时必须要用与工件锥度相同的研磨棒或研磨环，其结构有固定式和可调节式两种。

固定式圆锥研磨棒的表面开有螺旋槽，其旋向有左旋和右旋，见图1-52a、b。可调节式的研磨棒和研磨环，其结构原理和圆柱面可调节式研磨棒或研磨环相同。

研磨时，一般在车床或钻床上进行，转动方向应和研磨棒的螺旋方向相适应。在研磨棒或研磨环上均匀地涂上一层研磨剂，插入工件锥孔中或套进工件的外锥表面旋转4～5圈后，将研具稍微拔出一些，然后再推入研磨，如图1-52所示，直到被加工工件表面呈银灰色发光为止。

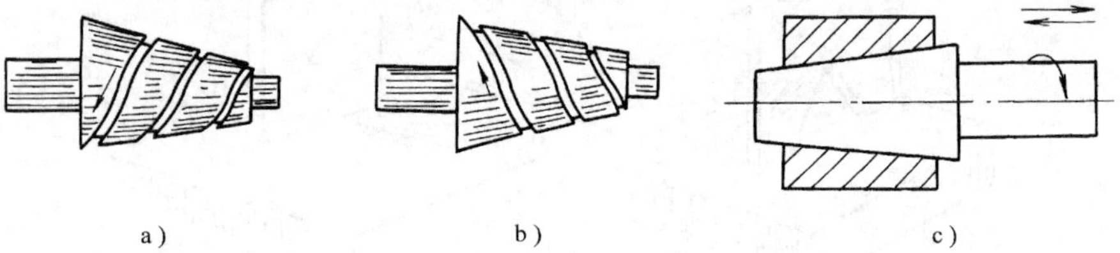

图1-52　圆锥面研磨

a）左螺旋槽研磨棒　b）右螺旋槽研磨棒　c）研磨示意图

（4）研磨的操作要点

1）研磨时，研具的尺寸与几何形状要准确，研具的材料必须稍软于工件材料。

2）研磨用磨料粒度应由粗到细，依次更换。更换磨料时，应将前道工序的磨削痕迹完全除去，研磨要进行到只能看见本次磨削痕迹为止。

3）研磨工艺要合理，磨料的粒度要选用精确，研磨剂必须配比准确，且要涂抹均匀。

4）研磨时压力要适中，研磨运动轨迹要选择准确。一般粗研时，或研磨较小的硬工件时，可用较大的压力和较低的速度。精研时，或研磨较大工件时，则宜用较小的压力和较高的速度。

5）研磨时要注意清洁，各类研磨剂要严格分开使用，不能混合，不能混有杂质。特别是超精研磨时，其工作场地要非常干净，并要保持恒温。

6）对于圆柱面或圆锥面的研磨，若工件是配对使用的，可不用研具，只需在工件上涂上研磨剂，直接进行配套研磨即可。

7）同一研具只能使用同一粒度的磨料。注意进行均匀的研磨。

8）每次改换磨料粒度之前，必须先将工件彻底清理一遍，以避免由于较粗的磨粒或其他污物被带到下一道工序而造成研磨表面的划伤。

9）每次向下一粒度转换时，应以与上一次研磨的方向成30°～45°角进行研磨。

10）对于模具工件零件的细小部位、狭槽、小孔等进行研磨时，宜采用电动研磨工具，并注意最终的研磨纹路应与制件的脱模方向一致。

二、抛光

1. 概述

抛光是通过抛光工具和抛光剂对零件进行极其细微切削的加工方法，其基本原理与研磨相同，是研磨的一种特殊形式，即抛光是一种超精研磨，其切削作用包含着物理和化学的综合作用。

抛光的形式一般可分为两种。一种是只要求光亮，不要求精度的常规抛光，如各类奖杯、纪念章、金属工艺品、生活日用品等各种装饰件的抛光。另一种是不但要求表面光亮，而且要求要有很高的加工精度的精密抛光，如量块等精密量具和各类加工刃具，以及尺寸和几何形状要求较高的模具型腔、型芯及精密机械零件的抛光。

通过抛光，零件可以获得很高的表面质量，表面粗糙度值 R_a 可达 0.08μm，并且加工面平滑，具有光泽。由于抛光是零件加工的最后一道精加工工序，要使零件达到所要求的表面质量及加工精度，加工余量应适当，具体可根据零件的尺寸精度而定，一般在 0.005 ~ 0.05mm 范围内选取。有时抛光余量就留在零件的公差范围内。

2. 抛光工具及其应用

(1) 手工抛光工具　手工抛光工具主要有：

1) 平面用抛光器如图 1-53 所示。其手柄部分用硬木制成，在研磨面上刻有大小适当的凹槽，在离研磨面稍高的地方刻有用于缠绕布类制品的止动凹槽。

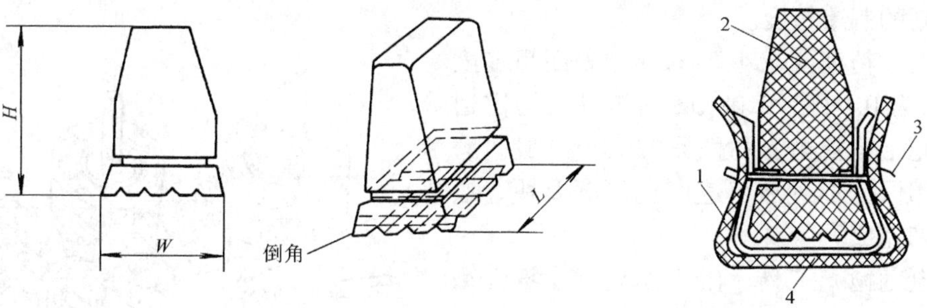

图 1-53　平面抛光器

1—人造皮革　2—木制手柄　3—铁丝或铅丝　4—尼龙布

若使用粒度较粗的研磨剂进行一般抛光时，只需将研磨膏涂在抛光器的研磨面上进行研磨加工即可。

若使用极细的微粉（如 W1）进行抛光作业时，可将人造皮革缠绕在研磨面上，再把磨料放在人造皮革上并以尼龙布缠绕，用铁丝沿止动凹槽捆紧后进行抛光加工。

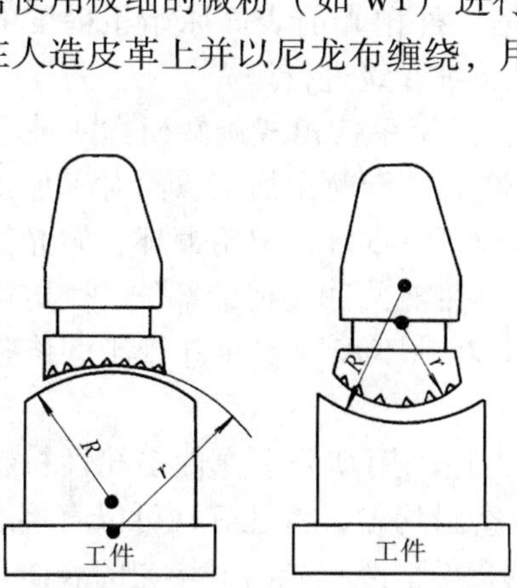

图 1-54　球面用抛光器

a) 抛光凸形工件　b) 抛光凹形工件

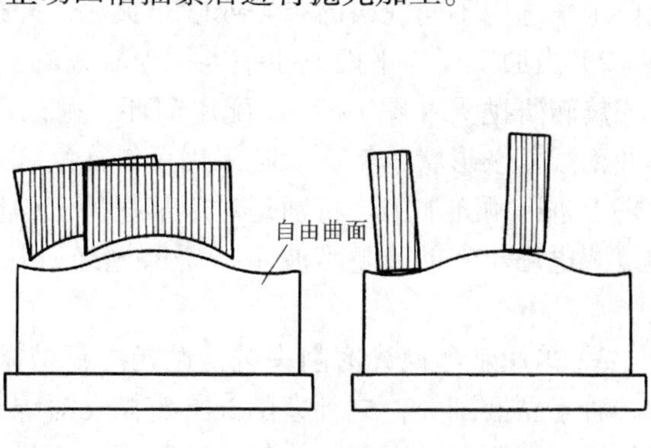

图 1-55　自由曲面用抛光器

a) 大型抛光器　b) 小型抛光器

若使用更细的磨料进行抛光，可把磨料放在经过尼龙布包扎的人造皮革上，再以粗料棉布或法兰绒进行包扎，之后进行抛光加工。原则上是磨粒越细，采用越柔软的包卷用布。每一种抛光器只能使用同种粒度的磨粒。各种抛光器不可混放在一起，应使用专用密封容器保管。

2）球面用抛光器（图 1-54）。球面用抛光器的制作方法与平面用抛光器基本相同。抛光凸形工件用研磨面，其曲率半径一般要比工件曲率半径大 3mm，抛光凹形工件的研磨面，其曲率半径比工件曲率半径要小 3mm。

3）自由曲面用抛光器（图 1-55）。对于自由曲面的抛光应尽量使用小型抛光器，因为抛光器越小越容易模拟自由曲面的形状。

4）精密抛光用具。精密抛光的研具一般与抛光剂有关，当用混合剂抛光精密表面时多采用高磷铸铁作研具；用氧化铬抛光精密表面时，则采用玻璃作研具。由于精密抛光是借助抛光研具精确型面来对工件进行仿形加工的，因此，要求研具应具有一定的化学成分，并且还应有很高的制造精度。

凡是尺寸精度要求小于 1μm，表面粗糙度值 R_a 要求为 0.025 ~ 0.08μm 的工件，均需通过精密抛光。精密抛光的操作方法与一般研磨加工方法相同，不过加工速度比研磨要快，通常由钳工来完成。

（2）电动抛光工具　由于模具工作零件型面与型腔的手工研磨、抛光工作量大，因此，在模具制造业中已广泛采用电动抛光工具进行抛光加工。

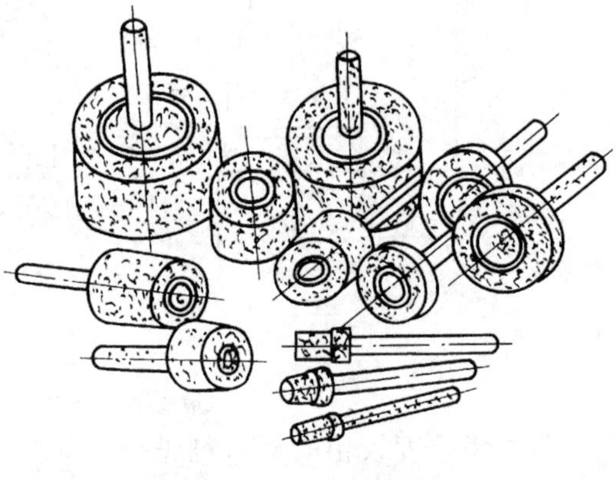

图 1-56　各种规格的抛光叶轮

1）利用手动砂轮机进行抛光加工，即将砂轮机上的砂轮换上柔性布轮（或用砂布页轮，如图 1-56 所示）直接进行抛光。在具体抛光时，可根据工件抛光前表面原始粗糙度的情况及要求来选用不同规格的布轮或砂布页轮，并按粗、中、细逐级进行抛光。

2）当加工面为平面或曲率半径为较大的规则面时，采用手持角式旋转研抛头或手持直身式旋转研抛头（图 1-57），配用铜环，抛光膏涂在工件上进行抛光加工。而对于加工面为小曲面或复杂形状的型面，则采用手持往复式研抛工具（图 1-58），配用铜环，抛光膏涂在工件上进行抛光加工。特别是对于某些外表面形状复杂，带有凸凹沟槽的部位，则更需采用往复式电动、气动或超声波手持研磨抛光机从不同角度对其不规则表面进行研磨修整及抛光。

3）采用新型抛光磨削头进行抛光。新型抛光磨削头是采用高分子弹性多孔性材料制成的一种新型磨削头，这种磨削头具有微孔海绵状结构，磨料均匀，弹性好，可以直接进行镜面加工。使用时，磨削力均匀，产热少，不易堵塞，能获得平滑、光洁、均匀的表面。弹性磨料配方有多种，分别用于磨削各种材料。磨削头在使用前可用砂轮修整成各种所需的形状。

3. 模具的抛光

1）在抛光前应先了解模具中被抛零件的使用材料和硬度，因为模具材质的选用影响着抛光质量的优劣。一般情况下，钢材的硬度越高则越难进行研磨和抛光，但是较硬的材料可以得到较小的表面粗糙度值。因此，对模具钢材料可通过淬火或氮化处理来提高钢材的可抛光性（注：对于需精抛光的材料，在淬火、氮化前应先预抛光，使其表面粗糙度值 R_a 达到 0.2 ~0.1μm，待热处理后再进行精抛光）。

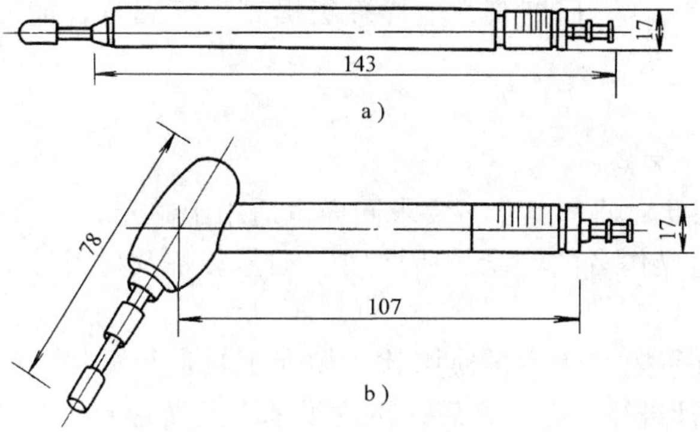

图 1-57　旋转气动手持抛光研磨器

a）直身式旋转研抛头　b）角式旋转研抛头

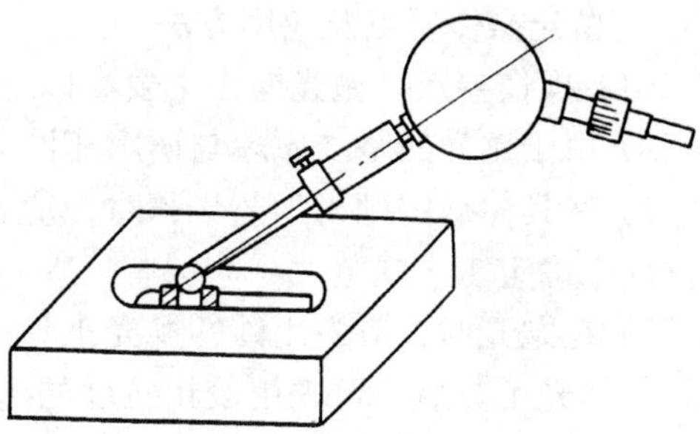

图 1-58　手持往复式研抛工具

2）除了了解材料性能外，在抛光前，还要求钳工将各有关抛光面预先整形修刮，使其表面粗糙度值 R_a 达到 3.5 ~1.6μm。对有尺寸精度要求的抛光面，还需留 0.1 ~0.5μm 的抛光余量。根据抛光面组成的形态，选用或制作与抛光件相适应的抛光工具，并对有碍抛光的易损部位采取保护措施（图 1-59）。

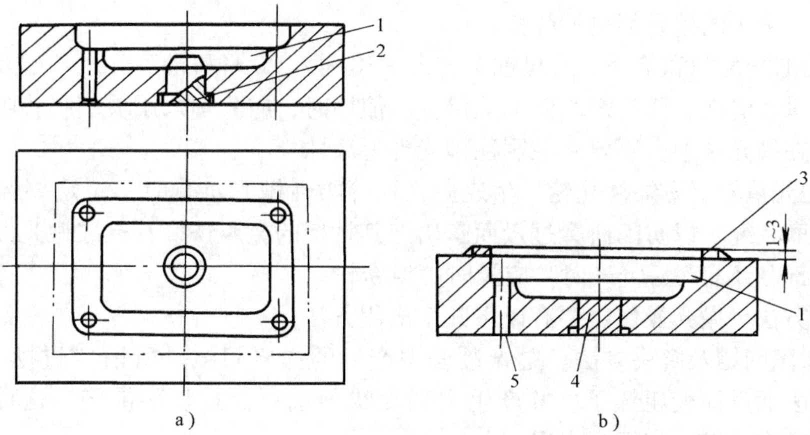

图 1-59　模具抛光保护措施示意图

a）被抛光模具型腔　b）保护措施

1—型腔　2—型芯　3—分型面沿口处保护片　4—保护堵塞　5—保护堵柱

3）抛光操作时，先将抛光件表面用煤油擦洗干净，然后选用 100 ~150 粒度号的油石进行打磨，也可用手工打磨或用手持研磨器装上相适应的砂轮片进行打磨。若用手工打磨，应将油石打磨的方向与被加工件的原加工纹路方向垂直交叉进行，这样可以看清楚原加工的痕迹是否被研磨掉，若已被研抛掉，则应清洗表面，更换更细一级的油石进行打磨。当更换到粒度号为 240 油石时，再改用 280 号金相砂纸打磨。这时清洗要用脱脂棉蘸煤油轻轻地擦拭，不得用绵丝擦拭。当金相砂纸更换到 500 号时，若需要继续研磨，则要用毡轮蘸研磨膏用手持研磨器进行抛光了。

4）在对模具零件进行精密抛光时，若用脱脂棉蘸煤油轻轻擦拭，则应注意擦拭的力度、方向和次数，不要来回往复地多擦，擦完后必须一次性更换新棉球。第一遍选用 W40 的研磨膏，然后分别更换 W20、W10、W5、W2.5、W1 研磨膏，这样逐级提高，直到符合加工精度要求为止。

4. 抛光操作要点及应用方法

（1）操作要点　抛光操作主要有以下几个要点：

1）由于抛光的基本原理与研磨相同，因此对研磨的工艺要求同样也适用于抛光。

2）在具体确定抛光工艺步骤时，应根据操作者的经验、所使用的工艺装备及材料性能等情况来确定工艺规范。

3）在抛光时，应先用硬的抛光工具进行研抛，然后再换用软质抛光工具进行精抛。当选好了抛光工具后，可先用较粗粒度的抛光膏进行研抛，之后，再逐步减小抛光膏的粒度。

一般情况下，每个抛光工具只能用同一种粒度的抛光膏，不能混用。在手抛时，抛光膏涂在工具上；机械抛光时，抛光膏涂在工件上。

4）要严格保持工作场地的清洁，操作人员要时刻注意个人卫生，以防不同粒度的磨料相互混淆，污染和影响抛光现场的工艺卫生。

5）在研抛时，应注意抛光工序间的清洗工作，要求每更换一次不同粒度号的磨料时，就要进行一次煤油清洗，不能把上道工序使用的磨料带入到下道工序中去。

6）要根据抛光工具的硬度和抛光膏粒度来施加压力。磨料越细，则作用在抛光工具上的压力就越轻，采用的抛光剂也就越稀。

7）抛光用的润滑剂和稀释剂有煤油、汽油、10 号和 20 号机油、无水乙醇及工业透平油等。对这些润滑、清洗、稀释剂均要加盖保存。使用时，应分别采用玻璃吸管吸点法，像点眼药水一样点在抛光件上。不要用毛刷往抛光件上涂抹。

8）使用抛光毡轮、海绵抛光轮、牛皮抛光轮等柔性抛光工具时，一定要经常检查这些柔性物质的研磨状况，以防因研磨过量而露出与其粘接的金属铁杆，造成抛光面的损伤。一般要求当柔性部分还有 2 ~3mm 时，应及时更换新轮。

（2）应用方法　抛光操作主要有以下几个应用方法：

1）主要缺陷问题及解决方法。抛光过程中产生的主要问题是所谓“过抛光”。由于抛光时间过长，表面反而变粗糙了，并产生“橘皮状”或“针孔状”缺陷。这种现象一般在机抛时产生，而在手抛时却很少出现。

①　“橘皮状”缺陷。抛光过程中，当压力过大且时间过长时会出现这种情况，特别是较软的材料。其原因主要是由于抛光用力过大，导致金属材料表面产生微小塑性变形所致。解决的方法为：通过氮化或其他热处理方式提高材料的表面硬度。对于较软的材料，采用软质抛光工具。

②　“针孔状”缺陷。由于工件材料中含有杂质，在抛光过程中，这些杂质从金属组织中脱离下来形成针孔状小坑。解决的方法为：避免用氧化铝抛光膏进行机抛。在适当的压力下作最短时间的抛光，或采用优质合金钢材。

2）鉴定本道抛光工序结束的方法。

① 仔细观察抛光运动方向交叉变化的情况，当上道工序留下的抛光痕迹看不到时，可以结束本道工序。

② 本道工序的抛光痕迹随着抛光方向的转变会迅速跟随转移，即痕迹纹路取向一边倒；转一个方向研抛，其痕迹马上又朝此方向一边倒，见不到与研磨方向垂直的任何痕迹，这说明本道工序选用的研磨剂粒度已经达到极限效应了。

5. 其他形式的抛光加工

（1）挤压珩磨抛光加工

1）挤压珩磨抛光的基本原理是把含有磨料的粘弹性介质装入机器的介质缸内，并夹紧加工零件，介质在活塞的压力下沿着固定通道和夹具流经零件被加工表面，有控制地除去零件表面材料，实现抛光、去毛刺、倒圆角等加工。图 1-60 所示为挤压珩磨抛光加工原理示意图。

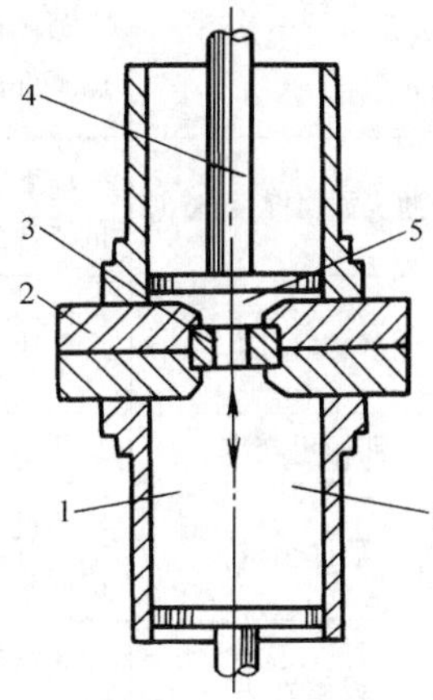

图 1-60 挤压研磨抛光加工原理
1—弹性颜料介质 2—夹具 3—工件 4—活塞 5—上部介质缸 6—下部介质缸

2）挤压珩磨抛光的工艺特点如下：

① 加工对象广泛。几乎所有金属材料，包括有色金属、黑色金属、硬质合金等材料都可进行挤压珩磨加工。

② 抛光效果好。各种不同原始表面状况，挤压珩磨都可使表面粗糙度值 R_a 达到 0.04 ~ 0.05μm。

③ 加工效率高。一般加工时间只需几分钟至十几分钟。

④ 适用范围广。可以对冲模、塑料成型模、拉丝模进行抛光加工。一般孔径最小可达 0.35mm。

3）挤压珩磨抛光加工在模具制造上的应用是根据模具成形表面的形状。挤压珩磨抛光加工可分为通孔形式、阶梯形式、不通孔及外形（如挤压珩磨凸模、型芯等）四种加工方法，如图 1-61 所示。

（2）超声研磨抛光加工 超声研磨抛光加工的基本原理与超声波加工一样，都是利用超声波振动发生装置使研磨工具产生超声频率振动。所不同的是，当工具作超声振动的同时，工具在工件表面还作往复运动，使磨料在超声振动的作用下冲击工件表面，达到研磨抛光的目的。表 1-14 所示为超声研抛工艺的基本操作要点。

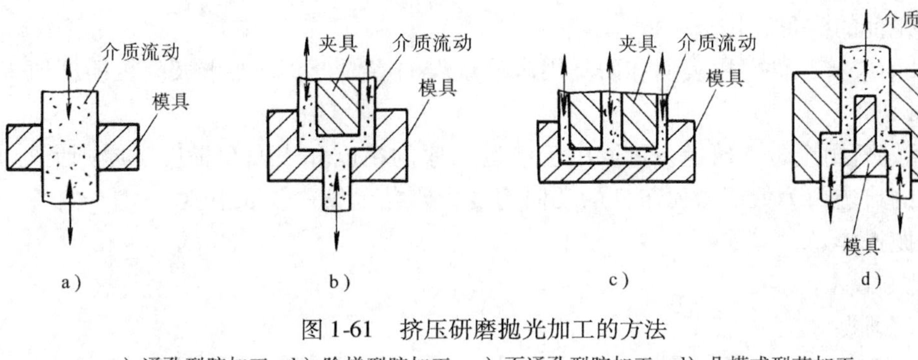

图 1-61 挤压研磨抛光加工的方法
a）通孔型腔加工 b）阶梯型腔加工 c）不通孔型腔加工 d）凸模或型芯加工

表 1-14　超声研抛工艺的基本操作要点

工艺内容	工艺要点
工件表面状况	工件研抛前的电加工必须采用精规准，表面粗糙度值 R_a 应达到 3.2～1.6μm
研抛工作液	粗、中研抛时用自来水；精、细研抛时用干抛或用煤油
工具形状及材料	粗研抛：100 号铬刚玉油石、280 号电镀金刚石锉刀 中研抛：400 号白刚玉油石 细研抛：用木质、竹质工具头加磨料 W40、W14 的氧化铬微粉 精抛：用木质、竹质工具头加磨料 W5 以下粒度的氧化铝微粉工具头截面形状和头部形状，按工件被研抛形式确定
研抛表面粗糙度值 R_a	一般能达到 0.1μm 以下，硬度越高，表面粗糙度值越小，即使是电加工粗规准加工的表面，也能达到 0.012μm 的镜面
研抛精度	取决于研抛前的表面状况和操作熟练的程度。一般取小的研抛余量能保持高的几何精度
研抛生产率	从表面粗糙度值 R_a 为 5μm 降低到 R_a 为 0.03μm 的抛光生产率为 10～15min/cm²
研抛余量	研抛余量的确定，以能研除掉电蚀穴和电加工变质层为原则。电加工采用粗规准时，研抛余量取 0.1 mm；电加工采用中、精规准时，研抛余量取 0.02～0.05mm
操作方法	先粗研抛，后精研抛。工具对工件的移动频率约为 60 次/min，工具压力为 2 N 左右。操作时工具头以 45°角均匀压于工件表面

三、技能训练

（一）研磨

1. 训练要求

1）了解研磨的特点及使用的工具与材料。

2）正确选用和配制研磨剂。

3）初步掌握平面研磨的正确方法，并能达到一定的精度要求。

4）了解手工研抛工艺规程及应用场合。

2. 相关工艺知识

在模具制造过程中，形状加工后的光滑加工和镜面加工称为模具零件的表面精饰加工，其主要加工方法就是研磨和抛光。

（1）研抛前的准备工作

1）研抛前应将工件研抛表面和研具用汽油或煤油清洗干净，要求表面粗糙度值 R_a 应为 1.6～0.8μm 以下。

2）选择好研抛余量。研抛余量取决于前道工序的精度和表面粗糙度，原则上是研除前道工序留下的痕迹。为保证被研工件的几何精度，研抛余量一般取小值。

（2）研抛操作

1）研抛方式

① 手工研抛

a. 用油石进行研抛。当型面存在较大的加工痕迹时，油石粒度可用 320 号左右，按表

1-15 选用。硬的油石会加深痕迹。研抛时需要使用研磨液，研磨液在研抛过程中可使磨料分布均匀，并加速研抛过程的进行。常用的研磨液是 L—AN15 机械油。精研时可用 L—AN15 机械油 1 份，煤油 3 份，透平油或锭子油少量，轻质矿物油或变压器油适量进行。

表 1-15　油石的粒度选择

油石粒度	320 号	400 号	600 号	800 号
能达到的表面粗糙度值 $R_a/\mu m$	1.6	1.0	0.40	0.32

根据研磨面大小选择适当大小的油石，以便油石能纵横交叉移动。油石要经常修磨保持平整或保持所需的形状。研抛过程中，应经常将油石和零件进行清洗，否则会由于发热胶着和堵塞而降低研抛速度。堵塞油石的清理方法是：在卧式车床上装夹，100mm 的软钢棒料，作 500r/min 回转，在棒料端面涂敷混有煤油的碳化硅粉，将油石堵塞面与棒料端面轻轻接触，10s 就可完全清理好。

b. 用砂纸进行研抛。研抛用砂纸有氧化铝、碳化硅、金刚砂等。砂纸粒度采用 60 ~ 600 目。研抛时可用比研抛工件材料软的竹或硬木压在砂纸上。研磨液可使用煤油、轻油。要求在研抛过程中必须经常清洗砂纸与研磨零件，砂纸粒度从粗到细逐步改变。

c. 用磨粒进行研抛。用油石和砂纸不能研抛的细小部分、文字或花纹，可在研磨棒上用油粘上磨粒进行研抛。对凹的文字、花纹可将磨粒粘在工件上用铜刷反复刷擦。所用磨粒有氧化铝、碳化硅、金刚砂等。

d. 用研磨膏研抛。用竹棒、木棒作为研磨工具蘸上研磨膏进行研抛。手工研抛一般将研磨膏涂在研具上。研磨膏在使用时用煤油或汽油稀释。

②　利用研抛工具进行研抛。采用电动手持抛光工具进行研抛，主要是使用各种形式的研抛头。只要在研抛头上配置不同的磨削头便可进行各种不同的研抛工作。

2）研抛运动轨迹。平面研抛时，工件在平板上作 8 字形推磨，经约半分钟后工件转过 180°再推磨，在整个研抛过程中，尽量避免过早出现轨迹周期性重复。图 1-62 所示为对不同形体的工件所采用的研磨运动的轨迹。

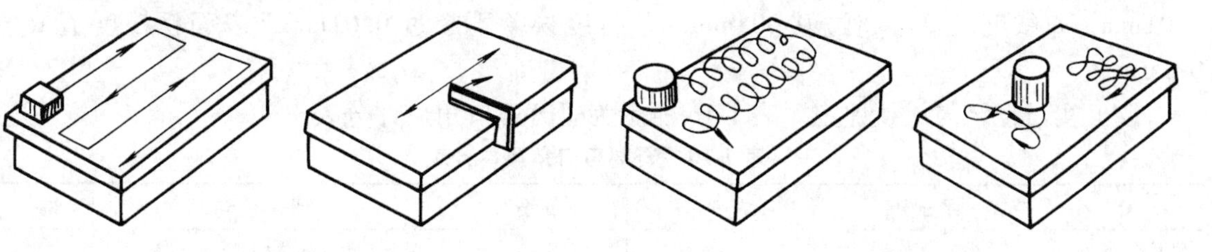

a）　　b）　　c）　　d）

图 1-62　研抛运动轨迹

a）直线　b）直线摆线　c）螺旋线　d）8 字形和仿 8 字形

3）研抛压力与速度。在粗研时，研抛压力不超过 3×10^5Pa，精研抛时用较小压力 $3\times10^4\sim5\times10^4$Pa；研抛速度以不使工件发热为限，干研速度为 10 ~ 25m/min，湿研速度约为干研速度的 2 ~ 4 倍。若工件材质较软或精度要求较高时，研抛速度取较小值。

3. 训练课题及步骤

（1）实习课题　研磨 90°刀口角尺。工件名称：90°刀口角尺；材料：45 钢（或 Q235）；

材料来源：预加工件；件数：1 件；工时：12h。

（2）生产实习图　见图 1-63。

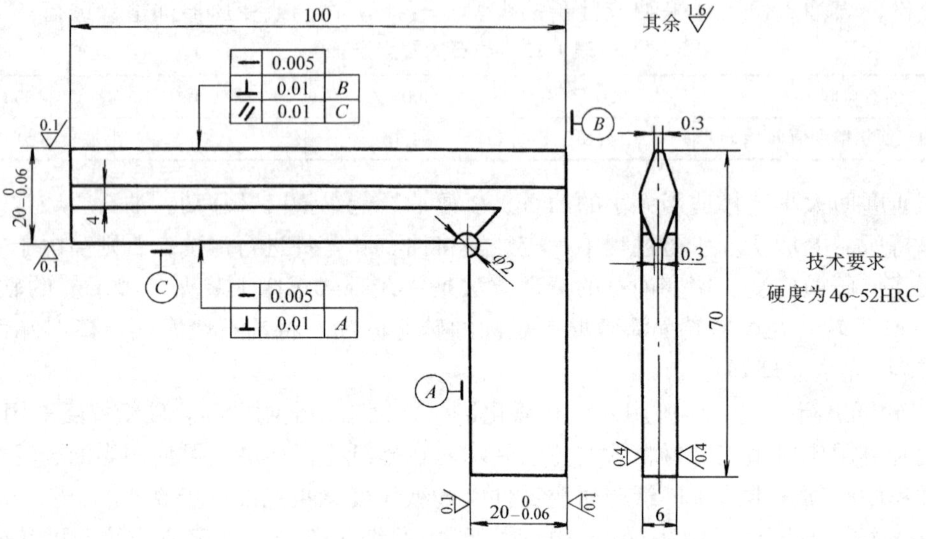

图 1-63　90°刀口角尺

（3）实习步骤

1）研磨先用三块小平板分组进行粗磨练习，使平板平面度误差不超过 0.01mm，表面粗糙度值 R_a 不超过 0.4μm。

2）选用 100 号 ~ W50 范围内的研磨粉对刀口角尺两平面作粗研磨，用 8 字形、仿 8 字形或螺旋形运动轨迹进行研磨，使表面粗糙度值 $R_a \leqslant 0.1$μm。

3）用方铁尺靠块作导靠，粗、精研磨尺座内侧和尺瞄内侧刀口面，使两面垂直度误差不超过 0.01mm，直线度误差不超过 0.005mm，表面粗糙度值 $R_a \leqslant 0.1$μm。

4）仍用导靠，粗、精研磨尺座外侧和尺瞄外侧刀口面，使两面垂直度误差不超过 0.01mm，直线度误差不超过 0.005mm，平行度误差不超过 0.01mm，表面粗糙度值 $R_a \leqslant 0.1$μm。

（4）实习记录与成绩评定　表 1-16 所示为研磨刀口角尺评分表。

表 1-16　研磨刃口角尺评分表

评分内容	配分	评分标准	得分
尺寸要求 $21_{-0.06}^{\ 0}$（2 组）	8×2	超差 0.01mm 扣 2 分	
尺寸测量平面度误差不超过 0.005mm（2 面）	8×2	超差 0.005mm 扣 4 分	
尺瞄刀口面直线度误差不超过 0.005mm（2 面）	8×2	超差 0.005mm 扣 4 分	
外直角垂直度误差不超过 0.01mm	10	超差 0.005mm 扣 2 分	
内直角垂直度误差不超过 0.01mm	10	超差 0.005mm 扣 2 分	
测量面表面粗糙度值 $R_a \leqslant 0.1$μm（四面）	5×4	每降低一级扣 2 分	
最大平面表面粗糙度 $R_a \leqslant 0.4$μm（两面）	6×2	每降低一级扣 2 分	
安全文明生产		违反规定酌情扣分	
工时定额 12h		每超 30min 扣 3 分	

（二）锉配三方、四方套训练

1. 训练要求

1）掌握三方、四方形体的锉配方法。

2）了解影响锉配精度的因素，并掌握锉配误差的检查和修正方法。

2. 训练内容

1）加工工艺及加工方法。

2）锉配基准件（凸件）形位误差对锉配的影响。

3）锉削技能的巩固与提高。

4）分析和处理在锉配中出现的问题，达到锉配精度要求。

5）检测与评分。

6）质量分析与评价。

3. 操作步骤

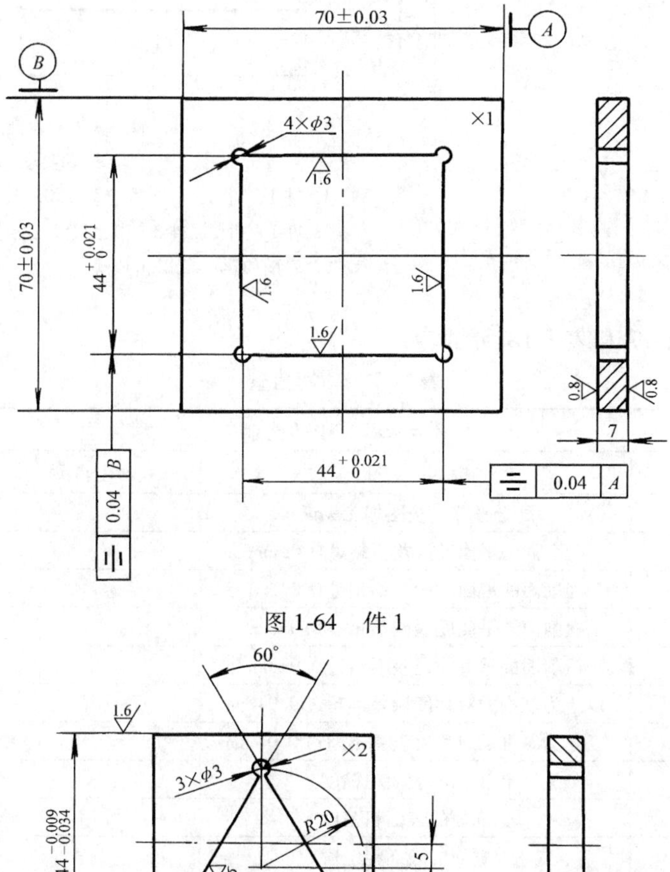

图 1-64　件 1

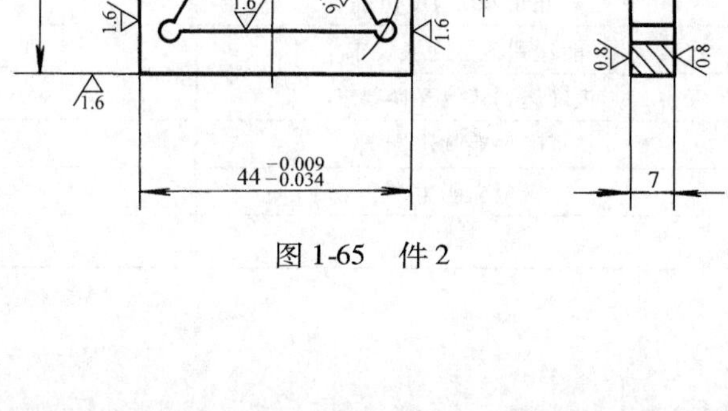

图 1-65　件 2

1）划线锉修件 1，具体尺寸见图 1-64。

2）划线锉修件 2，具体尺寸见图 1-65。

3）划线锉修件 3，具体尺寸见图 1-66。

4）按要求锉配件 1、2、3，完成装配。具体要求见图 1-67。

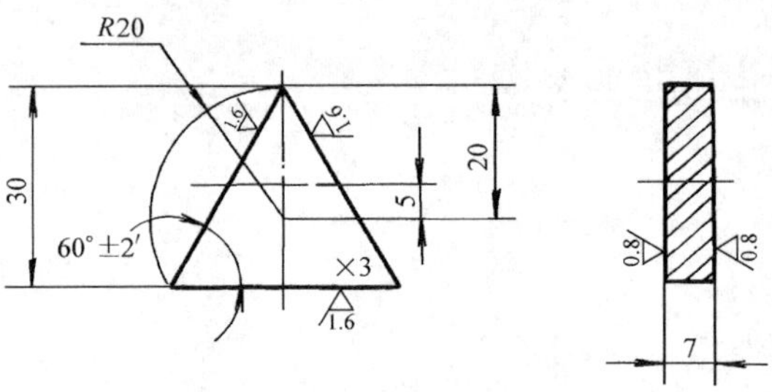

图 1-66　件 3

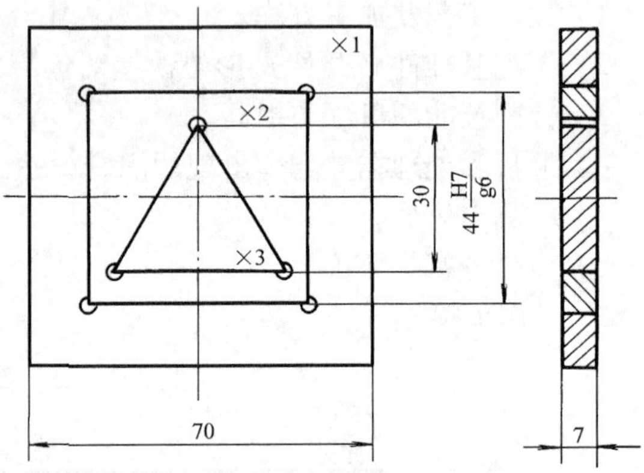

图 1-67　装配图

技术要求

1. 件 1、件 2、件 3 配合间隙 0. 04mm。
2. 件 1、件 2、件 3 间隙配合均达到转位互换、转面互换。
3. 表面整洁，无敲击痕迹。

4. 评分标准

评分标准如表 1-17 和表 1-18 所示。

表 1-17　功能检查

评分采用　10～0 分制				
序号	零件号	检 测 项 目	学生自测	教师检查
1	1、2、3	配合平整、按图加工无误		
2	1	配合面的平面度误差不超过 0. 03mm		
3	2	锉削面的平面度误差不超过 0. 03mm		
4	3	锉削面的平面度误差不超过 0. 03mm		
5	1、2、3	锉削面的垂直度误差不超过 0. 03mm		
6	1	以 *A* 为基准的对称度误差不超过 0. 04mm		
7	1	以 *B* 为基准的对称度误差不超过 0. 04mm		
8	1	锉削面的表面粗糙度		
9	2	锉削面的表面粗糙度		
10	3	锉削面的表面粗糙度		
11	3	三角形 60°角度正确		
12	1、2	能达到转位互换要求		
13	2、3	正确达到转位互换要求		
14	1、2、3	正确去毛刺作标记		
15		安全文明生产		
结　果				

表 1-18 尺寸检测

评分采用 10~0 分制						
序号	零件号	图样尺寸/mm	公差/mm	实际尺寸		分 数
				学生自测	教师检查	
1	1、2	配合间隙（第 1 处）	≤0.04			
2	1、2	配合间隙（第 2 处）	≤0.04			
3	1、2	配合间隙（第 3 处）	≤0.04			
4	1、2	配合间隙（第 4 处）	≤0.04			
5	2、3	配合间隙（第 1 处）	≤0.04			
6	2、3	配合间隙（第 2 处）	≤0.04			
7	2、3	配合间隙（第 3 处）	≤0.04			
8	1	70	±0.03			
9	1	70	±0.03			
10	2	44	$^{-0.009}_{-0.034}$			
11	2	44	$^{-0.009}_{-0.034}$			
12	1	以 *A* 为基准的对称度误差不超过 0.04mm				
13	1	以 *B* 为基准的对称度误差不超过 0.04mm				
结 果						

第二单元　冷冲模钳工技能训练

课题一　冲模典型结构

一、冲压成形模具典型结构

（一）冷冲模的分类

在冷冲压生产中，冷冲模的种类很多，按其工作特点及结构可做如下分类：

1. 按工艺性质分类

冷冲模可分为冲裁模、弯曲模、拉深模、成形模、冷挤压模等。

2. 按工序组合方式分类

1）单工序模，在压力机的一次行程内，在一副模具中只能完成一道冲压工序的模具。

2）级进模（又称连续模），在压力机的一次行程内，在一副模具中的不同位置上完成两个或两个以上工序，最后将制品与条料分离的冲模。

3）复合模，在压力机的一次行程内，在一副模具中的同一位置上完成几个不同工序的冲模。

3. 按凸模或凸凹模的安装位置分类

1）正装模，模具中的凸模或（复合模中的）凸凹模安装在模具的上模部分。

2）倒装模，模具中凸模或凸凹模安装在模具的下模部分。

4. 按冲模导向方式分类

1）敞开模（开式模），其模具本身无导向装置，工作完全靠压力机导轨导向。

2）导柱模，其上、下模分别装有导套、导柱，靠其配合精度来保证凸凹模的准确位置。

3）导板模，用导板来保证冲裁时凸凹模的准确位置。

（二）冲裁模零件的类型及功用

冲裁模有简单的，也有复杂的，一般分为上模与下模两部分。上模固定在压力机滑块上，并随滑块一起运动，称为冲模的活动部分；下模固定在压力机的工作台上，称为冲模的固定部分。冲裁模的组成零件，一般有以下几类：

1. 工作零件

工作零件是直接进行冲裁或成形的零件，包括凸模、凹模及凸凹模（复合模用）。

2. 定位零件

定位零件是使坯料或制件在冲模中正确定位的零件。毛坯在模具中的定位有两个内容：一是送料方向上的定位，用来控制送料的进距，通常称为挡料，如图 2-1 中所示销 a；二是在与送料方向垂直方向上的定位，通常称为送料导向，如图 2-1 中所示销 b 及 c。

3. 压料、卸料和顶出零部件

这类零件起压料、卸料和顶料作用，并保证把卡在凸模上和凹模孔内的制件或废料卸下或推出、顶出，以保证冲压能继续进行。

- 冲裁模零部件
  - 工艺零件
    - 工作零件
      - 凸模
      - 凹模
      - 凸凹模
    - 定位零件
      - 定位板、定位销
      - 挡料销
      - 导正销
      - 导尺（侧压）
      - 侧刃
    - 压料、卸料及顶出零、部件
      - 卸料板
      - 推件装置
      - 顶件装置
      - 压边圈
      - 弹簧、橡胶垫
  - 辅助构件
    - 导向零件
      - 导柱
      - 导套
      - 导板
      - 套筒
    - 固定零件
      - 上、下模座
      - 模柄
      - 凸凹模固定板
      - 垫板
      - 限位器
    - 紧固件及其他零件
      - 螺钉
      - 销钉
      - 键
      - 其他零件

4. 导向零件

它能够保证在冲裁过程中凸模和凹模之间间隙均匀，保证模具各部分保持良好的运动状态。

5. 固定零件

它主要用来连接及固定工作零件，使之成为完整的模具结构。

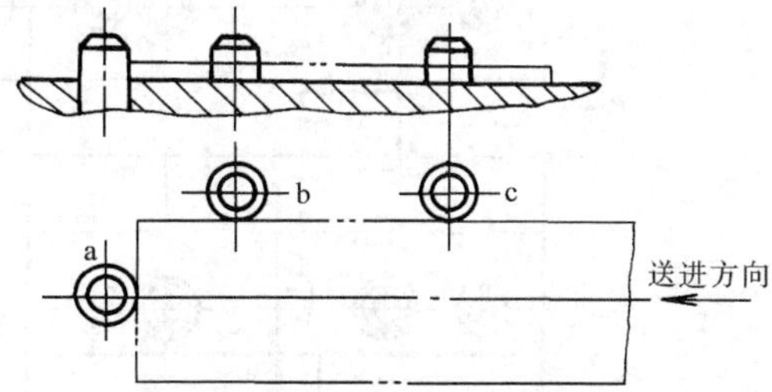

图 2-1　毛坯的定位

6. 紧固件及其他零件

它将上述各类零件固定于一定的位置或将冲模与压力机连接。

应该指出，不是所有的冲裁模都具有上述六类零件，尤其是简单冲裁模。但是工作零件和必要的支承件总是不可缺少的。

（三）冷冲模的典型结构图例

1. 冲裁模典型结构

（1）单工序落料模

1）敞开式落料模如图 2-2 所示。凸模和凹模通过固定板用螺钉和销钉固定在上、下模座上，用固定挡料销定位，用箍在凸模上的硬橡胶块卸料，模具依靠压力机滑块导向。

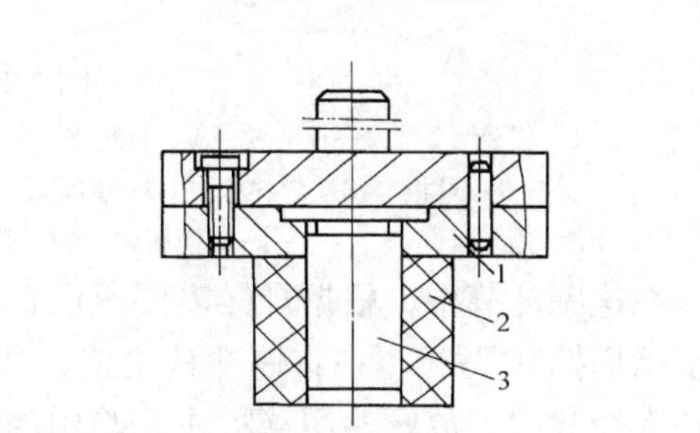

图 2-2　敞开式落料模

1—凸模固定板　2—橡胶块　3—凸模
4—下模座　5—凹模　6—固定挡料销

该模具结构简单，制造周期短，成本低。但安装凸、凹模时，间隙调整麻烦且不易均匀。此外，该模具寿命低，不够安全，冲裁件精度等级低。故该模具适用于精度等级要求低、形状简单、生产量小的冲裁件。

2）导板式落料模如图 2-3 所示。其上、下模的导向是依靠导板 9 与凸模 5 的间隙配合（一般为 H7/h6）实现的。

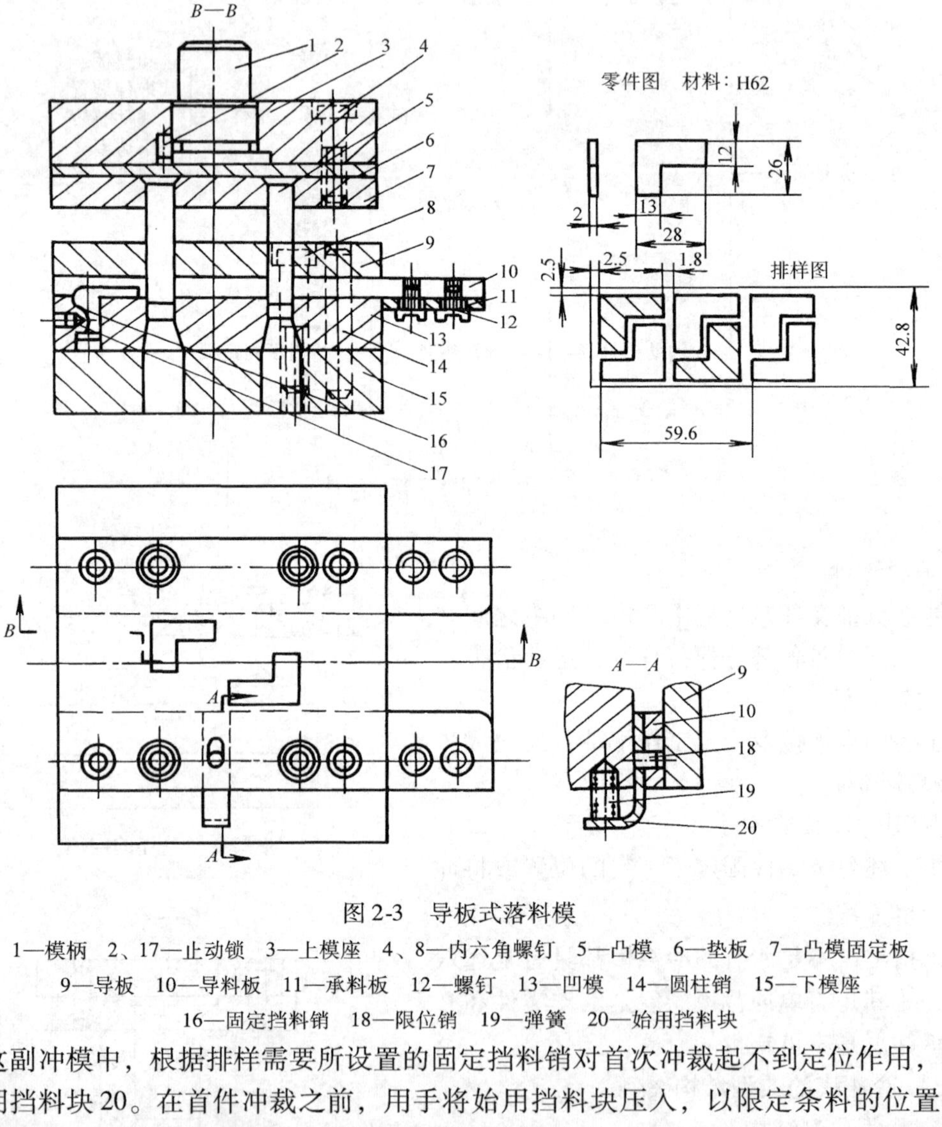

图 2-3 导板式落料模

1—模柄 2、17—止动锁 3—上模座 4、8—内六角螺钉 5—凸模 6—垫板 7—凸模固定板 9—导板 10—导料板 11—承料板 12—螺钉 13—凹模 14—圆柱销 15—下模座 16—固定挡料销 18—限位销 19—弹簧 20—始用挡料块

在这副冲模中，根据排样需要所设置的固定挡料销对首次冲裁起不到定位作用，为此采用了始用挡料块 20。在首件冲裁之前，用手将始用挡料块压入，以限定条料的位置，在以后各次冲裁中，放开始用挡料块，始用挡料块被弹簧弹出，不再起挡料作用，而靠固定挡料销继续对料边或搭边进行定位。

该模具的冲裁过程是当条料沿导板送到始用挡料块 20 时，凸模由导板 9 导向而进入凹模，完成首次冲裁，冲下一个零件。条料继续送至固定挡料销 16 定位，进行第二次冲裁，此时落下两个零件。如此继续，直至冲完条料。分离后的零件靠凸模从凹模孔中依次推出。

导板式落料模的主要特征在于凸凹模的正确配合依靠上下模之间的导板导向。为了保证导向精度和导板的使用寿命，冲裁时不允许凸模脱离导板。为此，要求压力机的行程较小。该模具采用钩形挡料销，钩形挡料销的安装孔离凹模刃口较远，因而保证了凹模的强度。导板式落料模比敞开式落料模的精度高，寿命长，安装较容易，卸料可靠，操作较安全，轮廓尺寸也不大，一般用于形状比较简单、尺寸不大、料厚大于0.3mm的冲裁件。

3）弹顶出料的导柱式落料模如图2-4所示。上、下模依靠导柱和导套导向。导柱和导套都是圆柱形的，加工方便，凸、凹模间隙容易保证，且不会改变，所以导柱模具有冲裁件精度高、模具使用寿命长、安装方便等优点，已在冲压生产中得到广泛应用。

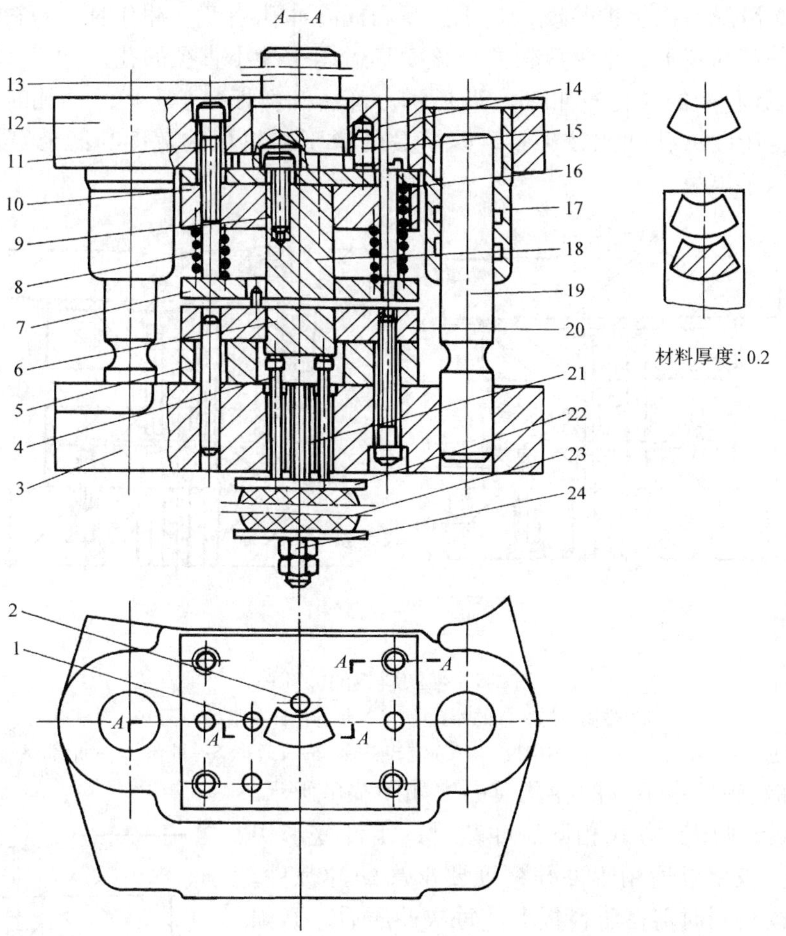

图2-4　导柱式落料模

1—导料钉　2—挡料钉　3—下模座　4—顶杆　5—落料凹模垫板　6—顶块　7—弹压卸料板　8—弹簧　9、11—内六角螺钉　10—凸模固定板　12—上模座　13—模柄　14—销钉　15—防转销钉　16—卸料螺钉　17—导套　18—落料凸模　19—导柱　20—落料凹模　21—双头螺杆　22—顶板　23—橡胶块　24—固定螺母

图2-4所示模具，由于凸模安装在上模部分，所以该模具是一副顺装式落料模具，其动作过程是：将条料沿着两个左侧导料钉1向前送进至条料料头顶住挡料钉2，模具的上模部分向下运动至闭合状态冲压成形，此时压力机滑块刚好在下止点。当冲压完成后，上模部分在压力机滑块的带动下由下止点向上回程，弹压卸料板7在弹簧8的弹力推动下将包紧在落料凸模18上的废料从凸模上卸下，而下模弹顶器中的橡胶块23向上推动顶板22，并通过顶杆4向上推动安装在落料凹模20内的顶块6向上将张紧在落料凹模内的冲压件顶出落料凹模。操作人员用条料或手工工具将冲压件推、取出模具后，再将条料抬高使其沿左侧的两个

导料钉 1 并越过挡料钉 2 的上表面继续向前送进，直至第一个冲出的废料孔套住挡料钉 2 后，降低条料使其再次贴住落料凹模的上表面，继续向前送进条料，至废料孔的后侧大圆弧边顶住挡料钉 2 为止。再进行下一次的冲压过程，直至整张条料上的冲压件加工完毕。

（2）单工序冲孔模

1）带固定卸料板的冲孔模如图 2-5a 所示。衬套 6 经淬火、磨削后压入固定卸料板 4 内，其内孔与凸模 5 滑配，以保护凸模，防止折断和提高冲孔精度。冲孔时，卸料板不能压住板料，否则冲裁件容易变形，平整度较差，该模具适用于冲小直径的孔。

2）带弹压卸料板的冲孔模如图 2-5b 所示。弹压卸料板装于上模。冲孔时，弹压卸料板始终压住板料，所以冲孔件比较平整。因模具的弹压卸料板的宽度与凹模宽度相同，工作时，容易发生压手事故。

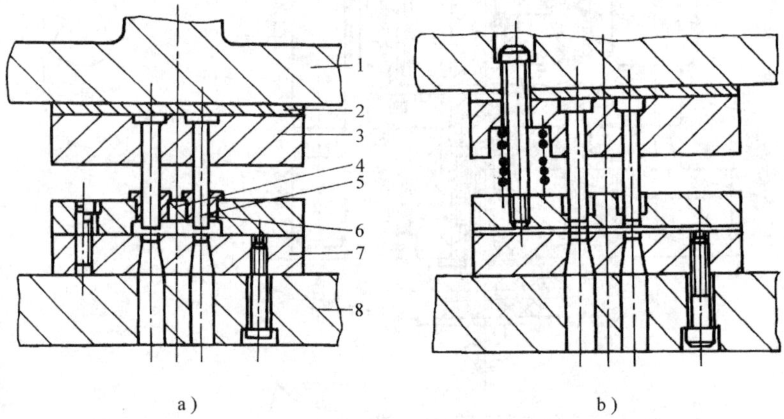

图 2-5　带卸料板的冲孔模

a）带固定卸料板的冲孔模　b）带弹压卸料板的冲孔模

1—上模座　2—垫板　3—凸模固定板　4—固定卸料板　5—凸模　6—衬套　7—凹模　8—下模座

3）弹压卸料板装在下模的冲孔模中，如图 2-6 所示。与图 2-5b 相比板料压紧方式相同。冲裁时，零件变形很小，平整度高。该模具适用于冲孔精度要求高的冲裁件，缺点是零件和废料同时落在压料板上，每次冲压后，必须同时取件和清理废料。

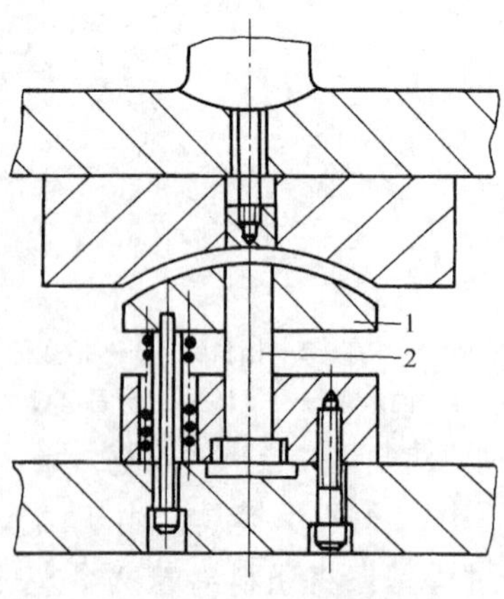

图 2-6　弹压卸料板装在下模的冲孔模

1—压料板　2—凸模

（3）级进模　级进模是一种多工序模，具有两个或两个以上的工位，它的主要特点是生产率高，为高速自动冲压提供了有利条件。它不但可以完成冲裁工序，还可以完成成形工序，甚至装配工序。

因为级进模的工位数多，所以必须解决好条料或带料的准确定位问题，才可能保证冲压件质量。根据定位零件的特征可对级进模进行分类。这里只介绍两种常用的典型结构。

1）固定挡料销和导正销定位的级进模。图 2-7 所示为冲垫圈的冲孔、落料级进模。冲模的工作零件有冲孔凸模 3、落料凸模 4、凹模 7，定位零件有导料板 5（与导板成一体）、始用挡料销 10、固定挡料销 8、导正销 6。工作时以始用挡料销限定条料的初始位置，进行冲孔。始用挡料销复位后，条料送进一个进距，以固定挡料销初定位，以装在落料凸模端面上的导正销进行精定位，保证垫圈的孔与外圆的相对位置精度。落料的同时，在冲孔工位上再次冲孔，这样级进冲裁直至条料或带料冲完为止。当冲压件的孔径太小或孔距太小，不适于用导正销定位时，可在条料的废料部位冲工艺孔，再用装在凸模固定板上的导正销进行导正。

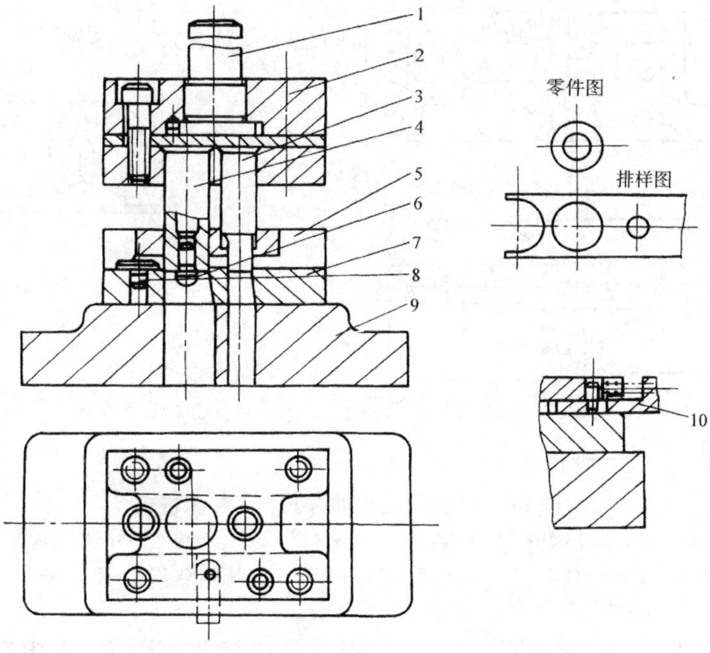

图 2-7　冲垫圈的冲孔、落料级进模

1—模柄　2—上模座　3—冲孔凸模　4—落料凸模　5—导板兼导料板　6—导正销
7—凹模　8—固定挡料销　9—下模座　10—始用挡料销

级进模一般都有导向装置，该模具是以导板 5 与凸模间隙配合进行导向，并以导板进行卸料。

2）侧刃定距的级进模。图 2-8 所示为双侧刃定距的冲孔、落料级进模。它以侧刃 16 代替了始用挡料块、挡料销和导正销控制进距。侧刃是特殊功用的凸模，其作用是在压力机每次冲压行程中，沿条料边缘切下一块长度等于进距的料边。沿着送料方向，在侧刃前后的两块导料板的间距不等，从俯视图看左窄右宽形成凸台，所以条料上只有切去料边的部分才能通过，通过的距离即等于进距。对于工步多的级进模，为了减少尾料损失，可采用两个侧刃对角排列，该模具就是这样。此外，由于该模具冲裁的板料较薄（$\delta=0.3$ mm），为了保证制件的平整，需要采用弹压卸料代替刚性卸料。

（4）复合模　复合模也是一种多工序模。此模的主要特点是结构紧凑，只有一个工位，冲出的制件精度较高，生产率也高，适合大批量生产，特别是孔与制件外形的同轴度容易保证。但模具结构复杂，制造较困难。按照落料凹模安装位置的不同，分为正装式复合模和倒装式复合模两种。

1）倒装式复合模。图 2-9 所示为垫圈的落料、冲孔复合模，其凸凹模 18 装在下模，落

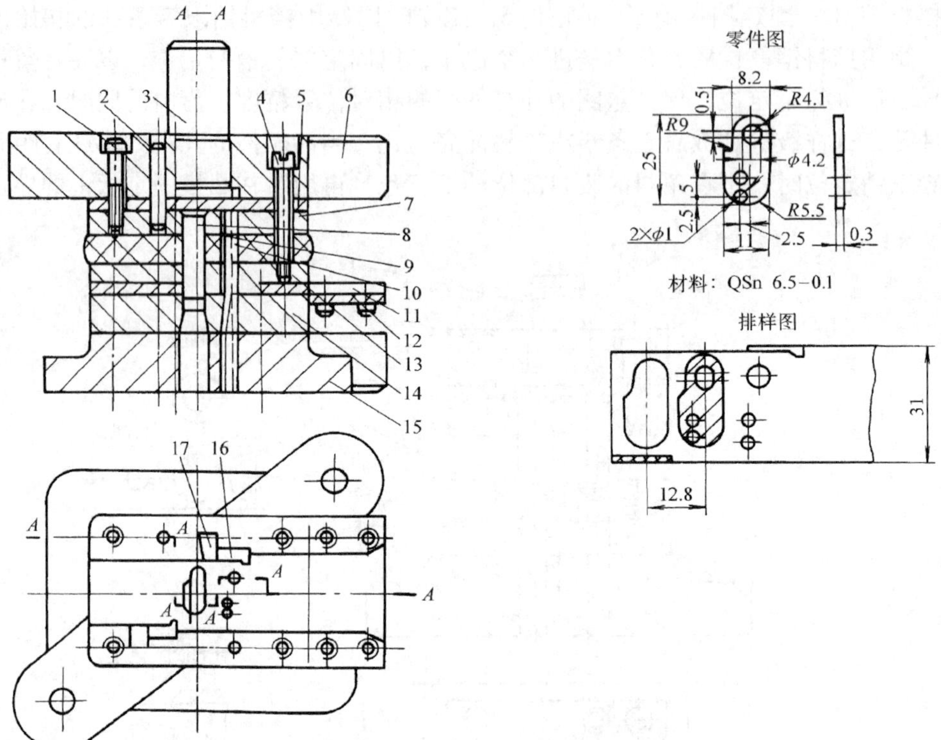

图 2-8　双侧刃定距的冲孔、落料级进模

1—内六角螺钉　2—销钉　3—模柄　4—卸料螺钉　5—垫板　6—上模座　7—凸模固定板　8、9、10—凸模　11—导料板　12—承料板　13—卸料板　14—凹模　15—下模座　16—侧刃　17—侧刃挡块

料凹模 3 和冲孔凸模 10 装在上模，属倒装复合模。

图中所示模具是在闭合时的位置。工作时，滑块带动模柄 7、上模座 1 等上部零件上行，毛坯被送入模具，并与导料销 15、活动挡料销 20 接触，以保持毛坯在冲压时的正确位置。滑块向下运动时，首先是卸料板 23 与凹模 3 夹住毛坯，随后开始冲裁，冲下的毛坯材料则紧包在凸凹模 18 的孔内，而外部的毛坯材料则紧包在凸凹模 18 上。当冲床滑块回程时，毛坯由卸料板 23 靠弹簧 22 的作用而退出凸凹模。工件仍留在凹模 3 的孔内，直到推杆 8 碰到冲床的打料横梁而向下移动，推动推板 9，再传到推销 12 而推动推件块 14 向下运动，将工件顶出凹模孔而落下。

2）正装式复合模又称顺装式复合模。图 2-10 所示为落料、冲孔复合模。凸凹模 9 装在上模，落料凹模 1 和冲孔凸模 3 装在下模。工作时，条料靠导料销和挡料销 12 定位。上模下压，凸凹模 9 和凹模 1 进行落料，料卡在凹模中，同时冲孔凸模与凸凹模内孔一同进行冲压，冲孔废料卡在凸凹模孔内。卡在凹模中的制件由顶件装置顶出。顶件装置由带肩顶杆 11 和顶板 2 及装在下模座底下的顶件装置 13 组成。当上模上行时，原来在冲裁时被压缩的弹性元件恢复，把卡在凹模 1 中的制件顶出模面。弹顶器之弹性元件的高度不受模具空间的限制，顶件力的大小容易调整，可获得较大的顶件力。卡在凸凹模内的冲孔废料由推件装置推出。推件装置由推杆 8、顶板 7 和顶杆 5 组成。当上模上行至上止点时，把废料推出。每冲裁一次，冲孔废料被推出一次，凸凹模内不积存废料，因而胀力小，不易破裂，且制件的平直度较高。但冲孔废料落在下模工作面上，清除麻烦。由于采用固定挡料销和导料销，所以在卸料板上需钻让位孔。

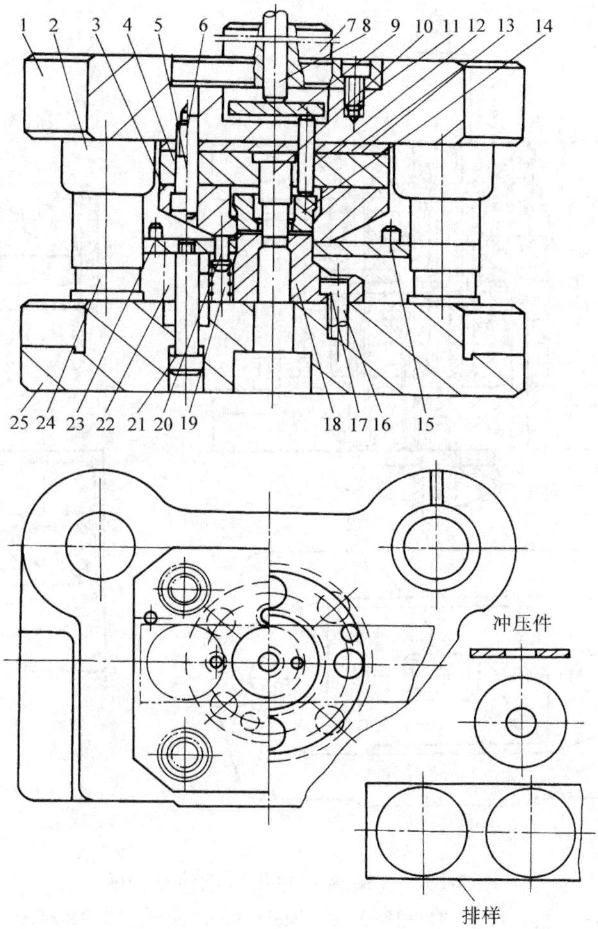

图 2-9　（落料、冲孔）倒装复合模

1—上模座　2—导套　3—凹模　4—凸模固定板　5、11、17—螺钉　6、16—销钉　7—模柄　8—推杆　9—推板　10—凸模　12—推销　13—垫板　14—推件块　15—导料销　18—凸凹模　19、22—弹簧　20—活动挡料销　21—卸料螺钉　23—卸料板　24—导柱　25—下模座

复合模若按工序组合的不同，分为冲孔、落料复合模（见图 2-9 和图 2-10），落料、拉深、冲孔复合模（见图 2-11），落料、拉深、冲孔、翻边复合模（见图 2-12）等。

图 2-11 所示模具，拉深凸模 3 的刃面稍低于落料凹模 12 刃面约一个料厚，使落料完毕后才进行拉深。同样凸模 10 的刃面也应设计成使拉深完毕后才进行冲孔。条料送进时由左边的挡料销 4 定距，由后面的挡料销及两导向螺栓 1 导向。拉深时由压力机气垫通过 4 根拖杆 14 和压料板 2 进行压边，拉深完毕后靠它顶件。由弹性卸料板 11 进行卸料。冲孔废料则落在下模槽中的盖板 13 上，需经常把废料从槽中清出。当上模上行时，由推杆 9、顶板 8 和 3 根顶销 7 及顶出器 6，把制件从拉深凹模 5 中推出。

图 2-12 所示为落料、拉深、冲孔、翻边复合模。模具闭合过程中，首先由凸凹模 8 与落料凹模 11 落料。模具继续闭合时，在压边圈压力合适的情况下，凸凹模 8 又作为拉深凹模，与凸凹模 9 将工件拉伸到一定深度。冲孔凸模 5 与凸凹模 9 在拉伸件底部冲孔。模具进一步闭合时，凸凹模 8 与 9 将工件拉深并翻边成形。冲孔废料由废料顶杆推动，从弹顶装置

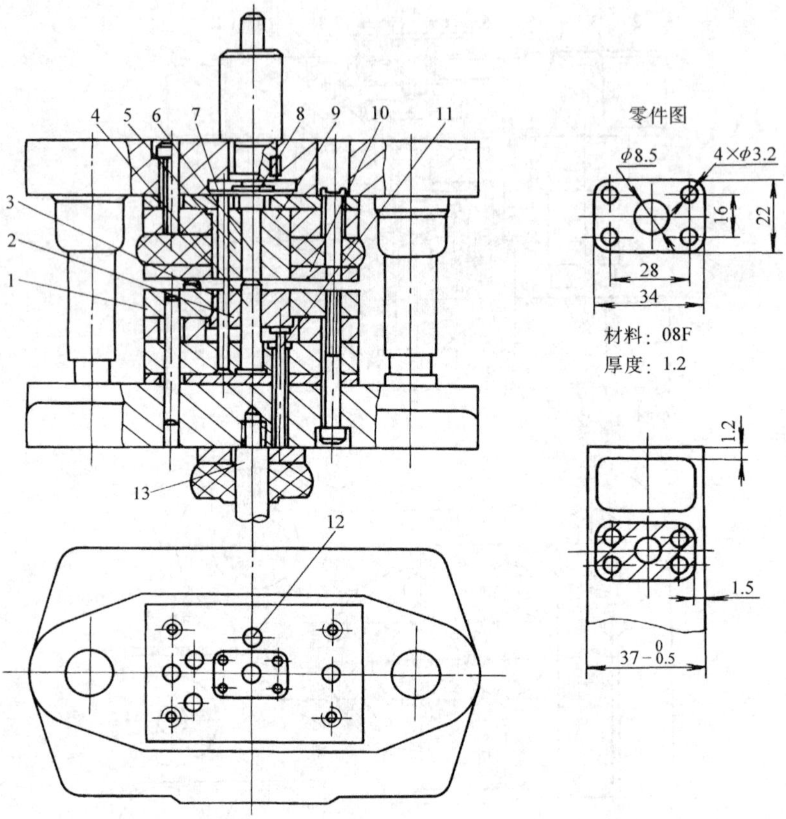

图 2-10 （落料、冲孔）正装复合模

1—凹模 2、7—顶板 3、4—凸模 5、6、11—顶杆 8—推杆 9—凸凹模 10—卸料板 12—挡料销 13—顶件装置

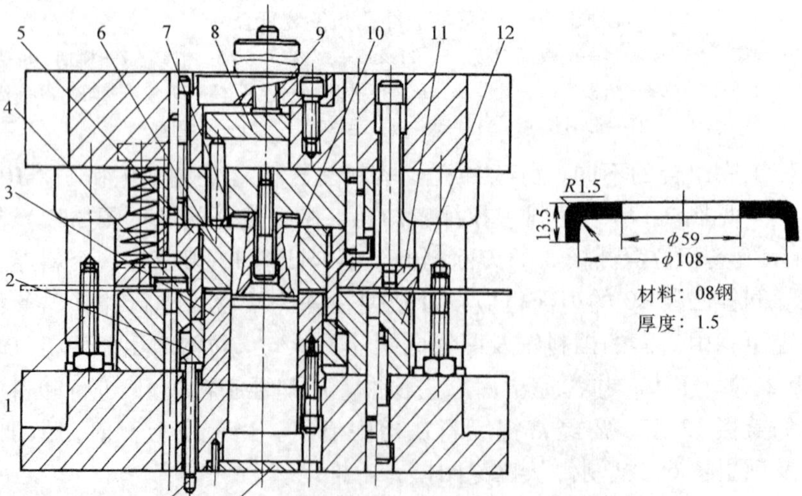

图 2-11 落料、拉深、冲孔复合模

1—导向螺栓 2—压料板（卸料板） 3—拉深凸模（冲孔凹模） 4—挡料销 5—拉深凹模（落料凸模） 6—顶出器 7—顶销 8—顶板 9—推杆 10—冲孔凸模 11—弹性卸料板 12—落料凹模 13—盖板 14—拖杆

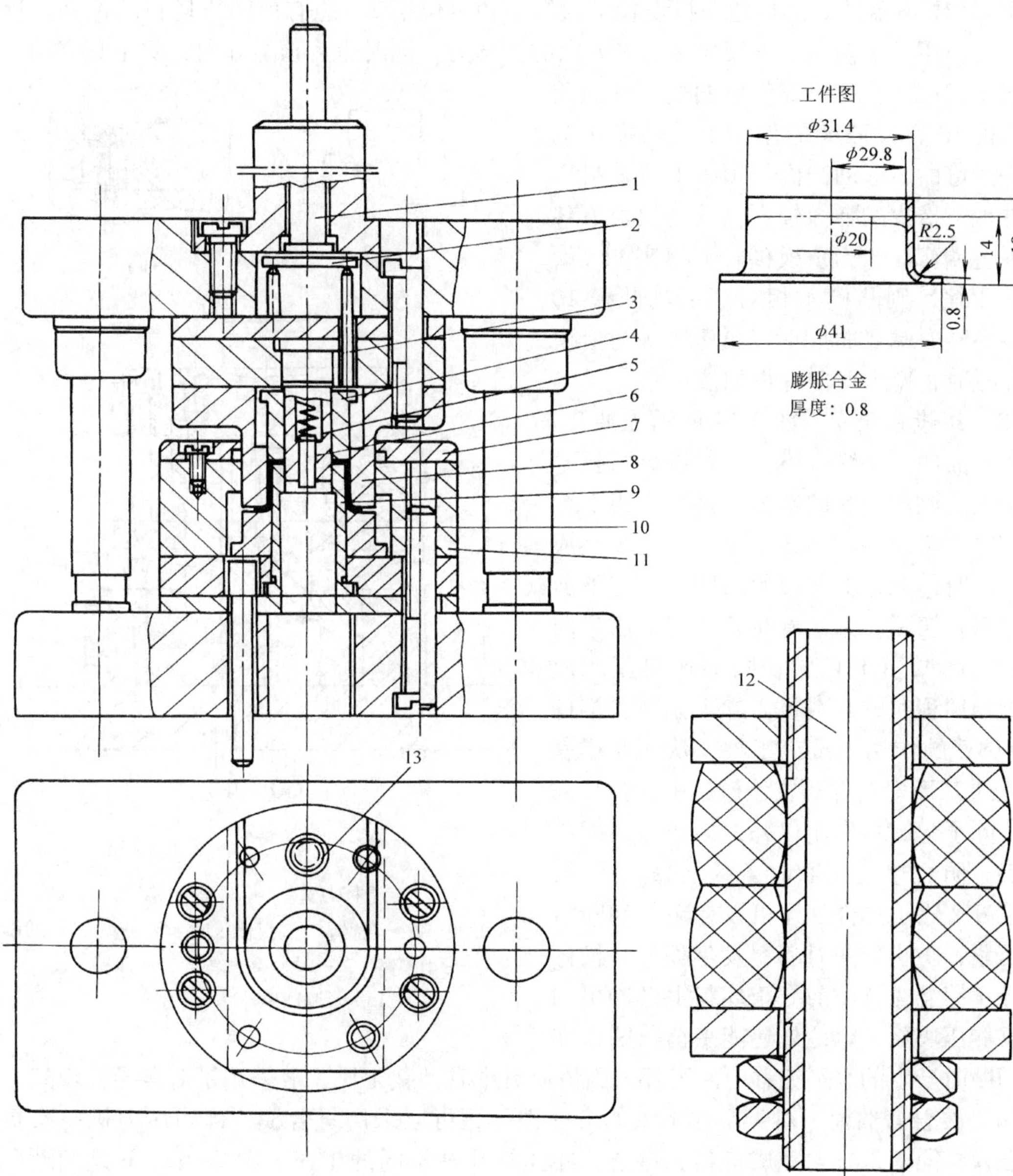

图 2-12　落料、拉深、冲孔、翻边复合模

1—推杆　2—顶板　3—顶杆　4—推块　5—冲孔凸模　6—废料顶杆　7—固定卸料板　8、9—凸凹模　10—压边圈　11—落料凹模　12—弹顶装置　13—挡料销

的空心螺纹管中落下。凸凹模 9 既作为拉深、翻边的凸模，又作为冲孔的凹模，其壁厚应有一定要求，以保证强度。模具开启后，推块 4 将工件从凸凹模 8 中退出。

2. 弯曲模典型结构

(1) Z 形件弯曲模　用单工序 Z 形件弯曲模 Z 形件一次弯曲即可成形。图 2-13a 所示的 Z 形件弯曲模结构简单，但由于没有压料装置，弯曲时坯料容易滑动，只适用于精度要求不高的零件。

图 2-13b 所示的 Z 形件弯曲模设置了顶板 1 和定位销 2，能有效防止坯料的偏移。反侧压块 3 的作用是平衡上、下模之间水平方向的错移力，同时也为顶板导向，防止其窜动。

图 2-13c 所示的 Z 形件弯曲模，弯曲前活动凸模 10 在橡胶 8 的作用下与凸模 4 端面平齐。弯曲时活动凸模与顶板 1 将坯料压紧，并由于橡皮的弹力较大，推动顶板下移使坯料左端弯曲。当顶板接触下模座 11 后，橡胶 8 压缩，则凸模 4 相对于活动凸模 10 下移将坯料右端弯曲成形。当压块 7 与上模座 6 相碰时，整个弯曲件得到校正。

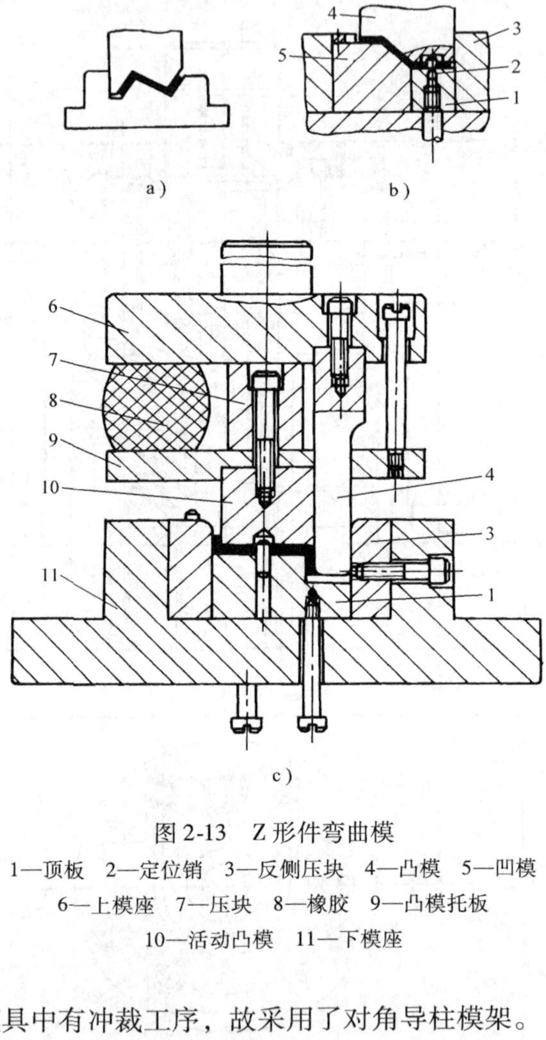

图 2-13　Z 形件弯曲模

1—顶板　2—定位销　3—反侧压块　4—凸模　5—凹模　6—上模座　7—压块　8—橡胶　9—凸模托板　10—活动凸模　11—下模座

（2）级进弯曲模　图 2-14 所示为冲孔、切断和弯曲两工位级进模，条料以导料板导向并送至反侧压块 5 的右侧定距。上模下行时，在第一工位由冲孔凸模 4 与凹模 8 完成冲孔，同时由兼作上剪刃的凸凹模 1 与下剪刃 7 将条料切断，紧接着在第二工位由弯曲凸模 6 与凸凹模 1 将所切断的坯料压弯成形。上模回程时，卸料板 3 卸下条料，推杆 2 则在弹簧的作用下推出工件，从而获得底部带孔的 U 形弯曲件。在该模具中，弹性卸料板 3 除了起卸料作用以外，冲压时还能压紧条料，防止单边切断时条料上翘。同样，弹性推杆 2 除了推件外还可以在坯料切断后将其压紧，防止弯曲时坯料发生偏移。推杆上的导正销能在弯曲前导正坯料上已冲出的孔，反侧压块除了定位外还能平衡凸凹模在单边切断时产生的水平错移力。另外，因该模具中有冲裁工序，故采用了对角导柱模架。

（3）复合弯曲模　对于尺寸不大的弯曲件，还可以采用复合模，即在压力机一次行程内，在模具同一位置上完成落料、弯曲、冲孔等几种不同的工序。图 2-15a、b 是切断、弯曲复合模结构简图。图 2-15c 是落料、弯曲、冲孔复合模，模具结构紧凑，工件精度高，但凸凹模修磨困难。

3. 拉深模典型结构

（1）拉深模分类　根据使用的压力机类型不同，可分为单动压力机上用拉深模和双动压力机上用拉深模；根据拉深顺序可分为首次拉深模和以后各次拉深模；根据工序组合情况不同可分为单工序拉深模、复合工序拉深模、级进拉深模；根据有无压料装置可分为有压料装置拉深模和无压料装置拉深模。

（2）单动压力机用拉深模

1）首次拉深模。图 2-16a 所示为无压料装置的首次拉深模。拉深件直接从凹模底下落

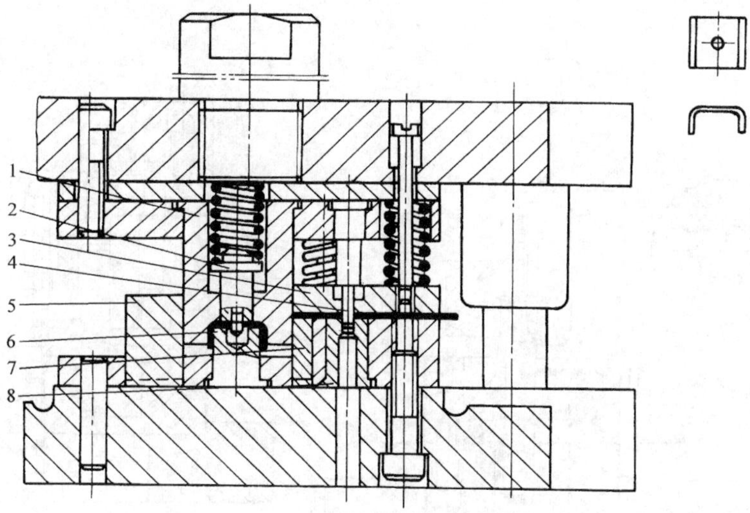

图 2-14　级进弯曲模
1—凸凹模　2—推杆　3—卸料板　4—冲孔凸模　5—反侧压块　6—弯曲凸模
7—下剪刃　8—冲孔凹模

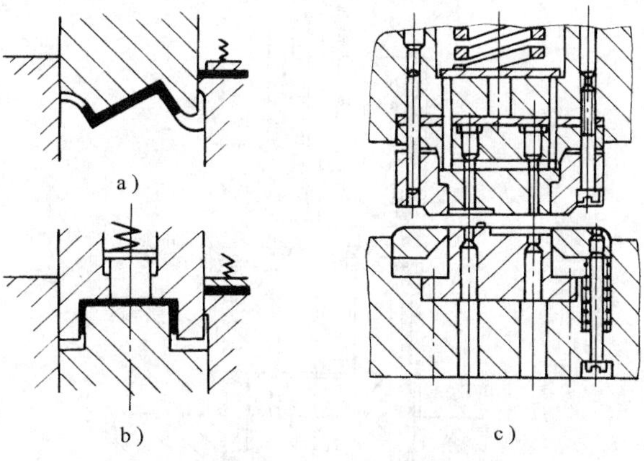

图 2-15　复合弯曲模

下，为了从凸模上卸下冲件，在凹模下装有卸件器，当拉深工作行程结束，凸模回程时，卸件器下平面作用于拉深件口部，把零件卸下。为了便于卸件，凸模上钻有直径为 3mm 以上的通气孔。该模具中的卸件器是环式的，还可以是两个工作部分为圆弧的卸件板对称分布于凸模两边（可参见后面图 2-20）。如果板料较厚，拉深件角度较小，拉深后有一定回弹量。回弹引起拉深件口部张大，当凸模回程时，凹模下平面挡住拉深件口部而自然卸下拉深件，此时可以不配备卸件器。这种拉深模具结构简单，适用于拉深板料厚度较大而深度不大的拉深件。

图 2-16b 为有压料装置的正装式首次拉深模。拉深模的压料装置在上模，由于弹性元件高度受到模具闭合高度的限制，因而这种结构形式的拉深模适用于拉深深度不大的零件。

图 2-16c 为倒装式的具有锥形压料圈的拉深模，压料装置的弹性元件在下模底下，工作行程可以较大，可用于拉深深度较大的零件，应用广泛。

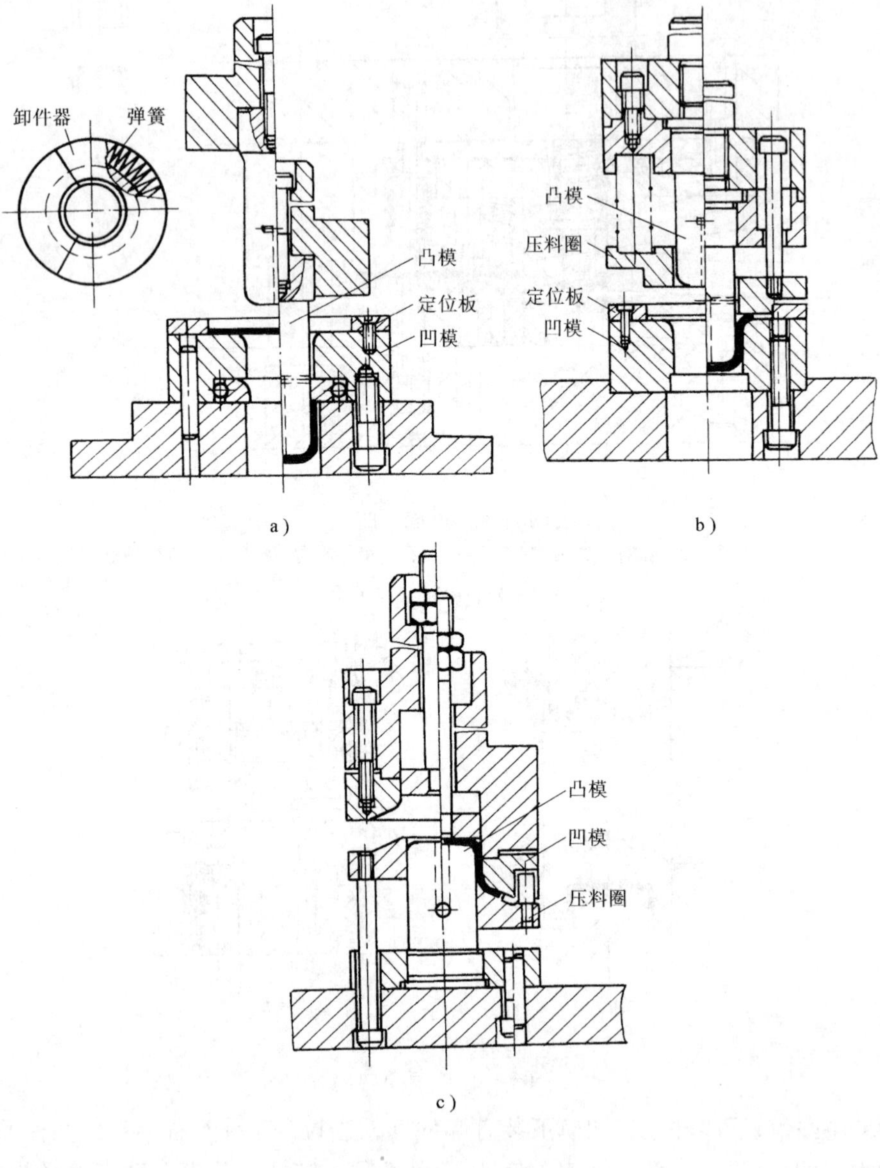

图 2-16　首次拉深模

a）无压料装置　b）有压料装置　c）锥形压料圈

2）以后各次拉深模。图 2-17a 为无压料装置的以后各次拉深模。该模具的凸模和凹模及定位圈可以更换，以拉深一定尺寸范围的不同拉深件。

图 2-17b 为有压料装置的以后各次拉深模，其压料装置带有三个限位柱。压料圈又是工序件的内形定位圈。

3）落料拉深复合模　图 2-18 为落料拉深复合模。这种模具一般设计成先落料后拉深，为此，拉深凸模应低于落料凹模一个板料厚度。压料圈既起压料作用又起顶件作用。由于有顶件作用，上模回程时，冲件可能留在拉深凹模内，所以一般设置推件装置。

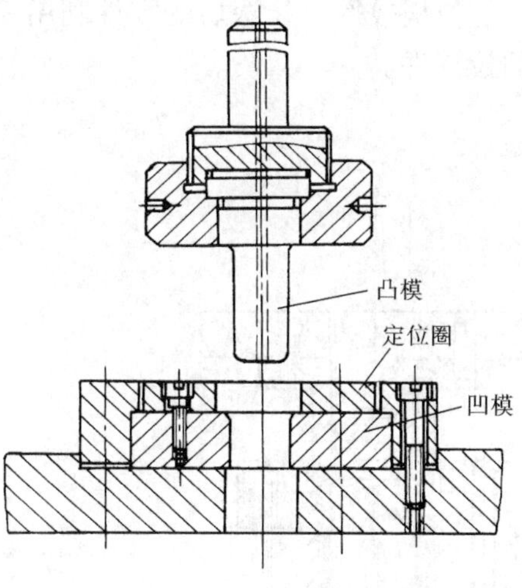

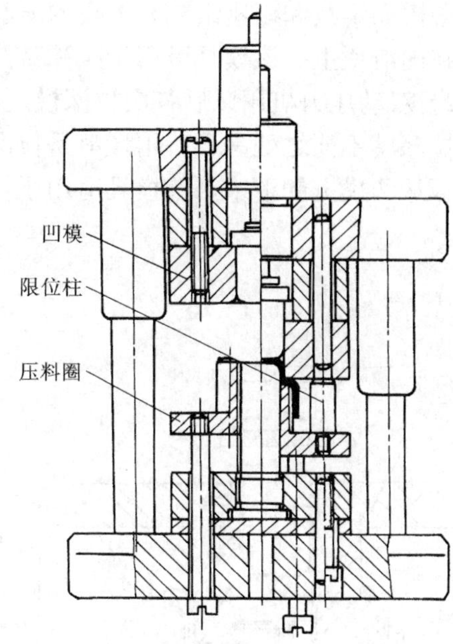

图 2-17　以后各次拉深模

a）无压料装置　b）有压料装置

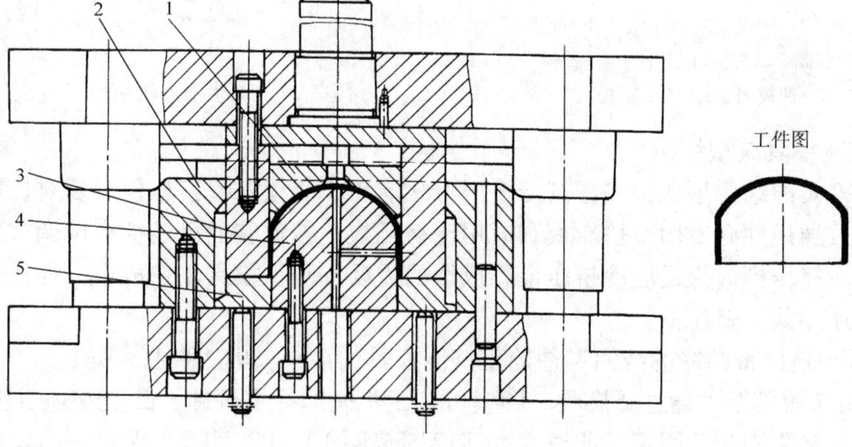

图 2-18　落料拉深复合模

1—推件块　2—落料凹模　3—落料凸模兼拉深凹模　4—拉深凸模　5—压料圈兼顶板

(3) 双动压力机用拉深模

1) 双动压力机用首次拉深模。图 2-19 为双动压力机用首次拉深模，下模由凹模、定位板、凹模固定板和模座组成。上模的压料圈和上模座固定在外滑块上，凸模通过凸模固定杆固定在内滑块上。该模具可用于拉深带凸缘或不带凸缘的拉深件。

2) 双动压力机用以后各次拉深模。图 2-20 为双动压力机用以后各次拉深模。该模具与首次拉深模不同之处是，所用坯料是拉深后的工序件，定位板较厚，拉深后的零件利用一对卸件板从凸模上卸下来。该模具适用于拉深不带凸缘的拉深件。

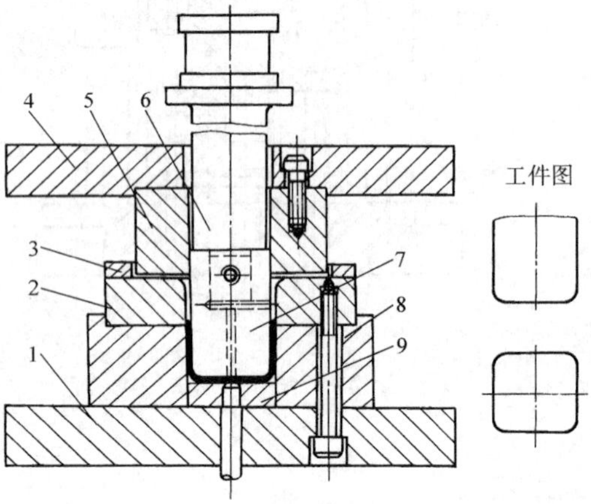

图 2-19 双动压力机用首次拉深模

1—下模座 2—凹模 3—定位板 4—上模座 5—压料圈 6—凸模固定杆 7—凸模 8—凹模固定板 9—顶板

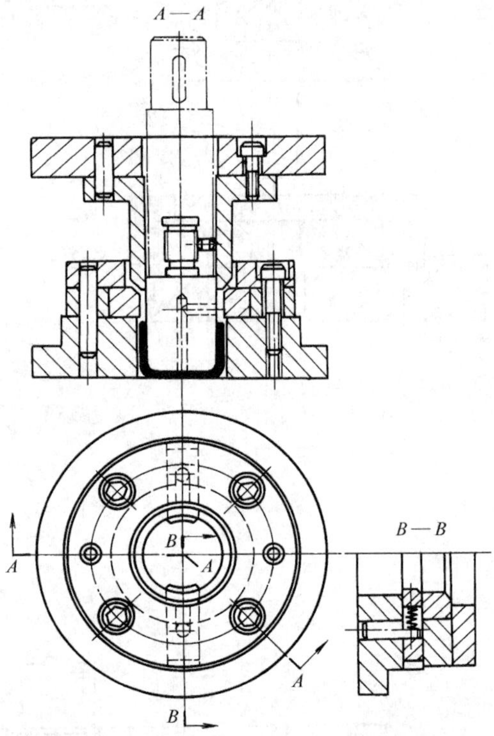

图 2-20 双动压力机用以后各次拉深模

4. 冷挤压模具典型结构

冷挤压模具的结构形式很多，按冷挤压方式有正挤压模、反挤压模、复合挤压模及其他冷挤压模；按通用性有专用冷挤压模和通用冷挤压模；按调整的可能性有可调式冷挤压模和不可调式的冷挤压模。为适应冷挤压金属成形的需要和降低模具制造成本，往往采用可调式冷挤压模和通用式冷挤压模。

图 2-21 为挤压带凸缘的纯铝零件的正挤压模具，该模具的主要特点是：

1) 采用通用模架，通过更换凸、凹模可挤压不同的冷挤压件。凸模 6 通过弹性夹头 4、凸模固定圈 5 和紧固圈 7 固定；凹模通过凹模固定圈 10 和紧固圈 8 固定，凹模固定圈与紧固圈以 H6/h5 配合。

2) 以导柱导套导向，为了增加导柱长度，特将导柱固定于上模。当然也可以根据需要将导柱固定于下模。导柱导套以 H6/h5 配合。

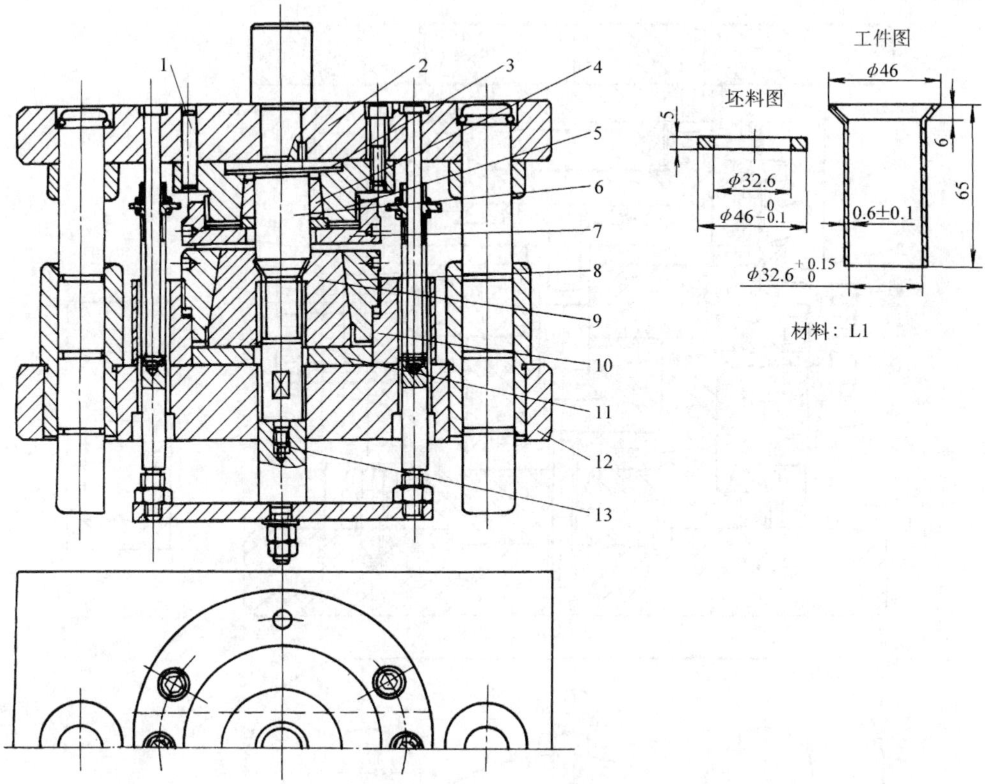

图 2-21　正挤压模具

1—定位销　2—上模座　3—垫板　4—弹性夹头　5—凸模固定圈　6—凸模　7、8—紧固圈　9—凹模　10—凹模固定圈　11—垫板　12—下模座　13—顶杆

3）挤压件留在凹模中，采用拉杆式顶出装置通过顶杆 13 将挤压件顶出，卸件工作可靠。

4）上、下模座用中碳钢；凸、凹模分别用较厚的淬硬垫板支承。

图 2-22 为挤压钢材空心件的反挤压模具。该模具的主要特点是：

1）采用通用模架，更换凸模、组合凹模等零件，可以反挤压不同挤压件，还可以进行正挤压、复合挤压。

2）凸、凹模同轴度可以调整，即通过螺钉和月牙形板调整凹模的位置，以保证凸、凹模同轴度。同时可以依靠月牙形板和压板 1 压紧定位，以防挤压过程凹模位移。

3）凹模为预应力组合凹模结构，承受单位挤压力较大。

4）对于钢材反挤压，其挤压件可能箍在凸模上，因而设置了卸件装置，卸件板做成弯形是为了减少凸模长度。但挤压件更容易留在凹模内，故又设置了顶件装置（顶件器）。

5）因钢材挤压力很大，所以凸模上端和顶件器下端做成锥度，以扩大支承面积，并加以厚垫板。

图 2-23 为螺塞径向挤压（冷镦）模具。该模具的主要特点是：

1）该模具是以导向套 1 与下模外圈 3 导向。模具在工作时处于封闭状态，导向套还有安全防护作用。模具下设限位套 4。

2）上、下模均为预应力组合结构。上模六角型腔底部开有出气孔，确保六角头部轮廓

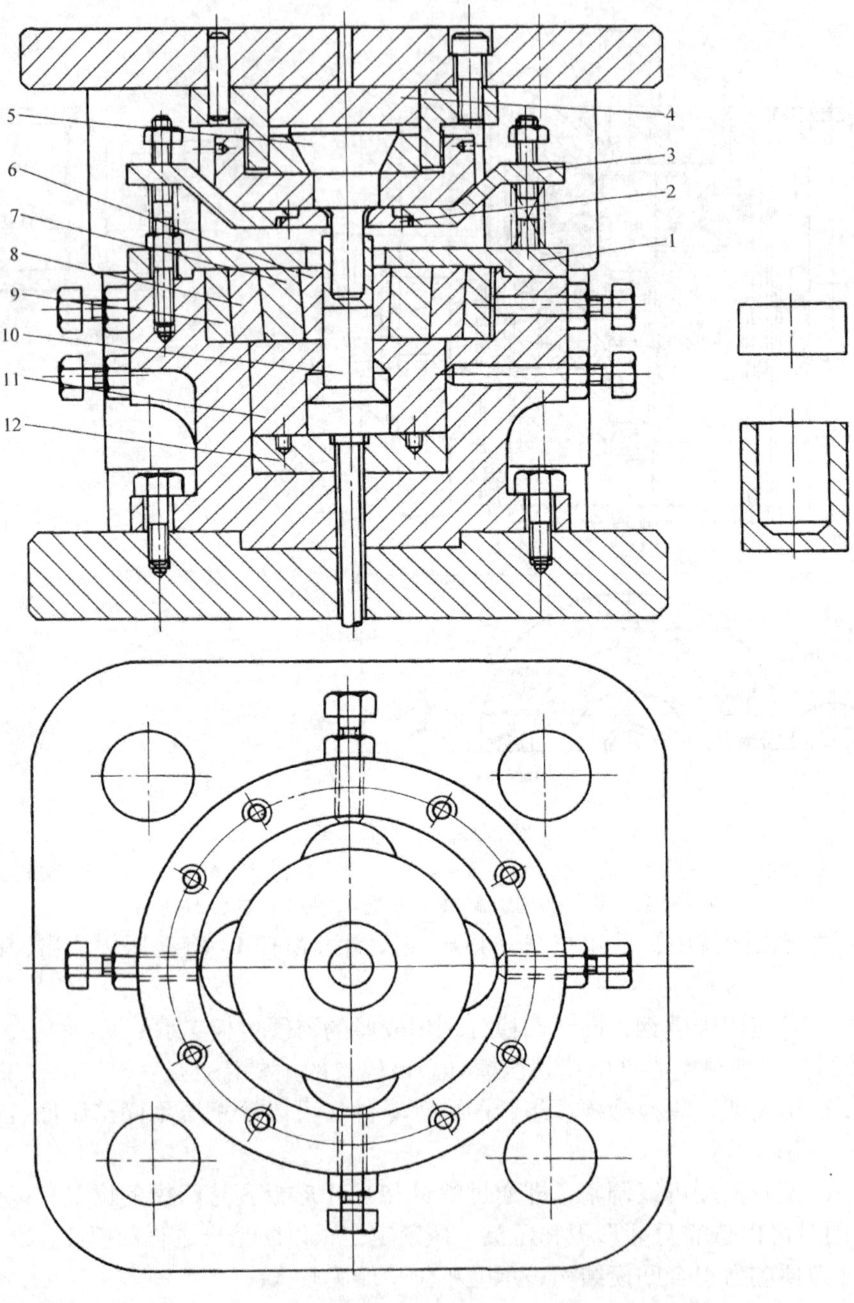

图 2-22　反挤压模具

1—压板　2—卸件器　3—卸件板　4—垫板　5—凸模　6—凹模　7—组合凹模中圈　8—组合凹模外圈　9—月牙形板　10—顶件器　11—垫块　12—垫板

清晰。

3）为了保证六角头部成形良好和提高模具寿命，坯料体积大于零件体积，多余金属形成飞边，冷镦后切除。

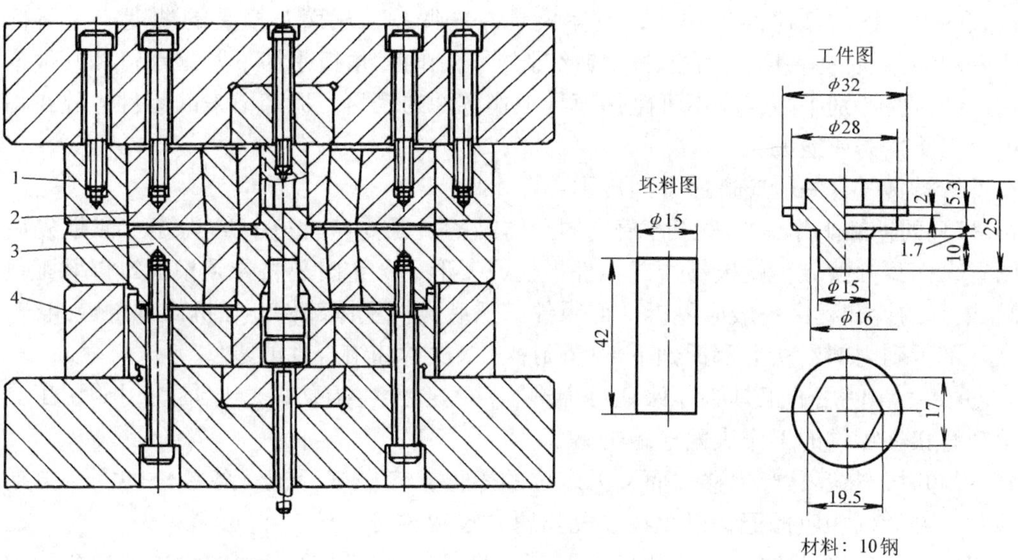

图 2-23　径向挤压（冷镦）模具

1—导向套　2—组合上模外圈　3—组合下模外圈　4—限位套

二、冷冲模拆装、测绘技能训练

（一）训练目的与要求

1. 训练目的

1）熟悉冲压模具内部结构，培养实践动手能力。

2）了解模具零件相互之间的装配形式及配合关系。

3）熟悉冲压模具的拆卸过程及装配步骤。

2. 训练要求

1）对所拆模具零件进行测绘，按要求画出相应的零件结构图。

2）对所拆模具零件进行分析，了解模具的工作原理及各零件的作用。

3）熟悉拆卸过程及有关操作规则。

4）填写好配合关系测量表。

（二）技能训练项目

1. 训练课题

冷冲模具的拆装与测绘。

2. 准备工作

1）选择中等复杂程度的冷冲模一副（可根据实际生产情况予以选取）。

2）选择好必要的操作工具：包括内六角扳手、拔销器、铜棒、平行等高垫块、钳工台、手锤、旋具、润滑油、盛物容器等。

3）选择好测量工具：包括游标卡尺、千分尺、钢直尺等量具。

3. 模具的拆装

在拆装模具时可一手将模具的某一部分（如冷冲模的上模部分）托住，另一手用木锤或铜棒轻轻地敲击模具另一部分（如冷冲模的下模部分）的座板，从而使模具分开。决不可用很大的力来锤击其他的工作面，或使模具左右摆动，从而对模具的精度产生不良的影响。然后用铜棒顶住销钉，用手锤将销钉卸除，再用内六角扳手卸下紧固螺钉和其他紧固零件。在拆卸时要特别小心，决不可碰伤模具工作零件的表面。拆卸下来的零件应放在指定的容器中，以防生锈或遗失。

在拆卸模具时，一般应遵照下列规则：

1）模具的拆卸工作，应按照各模具的具体结构，预先考虑好拆卸程序。如果先后倒置或贪图省事而猛拆猛敲，就极易造成零件损伤或变形，严重时还将导致模具难以装配复原。

2）模具的拆卸程序一般应先拆外部附件，然后再拆主体部件。在拆卸部件或组合件时，应按从外部拆到内部、从上部拆到下部的顺序，依次拆卸组合件或零件。

3）拆卸时，使用的工具必须保证对合格零件不会发生损伤，应尽量使用专用工具，严禁用手锤直接在零件的工作表面上敲击。

4）拆卸时，对容易产生移位而又无定位的零件，应做好标记，各零件的安装方向也需辨别清楚，并做好相应标记，以免在装配复原时浪费时间。

5）对于精密的模具零件，如凸模、凹模和型芯等，应放在专用的盘内或单独存放，以防碰伤工作部位。

6）拆下的零件应尽快清洗，以免生锈腐蚀，最好要涂上润滑油。

4. 模具的测绘

模具测绘在模具拆卸之后进行。通过模具测绘有助于进一步认识模具零件，了解模具相关零件之间的装配关系。

模具测绘最终要完成所拆卸模具的装配图和重要零件图的绘制。由于模具测绘时主要采用游标卡尺、千分尺与直尺等普通测量工具，测量结果就远不及采用专用量具时精确，加之工具使用者的使用方法难免不够完善，由此产生的测量误差相应较大，因此需要对测量结果按技术资料上的理论数据进行必要的“圆整”。只有用“圆整”后的数据来绘制模具装配图，才能较好地反映模具结构的实际情况。

模具的测绘可按下列步骤进行：

第一步，在拆卸模具之前，应先画出模具的结构草图，并测量总体尺寸。第二步，拆卸后对照实样勾画出各模具零部件的结构草图。

第三步，选择基准，确定各模具零件的尺寸标注方案。对于相关零件的相关尺寸，建议用彩笔标出，以便测量时引起重视。

第四步，根据设计好的尺寸标注方案，测量所需尺寸数据，并做好记录。在查阅有关技术要求的基础上，再进行尺寸数值的“圆整”工作。

第五步，完成所拆卸模具的装配图。

第六步，根据指导教师的具体要求，完成重要模具零件的结构图。

表2-1列出了冷冲模配合零件间的配合要求，测绘者可根据测绘过程中的实感及实测数据填写有关栏目，为完成所测绘模具的装配图做准备。表中所留空行供记录未列的模具配合零件的测绘数据用。

5. 模具的装配复原

模具装配复原的过程主要取决于模具的结构类型，一般与模具拆卸的顺序相反。模具的装配复原应在模具测绘所形成的模具装配图的基础上进行，并且在模具装配复原的过程中，

表 2-1　冷冲模零件配合关系测绘表

序号	相关配合零件	配合松紧程度	配合要求	配合尺寸测量值	配合尺寸
1	凸模		凸模实体小于凹模洞口一个间隙		
	凹模				
2	凸模		H7/m6 或 H7/n6		
	凸模固定板				
3	上模座		H7/m6（压入式）		
	模柄				
4	上模座		H7/r6		
	导套				
5	下模座		H7/r6		
	导柱				
6	导柱		H7/h6 或 H7/h5		
	导套				
7	卸料板		卸料板孔大于凸模实体 0.2～0.6mm		
	凸模				
8	销钉		H7/m6 或 H7/n6		
	待定位模板				
9					
10					

要不断地修正模具装配图上的错误。一般模具装配复原程序大致如下：

1）先装模具的工作零件（如凸模、凹模或型芯、镶件等），一般情况下，冷冲模先装下模部分比较方便。

2）装配推料或卸料零部件。

3）在各模板上装入销钉并拧紧螺钉。

4）总装其他零部件。

6. 实训记录与成绩评定

实训记录与成绩评定见表 2-2 所示。

表 2-2　冷冲模拆卸、测绘实训记录及成绩记录表

项次	项目与技术要求	配分	评定方法	实测记录	得分
1	准备工作充分	8	检查评定		
2	拆绘过程安排合理，方案正确	8	分析评估		
3	拆卸操作符合要求	10	按操作规程评定		
4	测绘方法正确，数据取值合理	10	每错一项扣 1 分，缺一项扣 2 分		
5	各零件的配合关系清楚、准确	8	每错一项扣 1 分		
6	图样绘制符合标准，标注正确	35	每错一项扣 1 分，缺一项扣 2 分		

（续）

项次	项目与技术要求	配分	评定方法	实测记录	得分
7	时间安排合理（共两周）	6	安排不合理每一处扣1分		
8	各项数据记录符合要求	10	发现一项不符合要求扣2分		
9	安全文明生产	5	违者每次扣2分		

课题二　工作零件典型加工工艺

一、工作零件典型加工工艺

（一）凸、凹模的加工技术要求

1. 尺寸精度

凸模、凹模、凸凹模、侧刃凸模加工后，其形状、尺寸精度应符合模具图样要求。配合后应保证合理的间隙。

2. 表面形状

1）凸模、凹模、凸凹模、侧刃凸模的工作刃口应尖锐、锋利、无倒锥、裂纹、黑斑及缺口等缺陷。

2）凸模、凹模刃口应平直（除斜刃口外）不得有反锥，但允许有向尾部增大的不大于15°的锥度。

3）冲裁凸模，其工作部分与配合部分的过渡圆角处，在精加工后不应出现台肩和棱角，并应圆滑过渡，过渡圆角半径一般为3～5mm。

4）新制造的凸模、凹模、侧刃凸模无论是刃口还是配合部分一律不允许烧焊。

5）凸模、凹模、凸凹模的尖角（刃口除外）图样上未注明部分，允许按$R0.3$mm制作。

3. 位置精度

1）冲裁凸模刃口四周的相对两侧面应相互平行，但允许稍有斜度，其平行度应不大于0.01～0.02mm，大端应位于工作部分。

2）圆柱形配合的凸模、凹模、凸凹模，其配合面与支撑台肩的垂直度允差不大于0.01mm。

3）圆柱形凸模、凹模工作部分直径相对配合部分直径的同轴度允差不得超过工作部分直径偏差的1/2。

4）镶块凸模与凹模其结合面缝隙不得超过0.03mm。

4. 表面粗造度值

加工后的凸模与凹模工作表面粗造度等级一定要符合图样要求。一般刃口部分R_a为1.6～0.8μm，其余非工作部分允许R_a为25～12.5μm。

1）加工后的凸模与凹模应有较高的硬度和韧性，一般要求凹模硬度为60～64HRC；凸模硬度为58～62HRC。

2）凡是铆接的凸模，允许在自1/2高度处开始向配合（装配固定板部位）部分硬度逐渐降低，但最低不应小于 38～40HRC。

（二）冲裁凸、凹模的加工原则

1）落料时，落料零件的尺寸与精度取决于凹模刃口尺寸。因此，在加工制造落料凹模时，应使凹模尺寸与制品零件最小极限尺寸相近。凸模刃口的公称尺寸，则应按凹模刃口的公称尺寸减小一个最小间隙值来确定。

2）冲孔时，冲孔零件的尺寸取决于凸模尺寸。因此，在制造及加工冲孔凸模时，应使凸模尺寸与孔的最大尺寸相近，而凹模公称尺寸，则应按凸模刃口尺寸加上一个最小间隙值来取。

3）对于单件生产的冲模或复杂形状零件的冲模，其凸、凹模应用配制法制作与加工，即先按图样尺寸加工凸模（凹模），然后以此为准，配作凹模（凸模），并适当加以间隙值。落料时，先制造凹模，凸模以凹模配制加工；冲孔时，先制造凸模，凹模以凸模配制加工。

4）由于凸模、凹模长期工作受磨损而使间隙加大，因此，在制造新冲模时，应采用最小合理间隙值。

5）在制造冲模时，同一副冲模的间隙应在各方向力求均匀一致。

6）凸模与凹模的精度（公差值）应随制品零件的精度而定。一般情况下，圆形凸模与凹模应按 IT5～IT6 精度加工，而非圆形凸、凹模，可取制品公差的 1/4 精度来加工。

（三）拉深凸、凹模的加工

拉深凸、凹模的加工方法如下：

1. 断面为圆形的凸、凹模

1）按图样要求在车床上精车。

2）凸、凹模配作，保证间隙均匀。

3）热处理淬硬。

4）磨修、抛光、研磨到尺寸。

2. 断面为非圆形的凸、凹模

1）先制作样件或样板，然后按样板（样件）加工。

① 轮廓样板。按零件内部轮廓尺寸制造，给以小的负的允许偏差，以便划线。

②“漏板”样板。按凸模最大极限尺寸制造，以检验凸模用。凹模“漏板”样板按凹模最小尺寸制作。

③ 断面轮廓特殊部位形状样板。尺寸按最大极限尺寸加工，以便锉修时作为特殊形状的验规使用。

2）将坯件按轮廓样板划线。

3）进行铣、钻、粗加工成形，凹模也可以利用电火花加工成形。

4）钳工修磨。用“漏板”样板反验证至合格为止。

5）凸、凹模研配合适后进行淬火、修磨、抛光。

（四）实例

例 1 分析图 2-24 冲孔凸模的加工工艺过程。

1. 工艺性分析

该零件是冲孔模的凸模，工作零件的制造方法采用“配作法”。冲孔加工时，凸模是“基准件”，凸模的刃口尺寸决定制件尺寸，凹模型孔加工是以凸模制造时刃口的实际尺寸为基准来配制冲裁间隙的。因此，凸模在冲孔模中是保证产品制件型孔的关键零件。冲孔凸模零件“外形表面”是矩形，尺寸为 22mm × 32mm × 45mm，在零件开始加工时，首先保证“外形表面”尺寸。零件的成形表面是由 $R6.92_{-0.02}^{\ 0}$ mm × $29.84_{-0.04}^{\ 0}$ mm × $13.84_{-0.02}^{\ 0}$ mm × $R5$ × $7.82_{-0.03}^{\ 0}$ mm 组成的曲面，零件的固定部分是矩形，它和成形表面呈台阶状。该零件属于小型工作零件，成型表面在淬火前的加工方法可以采用仿形刨削或压印修锉法；淬火后的精加工可以采用坐标磨削和钳工修研的方法。采用压印修锉法加工需要制作基准件，用凹模作基准件是不合理的，如果要作基准件又要增加二级工具，在没有坐标磨床的情况下，采用仿型刨削作为淬火前的主要加工手段，在淬火中控制变形量，淬火后的精加工通过模具钳工来保证。

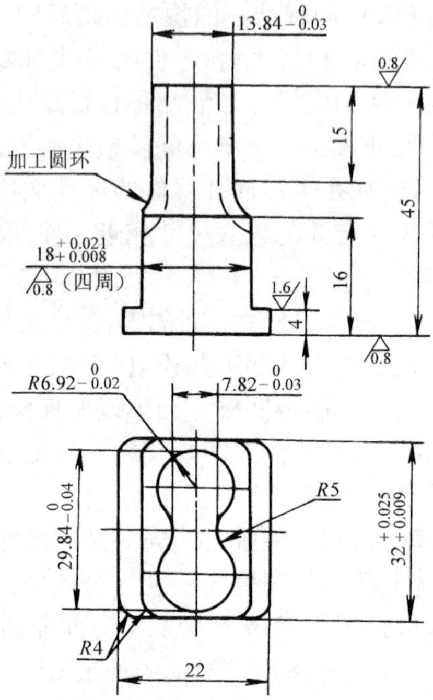

图 2-24　冲孔凸模

零件名称：冲孔凸模；　材料：MnCrW V；
热处理：58 ~ 62HRC；　成形面 R_a0.4 ~ 6.3μm　其余 R_a6.3μm

零件的材料是 MnCrWV，热处理硬度 58 ~ 62HRC，是低合金工具钢，也是低变形冷作模具钢，具有良好的综合力学性能，是锰铬钨系钢的代表性钢种。由于材料含有微量的钒，起到抑制碳化物网，增加淬透性和降低热敏感性，使晶粒细化。零件为实心零件，各部位尺寸差异不大，热处理较易控制变形，达到图样要求。

2. 工艺方案

对复杂型面凸模的制造工艺应根据凸模形状、尺寸、技术要求并结合本单位设备情况等具体条件来进行制订，此类复杂凸模的工艺方案为：

1）备料：根据下料尺寸的计算公式，计算出棒料的长度和直径。

2）锻造：锻成一个长 × 宽 × 高、每边均含有加工余量的长方体。

3）热处理：退火（按模具材料选取退火方法及退火工艺参数）。

4）刨（或铣）六面，单面留余量 0.2 ~ 0.25mm。

5）平磨（或万能工具磨）磨六面至尺寸上限，基准面对角尺寸，保证相互平行垂直。

6）钳工划线（采用刻线机划线，或仿形刨划线）。

7）粗铣外形（立式铣床或万能工具铣床）留单面余量 0.3 ~ 0.4mm。

8）仿形刨或精铣成形表面，单面留 0.02 ~ 0.03mm 研磨量。

9）检查：用放大图在投影仪上将工件放大检查其型面（适用于中小工件）。

10）钳工粗研：单面 0.01 ~ 0.015mm 研磨量（或按加工余量表选择）。

11）热处理：工作部分局部淬火及回火。

12）钳工精研及抛光。

此类结构凸模的工艺方案不足之处就是淬火之前机械加工必须成形，这样势必带来热处理的变形、氧化、脱碳、烧蚀等问题，影响凸模的精度和质量。在选材时应采用热变形小的合金工具钢如 CrWMn、Cr12MoV 等；采用高温盐浴炉加热、淬火后采用真空回火炉回火稳定热处理，防止过烧和氧化等现象。

3. 型面检验及二级工具

零件成形表面形状和尺寸的检查，对于二维曲面的复杂成形表面的检查，在不便于采用通用量具进行直接检验时，在模具生产中，广泛采用型面样板法和光学投影仪上通过放大图来检验。可以采用型面样板二级工具，利用型面检验样板的透光度检验成型表面。

4. 工艺过程

序号	工序名称	工序主要内容
1	下料	锯床下料，ϕ40mm × 43 $^{+4}_{0}$mm
2	锻造	锻成 37mm × 27mm × 50mm
3	热处理	退火硬度≤229HB
4	立铣	铣六方 32.4mm × 22mm × 45.4mm
5	平磨	磨六方，对 90°角
6	钳工	去毛刺，划线
7	工具铣	铣型面及台阶 18mm × 4mm，留双边余量 0.4 ~ 0.5mm
8	仿形刨	按线找正刨型面，留双边余量 0.1 ~ 0.15mm
9	钳工	修型面留余量 0.02 ~ 0.03mm，对样板，倒角 *R*4mm
10	热处理	淬火、回火 58 ~ 62HRC
11	平磨	光上下面，找正磨削尺寸 18mm × 32mm
12	钳工	修研型面达图样要求，对样板

5. 型面检验样板的设计与制造

冲孔凸模的型面检验样板图如图 2-25 所示。

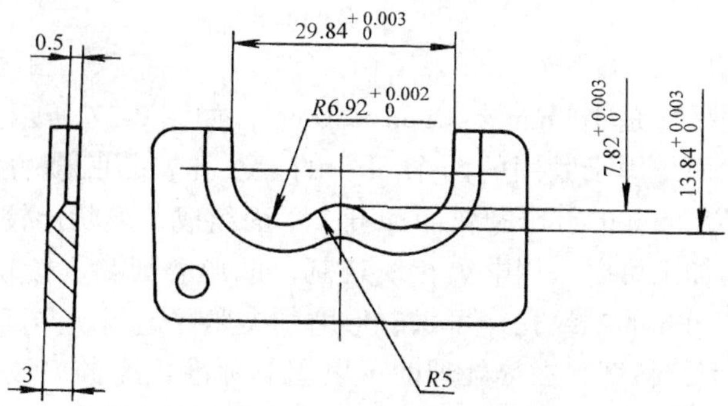

图 2-25 冲孔凸模型面检验样板

例 2 冲裁凸凹模零件的加工工艺分析：某冲裁凸凹模零件如图 2-26 所示，试分析其加工工艺。

1. 工艺性分析

冲裁凸凹模零件是完成制件外形和两个圆柱孔的工作零件，从零件图上可以看出，该成形表面的加工，采用“配作法”，外成形表面是非基准外形，它与落料凹模的实际尺寸配制，保证双面间隙为 0.06mm；凸凹模的两个冲裁内孔也是非基准孔，与冲孔凸模的实际尺

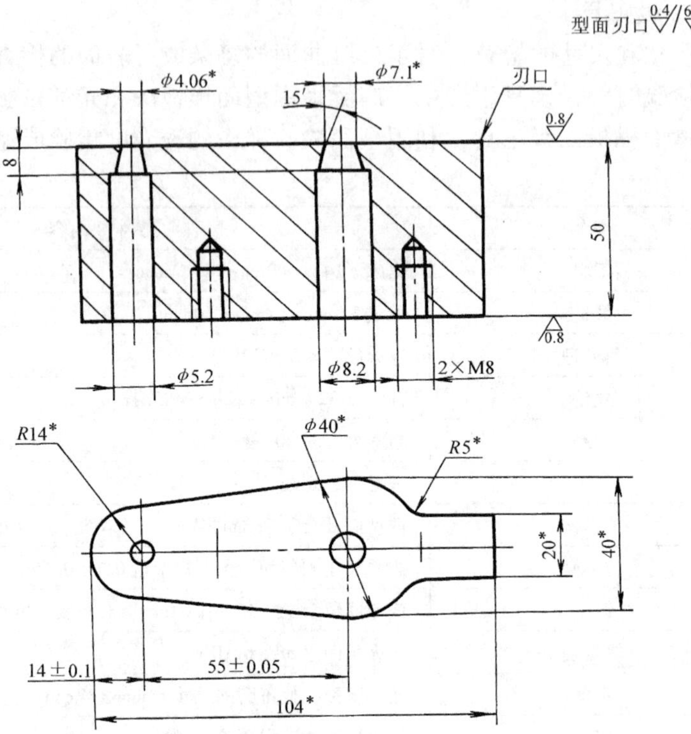

凸凹模材料：Cr6WV 58～62HRC

说明：(1) * 尺寸与凸模和凹模实际尺寸配制保证双面间隙 0.06mm

(2) 该模具的凸模与凹模分别加工到该图所示的基本尺寸

图 2-26 冲裁凸凹模

寸配间隙。

该零件的外形表面尺寸是 104mm×40mm×50mm，如图 2-27 所示。成形表面是外形轮廓和两个圆孔。结构表面是用于紧固的两个 M 8 的螺纹孔。凸凹模的外成形表面是分别由 $R14^*$ mm，$\phi40^*$ mm、$R5^*$ mm 的五个圆弧面和五个平面组成，形状比较复杂。该零件是直通式的。外成形表面的精加工可以采用电火花线切割、成形磨削和连续轨迹坐标磨削的方法。该零件的底面还有两个 M 8 的螺纹孔，可供成形磨削夹紧固定用。凸凹模零件的两个内成形表面为圆锥形，带有 15′的斜度，在热处理前可以用非标准锥度铰刀铰削，在热处理后进行研磨，保证冲裁间隙。因此，应该进行二级工具锥度铰刀的设计和制造。如果具有切割斜度的线切割机床，两内孔可以在线切割机床上加工。

凸凹模零件材料为 Cr6WV 高强度微变形冷冲压模具钢，热处理硬度 58～62HRC。Cr6WV 材料易于锻造，共晶碳化物数量少，有良好的切削加工性能，而且淬火后变形比较均匀，几乎不受锻件质量的影响。它的淬透性和 Cr12 系钢相近。它的耐磨性、淬火变形均匀性不如 Cr12MoV 钢。零件毛坯形式应为锻件。

2. 工艺方案

根据一般工厂的加工设备条件，可以采用两个方案：

方案一：备料──→锻造──→退火──→铣六方──→磨六面──→钳工划线作孔──→镗内孔及

粗铣外形──→热处理──→研磨内孔──→成形磨削外形。

方案二：备料──→锻造──→退火──→铣六方──→磨六面──→钳工作螺孔及穿丝孔热处理──→磨上、下两面──→电火花线切割内外形。

3. 工艺过程的制定

采用第一工艺方案：

序号	工序名称	工序主要内容
1	下料	锯床下料，ϕ56mm×117$^{+4}_{0}$mm
2	锻造	锻造 110mm×45mm×55mm
3	热处理	退火硬度≤241HBW
4	立铣	铣六方 104.4mm×50.4mm×40.3mm
5	平磨	磨六方，对90°角
6	钳	划线，去毛刺，做螺纹孔
7	镗	镗两圆孔，保证孔距尺寸，孔径留 0.1~0.15mm 的余量
8	钳	铰圆锥孔留研磨量，做漏料孔
9	工具铣	按线铣外形，留双边余量 0.3～ 0.4mm
10	热处理	淬火、回火、58~62HRC
11	平磨	光上下面
12	钳	研磨两圆孔，（车工配制研磨棒）与冲孔凸模实配，保证双面间隙为 0.06mm
13	成形磨	在万能夹具上，找正两圆孔磨外形，与落料凹模实配，保证双面间隙为 0.06mm。成形磨削工艺尺寸图如图 2-28 所示

例 3 冷挤压凸模加工工艺分析：冷挤压凸模零件如图 2-28 所示。

1. 工艺性分析

冷挤压凸模在工作时，凸模要承受很大的压力，凹模则承受很大的张力，其单位压力可达制件毛坯材料强度极限的 4~6 倍。由于挤压时金属在型腔内流动，使凸模和凹模的工作面都承受剧烈的摩擦。这种摩擦和金属被挤压材料的剧烈变形，将产生热量，使模具表面的瞬间温度达 200~300℃，因此要求冷挤压凸模在长期工作时不得出现折断和弯曲疲劳断裂；并要求有较高的耐磨性和抗断裂的能力。

凸模材料为 Cr12MoV，热处理硬度 60~62HRC，Cr12MoV 材料具有高的耐磨性、淬透性、微变形、高热稳定性、高的抗压强度，是高碳高铬微变形高合金工具钢；缺点是原型材的共晶碳化物偏析严重，应通过充分的“改锻”才能发挥材料的性能。

零件的形状为细长杆，为增加零件的刚度，在工作段之后，直径逐渐加大，各过渡处为圆弧转接，为增强凸模的承力面，固定端呈锥形。模具工作表面较短，以减小被挤压材料和凸模的摩擦，但是，要求四周工作表面粗造度数值较小。

零件毛坯形式为锻件，通过“改锻”来改善原材料中共晶碳化物偏析和网状碳化物状态，应该采用“多向镦拔法”，充分发挥材料的性能，在锻造之后进行碳化物偏析检验和晶

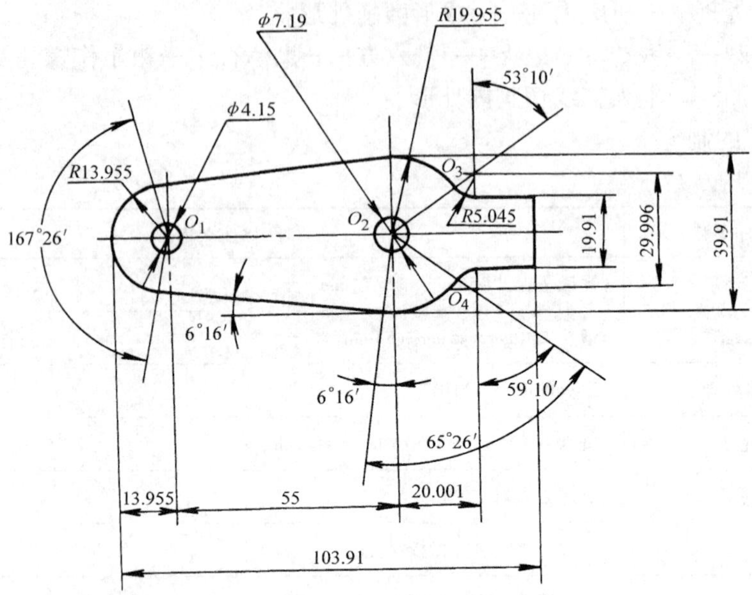

图 2-27　凸凹模成形磨削工艺尺寸图

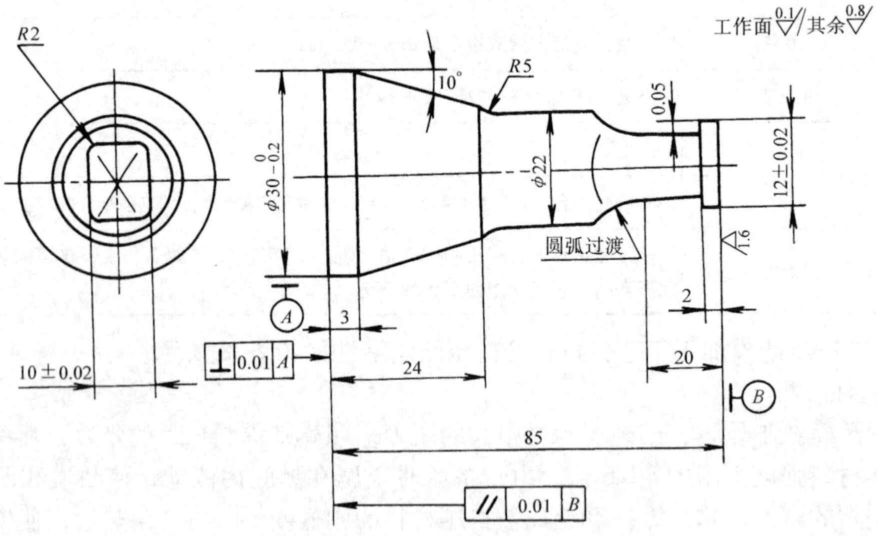

图 2-28　冷挤压凸模

粒度检查。

为了便于加工和测量，在大端增加工艺尾柄，各直径方向外形表面尽量一次装夹或同一基准装夹加工，保证工作端和固定端有良好的平行度和垂直度。各主要表面在热处理之后进行精密磨削加工和抛光，保证表面粗糙度要求。在各阶段加工中，各过渡部分要圆弧过渡，不留粗加工刀痕和磨削裂纹，以保证凸模工作寿命。

综上所述解决凸模的刚度、强度、耐疲劳性和高寿命是冷挤压凸模工艺分析的重点。

2. 工艺方案

一般挤压凸模的工艺方案为：备料——→锻造——→等温退火——→车、铣——→淬火及回火稳定处理──→磨削加工──→成检──→工具磨切夹头、顶台──→时效处理──→研磨抛光。

工艺流程虽简单，但各工序必须有严格的详细的施工说明，这样才有挤压模具的高质量。如锻造时应根据不同材料和要求制订及执行预热──→加热──→始锻──→终锻的温度、时间以及镦拔次数等技术规范；锻后还应放入干燥的石灰粉中冷却，以防冷却速度过快。

冷挤压凸模材料主要是含碳量较高的共析钢和过共析钢，所以锻后常采取等温球化退火，其目的是降低硬度，改善加工性能，细化组织，减少工件变形和开裂，并为最终热处理打下基础。等温球化退火比完全退火周期短、效率高。

由于凸模前端面是工作面，不允许有中心孔存在，所以在车加工时应留有顶台并做中心孔。此中心孔是后续各工序的加工基准，应注意保护，直至凸模成品检验合格后，才将顶台切掉，并磨好前端面，最后检验全长尺寸和外观。

在粗车加工时对尾部带有夹紧锥体的凸模，由于后续工序需要铣削和外圆磨等，因此在其尾端应留有装夹部位，俗称留夹头并打中心孔，同样它也是在成检后切掉夹头并磨好端面，如图 2-29 所示。

最终热处理多采用高温盐浴炉进行加热后，油介质中淬火，有条件的工厂对淬火前已成形、淬火后无法再机械加工的凸模，采取真空炉加热淬火，这对防止脱碳和氧化效果更佳。

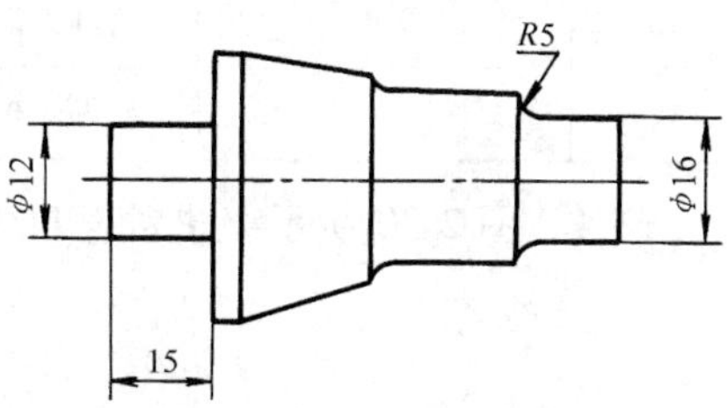

图 2-29　凸模工序草图

在磨削精加工中要针对凸模材质选择适宜的砂轮，其硬度，粒度，磨料品种均应合理，磨削中切削用量要选择合理，切削液应充分，切忌干磨和使用钝砂轮，应及时修整砂轮，保持其锋利。否则将在模具表面形成磨削应力，产生裂纹、烧伤、退火、脆裂及早期失效等现象。所以模具磨削后，应在 260 ~315℃低温下进行去应力处理。

为提高模具寿命，研磨抛光质量也是非常重要的措施，工作表面不应有刀痕、磨痕，研磨抛光方向应与模具受力方向平行；方形、六角形或其他异形凸模凡尖角处应圆滑过渡，防止应力集中。

3. 工艺过程

序号	工序名称	工序主要内容
1	下料	锯床下料 ϕ42mm×60 $^{+4}_{0}$mm
2	锻造	多向镦拔，碳化物偏析控制在 1 ~2 级，晶粒度 10 级
3	热处理	退火硬度≤207 ~255HBW
4	车	按图车削，大端加工工艺尾柄如工序草图 2-38 所示，R_a 为 0. 8μm 以下表面留双边余量 0. 3 ~0. 4mm，矩形部分车至 ϕ16mm
5	平磨	利用 V 形铁夹具，以工艺尾柄为基准磨削小端面
6	钳	去毛刺，在小端面划线
7	工具铣	铣削矩形部分，留双边余量 0. 3 ~0. 4mm

（续）

序号	工序名称	工序主要内容
8	钳	修圆角
9	热处理	淬火、回火 60～62HRC
10	外磨	以 ϕ22mm 为基准，磨削工艺尾柄外圆
11	外磨	以工艺尾柄为基准磨削 $\phi 30_{-0.2}^{\ 0}$mm，10°锥面，ϕ22mm
12	工具磨	以工艺尾柄为基准找正 ϕ22mm 外圆，磨削矩形部分
13	钳	修光圆角
14	工具磨	磨削小端面槽
15	线切割	切除工艺尾柄
16	平磨	磨削大端面，保证与轴心线垂直
17	钳	研抛工作面及圆弧

例 4　图 2-30 所示级进冲裁凹模零件加工工艺过程分析。

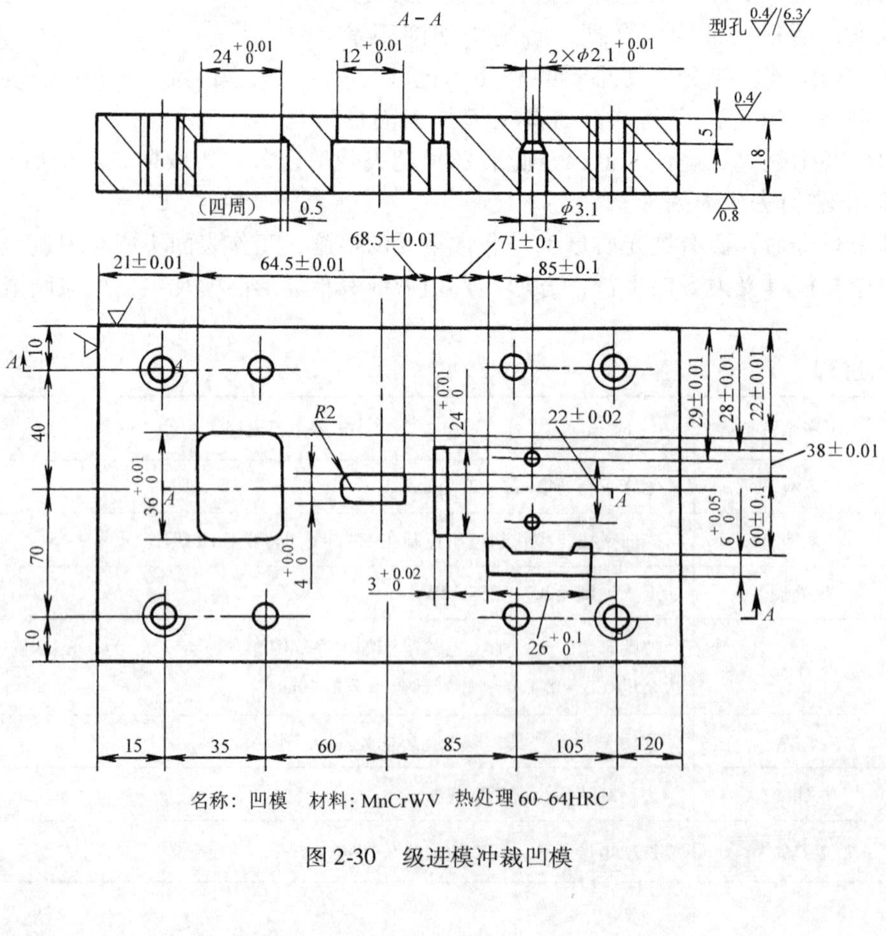

名称：凹模　材料：MnCrWV　热处理 60～64HRC

图 2-30　级进模冲裁凹模

1. 工艺性分析

该零件是级进冲裁模的凹模，采用整体式结构，零件的外形表面尺寸是 420mm ×130mm ×18mm，零件的成形表面尺寸是三组冲裁凹模型孔，第一组是冲定距孔和两个圆孔，第二组是冲两个长孔，第三组是一个落料型孔。这三组型孔之间有严格的孔距精度要求，它是实现正确级进和冲裁，保证产品零件各部分位置尺寸的关键。再就是各型孔的孔径尺寸精度，它是保证产品零件尺寸精度的关键。这部分尺寸和精度是该零件加工的关键。结构表面包括螺纹连接孔和销钉定位孔等。

该零件是这副模具装配和加工的基准件，模具的卸料板、固定板，模板上的各孔都和该零件有关，以该零件的型孔的实际尺寸为基准来加工相关零件各孔。

零件材料为 MnCrWV，热处理硬度 60～64HRC。零件毛坯形式为锻件。

零件各型孔的成形表面加工，在进行淬火之后，采用电火花线切割加工，最后由模具钳工进行研抛加工。

型孔和小孔的检查：型孔可在投影仪或工具显微镜上检查，小孔应制做二级工具光面量规进行检查。

2. 工艺过程的制定

序号	工序名称	工序主要内容
1	下料	锯床下料，ϕ112mm×250$^{+4}_{0}$mm
2	锻造	锻六方 425mm×135mm×24mm
3	热处理	退火硬度≤229HB
4	立铣	铣六方，420mm×130mm×18.6mm
5	平磨	光上下面，磨两侧面，对 90°角
6	钳	倒角去毛刺，划线，做螺纹孔及销钉孔
7	工具铣	钻各型孔线切割穿丝孔，并铣漏料孔
8	热处理	淬火、回火 60～64HRC
9	平磨	磨上下面及基准面，对 90°角
10	线切割	找正，切割各型孔留研磨量 0.01～0.02mm
11	钳	研磨各型孔

3. 漏料孔的加工

冲裁漏料孔是在保证型孔工作面长度基础上，减小落料件或废料与型孔的摩擦力。关于漏料孔的加工主要有三种方式。首先是在零件淬火之前，在工具铣床上将漏料孔铣削完毕。这在模板厚度≥50mm 以上的零件中，尤为重要，是漏料孔加工首先考虑的方案。其次是电火花加工法，在型孔加工完毕，利用电极从漏料孔的底部方向进行电火花加工。最后是浸蚀法，利用化学溶液，将漏料孔尺寸加大。

4. 下料尺寸与锻压设备的确定

图 2-30 所示的冲裁凹模外形表面应为 420mm ×130mm × 18mm ，凹模零件材料为 MnCrWV 。锻件毛坯的外形尺寸为 425$^{+4}_{0}$mm×135$^{+4}_{0}$mm×24$^{+4}_{0}$mm。

（1）锻件体积和重量的计算　锻件体积 $V_{锻}$ = （425×135×24） mm^3 =1377000mm^3 。

锻件重量　$G_{锻} = r \times V_{锻}$ = （7.85×1377） g≈10809g。

当锻件重量在20kg之内，一般需加热3～4次，锻件总损耗系数取10%。

锻件毛坯的体积 $V_{坯}=1.1\times V_{锻}=1514700\text{mm}^3$。

锻件毛坯重量 $G_{坯}=7.85\times V_{坯}=11890\text{g}$。

（2）确定锻件毛坯尺寸　理论圆棒直径 $D_{理}=\sqrt[3]{0.637\times V_{坯}}=99\text{mm}$。

选取圆棒直径为100mm时，圆棒料长度可按 $L_{坯}=1.273\times V_{坯}/D_{坯}^2=193\text{mm}$。

验证锻造比 Y，$Y=L_{坯}/D_{坯}=193/100=1.93$。

符合 $Y=1.25\sim2.5$ 的要求，则锻件下料尺寸为 $\phi100\text{mm}\times193^{+4}_{0}\text{mm}$。

（3）锻压设备吨位的确定　当锻件坯料重量为11.89kg，材料为MnCrWV时，应选取1000kg的空气锤。

二、技能训练

1. 训练课题

落料凸模和凹模的制作，结构尺寸如图2-31所示。

（1）训练目的

1）通过对冷冲模工作零件的制作，掌握凸、凹模常用的加工方法和制造工艺。熟悉制造工艺过程及测量、加工技术。

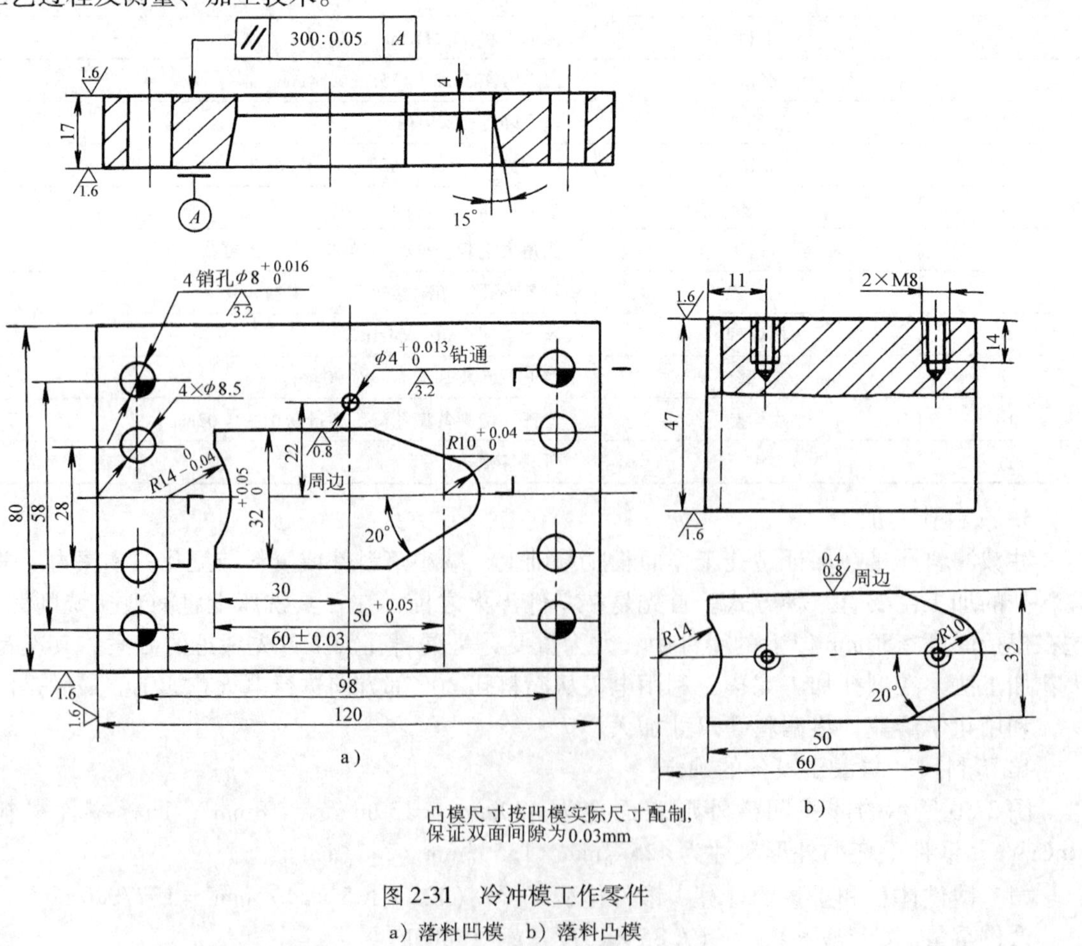

图2-31　冷冲模工作零件

a）落料凹模　b）落料凸模

2）进一步掌握各类机床、辅助工装的使用方法和使用性能。

3）熟知安全文明生产要求，确保产品的加工质量和正常的生产秩序。

（2）辅助工具　包括90°角尺、钢直尺、装夹工具等。

（3）工件备料　按图样尺寸要求选用锻造坯料。材料：CrWMn（可用其他材料代替），坯料尺寸：126mm×86mm×22mm和65mm×52mm×38mm各1件。

（4）制作要求　硬度：凹模硬度为60~64HRC，凸模硬度为58~62HRC。表面粗糙度：刃口处表面粗糙度值R_a为0.8μm；顶面、底面和基准侧面表面粗糙度值R_a为1.6μm；定位销孔表面粗糙度值R_a为3.2μm；其余R_a为6.3~12.5μm。凸模与凹模的配合间隙：冲裁间隙为Z=0.03mm。训练时间2周。

2. 训练步骤

根据图样要求，拟定该制件加工方案为：备料、毛坯外形加工、钳工划线、零件轮廓粗加工、零件尺寸精加工、螺孔和销孔的加工、热处理、研磨或抛光、检验。

具体操作步骤如表2-3、表2-4所示（注：在缺乏成形加工设备的情况下，凹模可采用压印锉修加工方法进行，训练课题可分步进行）。

表2-3　凹模加工工艺过程

工序号	工序名称	工序内容	设备	工序简图
1	备料	用型钢棒料，在锯床或车床上切断，并将棒料锻成矩形之后进行球化退火处理，以消除锻造产生的内应力，改善组织及加工性能	锯床或车床	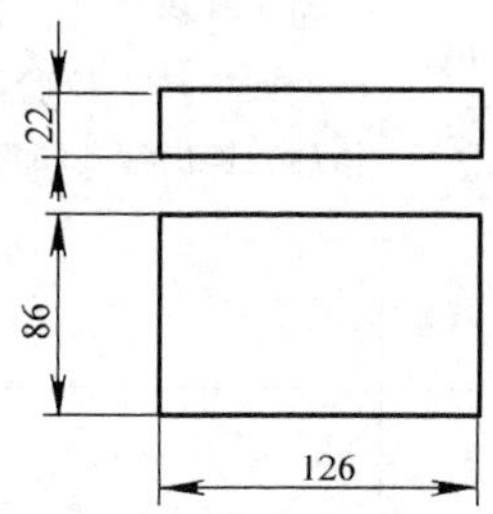
2	粗加工毛坯	刨削或铣削毛坯的六个面，加工至尺寸120.4mm×80.4mm×17.5mm，留粗磨余量0.6~0.8mm	刨床或铣床	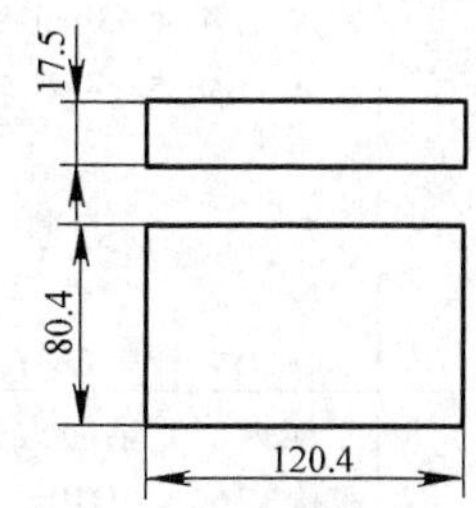
3	磨平面	磨上、下两平面和相邻两侧面，作为加工时的基准面。单面留精磨余量0.2~0.3mm，保证各面相互垂直（用90°角尺检查）	平面磨床	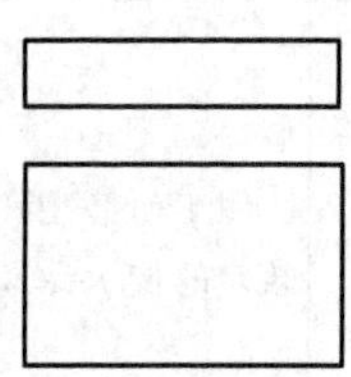

（续）

工序号	工序名称	工序内容	设备	工序简图
4	钳工划线	以磨过相互垂直的两侧面为基准，划凹模中心线及 $4\times\phi8$mm 销孔、$4\times\phi8.5$mm 过孔中心线，并按照事先加工好的凹模样板划型孔轮廓线	划线工具及量具	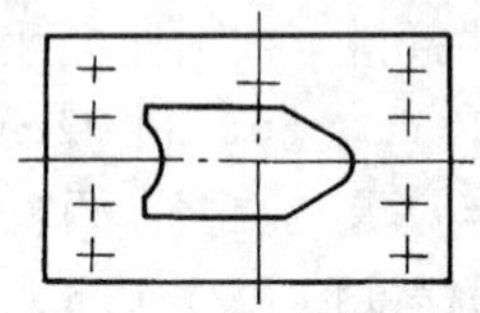
5	粗加工型孔	沿型孔轮廓线钻孔，除去中间废料，然后在立式铣床上按划线加工型孔，留锉修单面余量 0.3～0.5mm	立式铣床	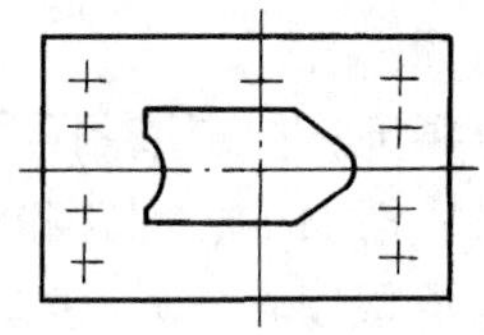
6	精加工型孔	钳工锉修型孔，并随时用凹模样板校验。合格后，锉出型孔斜度		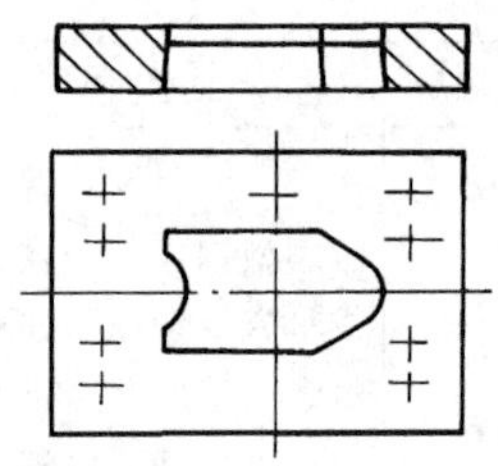
7	加工螺孔和销孔	加工 $4\times\phi8$mm 销孔和 $4\times\phi8.5$mm 螺钉过孔	立式钻床	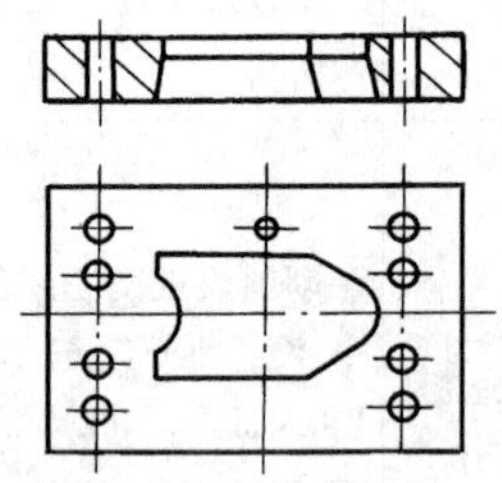
8	热处理	淬火、低温回火，要求保证 60～64HRC		—
9	磨削	精磨上、下两端面，达到制造要求	平面磨床	
10	精修型孔	钳工研磨型孔，达到规定的技术要求		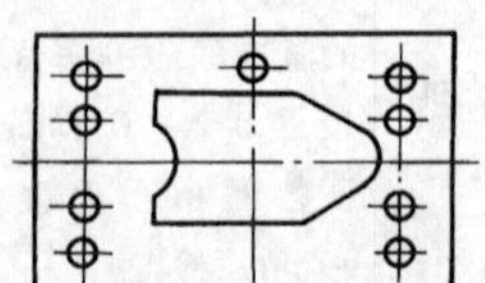

表 2-4　凸模加工工艺过程

工序号	工序名称	工序内容	设备	工序简图
1	备料	用型钢棒料，在锯床或车床上切断，并将毛坯锻成矩形之后进行球化退火处理		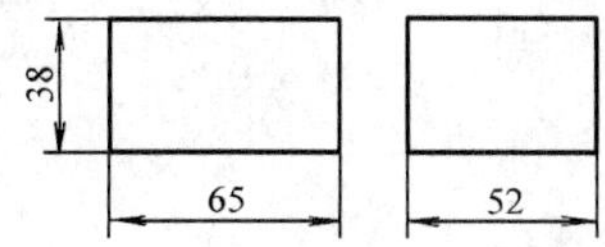
2	粗加工毛坯	铣削或刨削毛坯的六个面，加工至尺寸62mm × 34mm × 48mm，留粗磨余量 0.6 ~ 0.8mm	铣床或刨床	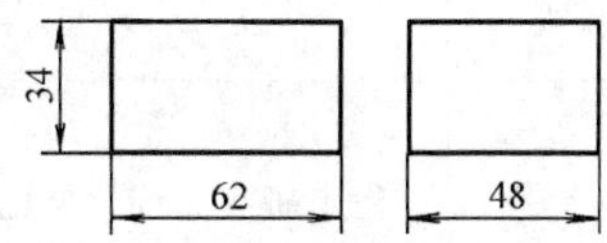
3	磨平面	粗磨六个面，保证各面的相互垂直（用 90°角尺检查）	平面磨床	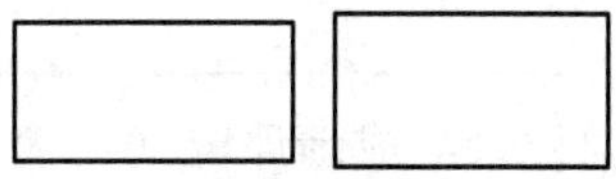
4	钳工划线	划出凸模轮廓线及 2 × M8 螺孔中心线		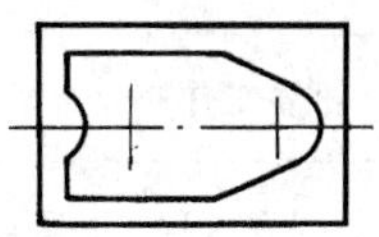
5	粗加工型面	在牛头刨床上按划线粗加工凸模轮廓，留单面压印锉修余量 0.3 ~ 0.5mm	刨床	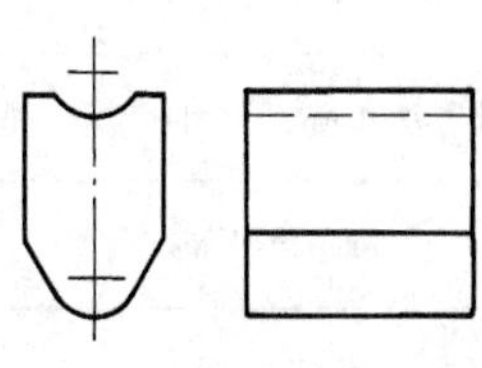
6	精加工型面	用已加工好的凹模对凸模进行压印，然后按压印锉修凸模，使凸模与凹模间的配合间隙适当且均匀。沿凸模轮廓留热处理后的精修余量		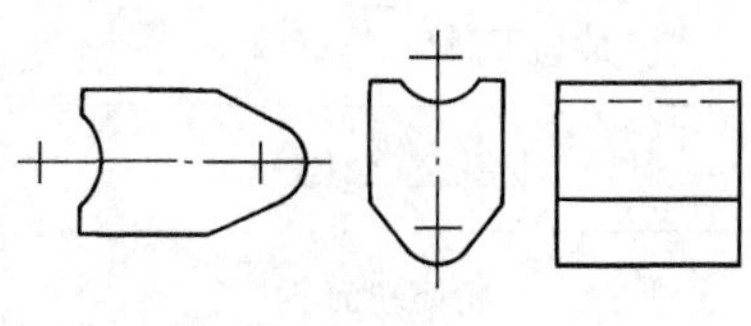
7	孔加工	钻攻 2 × M8 的螺孔	钻床	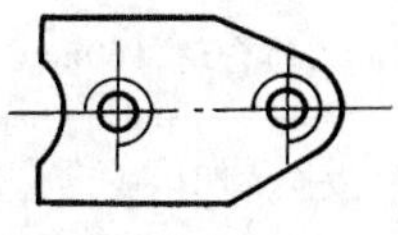

（续）

工序号	工序名称	工序内容	设备	工序简图
8	热处理	淬火、低温回火，要求58～62HRC		—
9	磨端面	精磨上、下两端面，消除热处理变形，以便型面的精修	平面磨床	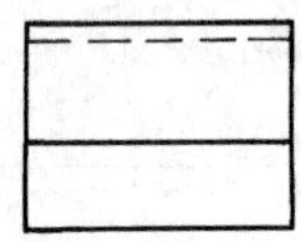
10	精修型面	钳工研磨型面，使凸模与凹模间的配合间隙适当并且均匀，并达到规定的技术要求		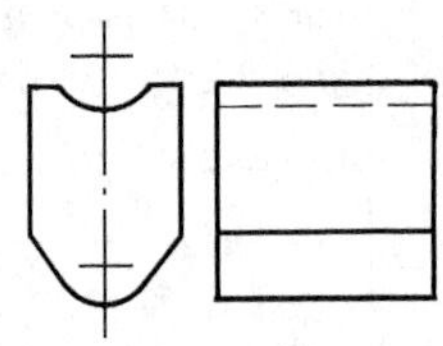

3. 实训记录与成绩评定（见表2-5）

表2-5　凸模、凹模制作实训记录及成绩评定表

项次	项目与技术要求	配分	评定方法	实测记录	得分
1	准备工作充分	5	检查评定		
2	加工工艺设置合理，方案正确	7	设置不合理每一处扣1分		
3	机床操作符合要求	6	按操作规程评定		
4	测量方法正确，尺寸控制合理	8	操作不符合要求每一处扣1分		
5	刨、磨平面	8	每错一项扣1分，缺一项扣1.5分		
6	钳工划线	8	每错一项扣1分，缺一项扣1.5分		
7	粗加工型孔（或型面）	10	每错一项扣1.5分，缺一项扣2分		
8	精加工型孔（或型面）	10	每错一项扣1.5分，缺一项扣2分		
9	钻孔及攻螺纹	8	每错一项扣1分，缺一项扣1.5分		
10	精磨端面	8	每错一项扣1分，缺一项扣1.5分		
11	精修、研磨工件并检验	10	每错一项扣1.5分，缺一项扣2分		
12	时间安排合理（60h）	6	每超1h扣1分		
13	安全文明生产	6	违者每次扣2分		

课题三　冲模模架及其检测

一、冲模标准模架

冲模模架分非标准模架和标准模架两大类。非标模架，是企业内部根据图样要求，加工生产的模架。而标准模架，是指按着国家标准，即《冲模滑动导向模架》（GB/T2851. 1 ~ 7—1990)、《冲模滚动导向模架》（GB/T2852. 1 ~ 4—1990)、《冲模模架技术条件》（JB/T8050—1995）以及《冲模导向装置》（GB/T2861. 1 ~ 3. 6 ~ 8. 10 ~ 16—1990）等标准生产的模架。

在模具生产中，使用标准模架及标准零件和部件，是改变模具单件生产的基本措施，是简化模具设计、提高模具制造质量和劳动生产率、降低生产成本、缩短生产周期的有效方法。模架是模具生产中必须采用的标准部件，自冲模模架国家标准实施及推广以来，我国已出现了很多模架生产的专业厂家，并把模架做为商品进行出售和出口创汇。标准模架，是专业模具厂定型的、大批量生产的产品，也是可采用生产线方式进行生产的产品。

（一）冲模模架的类型与特点

常用冲模模架的类型与特点见表 2-6。

（二）模架结构组成

模架是模具的主体部位。它是连接冲模的主要零件如凸模、凹模、凸凹模固定板、卸料板等以构成一套完整的模具结构。

模架的组成及其零件作用见表 2-7。

表 2-6　常用冲模模架的类型及特点

模架类型	简　图	特　点
对角导柱模架	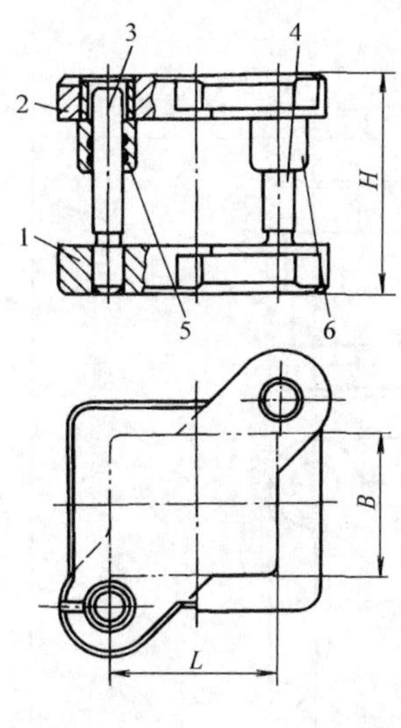 1—下模座　2—上模板　3、4—导柱　5、6—导套	①　受力平衡，工作平稳 ②　使用方便，可以从两个方向上进料 ③　适用于连续模及复合模

（续）

模架类型	简　图	特　点
后侧导柱模架	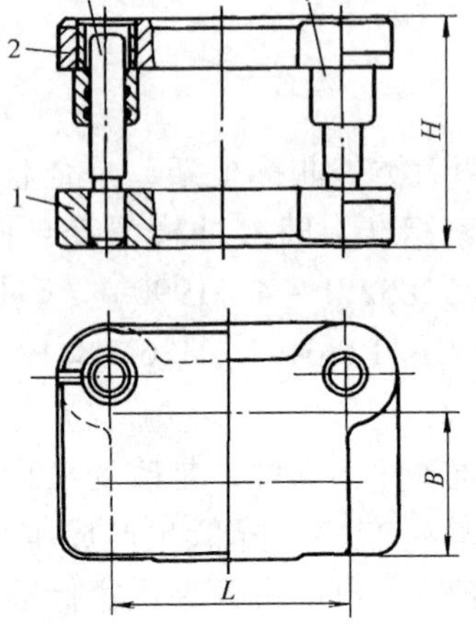 1—下模座　2—上模板　3—导柱　4—导套	①　送料方便，可从三个方向进料 ②　适于中小型冲压件的各类冲模
中间导柱模架	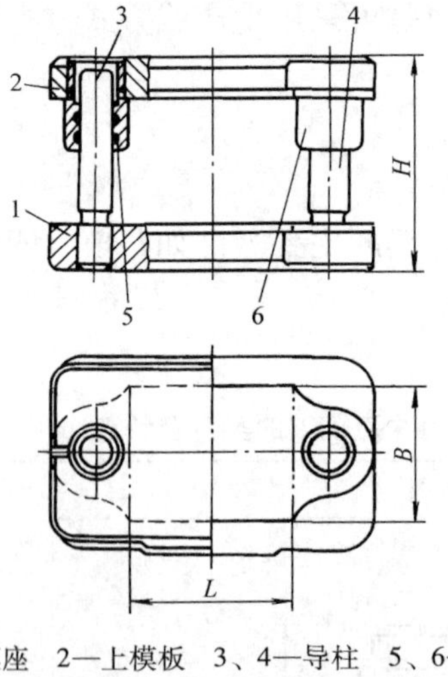 1—下模座　2—上模板　3、4—导柱　5、6—导套	①　受力分布对称、平衡 ②　只能在一个方向送料 ③　适于弯曲、拉深、成形等模具
四导柱模架	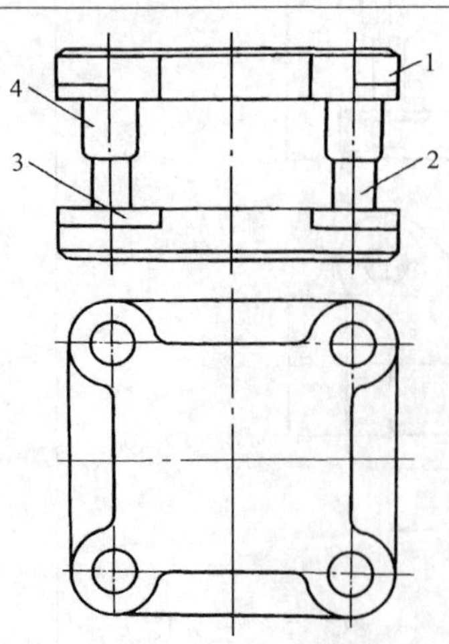 1—上模板　2—导柱　3—下模座　4—导套	模架受力均匀且平衡，导向精度高，适用于大型及精密冲模

（续）

模架类型	简　图	特　点
滚珠导柱模架	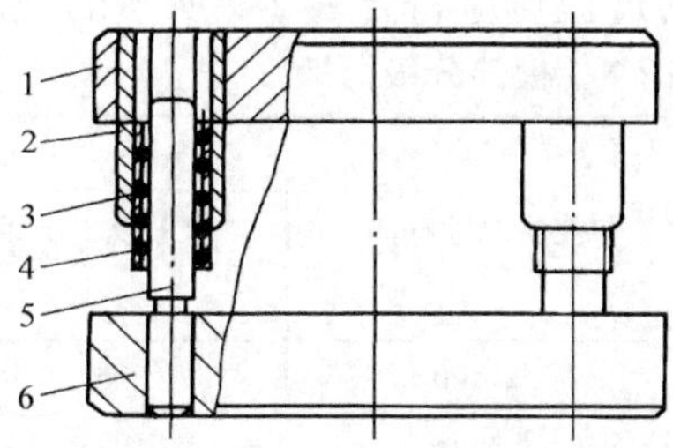 1—上模板　2—导套　3—滚珠　4—支持架 5—导柱　6—下模板	导向精度高，使用寿命长，有足够的刚性 适用于精冲模及一般冲压精度较高的普通冲模

表 2-7　模架的组成及其零件作用

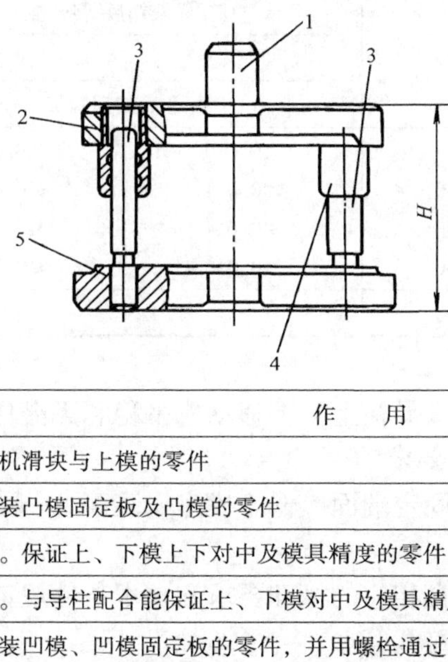

序　号	零件名称	作　用
1	模柄	连接压力机滑块与上模的零件
2	上模板	支撑、安装凸模固定板及凸模的零件
3	导柱	导向零件。保证上、下模上下对中及模具精度的零件
4	导套	导向零件。与导柱配合能保证上、下模对中及模具精度的零件
5	下模板	固定和安装凹模、凹模固定板的零件，并用螺栓通过下模板将模具固定在压力机工作台上

（三）冲模模架的技术要求

冲模工作时的精度（动态精度）主要取决于模架的导向精度，即取决于模架的导向形式、导柱轴线对模座基准面的垂直度要求、导柱和导套间的配合间隙以及上模座上平面对下模座下平面的平行度要求。

冲模模架技术条件已有国家标准，可查阅《冲模模架技术条件》（GB/T2854—1990），其主要技术要求是：

1. 精度要求

滑动导向模架分为Ⅰ级和Ⅱ级；滚动导向模架的精度分0Ⅰ级和0Ⅱ级，各级精度的模架必须达到表2-8所规定的各项技术指标。

2. 配合要求

装入模架的每对导柱和导套（包括可卸的导柱的导套）的配合间隙值，其Ⅰ级精度模架必须符合导柱、导套配合精度为H6/h5，Ⅱ级精度模架导柱、导套配合精度为H7/h6时，以及滚动导向模架导套、导柱与钢球的过盈量应符合表2-9所示的规定。

表2-8　模架分级指标

项	检查项目	被测尺寸/mm	精度等级	
			0Ⅰ级，Ⅰ级	0Ⅱ级，Ⅱ级
			公差等级	
A	上模座上平面对下模座下平面的平行度	≤400	5	6
		>400	6	7
B	导柱轴线对下模座下平面的垂直度	≤160	4	5
		>160	5	6

注：公差等级按GB/T1184—1996《形状和位置公差　未注公差值》的规定。

表2-9　导柱、导套配合间隙（或过盈量）　（mm）

配合形式	导柱直径	模架精度等级		配合后的过盈量
		Ⅰ级	Ⅱ级	
		配合后的间隙值		
滑动配合	≤18	≤0.010	≤0.015	—
	>18～30	≤0.011	≤0.017	
	>30～50	≤0.014	≤0.021	
	>50～80	≤0.016	≤0.025	
滚动配合	>18～35	—	—	0.01～0.02

3. 对装配后的模架要求

装配后的模架，其上模座沿导柱上、下移动应平稳和无滞住现象。

4. 对装配后的导柱、导套要求

装配后的导柱、导套，其固定端面应低于模座安装面1～2mm。

5. 对模架外观及零件要求

组成模架各零件，必须符合相应的标准要求和技术条件规定，工作表面不允许有裂纹和影响使用的机械损伤、砂眼、缩孔等。

二、冲模模架的检测技能训练

（一）冲模模架检测技术标准

模架经装配后，必须经过检测。检测的内容主要包括：模架的外观质量、模架上模板的上平面对下模板的下平面的平行度；导柱轴线对下模板的下平面的垂直度；导套孔轴线对上模板上平面的垂直度；导套与导柱之间的配合间隙等。检测的数据，除能确定出所制造的模架是否符合标准及合格外，还可以根据检测结果，按国家标准给以定级，以便分等级论价出售及使用。

模架的分级技术指标应按国家标准规定：模架经检测后，对其应进行分级，其分级按表2-10、表2-11的规定。从表中可知，滑动导向模架根据所测的公差结果，按公差等级分为Ⅰ级、Ⅱ级、Ⅲ级模架；滚动导向模架可分为0级、0Ⅰ级模架。其分级方法是，滑动导向模架按表 2-10 的技术指标分级，滚动导向模架按表 2-11 的技术指标分级。Ⅰ级模架必须符合 A、B、C 三项技术指标。不符合表中精度指标规定的模架不予列入等级标准。

表 2-10　滑动导向模架分级技术标准

项目	检查项目	被测尺寸/mm	精度等级		
			Ⅰ	Ⅱ	Ⅲ
			公差等级		
A	上模板上平面对下模板下平面的平行度	≤400	6	7	8
		>400	7	8	9
B	导柱轴线对下模板下平面的垂直度	≤160	4	5	6
		>160	5	6	7
C	导套孔轴线对上模板上平面的垂直度	≤160	4	5	6
		>160	5	6	7

注：1. 被测尺寸是指：

A 项：上模板的最大长度尺寸或最大宽度尺寸。

B 项：下模板上平面的导柱高度。

C 项：导套孔延长芯轴的高度。

2. 公差等级：按 GB/T1184—1996《形状和位置公差　未注公差值》。Ⅰ级精度的模架必须符合导套、导柱配合精度 H6/h5 时，按表 2-9 给定的配合间隙值；Ⅱ级精度的模架导套、导柱配合精度 H7/h6 时，按表 2-9 给定的间隙值。

表 2-11　滚动导向模架分级技术标准

项　目	检查项目	被测尺寸/mm	精度等级	
			0	0Ⅰ
			公差等级	
A	上模座对对下模座下平面的平行度	<400	4	5
		>400	5	6
B	导柱轴线对下模座下平面的垂直度	≤160	3	4
		>160	4	5
C	导套孔轴线对上模座上平面的垂直度	≤160	3	4
		>160	4	5

注：被测尺寸是指：

A 项：上模座的最大长度或最大宽度尺寸。

B 项：下模座下平面的导柱高度。

C 项：导套孔延长芯棒的高度。

（二）冲模模架检测技能训练

1. 训练课题

选择一副装配好的滑动（或滚动）导向模架进行检测，通过检测确定模架是否合格，同时根据检测数据及相关标准确定模架等级。

2. 检测时所用测量器具

① 百分表（GB/T1219—2000）刻度值 0.01

② 千分表（JB1079—1975）刻度值 0.001

③ 测量平板（JB/T7974—1995）精度等级一级

④ 心轴锥度0.015:200

3. 模架检验项目及方法步骤

(1) 上模板上平面对下模板下平面的平行度

1) 将装配好的被测模架，放在精密的平板上。

2) 在上、下模板的中心位置上，用球面支持杆支撑上模板（见图2-32）。

3) 用千分表按规定的测量线测量被测表面（在测量时，球面支持板的高度必须控制在被测模架的闭合高度内）。

4) 根据被测表面大小，推动模架或指示器测量架，测整个表面。

5) 取千分表（百分表）最大、最小的读数值之差，即做为模架上、下平行的误差值。

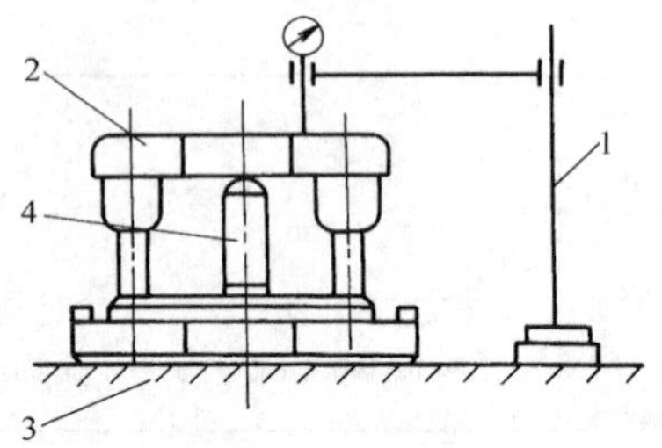

图2-32 检测上模板上平面对下模板下平面的平行度
1—测量表架 2—上模板 3—测量精密平板 4—球面支持杆

(2) 导柱轴线对下模座下平面的垂直度

1) 将装有导柱的下模板放在检验平台上。

2) 用百分表对导柱进行测量。

3) 读百分表的最大、最小读数差即为导柱的在图2-33示两个方向的垂直度误差Δx、Δy。

4) 将Δx、Δy做矢量合成，求得360°范围内最大误差，即

$$\Delta_{max} = \sqrt{\Delta x^2 + \Delta y^2}$$

(3) 导套孔轴线对上模座上平面的垂直度

1) 将装有导套的上模座放在检测平台上。

2) 在导套孔内插入有0.015:200心轴锥度。

3) 测量心轴的垂直度作为导套孔轴线垂直度的误差值（见图2-34），其测量方法与测量导柱相同。

4) 测定的读数必须扣除或加上心轴H范围内锥度因素，即测得Δx、Δy后，在360°范围内最大误差Δ_{max}，按下式计算：

$$\Delta_{max} = \sqrt{\Delta x^2 + \Delta y^2}$$

Δ_{max}即是导套孔轴线对上模板上平面垂直度误差。

4. 模架检测记录与成绩评定（见表2-12）

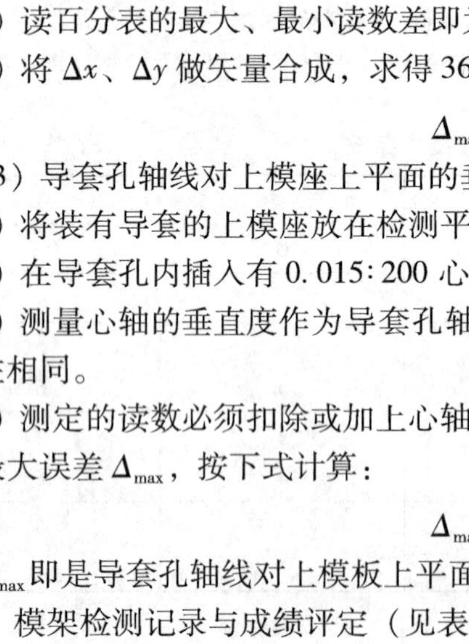

图2-33 检测导柱轴心线对下模座下平面的垂直度

图2-34 检测导套孔轴线对上模座上平面的垂直度

表 2-12　模架检测记录与成绩评定表

项　次	项目与技术要求	配　分	评定方法	实测记录	得　分
1	准备工作充分	8	检查评定		
2	检测方法正确、规范	32	按操作要求评定、错漏一项扣3分		
3	各项数据记录符合要求	12	发现一项不符合要求扣4分		
4	数据计算分析正确、能判断模架是否合格及定等级	35	每错一项扣2分、缺一项扣2分		
5	时间安排合理（2h）	8	安排不合理每项扣1分		
6	安全文明生产	5	违者每次扣2分		

课题四　冷冲模装配

一、冲模装配技术要求

1. 冲模总体装配技术要求

1）模具各零件的材料、几何形状、尺寸精度、表面粗糙度和热处理等均需符合图样要求。零件的工作表面不允许有裂纹和机械伤痕等缺陷。

2）模具装配后，必须保证模具各零件间的相对位置精度，尤其是制件有些尺寸与几个冲模零件有关时，须予以特别注意。

3）装配后的所有模具活动部位，应保证位置准确，配合间隙适当，动作可靠，运动平稳。固定的零件应牢固可靠，在使用中不得出现松动和脱落。

4）选用或新制模架的精度等级应满足制件所需的精度要求。

5）上模座沿导柱上、下移动应平稳和无卡滞现象，导柱与导套的配合精度应符合标准规定，且间隙均匀。

6）模柄圆柱部分与上模座上平面垂直，其垂直度误差，在全长范围内不大于0.05mm。

7）所有凸模应垂直于固定板的装配基面。

8）凸模与凹模的间隙应符合图样要求，且沿整个轮廓上间隙要均匀一致。

9）被冲毛坯定位应准确、可靠、安全，排料和出件应畅通无阻。

10）应符合装配图上除上述以外的其他技术要求。

2. 冲模零部件装配技术要求

（1）模具外观　模具外观技术要求见表2-13。

表 2-13　模具外观技术要求

项　号	项　目	技术要求
1	铸造表面	①　铸造表面应清理干净，使其光滑、美观无杂尘 ②　铸造表面应涂上绿色、蓝色或灰色漆
2	加工表面	模具加工表面应平整、无锈斑、锤痕及碰伤、焊补等

（续）

项　　号	项　　目	技术要求
3	加工表面倒角	① 加工表面除刃口、形孔外，锐边、尖角均应倒钝 ② 小型冲模倒角应≥$C2$，中型冲模≥$C3$，大型冲模≥$C5$
4	起重杆	模具重量大于25kg时，模具本身应装有起重杆或吊环、吊钩
5	打刻编号	在模具正面（模板上）应按规定打刻编号，如冲模图号、制件号、使用压力机型号、工序号推杆尺寸及根数、制造日期等

（2）工作零件　模具工作零件（凸、凹模）技术要求见表2-14。

表2-14　模具工作零件装配后技术要求

序号	安装部位	技术要求
1	凸模、凹模、凸凹模，侧刃与固定板的安装基面装配后的垂直度	凸模、凹模、凸凹模、侧刃与固定板的安装基面装配后的垂直度允差为： ① 刃口间隙≤0.06mm时，在100mm长度上垂直度允差小于0.04mm ② 刃口间隙>0.06～0.15mm时，不大于0.08mm；刃口间隙≥0.15mm时，不大于0.12mm
2	凸模（凹模）与固定板的装配	① 凸模（凹模）与固定板装配后，其安装尾部与固定板安装面必须在平面磨床上磨平，表面粗糙度值 R_a 应控制在0.8～1.6μm之间 ② 对于多个凸模工作部分高度（包括冲裁凸模、弯曲凸模、拉深凸模以及导正钉等）必须按图样保持相对的尺寸要求，其相对误差不大于0.1mm ③ 在保证使用可靠的情况下，凸、凹模在固定板上允许用低熔点合金浇注固定
3	凸模（凹模）与固定板的装配	① 装配后的冲裁凸模或凹模，凡是由多件拼块拼合而成的，其刃口两侧的平面应完全一致、无接缝感觉以及在刃口转角处非工作的接缝面不允许有接缝及缝隙存在 ② 对于有多拼块拼合而成的弯曲、拉深、翻边、成形等的凸、凹模，其工作表面允许在接缝处稍有不平现象，但平直度不大于0.02mm ③ 装配后的冷挤压凸模工作表面与凹模型腔表面不允许留有任何细微的磨削痕迹及其他缺陷 ④ 凡冷挤压的预应力组合凹模或组合凸模，在其组合时的轴向压入量或径向过盈量应保证达到图样要求，同时其相配的接触面锥度应完全一致。涂色检查后，其整个接触长度和接触面应着色均匀 ⑤ 凡冷挤压的分层凹模，必须保证型腔分层接口处一致，应无缝隙及凹入型腔现象

（3）紧固件　模具装配后紧固件（螺钉、销钉）技术要求见表2-15。

表2-15　紧固件装配后的技术要求

紧固件名称	技术要求
螺钉	① 装配后螺钉必须拧紧，不许有任何松动现象 ② 螺钉拧紧部分的长度对于钢件及铸钢件连接长度不少于螺钉直径，对于铸铁件连接长度应不小于螺纹直径的1.5倍
圆柱销	① 圆柱销连接两个零件时，每一个零件都应有柱销1.5倍的直径长度占有量（销深入零件深度>1.5倍柱销直径） ② 圆柱销与销孔的配合松紧应适度

（4）导向零件　导向零件装配后技术要求见表2-16。

表2-16　导向零件装配后的技术要求

序　号	装配部位	技术要求
1	导柱压入模座后的不垂直度	导柱压入下模座后的垂直度在100mm长度范围内允差为： 滚珠导柱类模架：允差≤0.005mm 滑动导柱Ⅰ类模架：允差≤0.01mm 滑动导柱Ⅱ类模架：允差≤0.015mm 滑动导柱Ⅲ类模架：允差≤0.02mm
2	导料板的装配	①　装配后模具上的导料板的导向面，应与凹模进料中心线平行。对于一般冲裁模（在100mm长度范围内）其允差不得大于0.05mm ②　对连续模其允差不得大于0.02mm（在100mm长度范围内） ③　左右导板的导向面之间的平行度允差不得大于0.02mm（在100mm长度范围内）
3	斜楔及滑块导向装置	①　模具利用斜楔、滑块等零件，作多方向运动的结构，其相对斜面必须吻合，吻合程度在吻合面纵横方向上，均不得小于3/4长度 ②　预定方向的偏差不得大于0.03mm（在100mm长度范围内） ③　导滑部分必须活动正常，不能有阻滞现象发生

（5）凸、凹模间隙　装配后的凸、凹模间隙技术要求见表2-17。

表2-17　装配后的凸、凹模的间隙要求

序号	模具类型		间隙技术要求
1	冲裁凸、凹模		间隙必须均匀，其允差不大于规定间隙的20%；局部尖角或转角处不大于规定间隙的30%
2	压弯、成形类凸、凹模		装配后的凸、凹模四周间隙必须均匀，其装配后的偏差值最大不应超过“料厚+料厚的上偏差”；最小值不应超过“料厚+料厚的下偏差”
3	拉深模	几何形状规则（圆形、矩形）	各向间隙应均匀，按图样要求进行检查
		形状复杂、空间曲线	按压弯、成形类冲模处理

（6）模具的闭合高度

1）装配好的冲模，其模具闭合高度应符合图纸所规定的要求。其闭合高度的允差值见表2-18。

表2-18　闭合高度的允差值　（mm）

模具的闭合高度尺寸	允　差
≤200	$^{+1}_{-3}$
>200~400	$^{+2}_{-5}$
>400	$^{+3}_{-7}$

2）在同一压机上，联合安装冲模的闭合高度应保持一致。冲裁类冲模与拉深类冲模联合安装时，闭合高度应以拉深模为准，冲裁模凸模进入凹模刃口的进入量应不小于3mm。

（7）顶出、卸料件　顶出、卸料件在装配后，技术要求见表2-19。

表2-19 顶出、卸料件装配技术要求

序号	装配部位	技术要求
1	卸料板、推件板的安装	装配后的冲压模具，其卸料板、推件板、顶板、顶圈均应相应露出凹模面、凸模顶端、凸凹模顶端0.5~1mm，图样另有要求时，按图样要求进行检查
2	弯曲模顶件板装配	装配后的弯曲模顶件板，在处于最低位置（即工作最后位置）时，应与相应弯曲拼块接齐，但允许顶件板低于相应拼块，其允差在料厚为1mm以下时为0.01~0.02mm，料厚大于1mm时，为0.02~0.04mm
3	顶杆、推杆装配	顶杆、推杆装配时，长度应保持一致。在一副冲模内，同一长度的顶杆，其长度允许不大于0.1mm误差
4	卸料螺钉	在同一副模具内，卸料螺钉应选择一致，以保持卸料板的压料面与模具安装基面平行度允差在100mm长度内不大于0.05mm
5	螺杆孔与推杆孔	模具的上、下模座，凡安装弹顶装置的螺杆或推杆孔，除图样上有标注外，一律在坐标的中心。其允许偏差对于有导向模架应不大于1mm；对于铸件底座应不大于2mm

模具装配后，卸料机构动作要灵活，无卡涩紧现象。其弹簧、卸料橡皮应有足够的弹力及卸料力。

（8）模板间平行度要求　模具装配后，模板上、下平面（上模板上平面对下模座下平面）平行度允差见表2-20。

表2-20 平行度允差

模具类别	刃口间隙	凹模尺寸（长+宽或直经的2倍）/mm	300mm长度内平行度允差
冲裁模	≤0.06	—	0.06
	>0.06	≤350	0.08
		>350	0.10
其他模具	—	≤350	0.10
		>350	0.14

注：1. 刃口间隙取平均值。
2. 包含有冲裁工序其他类模具，按冲裁模检查。

（9）模柄　模柄装配技术要求见表2-21。

表2-21 模柄装配技术要求

序　号	安装部位	技术要求
1	直径与凸台高度	按图样要求加工
2	模柄对上模板垂直度	在100mm长度范围内不大于0.05mm
3	浮动模柄装配	浮动模柄结构中，传递压力的凹凸模球面，必须在摇摆及旋转的情况下吻合，其吻合接触面积不少于应接触面的80%

（10）漏料孔　下模座漏料孔，一般按凹模孔尺寸每边应放大0.5~1mm。漏料孔应通畅，无卡住现象。

二、冷冲模装配实例

（一）冲裁模的装配

在冷冲压模具制造中，冲裁模无论在精度方面或者在间隙大小和均匀性等方面的要求，均较其他模具为高，因此，冲裁模的装配技术要求体现了冷冲压模具装配的技术规范。

1. 冲裁模装配工艺要点

冲裁模的装配，主要是保证凸模和凹模的对中，使其间隙均匀。在此基础上选择正确的装配方法和装配顺序。冲裁模的装配顺序通常是看上、下模的主要零件中，哪一个位置所受的限制大，就作为装配的基准件先装，并以它来调整另一个零、部件的位置。因此，一般冲裁模的装配顺序如下：

1）无导向装置的冲裁模由于凸模与凹模的间隙是在模具安装到机床上时进行调整的，因此上、下模的装配顺序没有严格的要求，可以分别进行装配。

2）有导向装置的冲裁模装配时先要选择基准件，原则上按照模具主要零件加工时的依赖关系来确定。可作装配时基准件的有导板、凸模、凹模或凸凹模。装配时，先装基准件，再按基准件装配相关零件，然后调整凸模与凹模的间隙，保证间隙均匀，而后再安装其他辅助零件。如果凹模是装在下模座上的，一般先装下模较为方便。

3）上模的工作件是配入上模座窝座内的导柱模，应先装上模，根据上模工作件校装下模，同时找正凸模与凹模的间隙。

4）上、下模工作件是分别配入上、下模座窝座内的导柱模，应分别按图样要求，把工作件配入上、下模座窝座内后，在坐标镗床上，分别以上、下模工作件的刃口为基准，镗上、下模座的导套和导柱孔。或者将组装好的上模和下模合在一起，调整凸模与凹模间隙，均匀后紧固，然后镗导套与导柱孔。

2. 冲裁模装配工艺过程

冲压模具的装配就是按照模具设计的装配图，把所有的零件连接起来，使之成为一个整体，并达到所规定的技术要求的一种加工工艺。其装配过程如下：

（1）装配前的准备工作

1）熟悉装配工艺规程，掌握模具验收标准。

2）分析并熟悉模具装配图。装配图是冲模进行装配的重要依据。在装配图上，一般绘有模具的正面剖视图、固定部分（下模）的俯视图和活动部分（上模）的仰视图。对于结构复杂的模具，还绘有辅助视图。在正面剖视图上标有模具的闭合高度。如果冲压模具规定用于自动冲床或固定式自动冲床时，还标有下模座底平面到凹模上平面的距离。在装配图的右上方，绘有冲压制件的形状、尺寸和排样方法。当冲压制件的毛坯是半成品时，还绘有半成品的形状与尺寸。在装配图的右下方，标明模具在工艺方面和设计方面的说明及对装配工作的技术要求。例如，凸、凹模的配合间隙、模具的最大修磨量和加工时的特殊要求等。在说明下面还列有模具零件的明细表。

通过对模具装配图的分析研究，可以深入了解该模具的结构特点和工作性能，了解模具中各个零件的作用和相互之间的位置关系、配合要求及联接方式，从而确定合理的装配基准、装配顺序和装配方法，并结合工艺规程制订出装配工艺方案。

3）确定装配方法和装配顺序。

① 选择装配方法。冲压模具的装配方法比较多，目前常用的有直接装配法和配作法两种，具体选择哪种方法，可根据冲压模具的结构特点和零件的加工工艺与精度要求来确定。

② 确定装配顺序。当以导板（或卸料板）作基准件时，应通过导板的导向孔将凸模

装入固定板，再装上模板，然后再装下模的凹模及下模板。对于连接模（级进模），为了便于调整步距，在装配时应先将拼块凹模装入下模板后再以凹模为定位反装凸模，装配时，可将凸模通过凹模定位装入凸模固定板中。

4）布置工作场地，清理检查零件。

① 根据模具的结构和装配的方法确定工作场地。工作场地必须干净整洁，不应有任何杂物。同时要将必须的工具、夹具、量具及所需的装配设备准备好，并要擦拭干净。

② 根据模具装配图和零件明细表清点和清洗零件，并仔细检查主要工作零、部件的数量，外观，形状，加工精度和表面质量。同时应根据装配图的要求，准备好装配所需的螺钉、销钉、弹簧及相应的辅助材料，如橡胶、低熔点合金、环氧树脂、无机粘结剂等。

（2）装配过程中的工作

1）对模具的主要部件进行装配。冲模主要零、部件的装配是指凸、凹模的装配，凸、凹模与固定板的装配，上、下模座的装配等。

2）模具的总装配。选择好装配的基准件，并安排好上、下模的装配顺序，然后进行模具的总体装配。装配时，应调整好各配合部位的位置和配合状态。严格按照所规定的各项技术要求进行装配，以保证装配质量。

（3）模具的检验和调试　对模具的外观质量、各部件的固定连接和活动连接情况及凸、凹模配合间隙进行检查，检查模具各部分的功能是否满足使用要求。同时通过试冲对所装模具进行调试。在试冲时，若发现弊病应及时调整修正，直到冲出合格的制品为止。注意：将冲模零件安装后，经检查若无误，方可钻、铰销钉孔，拧入螺钉，但不要固死，待试模合格后再将其固定。

3. 冲裁模装配实例

（1）单工序冲裁模的装配　图 2-35 所示为冲裁电度表固定板的冲孔模，冲裁材料为 H62 黄铜板，厚度为 2mm。模具装配过程如下：

1）装配固定部分。

步骤一：由图 2-35 中可以看出，下模座 1 是冲孔模的装配基准件。因此，首先装配导柱和导套，并将其组装在模座上，然后将装配好导柱和导套的上、下模座分开。将凹模 2 表面涂油后压入凹模固定板 18 的孔中。固定后，将凹模固定板 18 和凹模 2 的上、下平面在平面磨床上一起磨平。

步骤二：在凹模与凹模固定板 18 的组合件上安装定位板 3，并将其安装在下模座 1 上。其方法是：

① 找正固定板的位置后，和下模座一起用平行夹板夹紧。

② 根据固定板上的螺钉过孔和凹模型孔，在下模座上配划螺钉孔和落料孔线。

③ 松开平行夹板，取下凹模固定板 18，在下模座 1 上钻、攻螺钉孔和钻漏料孔。

④ 把凹模固定板 18 安装在下模座 1 上，找正后拧入螺钉紧固。

⑤ 钻、铰定位销孔，装入定位销钉。

2）装配活动部分。

步骤一：在已装上凸模 10 的凸模固定板 7 和凹模固定板 18 之间垫上适当高度的等高垫块，使凸模刚好能插入凹模型孔内。

步骤二：在凸模固定板 7 上放上模座 6，使导柱 16 配入导套 15 孔中；调整凸、凹模的

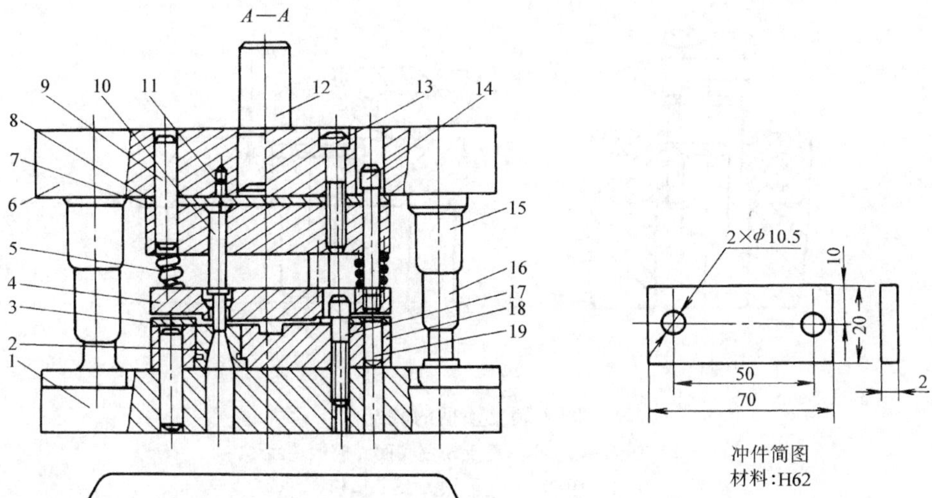

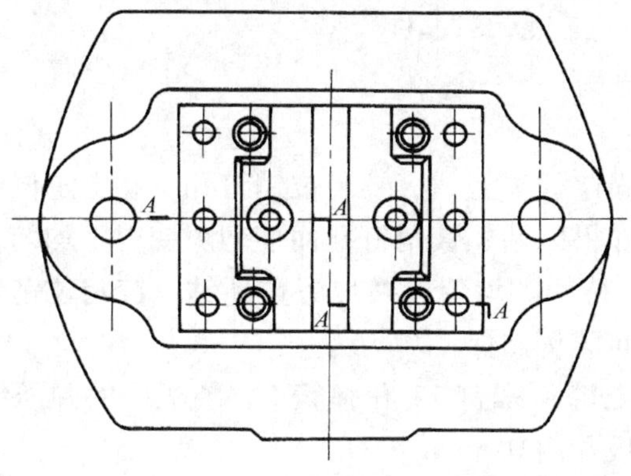

图 2-35　冲孔模

1—下模座　2—凹模　3—定位板　4—弹压卸料板　5—弹簧　6—上模座　7—凸模固定板　8—垫板　9、11、19—定位销钉　10—凸模　12—模柄　13、17—螺钉　14—卸料螺钉　15—导套　16—导柱　18—凹模固定板

相对位置后，用平行夹板将上模座 6 和凸模固定板 7 一起夹紧。

步骤三：取下上模座 6，根据凸模固定板 7 上的螺孔和卸料板 4 上的螺钉过孔，在上模座的下平面上配划螺钉过孔线。

步骤四：松开平行夹板，取下凸模固定板 7 及卸料板 4，在上模座上按划线钻各个螺钉过孔。

步骤五：装配模柄 12，如图 2-36 所示。该冲孔模的模柄是从上模座 6 的下平面向上压入的，所以，在安装凸模固定板 7 和垫板 8 之前，应先把模柄装好。装配时，先擦净模柄和上模座孔的配合面，并涂上机油，在压力机上将模柄压入上模座孔中（图 2-36a）；再钻、铰定位销钉孔，将定位销钉 11 打入孔中；然后把上模座底面与模柄端面一起磨平（图 2-36b）。安装好模柄后，用 90°角尺检查模柄与上模座上平面的垂直度。

步骤六：在上模座上安装垫板 8 和已取下弹压卸料板 4 的凸模固定板 7，拧上紧固螺钉，但不要拧得很紧，以便调整凸、凹模配合间隙。然后将上模座放在下模座上，使导柱 16 配入导套 15 的孔中。

3）调整冲孔模的凸、凹模间隙。用垫片法调整凸、凹模的配合间隙，使间隙均匀。然

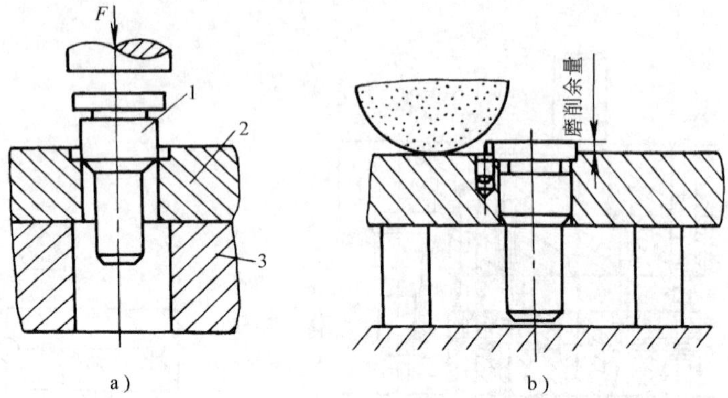

图 2-36　模柄的装配

a）压入模柄　b）磨上模座底面和模柄端面

1—模柄　2—上模座　3—垫板

后拧紧上模座 6 和凸模固定板 7 间的紧固螺钉。

4）固定冲孔模的活动部分

① 取下上模座，在上模座 6 和凸模固定板 7 上钻、铰定位销钉孔，装上定位销钉 9。

② 再次检查凸、凹模的配合间隙。如果因钻、铰销钉孔而使间隙变得不均匀时，则应取出定位销钉 9，再次调整凸、凹模间隙，待间隙均匀后换位置重新钻、铰定位销钉孔，并装上定位销钉，直到固定后凸、凹模配合间隙仍然保持均匀为止。

③ 将弹压卸料板 4 套在凸模上，装上卸料螺钉 14 和弹簧 5。装配后的弹压卸料板必须能灵活移动，并保证凸模端面缩进卸料板孔内 0. 5mm 左右。

④ 安装其他零件。

5）试冲和调试。试冲合格后，还要将定位板 3 取下来，经热处理淬火后，再装到原来位置上。

（2）复合模的装配

1）装配要点。复合模的装配不同于普通冲裁模，其上、下模的配合稍有不准，就会导致整副模具的损坏，所以加工和装配不得有丝毫差错。复合模除了工作件和相关零件必须保证精度外，装配时应保证做到以下要求：

① 冲孔和落料的冲裁间隙都应均匀一致。

② 上模中推件装置的推件力的合力中心应与模柄中心重合。否则将不能正常推件，甚至会导致细小凸模折断。

2）装配顺序。对于导柱复合模，一般先装上模，然后找正下模中凸凹模的位置，按照冲孔凹模型孔加工出排料孔。这样既可以保证上模中推件装置与模柄中心对正，又可以避免排料孔错位。而后以凸凹模为基准件分别调整冲孔与落料的冲裁间隙，并使之均匀，最后再安装其他辅助零件。

3）装配实例。图 2-37 所示为冲孔、落料复合模。其装配工艺过程如下：

① 组件装配。它分为三个部分。

第一是组装模架。将导套与导柱压入上、下模座，导柱、导套之间要滑动平稳，无阻滞现象，保证上、下模座之间的平行度要求。

第二是组装模柄。采用压入式装配，将模柄2压入上模座3中，再钻、铰骑缝销钉孔，压入圆柱销23，然后磨平模柄大端面。要求模柄与上模座孔的配合为H7/m6，模柄的轴线必须与上模座的上平面垂直。

第三是组装凸、凹模。凸模和凹模与固定板的装配方法，在复合冲裁模中最常见的是紧固件法和压入法。将凸模6压入凸模固定板7，保证凸模与固定板的垂直，并磨平凸模底面。然后放上凹模9，磨平凸模和凹模刃口面。

② 总装配。待上述组件安装完毕经检查无误后，可按下列步骤进行总装配：

步骤一：装上模。把凸模、凹模和推件装置装入上模座。翻转上模座，找出模柄孔中心，划出中心线和安装用的轮廓周边线。然后按照外轮廓线，放正凸模固定板7及落料凹模9，初步找正冲孔凸模和落料凹模之间的位置。夹紧上模部分，按照凹模螺孔配钻凸模固定板和上模座的螺钉过孔。之后装入垫板5和全部推件装置，用螺钉将上模部分连接起来，并检查推件装置的灵活性。

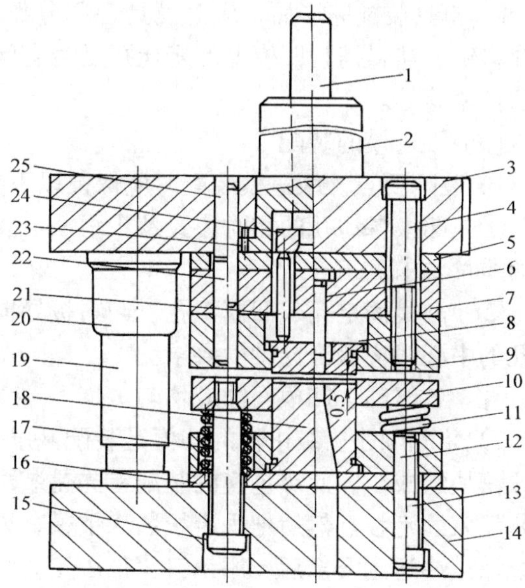

图2-37 冲孔、落料复合模

1—打杆 2—模柄 3—上模座 4、13—螺钉 5、16—垫板 6—凸模 7、17—固定板 8—推件块 9—凹模 10—卸料板 11—弹簧 12、22、23、25—圆柱销 14—下模座 15—卸料螺钉 18—凸凹模 19—导柱 20—导套 21—连接推杆 24—推板

步骤二：装配下模。将凸凹模装入下模座。

a）将凸凹模18压入固定板17，保证凸凹模与固定板垂直，并磨平底面。

b）将卸料板10套在凸凹模上，配钻固定板上的卸料弹簧安装孔。

c）将装入固定板内的凸凹模放在下模座上，合上上模，根据上模找正凸凹模在下模座上的位置。夹紧下模部分后移去上模，在下模座上划出排料孔线，并配钻安装螺钉13和卸料螺钉15的螺钉孔。

d）加工下模座上的排料孔，按凹模的孔每边加大约1mm。

e）用螺钉连接凸凹模固定板、垫板和下模座，并钻、铰销钉孔，打入销钉定位。

步骤三：调整凸、凹模间隙。采用切纸法调整冲裁间隙。

a）合拢上、下模，以凸凹模为基准，用切纸法精确找正冲孔凸模的位置。如果凸模与凸凹模的孔对得不正，可轻轻敲打凸模固定板，利用螺钉过孔的间隙进行调整，直至间隙均匀。然后钻、铰销钉孔，打入圆柱销25定位。

b）用同样的方法精确找正落料凹模的位置，保证间隙均匀后，钻、铰销钉孔，打入圆柱销22定位。

c）再次检查凸、凹模间隙，如果因钻、铰销钉孔而引起间隙不均匀时，则应取出定位销，再次调整，直至间隙均匀为止。

d）安装其他辅助零件。这是指安装调整卸料板、导料销和挡料销等辅助零件。

e）模具装配完毕后，应对模具各部分作一次全面检查。如模具的闭合高度、卸料板上的导料销、挡料销与凹模上的避让孔是否有问题，模具零件有无错装、漏装，以及螺钉是否都已拧紧等等。

（3）级进模的装配

1）装配要点。级进模装配时应保证以下要求：

① 凹模各型孔的相对位置及步距一定要加工、装配准确，否则冲出的制件很难满足规定的质量要求。

② 凸模固定孔、凹模型孔、卸料板导向孔三者的位置必须保持一致，即装配后各相对应孔的中心线应保证同轴度要求。

③ 各组凸、凹模间隙应均匀。

2）装配顺序。级进模的凹模是装配基准件，其结构多数采用镶拼的形式，由若干块拼块或镶块组成。因此级进模的装配首先是装配凹模或凹模组件，当凹模组件装配合格后，再将其压入固定板。然后把固定板装入下模，以凹模定位装配凸模，再把凸模装入上模，待用切纸法试冲达到要求后，用销钉定位固定，再装入其他辅助零件。级进模装配的关键是获得准确的步距和保证间隙的均匀，因此，必须对各组凸、凹模进行预配合。

3）凹模组装的基本方法是先进行凹模的预配合，然后组装凹模。

装配前检查并修正凹模拼块宽度（即步距）和型孔中心距，使各相邻两块宽度之和符合图样要求。接着按图示拼合拼块，使拼块按基准面排齐、磨平。将凸模逐个插入相对应的凹模型孔内，检查凸模与凹模的配合情况，目测各凸模与凹模的间隙，若有不妥处应修正。装好凹模拼块后，按凹模拼块拼装后的实际尺寸和要求的过盈量，修正固定板凹模固定孔的尺寸，并把凹模拼块压入凹模固定板，用三坐标测量机、坐标磨床或坐标镗床对位置精度和步距精度作最终检查，并用凸模复查，修正间隙。最后磨平上、下平面。

说明：在装配凹模镶块时，若各凹模镶块对精度有不同的要求，则应先压入精度要求高的镶块，再压入容易保证精度的镶块。例如，在冲孔、切槽、弯曲、切断级进模中，应先压入冲孔、切槽、切断的镶拼凹模，后压入弯曲凹模。这是因为前者型孔与定位面有尺寸精度和位置精度要求，而后者只要求位置尺寸精度。

4）凸模组装的基本方法常采用螺钉拉紧固定、压入法固定和低熔点合金浇注或粘结剂粘结固定等装配工艺。

① 压入法固定多凸模。用压入法固定多凸模时，各凸模压入的先后次序，在装配工艺上应有所选择。其原则是：先压入容易定位又能够作为其他凸模安装基准的凸模，再压入较难定位或需要依赖其他零件或通过一定的工艺方法才能定位的凸模。如果各凸模对精度有不同要求时，凸模的装配应先装精度要求较高和较难控制精度的凸模，再装容易保证精度的凸模。倘若没有上述两种情况，凸模压入的顺序就比较随便。凸模压入后应与固定板型孔保持适当的过盈，凸模固定板型孔与型孔之间的相对位置应与凹模一致。现以图 2-38 所示凸模为例，说明压入法固定多凸模的装配过程。

步骤一：以凹模定位，将各凸模依次压入固定板。

a）压入半圆凸模。由于半圆凸模在压入时容易定位定向，且稳定性好，所以，首先将两个半圆凸模连同垫块从固定板正面用垫板同时压入，如图 2-39 所示。

b）依次压入半环凸模。用已装好的半圆凸模为基准，垫好等高垫块，插入凹模，调整好间隙，同时将半环凸模按凹模定位，如图 2-40 所示。然后卸去凹模，换上等高垫块，将半环凸模压入固定板。

c）用上述同样方法压入两个侧刃凸模和落料凸模，如图 2-41 所示。最后压入冲孔圆凸模。压入时应注意垂直度误差，要边压边检查。

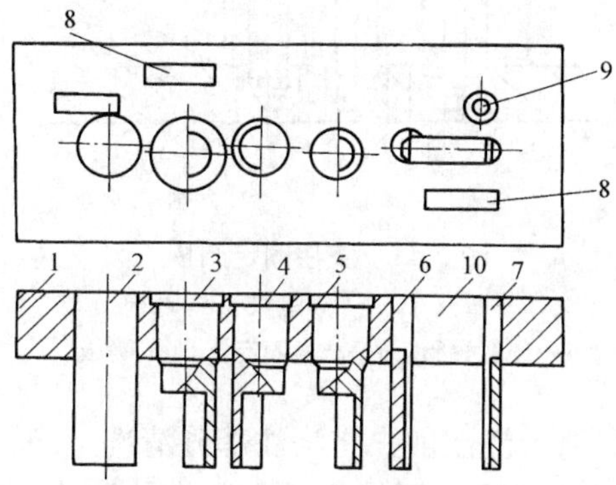

图 2-38　压入法固定多凸模
1—凸模固定板　2—落料凸模　3、4、5—半环凸模　6、7—半圆凸模　8—侧刃凸模　9—圆凸模　10—垫块

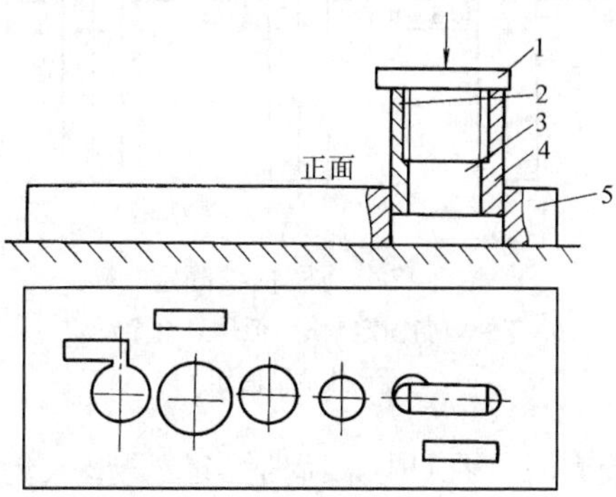

图 2-39　压入半圆凸模
1—垫板　2、4—半圆凸模　3—垫块　5—凸模固定板

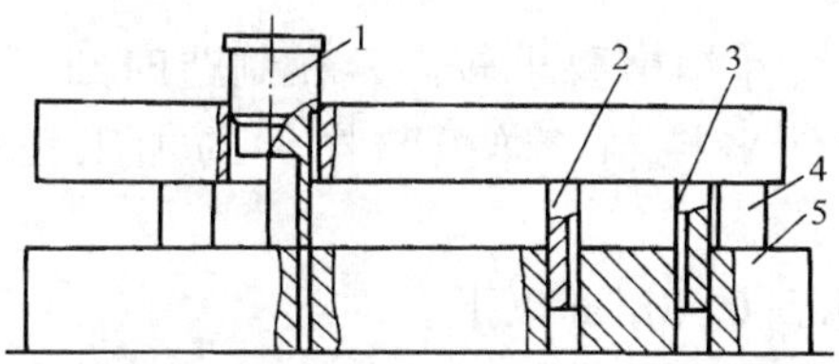

图 2-40　压入半环凸模
1—半环凸模　2、3—半圆凸模　4—垫块　5—凹模

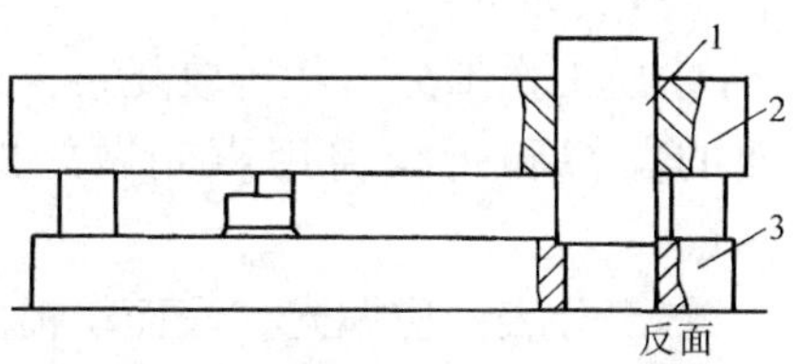

图 2-41　压入侧刃
1—侧刃　2—凹模　3—固定板

步骤二：复查凸模与固定板的垂直度误差，凸模与卸料板导向孔的配合状况和固定板与卸料板的平行度误差。

步骤三：将凸模底面与固定板一齐磨平，然后以固定板底面为基准，磨齐凸模刃口端面。刃磨多个小凸模时，为了保护小凸模，应将卸料板合到凸模上，用等高垫块垫好，使凸模端部从卸料板中伸出 0.3 ~ 0.5mm 左右，用小进刀量将凸模端面磨成等高，使之平齐。

②　浇注法固定多凸模

a）浇注固定的工艺要点。浇注前，需检测凹模各型孔的正确性。浇注时采用垫片法或镀铜法来控制间隙的均匀性。在浇注凸模时，应先将凸模插入凹模型孔内，以凹模定位进行装配。为了使凸模固定牢靠，避免使用时脱落，凸模与固定板之间的浇注接头结构形式和间隙大小，根据所使用粘结剂的种类而定，如图 2-42 所示，以保证连接强度。

b）浇注固定的方法。先按模具间隙要求，在凸模的工作部分表面镀铜或均匀涂漆。当

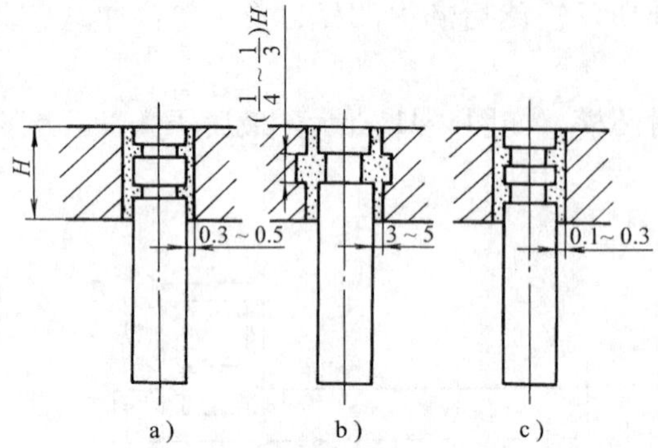

图 2-42　凸模粘结固定

a）环氧树脂固定　b）低熔点合金固定

c）无机粘结固定

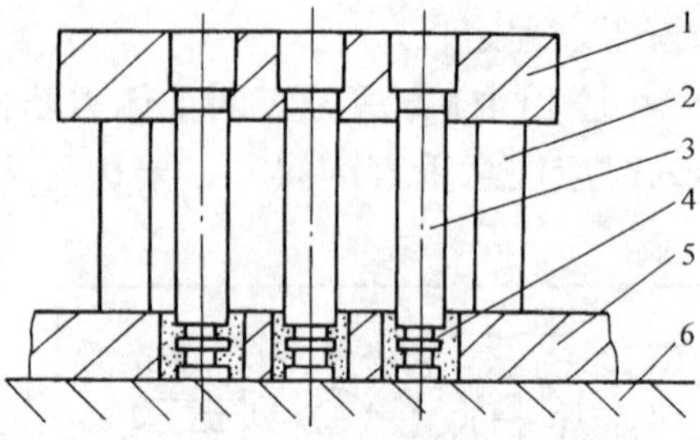

图 2-43　浇注固定凸模

1—凹模　2—等高垫块　3—凸模

4—环氧树脂　5—凸模固定板　6—平板

间隙较大时，在凹模四周适当位置垫入垫片来控制间隙。浇注前先将浇注部分清洗干净，然后将凸模轻轻敲入凹模型孔内，并校正凸模的垂直度。而后，再将已插入凸模的凹模倒置，把凸模固定端插入固定板型孔中心。同时在凹模与固定板之间垫入等高垫块，使凸模端面与平板贴合，安装定位后，即可浇注，如图 2-43 所示。

（二）弯曲模的装配

弯曲模的装配可按冲裁模的装配方法进行，其间隙的调整通常是借助于样板或样件。其加工、装配特点如下：

1）弯曲模工作部分形状比较复杂，几何形状及尺寸精度要求较高，在制造时凸、凹模工作表面的曲线和折线需用事先做好的样板和样件来控制。样板与样件的加工精度为 ±0.05mm。

2）工作部分表面应抛光，表面粗糙度值 R_a 应达到 0.40μm 以下。

3）由于制件在弯曲成形中材料有回弹现象，弯曲模凸模和凹模在装配时其形状和尺寸必须进行修整。经试模合适后淬硬。圆角半径要一致，凸模工作部分要加工成圆角。

（三）拉深模的装配

拉深模的装配与弯曲模装配类似，其加工、装配特点如下：

1）拉深模凸、凹模工作部分边缘要求修磨出光滑的圆角。

2）拉深模应边试模边对工作部分锉修，直修锉到冲出合格工件后再淬硬。

3）借助样件调整间隙。

4）大中型拉伸模的凸模应留有通气孔，以便于工件的卸出。

5）试冲后确定前道工序坯料尺寸。

三、冲模装配技能训练

训练课题一：单工序落料模的装配（注：训练课题可根据实际生产项目确定）

图 2-44 所示为后导柱模座的拨叉落料模。要求完成的装配内容为：模柄与模座（即模架）的装配；导柱、导套与模座的装配；凸模的装配；凹模的装配；总装。

1. 装配要求

1）根据模具装配图，分析模具的工作原理、各部位的结构组成及功用。

2）逐步熟悉各零、部件装配的技术要求和工艺规范，确定装配工艺方案。

3）准备好装配用的工具、量具、夹具。

4）按图检查零件的加工质量，并确定装配基准件。

5）按图逐一控制零、部件的装配过程和装配质量。

2. 训练用模具图（见图2-44）

3. 训练步骤

（1）组装凸模　将凸模10装入凸模固定板4中，保证凸模对固定板端面垂直度要求，并将凸模和固定板端面磨平。

（2）安装模柄　将模柄压入上模座2中，保证模柄与上模座的配合符合要求H7/m6，并将模柄端面突出部分磨平，安装好模柄后，用90°角尺检查模柄与上模座上平面的垂直度。

（3）装配凸模及凹模　把凸模放入凹模8型孔内，两边垫以等高垫块，并放入后导柱模座内，用划针把凹模外形画在下模座9上面，将凸模固定板外形画在上模座2下平面上，初步确定凸模固定板和凹模在模座中的位置。然后分别用平行夹板夹紧上、下模两部分，作上、下模座的螺钉固定孔，并将上模座翻过来，使模柄1朝上，按已画出的位置线将凸模固定板的位置对正，作好固定板4的螺孔，按凹模8型孔划下模座上的漏料孔线。之后，加工上模座2连接卸料板6的螺钉过孔；加工下模座上的漏料孔，并按线每边均匀加大约1mm。最后，用螺钉将凸模固定板4和垫板3紧固在上模座，并用螺钉将凹模紧固在下模座。注意不要过紧，以便调整。

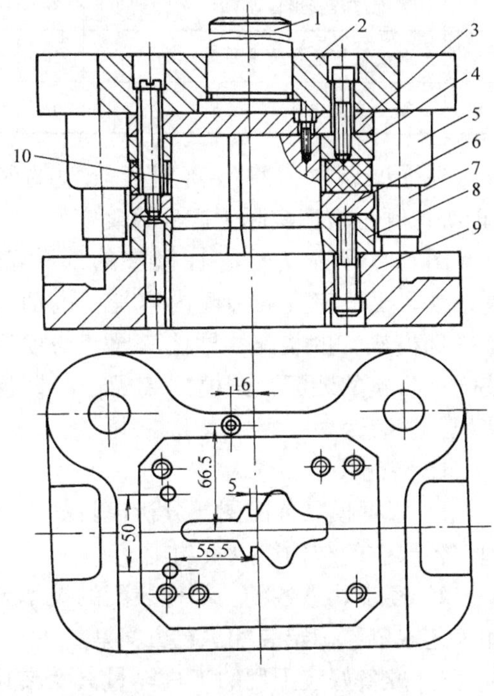

图2-44　拨叉落料模

1—模柄　2—上模座　3—垫板　4—凸模固定板　5—导套　6—卸料板　7—导柱　8—凹模　9—下模座　10—凸模

（4）装配导柱、导套及模架　将导套压入上模座，将导柱装入下模座内，保证装配技术要求。

（5）凸模与凹模的配合调整　使下模座的导柱进入上模座的导套内，并将上模座缓慢放下，使凸模进入凹模型孔内。如果凸模未进入凹模孔内，可轻轻敲击凸模固定板，利用螺钉与螺钉过孔的间隙进行细微调整，直至凸模进入凹模型孔内。同时观察凸模与凹模的间隙，用同样的方法予以调整，并通过冲纸法试冲，直到间隙均匀为止。

（6）安装定位销　冲裁间隙调整均匀后，把上模组件取下，钻、铰定位销孔，配入定位销（销与孔应保持适当的过盈）。下模座的定位销孔按凹模销孔引做，同样配入定位销，保持销与孔有适当的过盈。

（7）安装其他部件　按装配图要求装配其他零部件，最后打标记。

4. 实训记录与成绩评定（见表2-22）

表 2-22　冲模装配实训记录及成绩评定表

项次	项目与技术要求	配分	评定方法	实测记录	得分
1	凸模与固定板的装配	10	测量		
2	模柄的装配	8	测量		
3	凸模与凹模的装配	12	测试		
4	导柱、导套及模架的装配	12	测试		
5	总装	30	总体评定		
6	准备工作充分	6	每缺一项扣 1 分		
7	装配过程安排合理	6	安排不合理每一处扣 1 分		
8	装配质量符合技术要求	10	发现一项不符合要求扣 2 分		
9	安全文明生产	6	违者每次扣 2 分		

训练课题二：冲孔-落料复合模的装配（训练课题可根据实际生产项目确定）

图 2-45 所示为后导柱模座的冲孔-落料复合模。要求完成的装配内容是：模柄与模座（即模架）的装配；导柱、导套与模座的装配；凸模的装配；凹模的装配；凸凹模的装配；总装。

1. 装配技术要求

1）根据模具装配图，分析模具的工作原理、各部位的结构组成及功用。

2）逐步熟悉各零、部件装配的技术要求和工艺规范，确定装配工艺方案。

3）准备好装配用的工具、量具及夹具。

4）按图检查零件的加工质量，并确定装配基准件。

5）按图逐一控制零、部件的装配过程和装配质量。

2. 训练用模具图（见图 2-45）

3. 训练步骤

（1）装配基准件　根据模具图样确定装配基准、装配顺序和方法。选定凸凹模为装配基准件。

1）将凸凹模放在下模座上，以下模座两导柱安装孔为基准，用钢直尺等量具找正凸凹模位置，依凸凹模在下模座上划出四螺钉

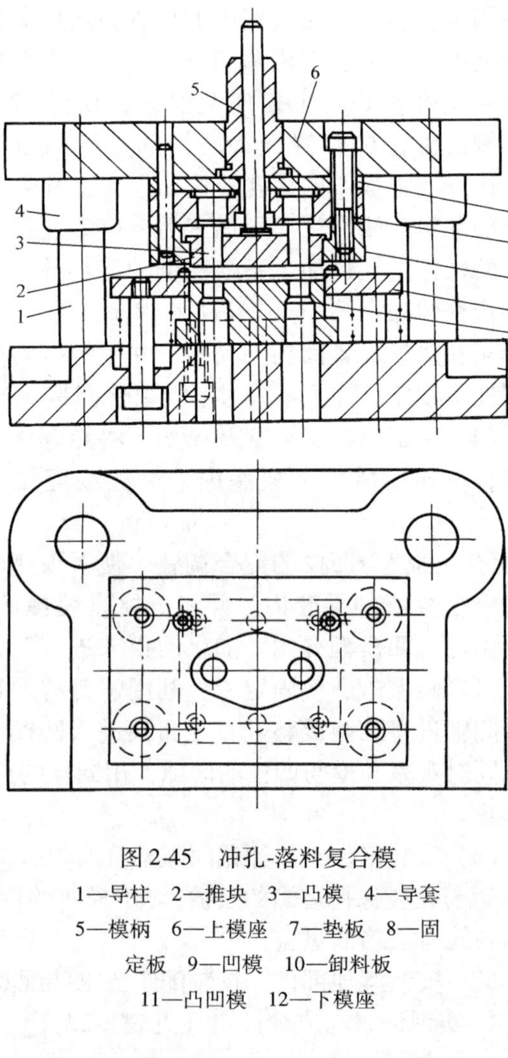

图 2-45　冲孔-落料复合模

1—导柱　2—推块　3—凸模　4—导套　5—模柄　6—上模座　7—垫板　8—固定板　9—凹模　10—卸料板　11—凸凹模　12—下模座

孔线和两漏料孔线。

2）钻下模座四螺钉过孔和两漏料孔，翻转扩螺钉沉孔，倒角，去毛刺。

3）将凸凹模装在下模座上，拧紧螺钉，配钻、铰两圆柱销孔，打入定位销。

（2）装配卸料板　将卸料板套入凸凹模，配钻四个卸料螺钉过孔、沉孔及卸料弹簧窝座孔。

（3）装配模柄　将模柄压入上模座，保证装配精度要求。压入后一齐磨平模柄和上模座底平面。

（4）装配导柱、导套及模架　将导套压入上模座，将导柱装人下模座内，并保证各项装配技术要求。

1）将导柱压入下模座。压入前擦净导柱和下模座的配合表面，涂一层润滑油。然后把下模座放在平台上，用铜棒将导柱打入下模座。开始敲打时，用力要轻而均匀，要特别注意放正，随时用90°角尺校正导柱与模座的垂直度，并调整敲击导柱的位置，当导柱打入1/3后，再用力将导柱打入至其下端面距下模座底面1 ~2mm 即可。

2）将导套压入上模座。装配方法与压入导柱大致相同。由于导套中间有通孔，因此在装配前应在导套上端垫一垫铁，防止在装配时其他异物的进入。装好后，擦净导套内表面，涂上润滑油，将上、下模套合，用手上、下移动上模座，直到轻快、平稳为止。

（5）装配凸模　将凸模压入固定板之后，与固定板一并磨平安装基面。

（6）装配凹模及其相关组件　将凹模放在固定板上，磨平凸模和凹模刃口端面，然后把凹模套在凸凹模上，用等高垫铁托住凹模，使凹模上平面高出凸凹模。在凹模上平面涂一层红丹粉，合上上模，将凹模轮廓复印在上模座上。按印痕钻上模座螺钉过孔及沉孔。之后，将凹模、推件器、凸模及其固定板、垫板、推杆装在上模座上，调整好间隙，经试纸法检验合格后，配钻、铰定位销孔，打入定位销。

（7）安装卸料板及其他部件，并打上标记。

4. 实训记录与成绩评定（见表2-23）

表2-23　冲模装配实训记录及成绩评定表

项次	项目与技术要求	配分	评定方法	实测记录	得分
1	凸凹模与下模座的装配	8	测量		
2	模柄的装配	8	测量		
3	导柱、导套及模架的装配	12	测试		
4	凸模、凹模与凸凹模的装配	14	测试		
5	总装	30	总体评定		
6	准备工作充分	6	每缺一项扣1分		
7	装配过程安排合理	6	安排不合理每一处扣1分		
8	装配质量符合技术要求	10	发现一项不符合要求扣2分		
9	安全文明生产	6	违者每次扣2分		

课题五　冲模使用及试模调整

一、冲压设备与模具的关系

在编制冲压工艺文件和设计模具结构时，需要选择合适的压力机，使压力机与其协调一致，以满足冲压工艺需要和使模具正常工作。在选择压力机时主要考虑以下三个方面内容：

1. 压力机的类型

冲压加工用的设备主要有通用压力机、专用压力机和液压机等。通用压力机主要适用于普通冲裁、弯曲和中小型简单拉深件的成形，适用于一般生产批量。通用压力机的机身又分为开式和闭式两种，开式机身的刚性较弱，适用于中小型冲压加工，而闭式机身适用于大中型冲压加工。生产批量较大时，应尽量选用适应于冲压工艺特点的专用压力机，如精密冲裁可选用精密冲裁压力机，对于大型覆盖件拉深成形，多选用双动拉深压力机等。表2-24为冲压类型与冲压设备选用对照表。

表2-24　冲压类型与冲压设备选用对照表

冲压设备 \ 冲压类型	冲裁	弯曲	简单拉深	复杂拉深	整形校平	立体成形
小行程通用压力机	√	○	×	×	×	×
中行程通用压力机	√	○	√	○	○	×
大行程通用压力机	√	○	√	○	√	√
双动拉深压力机	×	×	○	√	×	×
高速自动压力机	√	×	×	×	×	×
摩擦压力机	○	√	×	×	×	√

注：表中√表示适用，○表示尚可使用，×表示不适用。

2. 压力机的能力

（1）压力和扭矩能力　根据压力机的公称压力和滑块许用负荷曲线图2-46中可知，公称压力是指滑块运动至下止点前某一特定距离时，滑块所允许承受的最大作用力。由滑块许用负荷曲线中可知，在滑块全行程中，并不保持这一公称压力。在行程的中间点的压力约为公称压力的40%～50%。滑块许用负荷曲线分别由曲轴曲柄颈强度决定的压力能力和齿轮传动的强度所决定的扭矩能力所组成。

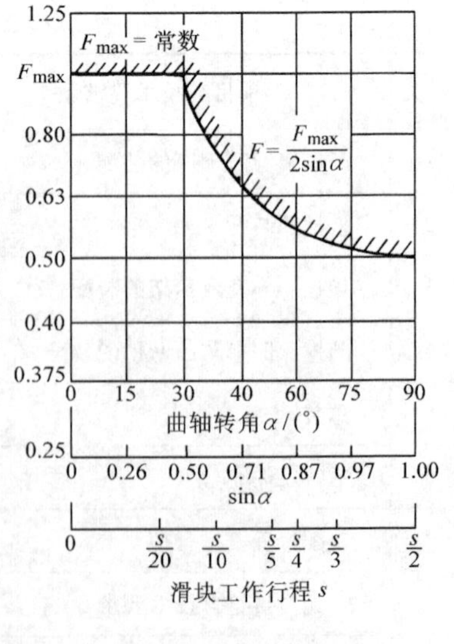

图2-46　曲柄-压力机滑块许用负荷曲线图

在选用压力机时，应使冲压变形力和冲压变形曲线位于滑块许用负荷曲线之下，这样压力机才是安全的。如果是复合冲压，应将几个工序的变形力的曲线相加起来，然后再进行比较。选择压力机的计算式如下：

1）当压力机对坯料施加压力的行程小于5%的压力机行程时，压力机压力选择的计算式为

$$F \geqslant 1.3\sum f$$

式中 F——压力机的公称压力；

$\sum f$——冲压变形力、推件力、顶件力卸料力等诸力的总合。

2）当压力机对坯料施压压力的行程大于5%的压力机行程时，如拉深成形，在浅拉深时，最大变形力应限制在公称压力的70%～80%；在深拉深时，最大变形力应限制在公称压力的50%～60%。

（2）功率能力　压力机的功率能力是由电动机功率和飞轮能量等因素决定的。当冲压功率超过压力机功率，导致功率超载时，会使压力机飞轮转速降低，甚至因滑块被顶住而停止运动，以至会发生闷车和烧毁电动机事故。

冲压功的大小与冲压力和冲压工作行程有关。对于冲裁加工，由于冲裁工作行程较短，一般压力和扭矩不超载时，冲压功就不会超载。但是对于拉深成形的大工作行程来说，一般都应该进行冲压功校核，以保证冲压功不超载。

冲压功校核计算式如下：

冲压成形的变形功（A）一定要小于压力机的有效功（A_p），即 $A < A_p$。

1）压力机有效功 A_p。当压力机单行程工作时，且在速度可以降低20%的条件下，则飞轮的有效能量即压力机的有效功。A_p（MJ）。计算式为

$$A_p = 0.28mD^2n^2$$

当压力机连续工作时，且在速度可以降低10%的条件下，则有效功 A_p（MJ）的计算式为

$$A_p = 0.15mD^2n^2$$

式中 m——压力机飞轮的质量（kg）

D——压力机飞轮的直径（m）；

n——压力机飞轮的转速（r/min）。

2）冲压成形的变形功 A。

① 冲裁加工所需要的冲裁功 A（MJ）的计算式为

$$A = Ftf$$

式中 F——冲裁力（N）；

t——冲裁板料的厚度（mm）；

f——切入率，冲裁间隙小时，$f = 0.6 \sim 0.8$；冲裁间隙大时，$f = 0.25 \sim 0.5$。

② V形件弯曲所需的弯曲功 A（MJ）的计算式为

$$A = Fhk$$

式中 F——弯曲力（N）；

h——弯曲工作行程（mm）；

k——系数，$k = 0.63$。

③ 圆筒形件拉深时的拉深功 A（MJ）的计算式为

$$A = Fhc$$

式中 F——拉深力（N）；

h——拉深工作行程（mm）；

c——系数，当拉深系数为0.55时，$c=0.8$；当拉深系数为0.65时，$c=0.74$。

3. 压力机与模具间关系

（1）压力机的装模高度　模具的闭合高度应介于压力机的最大闭合高度和最小闭合高度之间，并考虑留有适当余量。计算式如下：

$$H-5 \geqslant H_d \geqslant H-M+10$$

式中　H——压力机最大闭合高度（mm）；

H_d——模具的闭合高度（mm）；

M——压力机连杆调节长度（mm）。

当模具安装固定需要附加垫板时，还应考虑附加垫板厚度的影响。

（2）滑块行程　一般冲压加工时，不用考虑滑块行程。

在通用压力机上进行拉深成形时，由于制件高度较大，必须考虑滑块行程的影响，否则拉深后的制件难以取出。一般按下式估算

$$h \geqslant 2.5h_0$$

式中　h——压力机滑块行程；

h_0——拉深制件的高度。

当采用导板模结构时，为保证凸模始终不与导板脱开，应该选择滑块行程可调节的偏心式压力机。

（3）工作台板及滑块尺寸　模具的下模板安装固定于压力机工作台板上，当采用压板、T形螺栓固定下模时，在安装方位有不小于50~70mm的安装尺寸；当采用T形螺栓直接固紧下模时，下模板略小于工作台板尺寸即可。

对于大多数压力机，滑块在上止点位置时的下平面低于压力机机身导向部分；对于某些开式机身压力机，滑块在上止点位置时的下平面高于压力机机身导向部分，这时上模板外形尺寸必须小于滑块外形尺寸。

（4）工作台板漏料孔

1）当小型模具的下模板尺寸接近工作台板漏料孔尺寸时，应增加附加垫板，当下模漏料范围尺寸大于工作台板漏料孔尺寸时，应增加附加垫板。

2）当下模安装通用弹顶器时，弹顶器的外形尺寸应小于工作台板漏料孔尺寸。

（5）生产率　压力机每分钟的行程次数应满足冲压工艺的要求。

二、冲模的安装与使用

冲模的调试及批量生产冲压件，都必须正确安装在指定的压力机上进行。冲模的安装是否正确合理，不仅影响冲压件的质量，而且还影响模具的寿命及工作安全。

（一）冲模的安装要求

冲模安装在压力机上的要求见表2-25。

（二）冷冲模安装前的准备

冷冲模安装前的准备工作，见表2-26。

表 2-25 冲模的安装要求

项号	项目	安装要求	检查方法
1	压力机的选用	① 压力机的吨位应大于冲模的工艺力 ② 压力机的制动器、离合器及操作系统等机构的工作要正常 ③ 压力机要有足够的刚性、强度和精度	按压力机起动手柄或脚踏板，滑块不应有连冲现象，若发现连冲，经调整后再安装冲模
2	压力机工作台面	工作台面与模具底面要清理干净，不准有任何污物及金属废屑	用毛刷及棉纱、擦拭干净
3	冲模的紧固	① 安装冲模的螺栓及螺母和压板应采用专用件，最好不代用 ② 用压板将下模紧固在工作台面上时，其紧固用的螺栓拧入螺孔中的长度应大于螺栓直径的 1.5~2 倍 ③ 压板的压置应使压板的基面平行于压力机的工作台面，不准偏斜	目测及量具测量百分表测量
4	凸模进入凹模的深度	① 冲裁厚度小于 2mm 时，凸模进入凹模的深度不应超过 0.8mm ② 硬质合金模具不超过 0.5 mm ③ 拉深模及弯曲模应采用试冲方法，确定凸模进入凹模的深度	① 弯曲模试冲时，可将样件放在凸、凹模之间，借助试件确定凸模进入凹模的深浅 ② 拉深模在调试时，可先把试件套入凸模上，当其全部进入凹模内，即可将其固定。试件的壁厚应大于被冲零件的厚度
5	凸模与凹模的相对位置	① 冲模安装后，凸模的中心线应与凹模工作平面垂直 ② 凸模与凹模间隙应均匀	① 利用角尺测量 ② 利用塞块或试件状况检查

表 2-26 冷冲模安装前的准备

项号	项目	准备内容
1	熟悉冲模	① 冲压件图 ② 冲压工艺 ③ 冲模结构及动作原理 ④ 冲模安装方法
2	检查冲模安装条件	① 模具的闭合高度是否与压力机相适应 ② 压力机的公称压力是否满足冲模工艺力的要求 ③ 冲模的安装槽（孔）位置是否与压力机一致 ④ 托杆直径和长度以及下模座的托杆孔位置是否与压力机相适应 ⑤ 打料杆的长度与直径是否与压力机上的打料机构相适应
3	检查压力机的技术状态	① 检查压力机的刹车、离合器及操作机构是否工作正常 ② 检查压力机上的打料螺钉，并把它调整到适当位置，以免调节滑块的闭合高度时，顶弯或顶断压力机上的打料机构 ③ 检查压力机上的压缩空气垫的操作是否灵活可靠

（续）

项号	项目	准备内容
4	检查冲模的表面质量	① 根据冲模图样检查冲模零件是否齐全 ② 了解冲模对调整与试冲有无特殊要求 ③ 检查冲模表面是否符合技术要求 ④ 根据冲模结构，应预先考虑试压程序及前后所关联的工序 ⑤ 检查工作部分、定位部分是否符合图样要求

（三）安装方法

1. 单动压力机上安装冲模

在单动压力机上安装冲模的方法，见表2-27。

2. 在双动压力机上安装冲模

在双动压力机上安装冲模的方法，见表2-28

表2-27　在单动冲床上安装冲模

序号	安装程序及方法
1	开动压力机，把压力机滑块上升到上极点
2	把压力机滑块底面、压力机台面和冲模上、下面擦拭干净
3	把模具放在压力机台面规定的位置上，用压力机行程尺检查压力机滑块底面至冲模上平面之间距离是否大于压力机行程。必要时，调节滑块高度，以保证该距离大于压力机行程 如果模具有托杆（拉深模，成形模顶出缓冲系统），则应先按图样位置将其插入压力机台面的孔内，并把模具位置摆正
4	将滑块降到下极点，并调节滑块高度，使其与冲模上平面接触
5	用螺钉将上模固定在压力机上，并将下模初步固定在压力机台面上（不拧紧螺钉）
6	将滑块稍往上调一点（以免冲模顶死），然后开动压力机，把滑块上升到上止点，松开下模的安装螺钉，让滑块空行程数次，再把滑块将到下止点停止
7	拧紧下模的安装螺钉（对称交错进行），再开动压力机，使滑块上升到上止点位置
8	在导柱上加润滑油，并检查冲模工作部分有无异物，然后开动压力机，再使滑块空行程数次，从中检查导柱、导套配合情况。若发现导柱不垂直或与导套配合不合适时，应拆下冲模进行修理
9	进行试冲，并逐步调节滑块到所需的高度
10	调节压力机上的打料螺栓到适当的高度，使打料杆能正常工作
11	如果冲模使用气垫，则应调节压缩空气到合适的压力
12	重新检查模具及压力机，无误可进行试冲

表2-28　在双动压力机上安装冲模

序号	安装程序及方法
1	检查双动拉深模有关安装尺寸（内、外闭合高度、安装孔及安装槽位置），并选定安装用的垫板
2	调节压力机内、外滑块到最高点，并将内、外滑块停于上止点
3	将冲模置于压力机工作台面的中心位置
4	把滑块降到下止点，开动内滑块调节电动机，使内滑块下降至与凸模固定座相接触，对准安装槽（孔），将凸模固定座用螺钉固定在内滑块垫板上

（续）

序号	安装程序及方法
5	开动压力机，使滑块及凸模上升并停于上止点位置上
6	将冲模从台面上拉出，把外滑块的垫板放在压边圈上，用螺钉将其与压边圈初步连接上，然后再将冲模拉入台面中心位置
7	卸下外滑块垫板与压边圈连接螺钉，开动压力机使其空行程数次，并使外滑块垫板处于正确位置
8	安装压边圈：放掉平衡气缸里的压缩空气，调节外滑块的高度，使外滑块与垫板接触，用螺钉将外滑块、外滑块垫板和压边圈连接固紧。然后，在平衡气缸里送压缩空气
9	用螺钉将凹模初步固定在工作台垫板上（先不拧紧螺钉）
10	开动压力机试运转，正常后拧紧凹模的固定螺钉
11	检查模具及压力机各部位是否正常，无误后可开动压力机试模

（四）冷冲模安装要点

1. 冲裁模的安装

冲裁模的安装要点，见表2-29。

表2-29　冲裁模安装要点

冲模种类	安装要点
无导向冲模	① 将冲模放在压力机平台中心处 ② 将压力机滑块的螺母松开，用手或撬杠转动飞轮使压力机滑块下降到同模具上模板接触，并使冲模模柄进入滑块中 ③ 将模柄紧固在滑块上。固定时，应注意使滑块两边的螺栓交错旋紧 ④ 在凹模的刃口上，垫以相当于凸、凹模单面间隙的硬纸板或钢皮，并使之间隙均匀 ⑤ 间隙调整后压紧下模 ⑥ 开动压力机，进行试冲
有导向冲模	① 将闭合状态的模具放在压力机台面中心位置 ② 把上模与下模分开 ③ 用木块或垫铁支撑上、下模 ④ 将压力机滑块下降到最低位置，并调整到使其与上模板接触 ⑤ 分别将上模与下模固紧，滑块调整位置应使其在上极点时，凸模不至于逸出导板之外或导套下降距离不应超过导柱长度的1/3为止 ⑥ 紧固时，要牢固。紧固后进行试冲与调整 ⑦ 拉深模与弯曲模安装时，最好凸、凹模之间应垫以试件，以便于调整间隙值

2. 弯曲模的安装

弯曲模在压力机上的安装方法，基本上与冲裁模在压力机上安装方法相同。其在安装过程中的调整方法，可按下述进行：

有导向装置的弯曲模，调整安装比较简单，上模与下模相对位置及间隙，全由导向零件决定。

无导向装置的弯曲模具，上、下模的位置就要用测量间隙或用垫片法来保证。如果冲压具有对称、直壁的制件（如U形弯曲件），则安装模具时，可先将上模紧固到压力机滑块上，下模在工作台上暂不紧固。然后在凹模洞壁口放置与制件材料等厚的垫片，再使上、下模吻合就能达到自动对准，且间隙均匀。待调整好闭合高度后，再把下模固紧，即可试冲。所垫的垫片，最好垫入试件，这样可便于调整间隙，也避免碰坏凸、凹模。

3. 拉深模的安装

在使用单壁冲床拉深时，其模具在压力机上的安装固定方法，基本与弯曲模相同。但对于带有压边圈的拉深模，应对压边力进行调整合适。这是因为，压边力过大易被拉裂，压边边太小，又易于起皱。因此，在安装模具时，应边试验、边调整，直到合适为止。

对于拉深筒形零件，先将上模固定在冲床的滑块上，下模放在冲床工作台面上，先不必紧固。在安装时，可先在凹模孔上，放有一个制件（试件与制件同样厚度的垫片），再使上、下模通过调节螺杆或飞轮使其吻合，下模可自动对准位置，在调好闭合高度后，可以将下模固紧试件。

4. 校正、整形模的安装

在安装校正、整形模具时，调节压力机的闭合高度需特别小心慎重。在调整时，应使上模随滑块到下止点位置时，即能压实制件，又不发生硬性冲击或“卡住”现象。因此，当上模在压力机的上下位置粗略的调整后，在凸模与凹模的上、下平面之间垫入一块等于或略厚于毛坯厚度的垫片，用调节压力机连杆长度的方法，一次又一次地用手搬动飞轮（或用微动按钮），直到使滑块能正常地通过下止点而无阻滞或卡住的现象为止。这样就可以固定下模，取出垫片进行试冲。试冲合格后，再将紧固件拧紧。

（五）冲模的使用

1. 冲模使用过程中的检查

冲模在使用过程中，要随时对其动作进行检查，若发生异常，应立即关机检修，以免损坏模具和设备，发生不必要的事故。

冲模在使用过程中的检查方法，见表2-30。

2. 冲模在使用过程中的润滑

1）润滑的目的及方法　冲模在使用过程中，润滑的目的及方法见表2-31。

2）润滑剂的选择　拉深低碳钢常用的润滑剂见表2-32；拉深有色金属及不锈钢润滑剂见表2-33。

表2-30　冲模的使用过程中的检查

序号	项目	说　　明
1	模具使用前的检查	①　领取的新模具，必须是经过试冲验证并带有合格试件的模具；对于老模具，则应检查模具的履历卡片，最好应带有上一次生产的尾件 ②　对照工艺文件检查所用模具及设备是否正确 ③　检查模具外观和凸、凹模有无裂纹、压伤等缺陷 ④　模具外观应清洁无异物
2	开工前的检查	①　压力机的打料装置应暂时调整到最高位置 ②　检查压力机和冲模的闭合高度是否相适应 ③　冲模上的卸料装置同压力机是否能配套使用 ④　冲模的上、下模板和压力机的滑块底面、工作台面是否擦拭干净 ⑤　安装好的模具应再检查一下模具内外是否有异物或其他物品，安装是否紧固

（续）

序号	项目	说　　明
3	使用过程中的检查	① 模具在使用过程中，应定时润滑工作表面，如凹模刃口及工作型腔和各活动配合表面及导向零件等 ② 严禁在冲压过程中润滑，润滑应在停机过程中进行 ③ 随时注意毛坯有无异常现象。如毛坯不能有硬折、厚度变化太大，严重的氧化皮和翘曲现象。一旦发现上述异常，应停止作业 ④ 冲压时，严禁几片重叠冲压 ⑤ 在冲压一段时间后，要随时停机清除台面及冲模上的废料、残余冲件及杂物 ⑥ 条料及半成品坯件要预先擦拭干净，或涂以少许润滑油 ⑦ 使用一段时，应在机上刃磨刃口使其锋利

表 2-31　润滑的目的及方法

项目		说　　明
润滑的目的		① 降低材料与模具间的摩擦系数，减少摩擦阻力，降低冲压工艺力 ② 润滑后的冲模，制品易于从模具中取出 ③ 提高了材料的变形程度，降低了极限拉深系数，减少了拉延次数 ④ 保护了模具表面，易使模具冷却，提高了模具使用寿命 ⑤ 能保证模具表面质量，不致于使制品表面擦伤
润滑方法	冲裁弯曲模	在冲裁弯曲工序中，一般采用20号机油或30号机油，主要涂刷在模具凸、凹模表面，冲压用用材料表面或导向机构表面
	拉深模	将润滑剂涂抹在凹模圆角和压边面处以及与它们相触的毛坯表面上。涂抹时要均匀。间隙周围要一致，并应保护润滑部位干净，切忌在凸模表面或同它接触的毛坯表面上涂抹，以防止材料沿凸模表面滑动而变薄。对于较薄的毛坯第一次拉深时，除凹模圆角及压边面部位外，不必在毛坯上涂抹，以免助长皱折的形成

表 2-32　拉深低碳钢常用润滑剂

序号	润滑剂成分	质量分数（%）	用途
1	锭子油 鱼肝油 石墨 油酸 硫磺 钾肥皂 水	43 8 15 8 5 6 15	用于一般拉深模具
2	锭子油 硫化蓖麻油 鱼肝油 白恶粉 油酸 苛性钠 水	33 1.5 1.2 45 5.6 0.7 13	用于单位压力大的拉深模
3	钾肥皂 水	20 80	用于球形制品拉深

表 2-33　拉深有色金属、不锈钢及合金材料常用的润滑剂

金属材料	润滑方式
铝	植物油、工业凡士林油
硬铝	植物油乳化液
铜	菜子油、肥皂与油的乳化液混合体
镍及镍合金	肥皂与油的乳化液
不锈钢	用氯化乙烯漆（G01-4）喷涂板料表面。在拉深时涂机油

3. 冷挤压的润滑

1）黑色金属冷挤压润滑　在黑色金属冷挤压过程中，在进行润滑之前首先要进行表面处理。如果不进行表面处理，则在2000MPa以上的高挤压力作用下，润滑剂一般被挤走而失去作用。因此，在润滑前必须经磷化处理，提高润滑剂的表面附着力，可降低挤压力，提高模具的使用寿命。同时，磷化层还起到将变形金属与模具隔离、减少磨损、防止微量金属焊合在模具表面的作用。

磷化处理主要工艺是：酸洗去锈──→化学除油──→磷化──→皂化处理。其工艺方法见表2-34、表2-35、表2-36。

2）有色金属冷挤压润滑。有色金属冷挤压的润滑见表2-37。

表 2-34　酸洗去锈及化学除油工艺

序号	工序名称	工艺说明
1	化学除油	氢氧化钠（NaOH）60 ~ 100g/L 碳酸钠（Na_2CO_3）60 ~ 80g/L 磷酸钠（Na_2PO_3）25 ~ 80g/L 水玻璃（Na_2SiO_2）10 ~ 15g/L 处理温度：≥85℃
2	热水洗	温度：≥85℃ 时间：6 ~ 8 次吊动
3	酸洗	盐酸（HCL）HCL 32 度 100% 温度：室温下进行 时间：5 ~ 10min
4	流动冷水洗	温度：室温 时间：4 ~ 5 次吊动
5	中和	碳酸钠（Na_2CO_3）80 ~ 100 g/L 温度：30 ~ 50℃ 时间：2 ~ 3min
6	流动冷水洗	温度：室温 时间：3 ~ 4 次吊动

表 2-35　磷化处理方法

项目	化学药品名称	第一次配方	第二次配方
碳化液配制	氧化锌（ZnO） 磷酸（H_2PO_4） 硝酸（HNO_3） 硫酸钠（Na_2SO_4） 亚硝酸钠（$NaHO_2$） 水（H_2O） 温度 时间 磷化处理厚度	20 ~ 30 g/L 22 ~ 30g/L 30 ~ 30g/L 4 ~ 6g/L 0.1 ~ 0.2g/L 1L 40 ~ 45°C 10 ~ 15min 0.07 ~ 0.15mm	9 g/L 23g/L — — — 1L 85 ~ 95°C 30min —
母液配制过程	① 将氧化锌用水稀释成浆糊状（单独容器进行） ② 用带有冷却设备的不锈钢槽配制 在槽内先加入少量冷水，在不断搅拌下缓慢地将需要的硝酸加入，然后再加入需要量的磷酸，通入冷水冷却。在温度不高于 40℃ 情况下搅拌，并分批加入氧化锌。每加入一批，都要搅拌，直至无沉淀物为止。待溶液冷至室温以后，再把需要的碳酸钠加入，搅拌至全部溶解，使母液发生红色气泡消失为止，再用水稀释至需要体积，加入亚硝酸钠，储存一小时，当发现有部分沉淀时，即可使用		
配制 100L 母液需化学材料比例	硝酸（HNO_3）30.8 ~ 36.3kg 磷酸（H_2PO_4）20.6kg 氧化锌（ZnO）23kg 碳酸钠（Na_2CO_3）4kg 水（H_2O）余量		

表 2-36　皂化处理工艺

方案	皂化处理工艺
第一种方法	硬脂酸钠 5 ~ 9g/L 水 1L 温度：60 ~ 70℃ 时间：10min 皂化层厚度：0.05 ~ 0.10mm
第二种方法	工业皂片-脂肪含量 84%：200 ~ 220g/L 水（H_2O）：1L 温度：50 ~ 60℃ 皂化后，毛坯应当在皂化膜干燥状态下进行冷挤压
第三种方法	用草酸盐处理（代替磷酸盐）。草酸盐处理后，再以以下润滑剂润滑： 氯化石蜡 85% 二硫化钼 15%

表 2-37　有色金属挤压润滑

冷挤压材料	润滑剂成分	配制及使用方法	说明
纯铝	① 硬脂酸锌 100%	将已处理清洁的毛坯与粉状硬脂酸锌一起放入滚筒内滚 15min 使毛坯上牢固而均匀的粘上一层硬脂酸锌	① 冷挤壁厚均匀 ② 冷挤流动性能好 ③ 卸料力小 ④ 挤压表面粗糙度为 R_a3.2 ~0.4μm
	② 猪油 25% 液体石蜡 30% 十二醇 10% 四氯化碳 35%	将猪油加热至 200℃，稍冷却后，加入四氯化碳并搅拌均匀，加入十二醇，冷却后加入液体石蜡	① 冷挤压流动性能好 ② 零件表面粗糙度值 R_a 在 3.2μm 以上
	③ 猪油 5% 甘油 5% 汽缸油 15% 四氯化碳 75%	将猪油、甘油热至 200℃，然后冷却 40℃ 以下，倒入四氯化碳，搅拌均匀，最后放入汽缸油	① 冷挤压流动性好 ② R_a3.2μm 以上
	④ 十四醇 80% 酒精 20%	按比例配制，使之混合良好	—
	⑤ 十八醇 80% 硬脂酸 20%	稍加热后，混合	挤压表面 R_a0.2 ~ 0.1μm 以上
防锈铝 5A02 3A21	猪油 18% 汽缸油 22% 石蜡 22% 十四醇 3% 四氯化碳 35%	将猪油加热至 200℃ 后，加入少许四氯化碳，然后加入汽缸油及石蜡，升温至 250℃，稍冷却后加入甘油、十四醇，冷却到 150℃ 加四氯化碳	① 润滑性能较好 ② R_a0.80μm 以上
T1、T2、T3 H62 H68	猪油 13% 十四醇 3% 机油 84%	将猪油加热到 200℃，几分钟后加入机油及十四醇	表面质量较高
T1、T2、T3 H62 H68	工业豆油	—	—
T1、T2、T3 H62 H68	蓖麻油	—	—
T1、T2、T3	羊皮脂	—	—
H62	硬脂酸锌	—	用于空心件冷挤压

硬铝 ZA12、ZA11 等材料的冷挤压用润滑剂见表 2-38。

4. 使用冲模时注意事项

在冷冲压生产中正确的使用冲模，这对于冲模的使用寿命、工作的安全性、工作的质量等有很大影响。因此，在使用冲模时，应注意以下几点：

1）安装冲模的压力机必须有足够的刚性、强度和精度。在冲模安装前，须将压力机预先调整好，即应仔细检查制动器、离合器及压力机操纵机构是否正常。检查方法是先踩脚踏板或按手柄，如果滑块有不正常的连冲现象，应在排除故障后再安装冲模。

表 2-38 硬铝 ZA12、ZA11 冷挤压润滑

序号	工序名称	工艺说明
1	去油	汽油洗→热水洗（60～100℃）→冷水洗
2	去氧化皮	硝酸洗（400～800 g/L），洗净为止→冷水洗两次
3	磷化处理	磷酸二氢锌［Zn（H_2PO_4）$_2$］28 g/L 磷酸［H_2PO_4（75%）］4～5 g/L 铬酐（CrO_3）10 g/L 十二醇烷基硫酸钠 0.5 g/L 水（H_2O）1L 温度：55～66℃；时间：2～3min
4	润滑处理	用工业菜籽油或工业豆油，亦可采用皂化处理
5	润滑效果	① 流动性好 ② 预防了挤压裂纹 ③ R_a0.40μm 以上

2）冲模安装固定时应采用专用压板和螺钉、螺母、压块，不可代用，并要将模具底面及工作台面擦拭干净，不准有废屑废渣。

3）用压板将下模紧固在工作台面上时，其紧固用的螺栓拧入螺孔中的长度应不小于螺栓直径的 1.5～2 倍，压板的位置应平行于台面，不能偏斜。

4）冲模安装后，在调整冲裁模时凸模进入凹模的深度不能超过 0.8mm（冲裁厚度在 2mm 以下）。对于硬质合金制成的凸、凹模，不应超过 0.5mm。对于拉深模，调整时可以用试件先套入凸模上，当其全部进入凹模内，才能将下模固定，以防将冲模损坏，其试件的厚度最好等于制品厚度 1.2～1.4 倍。

5）安装后的冲模，所有凸模中心线都应与凹模平面保持垂直，否则会使刃口啃坏。

6）冲模在使用一段时间后，应定其进行检查、刃磨刃口，每次刃磨量不应太大，一般可为 0.05～0.1mm。刃磨后，应用油石进行修整。

7）冲模在使用过程中，应经常对其导柱、导套进行润滑。

8）冲压用料或半成品坯件，应清洗干净。在工作时，对于冲裁模所用的板料可进行稍需润滑，以减少磨损。

9）冲压时，防止叠片冲压，以损坏冲模。

10）在冲压过程中，随时要停机检查，并用放大镜检查刃口状况，若发现有微小裂纹或啃刃，应停机维修。

（六）冲模的拆卸及保养

冲模的拆卸及保养方法见表 2-39。

表 2-39　冲模的拆卸方法

项号	项目	说　　明
1	冲模拆卸方法	① 用手或撬杠转动压力机的飞轮（大型压力机应开启电流），使滑块下降，将上、下模处于完全闭合状态 ② 松开夹紧模柄的压力机上的螺母，使滑块与模柄松开 ③ 将滑块上升至上极点位置，并使其离开上模 ④ 卸开下模压紧螺栓及压板，将冲模移出台面
2	卸模注意事项	① 卸模时，在上、下模之间最好垫以木块，使卸料弹簧处于不受力状态 ② 在滑块上升前，应先用手锤敲打一下上模板，以避免上模随滑块上升后又重新落下，损坏冲模刃口 ③ 在冲模卸下的整个过程中，应注意操作安全，尽量停止电动机转动，以防发生事故
3	模具的保管	① 卸下的冲模应及时完整地交回模具库或指定地点存放 ② 暂时不用的模具，要及时擦拭干净，送到冲模存放规定的架位上，并在导柱顶端的贮油孔中注入润滑油液，再用纸盖上，以防灰尘或杂物落入导套内 ③ 凸模与凹模的刃口部位以及导柱面上，应涂一层防锈油，以防日久不用生锈

三、冲模的试模与调整

冲模装配后要通过试冲对制件的质量和模具的性能进行综合考查和检测，对在试冲中出现的各类问题与庇病要作全面认真的分析，找出产生的原因，并对冲模进行适当的调整与修正，以最终得到质量合格的制件为止。

（一）冲模试冲与调整目的

冲模的试冲与调整简称调试。其调试的目的主要在于：

1. 鉴定制件和模具的质量

在模具生产中，试模的主要目的是确定制品零件的质量和模具的使用性能好坏。这是由于制品零件从设计到批量生产需经过产品设计、工艺设计、模具设计、模具零件加工、模具组装等若干工艺过程。在这些过程中，任何一项的工作失误，都会引起模具性能不佳和难以生产出合格的制品零件来。因此，冲模组装后，必须首先经过在生产条件下进行试冲，并根据试冲后制出的成品，按制品零件设计图，检查其质量和尺寸是否符合图样规定的要求，其所制造的模具动作是否合理可靠。根据试冲时的出现的问题，分析产生的原因，并设法加以修正，使所制造的模具不仅能生产出合格的零件，而且能安全稳定地投入生产使用。

2. 确定制品的成形条件

冲模经过试冲制出合格样品后，可在试冲中掌握模具的使用性能与制品零件的成形条件、方法及规律，从而可对模具能成批生产制品时的工艺规程制定提供可靠的依据。

3. 确定成形零件制品的毛坯形状、尺寸及用料标准

在冷冲模生产中，有些形状复杂或精度要求较高的弯曲、拉深、成形、冷挤压等制品零件，很难在设计时精确地能计算出变形前的毛坯尺寸和形状。为了能得到较准确的毛坯形状和尺寸及用料标准，只有通过反复的调试模具后，使之制出合格的零件才能确定。

4. 确定工艺设计、模具设计中的某些设计尺寸

对于一些在模具设计和工艺设计中，难以用计算方法确定的工艺尺寸，如拉深模的复杂凸、凹模圆角，某些部位几何形状和尺寸，必须边试冲，边修整，直到冲出合格零件后，此部位形状和尺寸方能最后确定。通过调试后将暴露出来的有关工艺、模具设计与制造等问题，连同调试情况和解决措施一并反馈给有关设计及工艺部门，以供下次设计和制造时参考，以提高模具设计和加工水平。

（二）冲模调试的主要内容

冷冲模在调试过程中，主要应包括如下内容：

1）将装配后的冲模能顺利地装在指定的压力机上。

2）用指定的坯料，能稳定地在模具上顺利地制出合格的制品零件来。

3）检查成品零件的质量，是否符合制品零件图样要求。若发现制品零件存有缺陷，应分析其产生缺陷的原因，并设法对冲模进行修正和调试，直到能生产出一批完全符合图样要求的零件为止。

4）根据设计要求，进一步确定出某些模具需经试验后所决定的形状和尺寸，并修整这些尺寸，直到符合要求。

5）经试模后，能为工艺部门提供编制模具能生产批量制品的工艺规程依据。

6）在试模时，应排除影响生产、安全、质量和操作等各种不利因素，使模具能达到稳定批量生产的目的。

（三）冷冲模调试的技术要求

1）调试技术要求。冷冲模调试技术要求见表2-40。

2）冲裁模允许的毛刺值。它是指在调试冲裁模时，冲裁模所允许的毛刺大小，见表2-41。

（四）冲裁模的调试

1）冲裁模的调试要点。冲裁模的调试要点见表2-42。

2）冲裁模的调试方法。冲裁模在试冲时，常出现的弊病及调整方法见表2-43。

表2-40 冷冲模调试技术要求

项号	项目	技术要求
1	模具外观	各种冷冲模在装配后，应经外观和空载检验合格后才能进行试模。其检验方法，按冲模技术条件对外观要求进行检验
2	试模材料	试冲材料必须经过检验，并符合技术协议的规定要求。冲裁模允许用材料相近、厚度相同的材料代用；大型冲模的局部试冲，允许用小块材料代用；其他试冲材料的代用，需经用户同意
3	试冲设备	试冲设备必须符合工艺规定，设备精度必须符合有关标准规定要求
4	试冲最少数量	小型模具≥50件；硅钢片≥200件；自动冲模连续时间≥3min；贵重金属材料试冲数量由各厂自定
5	冲件质量	① 冲件断面应均匀，不允许有夹层及局部脱落和裂纹现象。试模毛刺不得超过规定数值（见表2-41） ② 尺寸公差及表面质量应符合图样要求
6	入库	模具入库时，应附带检验合格证。试冲件数无规定时，每一工序不少于3~10件

表 2-41　试模冲裁毛刺允许值（参考）　　　　（mm）

材料抗拉强度/MPa \ 材料厚度 t		≤0.4	>0.4～0.63	>0.63～1.00	>1.00～1.66	>1.60～2.50	>2.50
≤250	1	0.03	0.04	0.04	0.05	0.07	0.10
	2	0.04	0.05	0.06	0.07	0.10	0.14
>250～400	1	0.02	0.03	0.04	0.04	0.07	0.09
	2	0.03	0.04	0.05	0.06	0.09	0.12
>400～630	1	0.02	0.03	0.04	0.04	0.06	0.07
	2	0.03	0.04	0.05	0.06	0.08	0.10
>630	1	0.01	0.02	0.03	0.04	0.05	0.07
	2	0.02	0.03	0.04	0.05	0.07	0.09

注：1. 表中 1 级用于较高要求；2 级用于一般要求。
　　2. 硅钢片用表中 2 级数值。

表 2-42　冲裁模调试要点

调整项目	调　整　要　点
凸、凹模刃口及其间隙的调整	①　冲裁模的上、下模要吻合。应保证上、下模的工作零件（凸模与凹模）相互咬合，深度要适中，不能太深与太浅，以冲下合格的零件为准。调整是依靠调节压力机连杆长度来实现的 ②　凸、凹模间隙要均匀。对于有导向零件的冲模，其调整比较方便，只要保证导向件运动顺利而无发涩现象即可保证间隙值；对于无导向冲模，可以在凹模刃口周围衬以紫铜皮或硬纸板进行调整，也可以用透光及塞尺测试方法在压机上调整，直到上、下模的凸、凹模互相对中且间隙均匀后，可用螺钉紧固在压力机上，进行试冲
定位装置调整	①　修边模与冲孔模的定位件形状，应与前工序形状相吻合。在调整时应充分保证其定位的稳定性 ②　检查定位销、定位块、定位杆是否定位时稳定和合乎定位要求。假如位置不合适及形状不准，在调整时应修正其位置，必要时要更换定位零件
卸料系统的调整	①　卸料板（顶件器）形状是否与冲件服贴 ②　卸（顶）料弹簧及橡皮弹力应足够大 ③　卸料板（顶件器）的行程要足够 ④　凹模刃口应无倒锥以便于卸件 ⑤　漏料孔和出料槽应畅通无阻 ⑥　打料杆、推料板应顺利推出制品，如发现缺陷，应采取措施予以消除

表 2-43　冲裁模试冲时出现的弊病及调整方法

常见弊端	图示	产生原因	调整方法
制品毛刺大		①　间隙偏小、偏大或不均匀	①　若制件剪切面上光亮带过宽，甚至出现两个光亮带和被挤出的毛刺时，说明间隙过小，可用油石修研凸模（落料模）或凹模（冲孔模），使其间隙变大，达到合理间隙值 若制件剪切面上光亮带太窄，塌角较大，且整个断面又有很大倾斜度，产生断裂毛刺时，则表明间隙过大。修复时，对于落料模只好重做一个凸模。对于冲孔模要更换凹模，重新装配后，调整好间隙 若制件剪切面光亮带宽窄不均，且毛刺偏于一边，则表明间隙不均匀，应对凹凸模重新调整，使之均匀。如果是局部不均匀，应进行局部修正

（续）

常见弊端	图示	产生原因	调整方法
制品毛刺大		② 刃口不锋利	② 当凸模刃口不锋利时会在落料件周边上产生大毛刺，而在冲孔件产生大圆角；若凹模刃口变钝，则在冲孔件孔边产生毛刺，落料件圆角大；若凸模、凹模刃口都变的不锋利，则在冲孔件和落料件产生毛刺。其解决的办法是，刃磨刃口端面。若因硬度而引起变钝，要重新淬硬
		③ 凹模有倒锥	③ 落料凹模有倒锥，当制件从凹模孔中通过时，制件边缘被挤出毛刺。解决的办法是将凹模倒锥修磨掉
		④ 导柱、导套间隙过大，压力机精度不高	④ 由于压力机精度不高，或导柱、导套间隙太大，模具上、下模闭合时使凸凹模相对位置变化，导致间隙不均匀使制件产生毛刺。解决的方法是应选用精度高的压力机，或更换导柱导套
凸、凹模刃口相碰造成啃刃		① 凸模或凹模或导柱安装时，与模面不垂直 ② 平行度误差积累，上模座、下模座、垫板及固定板上、下面不平行，装配后平行度误差积累导致凸模凹模轴心线偏斜 ③ 卸料板、推件板的孔位不正确或歪斜 ④ 导向件配合间隙大于冲裁间隙 ⑤ 无导向冲模安装不当或机床滑块与导轨间隙大于冲裁间隙	① 重新安装凸凹模或导柱，并在装配后，要进行严格检验，以提高精度 ② 重新装配与检验 ③ 装配前要对零件检查，并卸下修正，重新装配 ④ 更换导柱或导套重新研配后，使之配合间隙小于冲裁间隙 ⑤ 重新安装冲模，或更换精度较高的压力机床

（续）

常见弊端	图示	产生原因	调整方法
制件翘曲不平		① 冲裁间隙不合理或刃口不锋利 ② 落料凹模有倒锥制件不能自由下落而被挤压变形 ③ 推件块与制件的接触面积过小，推件时，制件内孔外形边缘的材料在推力作用下产生翘曲变形 ④ 顶出或推出制件时作用力不均匀	① 选择合理的间隙和用锋利的刃口冲裁，并在模具上增设压料装置或加大压料力 ② 修磨凹模除去倒锥 ③ 更换推件块，加大与制件的接触面积，使制件平起平落 ④ 调整模具，使顶件、推件工作正常
制件内孔与外形相对位置不正常	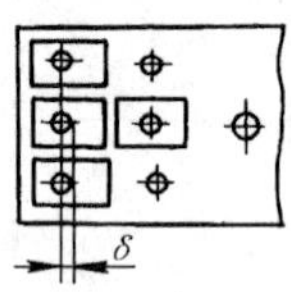 a） 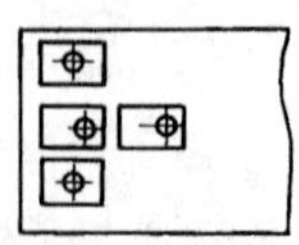 b） 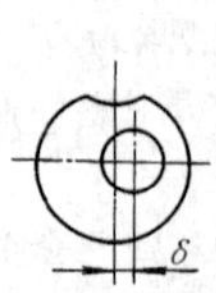 c）	① 单工序模中定位元件位置或尺寸不准确 ② 级进模侧刃内尺寸或位置不准，定距不准 ③ 定位元件尺寸位置不准，如挡料销或挡料块的位置不正确导正销尺寸过大 ④ 凹模各型孔间的位置不准确或组装凹模时（拼块凹模）各工位间步距的实际尺寸不一致 ⑤ 导料板和凹模送料中心线不平行，调料送进时，偏移中心线，导致制件孔、形误差	① 重新更换定位及定位元件 ② 当定距侧刃尺寸小于步距，修整时可将挡料块磨去一些；当侧刃尺寸大于步距时应将侧刃内边磨去一些，并将挡料块移靠侧刃一侧，其加大或减小的尺寸应等于制件孔、形误差量除以步数 ③ 修整或更换定位元件 ④ 重新安装、调整凹模，保证布局精度 ⑤ 修正导料板，使其平行于送料中心线

（续）

常见弊端	图示	产生原因	调整方法
送料不通畅或卡死	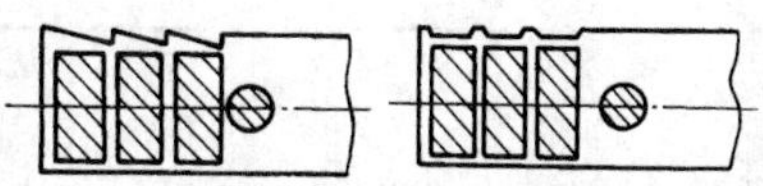	这类问题常发生在级进模中： ① 导料板安装不正确或条料首尾宽窄不等 ② 侧刃与导料板的工作面不平行或侧刃与侧刃挡块不密合，冲裁时在条料上形成很大的毛刺或边缘不齐而影响条料的送进 ③ 凸模与卸料板型孔过大，卸料时，使搭边翻转上翘	① 根据情况重新安装导料板或修正条料 ② 设法使侧刃与导料板调整平行，消除侧刃档块与侧刃之间的间隙或更换挡块使之与侧刃密合 ③ 更换卸料板，使其与凸模间隙缩小
卸料不正常		① 模具制造与装配不正确，如卸料板与凸模配合过紧，或因卸料板倾斜，装配不当，导致卸料机构不能正常工作 ② 弹性元件（弹簧橡皮）弹力不足 ③ 凹模孔与下模卸料孔位置偏移 ④ 凹模有倒锥 ⑤ 打料杆或顶料杆长度不够	① 修正卸料装置，或重新装配，使其调整得当 ② 更换弹性元件（橡皮或弹簧） ③ 重新装配凹模使卸料孔与凹模孔对正 ④ 修磨去掉凹模倒锥 ⑤ 增加打料杆或顶料杆长度
制件尺寸超差，形状不准确		凸模、凹模形状及尺寸精度差	修凸、凹模，使之达到尺寸精度要求
凹模被胀裂		① 凹模孔有倒锥 ② 凹模孔与上模板漏料孔偏移	① 修正凹模孔，使倒锥消除 ② 重新调整，装配凹模，使之孔与下模板漏料孔对中或加大下模板漏料孔

（续）

常见弊端	图示	产生原因	调整方法
凸模被折断		① 卸料板倾斜 ② 冲裁产生侧向力 ③ 凸、凹模相互位置变化	① 调整卸料板 ② 采用侧压板抵消侧压力 ③ 重新调整凸、凹模相互位置

（五）弯曲模的调试

（1）弯曲模调试要点　弯曲模的调试要点见表2-44。

表2-44　弯曲模的调试要点

调整项目	调　整　要　点
上、下模在压力机上的相对位置	① 有导向的弯曲模，全由导向装置来决定上、下模的相对位置 ② 无导向装置的弯曲模，其在压力机上的相对位置，一般由调节压力机连杆长度的方法来调整。调整时，应使上模随滑块到下极点时，既能压实工件又不发生硬性顶撞或在下极点时，发生顶住及咬住现象 ③ 在调压时，最好把试件放在模具工作位置上进行调整
间隙调整	① 模具在压力机的上、下位置粗略的调整后，再在上凸模下平面与下模卸料板之间垫一块比坯件略厚的垫片（一般为弯曲毛坯料厚的1～1.2倍），继续调节连杆长度，一次又一次用手搬动飞轮，直到使滑块能正常地通过下极点而无阻滞的情况下为止 ② 上、下模侧向间隙，可采用垫薄紫铜泊、纸板或标准样件方法，以保证间隙的均匀性 ③ 固定下模板，试冲。试冲合格后，可将各紧固零件再拧紧，并检查无误后，可投入生产使用
定位装置的调整	① 弯曲模定位零件的定位形状应与坯件相一致。故在调整时，应充分保证其定位的可靠性和稳定性 ② 利用定位块及定位钉定位。假如试模调整时，发现位置不准确，应将其修准，必要时重新更换定位零件
卸料、退件装置	① 顶出器及卸料系统应调整到动作灵活并能顺利的卸出零件，不应有任何卡死现象 ② 卸料系统的行程应足够大 ③ 卸料及弹顶系统的弹力要适应，必要时要重新更换 ④ 卸料系统作用于制品的作用力要均衡，以保证制品的平整及表面质量

（2）调整方法　弯曲模的调试方法见表2-45。

（六）拉深模的试冲与调整

（1）拉深模的调整要点　拉深模的调整要点见表2-46。

（2）拉深模的调整方法　拉深模的调整方法见表2-47。

表 2-45　弯曲模试模中常见的弊病及调整方法

弊病类型	简图	产生原因	调整方法
弯曲零件产生裂纹	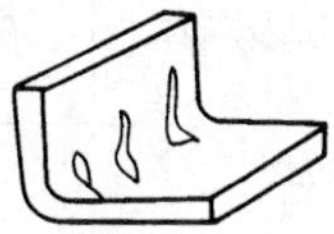	① 弯曲变形区域内有内应力存在，即内应力超过材料强度极限而产生裂纹 ② 在弯曲区外侧有毛刺，造成该处应力集中使零件破裂 ③ 弯曲线与板料的纤维方向平行 ④ 弯曲变形过大（弯曲系数太小） ⑤ 凸模圆角太小	① 更换成塑性好的材料弯曲，或在允许的情况下，将板料退火后弯曲 ② 减少弯曲变形量或选择毛刺的一边放在弯曲内侧进行弯曲 ③ 改变落料排样使弯曲线与板料纤维方向互成一定的角度 ④ 分两次弯曲，首次弯曲时采用较大弯曲半径 ⑤ 加大凸模圆角
弯曲件尺寸和形状不合格	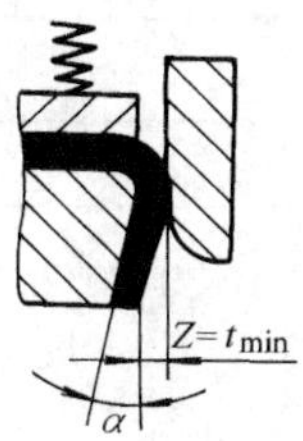 a) 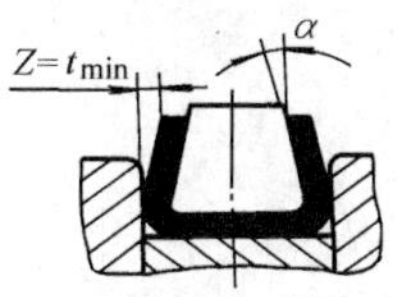 b) 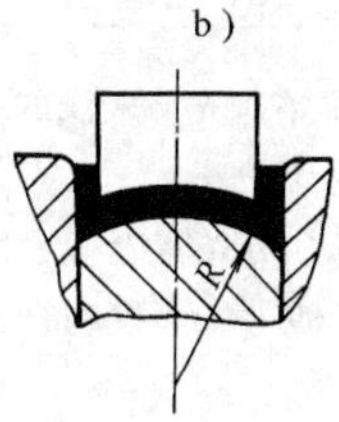 c)	① 冲压件产生回弹造成零件不合格 ② 毛坯定位不可靠 ③ 凸、凹模本身没有加工到尺寸精度，或形状不正确	① 改弯凸模的角度和形状 ② 增加凹模型槽的深度 ③ 减少凸、凹模之间间隙 ④ 增加矫正力，使矫正力集中在变形部分 ⑤ 弯曲前使坯件退火 ⑥ 增大凸、凹模之间的接触面积 ⑦ V形弯曲件应减小凸模弯曲角度，即采取“矫往过正”的办法减少回弹影响 ⑧ 模具增设压料装置 ⑨ 改用孔定位方法 ⑩ 修整凸、凹模形状尺寸使之达到要求
弯曲件底面不平		① 卸料杆着力点分布不均匀，卸料时将件顶弯 ② 压料力不足	① 增加卸料杆数量，使其分布均匀 ② 增加压料力

（续）

弊病类型	简图	产生原因	调整方法
弯曲件表面擦伤或壁部变薄		① 凹模圆角太小或表面质量粗糙 ② 板料粘附在凹模上 ③ 间隙小，挤压变薄 ④ 压料装置压力太大	① 加大凹模圆角，抛光 ② 凹模表面镀铬或化学处理 ③ 加大间隙 ④ 减少压料力
弯曲件出现挠度或扭转		中性层内外变化及收缩、弯曲量不一致	① 弯曲件进行再校正 ② 材料弯曲前退火处理 ③ 改变设计，将弹性变形设计在与挠度方向相反的方向上

表 2-46　拉深模的调整要点

调整项目	调整要点
进料阻力的调整	拉深模进料阻力大，则使制品被拉裂；进料阻力小，易使制品产生皱纹。故在调整拉深模时，关键是调整好拉深阻力的大小 ① 调节压力机滑块的压力，使之正常 ② 调节压边圈的压边面配合松紧 ③ 调整压料筋配合的松紧 ④ 凹模圆角半径要适中 ⑤ 必要时改变坯料的形状及尺寸 ⑥ 采用良好的润滑剂，调整润滑次数
拉深深度及间隙调整	① 在调整时，可把拉深深度分成 2～3 段来进行调整。先将较浅的一段调整后，再往下调深一段，直调到所需的拉深深度为止 ② 如果试模是对称或封闭式的拉深模，在调整时，可先将上模紧固在压力机滑块上，下模放在工作台上先不紧固。在凹模间壁上放入样件，再使上、下模吻合对中后，即可保证间隙的均匀性 调整好闭合位置后，再把下模固紧在工作台上

表 2-47　拉深模的调试方法

弊病类型	图　　示	产生原因	调整方法
凸缘起皱且零件壁部被拉裂		压边力太小，凸缘部分起皱，无法进入凹模而被拉裂	加大压边力

（续）

弊病类型	图　　示	产生原因	调整方法
壁部被拉裂		① 材料承受的径向拉应力太大 ② 凹模圆角半径太小 ③ 润滑不良 ④ 材料塑性差	① 减小压边力 ② 增大凹模圆角半径 ③ 加用润滑剂 ④ 使用塑性好的材料，采用中间退火
凸缘起皱		① 凸缘部分压边力太小，无法抵制过大的切向压边力引起的切向变形，因而失去稳定形成皱纹 ② 材料较薄	① 增加压边力 ② 适当加大厚度
边缘呈锯齿状		毛坯边缘有毛刺	修整前道工序落料凹模刃口，使之间隙均匀，毛刺减少
制品边缘高低不一致		① 坯件与凸、凹模中心线不重合 ② 材料厚度不均匀 ③ 凸、凹模圆角不等 ④ 凸、凹模间隙不均匀	① 重新调整定位，使坯件中心与凸、凹模中心线重合 ② 更换材料 ③ 修整凸、凹模圆角半径 ④ 校匀间隙
制品底部不平	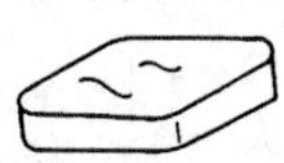	① 坯件不平 ② 顶料杆与坯件接触面太小 ③ 缓冲器弹顶力不足	① 平整毛坯 ② 改善顶料装置结构 ③ 更换弹簧或橡皮
盒形件直壁部分不挺直		角部间隙太小	放大凸、凹模角部间隙，减小直壁间隙值
制品壁部拉毛		① 模具工作部分或圆角半径上有毛刺 ② 毛坯表面及润滑剂有杂质	① 研磨修光模具的工作平面和圆角 ② 清洁毛坯及使用干净的润滑油
盒形件角部向内折拢局部起皱	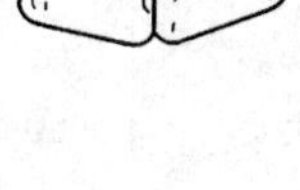	① 材料角部压力太小 ② 角部毛坯面积偏小	① 加大压边力 ② 增加毛坯角部面积

（续）

弊病类型	图　　示	产生原因	调整方法
阶梯型制品局部破裂	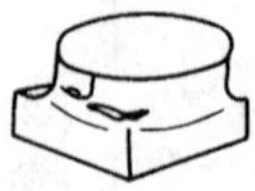	凹模及凸模圆角太小，加大了拉延力	加大凸模与凹模的圆角半径
制品完整，但呈现歪状	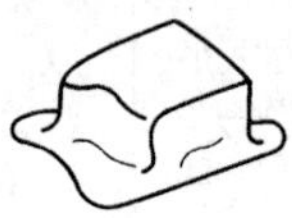	① 排气不畅 ② 顶料杆顶力不均	① 加大排气孔 ② 重新布置顶料杆位置
拉深高度不够	—	① 毛坯尺寸太小 ② 拉深间隙太大 ③ 凸模圆角半径太小	① 放大毛坯尺寸 ② 调整间隙 ③ 加大凸模圆角半径
断面变薄	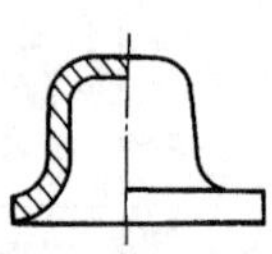	① 凹模圆角半径太小 ② 间隙太小 ③ 压边力太大 ④ 润滑不合适	① 增大凹模圆角半径 ② 加大凸、凹模间隙值 ③ 减少压边力 ④ 毛坯件涂上合适的润滑剂后冲压
制品底部被拉脱	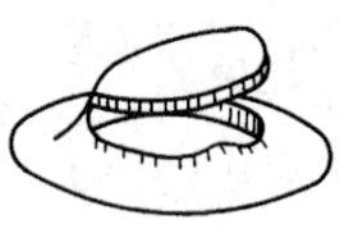	凹模圆角半径太小，使材料被处于切割状态	加大凹模圆角半径
制品口缘折皱		① 凹模圆角半径太大 ② 压边圈不起压边作用	① 减少凹模圆角半径 ② 调整压边圈结构，加大压边力
锥形件斜面或半球形件的腰部起皱		① 压边力太小 ② 凹模圆角半径太大 ③ 润滑油过多	① 增大压边力或采用拉延筋 ② 减小凹模圆角半径 ③ 减少润滑油或加厚材料几片坯件叠在一起拉深
盒形件角部破裂	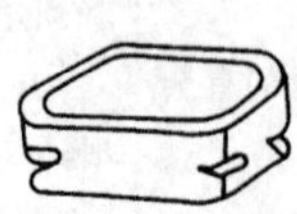	① 模具圆角半径小 ② 间隙太小 ③ 变形程度太大	① 加大凸、凹模间隙 ② 加大凹模圆角半径 ③ 增加拉深次数
拉深高度太大	—	① 毛坯尺寸太大 ② 拉深间隙太小 ③ 凸模圆角半径太大	① 减少毛坯尺寸 ② 加大拉深间隙 ③ 减少凸模圆角半径

（续）

弊病类型	图　　示	产生原因	调整方法
零件拉深后壁厚与高度不均	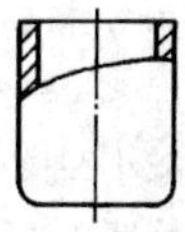	①　凸模与凹模不同心，向一面偏斜 ②　定位不正确 ③　凸模不垂直 ④　压边力不均 ⑤　凹模形状不对	①　调整凸、凹模位置，使之间隙均匀 ②　调整定位零件 ③　重新装配凹模 ④　调整压边力 ⑤　更换凹模
制件壁厚不均和拉深高度不等	—	①　凸、凹模轴线不同轴 ②　间隙不均匀 ③　凸模安装不垂直 ④　压料力不均匀 ⑤　坯料定位不正确	调整定位，校匀模具间隙或重新安装调整模具
制件周边形鼓凸	—	拉力不足	①　增设压料装置 ②　减少凹模圆角半径 ③　减少间隙值
制件底面凹陷	—	①　模具无排气孔或排气孔太小，堵塞 ②　顶料杆与制件接触面积太小	①　扩大模具通气孔 ②　修整顶料装置
制件表面拉伤及拉毛	—	①　凹模圆角半径太小 ②　间隙不均匀或太小 ③　坯料润滑油有杂质	①　加大凹模圆角半径 ②　加大间隙并调整均匀 ③　使用干净的润滑油

（七）覆盖件冲模调试

覆盖件冲模调试方法见表2-48。

表2-48　覆盖件冲模调试方法

弊病类型	产生原因	调整方法
制品破裂或产生局部裂纹	①　压边力太大或不均匀 ②　凸、凹模间隙太小 ③　拉延筋布置不当 ④　凹模口或拉延筋槽圆角太小 ⑤　压边面表面不光洁 ⑥　润滑不足及不当 ⑦　原材料表面粗糙，有裂口或呈锯齿状 ⑧　材料局部拉深太大 ⑨　毛坯尺寸太大或形状不准确	①　调外滑块螺栓，减少压边力 ②　调整模具间隙，使之加大间隙值 ③　改善拉延筋的布置及数量 ④　加大凹模口或拉延筋圆角半径 ⑤　进行抛光 ⑥　改善润滑条件 ⑦　更换冲压用原材料 ⑧　加大工艺切口或工艺孔 ⑨　修正毛坯尺寸或形状
制件刚性差或产生弹性畸变	①　压边力不够 ②　毛坯尺寸过于小 ③　拉延筋少或布置不当 ④　材料塑性变形不足	①　加大压边力 ②　增加毛坯尺寸 ③　增加拉延筋数量，重新布置位置 ④　在制品上增加拉延筋或采用拉延槛

（续）

弊病类型	产生原因	调整方法
制件产生皱纹或折皱	① 压边力太小或不均匀 ② 拉延筋太少或布置不当 ③ 凹模口圆角半径太大 ④ 压边面不平，里松外紧 ⑤ 润滑油太多，涂抹位置不当 ⑥ 毛坯尺寸太小 ⑦ 材料过软 ⑧ 压边面形状不合理	① 调节外滑块螺栓，加大压边力 ② 加多拉延筋数量或改变位置 ③ 减小凹模口圆角半径 ④ 修磨压边面，使里紧外松 ⑤ 改善润滑条件 ⑥ 加大毛坯尺寸 ⑦ 更换材料 ⑧ 修改压边面形状
制件表面有划痕、滑带或产生桔皮纹	① 压边面或凹模圆角不光洁 ② 镶块的接缝太大 ③ 板料本身表面有划痕 ④ 板料材质晶粒太大 ⑤ 板料屈服极限不均匀 ⑥ 毛坯表面，模具工作面有杂物或润滑油有杂质 ⑦ 模具表面硬度低，拉延时有金属粘附 ⑧ 凸、凹模间隙过小或不均 ⑨ 拉延方向选择不当，板料在凸模上有相对移动现象	① 进行抛光、修磨 ② 减少接缝，加大密合 ③ 更换材料 ④ 将材料进行热处理 ⑤ 拉延前进行辊压处理 ⑥ 清洁毛坯及模具表面清除润滑油杂质 ⑦ 提高模具硬度，更换模具材料 ⑧ 重新调整间隙 ⑨ 改变拉延方向

（八）翻边模的调整

1. 内孔翻边模的调试

内孔翻边模的调试方法见表 2-49。

表 2-49　内孔翻边模的调整方法

弊病类型	图　示	产生原因	调整方法
翻边后孔壁不直	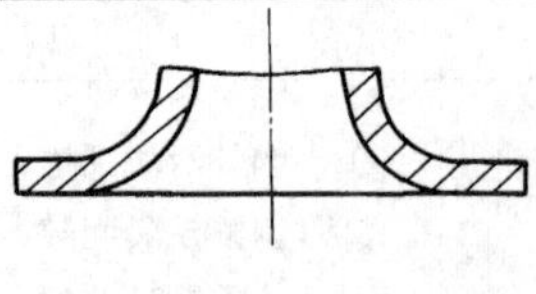	① 凸、凹模间隙太大 ② 间隙不均匀	① 减小凸、凹模间隙 ② 仔细调整间隙，使之均匀
翻边后孔壁不齐	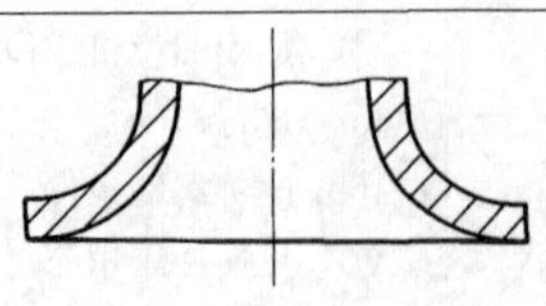	① 凸、凹模间隙太小 ② 间隙不均匀 ③ 凹模圆角半径大小不均	① 放大凸、凹模间隙 ② 重新调整间隙 ③ 修整凹模圆角半径，使之合适
翻边破裂	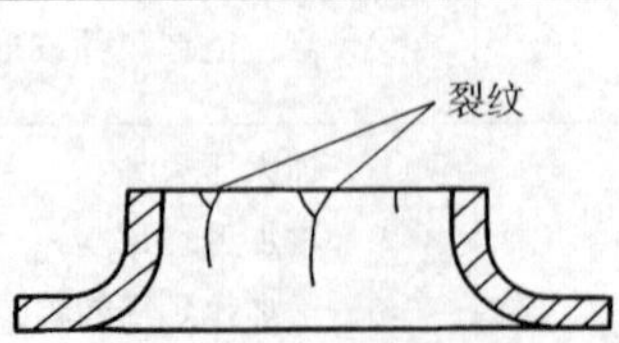	① 间隙太小 ② 坯料太硬 ③ 冲孔断面毛刺太大翻边破裂 ④ 翻边高度太高	① 放大间隙 ② 材料中间退火 ③ 除去毛刺，或调整冲孔工序冲模间隙 ④ 降低翻边高度或预拉深后再翻边

2. 外缘翻边模的调试

外缘翻边模的调试方法见表2-50。

表2-50　外缘翻边模的调试方法

弊病类型	图　示	产生原因	调整方法
边壁不直	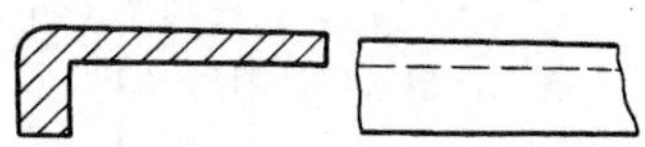	① 间隙太大 ② 坯料太硬	① 减小间隙 ② 坯料中间退火或更换材料
边缘翻后不齐	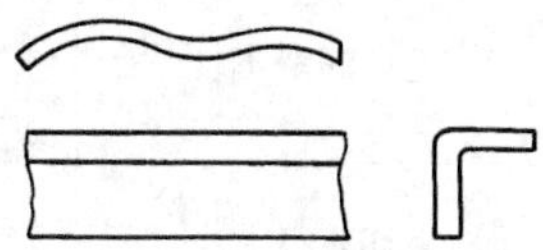	① 间隙太小 ② 间隙不均匀 ③ 定位不准，坯料放偏 ④ 凹模圆角半径大小不均	① 放大间隙 ② 修正间隙使之均匀 ③ 调整定位 ④ 修正凹模圆角半径之大小均匀
侧面不平有波纹	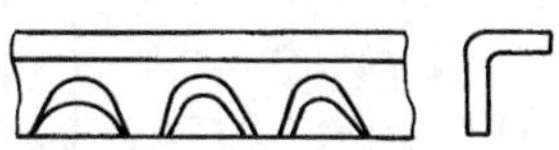	① 间隙太大或不均 ② 凸、凹模没有调到足够深度 ③ 翻边高度太高	① 修正间隙值 ② 调整凸、凹模 ③ 增加翻边次数
产生裂纹	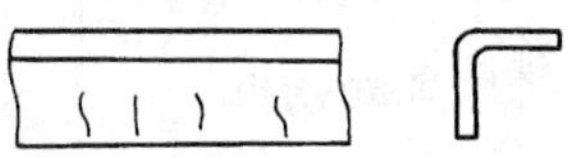	① 间隙太大 ② 产品工艺性差	① 减小间隙值 ② 降低翻边高度
破裂	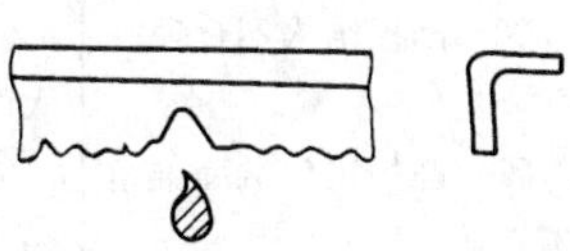	① 间隙太小 ② 凸模与凹模圆角半径小 ③ 坯料太硬	① 放大间隙值 ② 加大凸、凹模圆角半径破裂 ③ 增加坯料中间退火工序

（九）冷挤压模的调整

冷挤压模调整方法见表2-51。

表2-51　冷挤压模的调整方法

弊病类型	图　示	产生原因	调整方法
正挤压件外表产生环形裂纹及鱼鳞状裂纹，内孔件发生裂纹	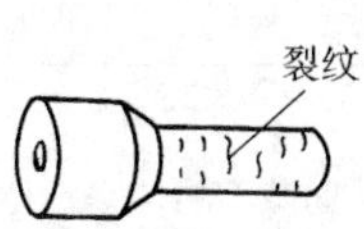 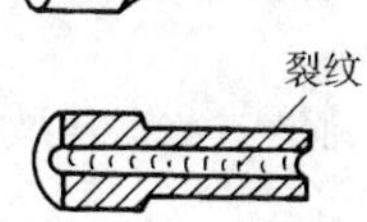	① 凹模锥角偏大 ② 凹模结构不合理 ③ 润滑不好 ④ 材料塑性不好	① 减少凹模偏角 ② 采用两层工作带的正挤压凹模 ③ 改用润滑性能良好的润滑剂 ④ 改用塑性好的材料或加中间退火工序

（续）

弊病类型	图　　示	产生原因	调整方法
正挤压件端部产生缩孔	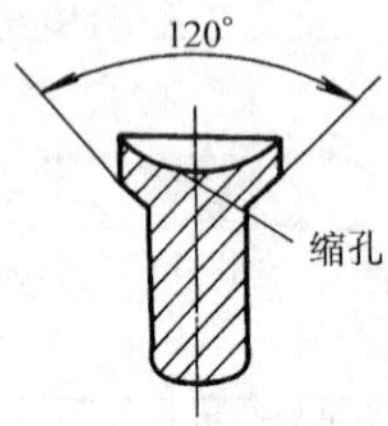	① 凹模工作带尺寸太大 ② 凹模锥角偏大 ③ 凹模入口处圆角太小 ④ 凹模表面不光洁 ⑤ 凸模端面太光亮 ⑥ 毛坯润滑不良	① 减小凹模工作带尺寸 ② 修正凹模，使锥角偏小 ③ 加大凹模入口处圆角 ④ 抛光凹模表面 ⑤ 降低凸模表面粗糙度等级 ⑥ 采用良好的表面处理及润滑方法
反挤压件表面产生环形裂纹	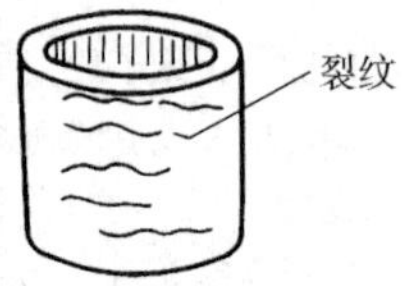	① 毛坯直径太小 ② 凹模型腔不光洁 ③ 毛坯表面处理及润滑不良 ④ 毛坯塑性太差	① 增加毛坯直径，使毛坯与凹模内孔配合紧一些，最好使毛坯直径大于型腔直径0.01～0.02mm ② 抛光凹模 ③ 采用良好的表面及润滑技术 ④ 采用最好的软化处理规范，提高毛坯的塑性
挤压后矩形工件开裂		① 间隙不合理 ② 凸模工作圆角半径不合理 ③ 凸模结构不合理 ④ 凸模工作端面锥角不合适	① 矩形长边间隙应小于短边间隙 ② 矩形长边圆角半径应小于短边圆角半径 ③ 矩形长边工作带应大于短边工作带 ④ 取长边大于短边锥角
反挤压薄壁零件挤压后壁部缺少金属		① 凸、凹模间隙不均匀 ② 上、下模垂直度及平行度不好 ③ 润滑剂太多 ④ 凸模细长，稳定性差	① 重新调整间隙使之均匀 ② 重新装配，调整垂直度及平行度 ③ 少涂润滑剂 ④ 在凸模工作面加开工艺槽
反挤压件单面起皱	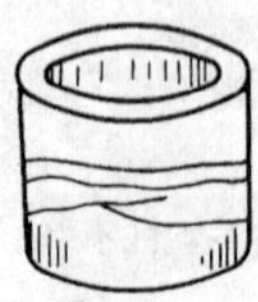	① 间隙不均匀 ② 润滑不好，不均匀	① 调整凸、凹模，使间隙均匀 ② 保证均匀的润滑

（续）

弊病类型	图　　示	产生原因	调整方法
反挤压件内孔产生环状裂纹	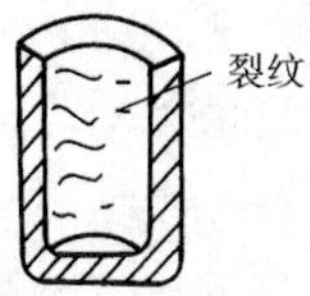	①　毛坯表面处理及润滑不好 ②　凸模表面不光洁 ③　毛坯塑性不好	①　采用良好的毛坯表面处理及润滑方法，如对2A11、2A12冷挤压最好表面磷化后，用工业菜籽油 ②　抛光凸模 ③　采用最好的软化热处理规范，提高毛坯的塑性
挤压表面被刮伤	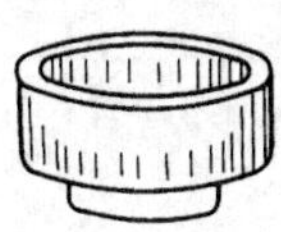	①　模具硬度不够 ②　毛坯表面处理及润滑不好	①　重新淬火，提高硬度 ②　模具工作部分镀硬铬或软氮化、渗硼等 ③　采用良好的表面处理及润滑工艺
反挤压外表产生环状波纹		润滑不良	改用皂液润滑方法
反挤压件上端壁厚大于下端壁厚	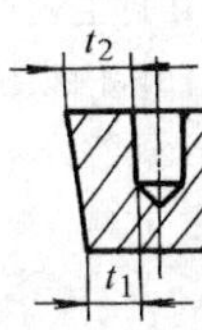	凹模型腔退模锥度太大	减少或不采用退模锥度
反挤压件上端口部不直	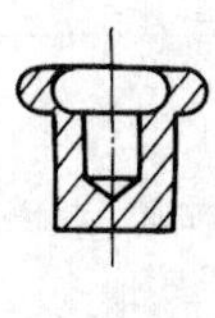	①　凹模型腔太浅 ②　卸件板安装高度低	①　增加凹模型腔深度 ②　提高卸件板安装高度，避免工件上端与卸件板相碰
反挤压件侧避底部变薄及高度不稳定	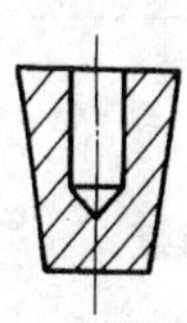	①　底部厚度不够 ②　毛坯退火硬度不均匀 ③　润滑不均 ④　毛坯尺寸超差	①　增加底部厚度 ②　提高热处理质量 ③　改进润滑质量 ④　控制毛坯尺寸

（续）

弊病类型	图　　示	产生原因	调整方法
正挤压端部产生毛刺	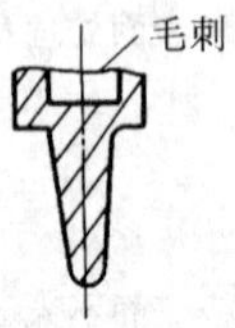	①　间隙太大 ②　毛坯硬度太高	①　减少凸，凹模间隙值 ②　提高毛坯退火质量
正挤压件发生弯曲	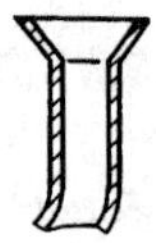	①　模具工作部分形状不对称 ②　润滑不均匀	①　修改模具工作部分尺寸 ②　改进润滑质量
挤压件壁厚相差太大	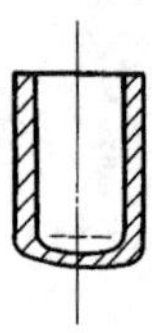	①　毛坯退火硬度不均 ②　凸，凹模装配后不在同一轴心线上 ③　模具没有准确导向 ④　反挤压凹模顶角太尖，亦引起挤压件偏心 ⑤　润滑剂太多 ⑥　反挤压件毛坯直径太小，放在凹模内太松引起坯件偏斜	①　修改退火工艺 ②　重新装配 ③　调整模具导向精度 ④　加大顶角 ⑤　少涂润滑剂 ⑥　加大毛坯直径，与凹模配合严密
正挤压空心件侧壁断裂	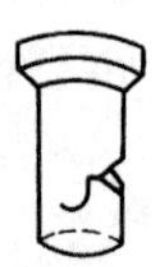	凸模心轴露出凸模长度太长	减少轴心长度，使其露出长度与毛坯孔的深浅相适应，一般为0.5mm
正挤压环形件侧壁皱曲	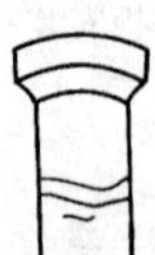	凸模心轴露出凸模长度太短	增加心轴长度
挤压件中部产生缩口		凸模无锥度	改用锥度凸模

（续）

弊病类型	图　示	产生原因	调整方法
连皮位置不在零件高度中央	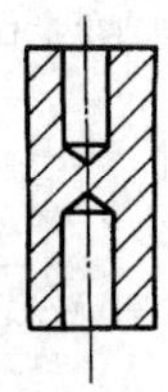	凸模锥度不合适	采用不同的上、下凸模锥角，使 $\alpha_1>\alpha_2$
挤压件底部出现台阶	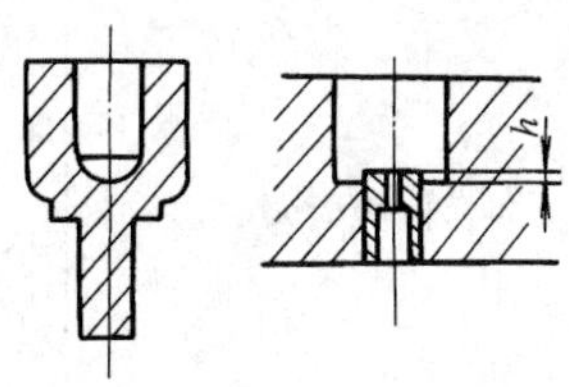	凹模拼块尺寸及安装不合适	合理改进拼块尺寸及安装方法，将其增高（0.4mm）以抵偿压缩变形量
金属填不满		模腔空气存在	在模腔内开设通气孔

（十）精冲模的试冲与调整

精冲模的调整方法见表2-52。

表2-52　精冲模的调整方法

弊病类型	图　示	产生原因	调整方法
冲裁面的表面质量不好		①　凹模模孔表面太粗糙 ②　凹模圆角半径太小 ③　齿圈压力不合适 ④　润滑不合理或润滑剂太少 ⑤　材料太硬	①　在冲模间隙及形状许可时，可重新抛光及磨削 ②　加大凹模圆角半径 ③　调整齿圈压力 ④　合理润滑 ⑤　更换材料或退火

（续）

弊病类型	图　　示	产生原因	调整方法
产生撕裂	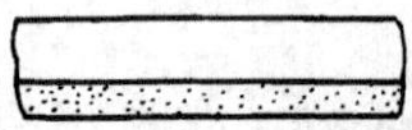	① 齿圈压力太小 ② 凹模圆角半径太小或不均 ③ 材料不合适 ④ 工件间距、边距太小 ⑤ 齿圈太小	① 加大齿圈压力 ② 加大凹模圆角半径、修整均匀 ③ 材料退火或更换新材料 ④ 加大送进长度或带料宽度 ⑤ 增加齿圈高度
冲裁面断开		冲裁间隙太大	重新做凸模，使间隙变小
冲裁面产生斜度		① 凹模圆角半径太大 ② 凹模固定不牢，产生松动	① 重磨凹模，减小圆角半径 ② 重新装配及固紧凹模
冲裁面歪斜		冲裁间隙太小	重磨凸模，使间隙加大
冲裁面呈波浪形，制品有暗伤		① 凹模圆角半径太大 ② 冲模间隙太小	① 重模凹模，使圆角半径变小 ② 重磨凸模，加大间隙值

（续）

弊病类型	图　示	产生原因	调整方法
冲裁面呈波浪形，并有撕裂	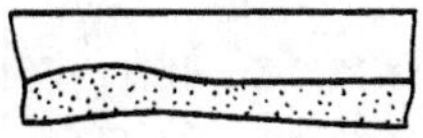	① 凹模圆角半径太大 ② 冲模间隙太大	① 重磨凹模，减少圆角半径值 ② 重制凸模，以减小间隙值
零件毛刺太大		① 冲裁间隙太小，凸模刃口变钝 ② 凸模进入凹模太深	① 重磨凸模，使间隙加大；磨端面及凹模使刃口锋利 ② 调整凸、凹模咬合深度，使之合适
制品一边有撕裂，一边有波浪形暗伤	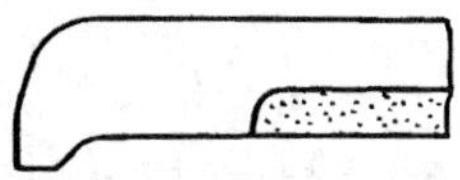	① 冲模间隙不均匀 ② 凸模与导板间隙太大，不合适 ③ 凸、凹模装配中心线不对中	① 调整间隙 ② 调整导板间隙 ③ 重新装配
制品零件有塌角		① 凹模圆角半径太大 ② 反向压力太小	① 磨削凹模，重新修整圆角 ② 加大反向压力
制品不平		① 反向压力太小 ② 带料上油污太多	① 加大反向压力 ② 除去油污
制品零件纵向弯曲	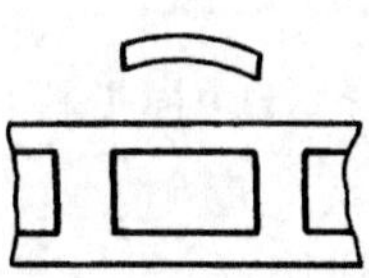	带料上有内应力	调直带料及校直零件本身

（续）

弊病类型	图　示	产生原因	调整方法
制品发生扭曲变形		①　材料本身有内应力 ②　顶件器、顶杆位置不均或接触零件面积小，顶件器歪斜	①　设法消除内应力重新排样 ②　多加顶杆或重新调整顶出装置
制品损坏		①　带料被卡住 ②　模具内导销及其他零件使制品损坏 ③　制品互相碰坏 ④　制品不能及时排除模外	①　检查模具，使其送料通畅 ②　改进模具结构 ③　利用压缩空气将制品及时排除模外

四、技能训练

1. 训练课题

冲模的安装与拆卸，选择一副有导向装置的中小型冲裁模进行模具安装与拆卸训练。

2. 训练目的

1）熟悉冲模结构及压力机技术状态。

2）明确冲模与压力机技术规格之间的关系。

3）掌握压力机的操作方法，熟悉压力机的使用性能。

4）掌握冷冲模在压力机上的安装步骤。

5）掌握冷冲模在压力机上的拆卸步骤。

6）熟知安全文明生产要求。

3. 工具、设备及辅助工具

冲裁模一副；压力机一台；垫板、撬杆、垫块、压板、紧固螺栓、螺母、扳手若干。

4. 训练步骤

（1）安装步骤及方法

1）检查冲模及压力机的技术状态。安装以前，应先检查冲模的安装及使用要求与压力机的有关技术规格是否协调一致，部件是否灵活可靠，压力机的离合器、制动器及操纵机构是否能正常工作。

2）清除压力机滑块底面、工作台面（或垫板平面）及冲模上模座的上平面与下模座的下底面异物，不得有任何污物及金属渣屑存在。

3）准备好安装冲模用的紧固螺栓、螺母、压板及垫块等。

4）用手或撬杆扳动压力机飞轮（中、大型压力机用微动按钮），将压力机的滑块调至上死点位置，并转动压力机调节螺杆，将连杆长度调到最短，并将压力机上的打料螺钉调整到适当的位置。

5）将处于闭合状态冲模置予压力机工作台上或垫板上，移至近似工作位置（对无导柱的冲模可用木块将上模托起）。

6）用手或撬杆扳动压力机飞轮，使滑块慢慢靠近上模，并将模柄对准滑块孔，然后再使滑块缓慢下移，并调整至滑块底面紧贴上模座上平面后，左右交替拧紧紧固螺钉，将上模紧固在滑块上，并将下模初步固定在压力机工作台面上（不拧紧螺钉）。

7）通过调节连杆长度，将滑块稍往上调一点，以免冲模顶死。

8）起动压力机，使滑块停在上死点，擦净导柱、导套及滑块各部位，加以润滑油，再开动压力及空行程数次，依靠导柱和导套的自动调节把上、下模导正。然后把滑块停在下死点，拧紧下模紧固螺钉（对称交错进行）。

9）送入条料进行试冲。根据试冲情况，调整压力机闭合高度（装模高度）以及卸料、推件与顶件装置的位置和压力，直到能冲出合格制件。

（2）拆卸步骤及方法

1）切断电源，用手或撬杆扳动压力机飞轮（中、大型压力机用微动按钮），使滑块下降，将上、下模处于完全闭合状态。

2）松开滑块上夹紧模柄用螺母，使滑块与模柄松开，用手锤敲打上模座板几下。

3）将滑块上升至上死点位置，使其离开上模。

4）卸开下模紧固螺栓及压块，将冲模移出工作台面。

5）卸下的冲模应及时完整地交回模具库或指定地点存放。

在安装和拆卸操作过程中，应注意操作安全，尽量停止电动机转动，以防发生事故。

5. 实训记录与成绩评定（见表2-53）

表2-53　冷冲模安装与拆卸实训记录及成绩记录表

项次	项目与技术要求	配分	评定方法	实测记录	得分
1	准备工作充分	8	检查评定		
2	安装过程安排合理，操作方法规范	30	按操作规程评定，每错一项扣4分		
3	机床操作符合规范	20	按操作规程评定		
4	拆卸过程方法规范	24	按操作规程评定，每错一项扣4分		
5	时间安排合理（50min）	10	安排不合理，每超一分钟扣0.5分		
6	安全文明生产	8	违者每次扣2分		

课题六　冲模技术状态鉴定与维修

一、模具技术状态的鉴定

1. 模具技术状态鉴定的必要性

模具在制成或在使用的过程中，由于模具制造工艺不合理，模具在机床上安装或使用不当，模具零件的自然磨损以及设备发生故障等原因，都能使模具零部件失去原有的使用精度，致使影响制件的质量和生产效率。因此，在模具制成和使用时，必须主动掌握模具技术状态的变化，并认真及时地予以处理，使其经常在良好状态下工作。

同时，通过对模具及时的技术状态鉴定，可以掌握模具的磨损程度以及模具损坏的原因，从而制定出修理内容及修理方案，这对延长模具使用寿命，降低制品件的成本是十分重要的。

2. 模具技术状态鉴定的方法

模具技术状态的鉴定，一般说来对新制造完的模具和经修理后的模具是通过试模来鉴定的。而对使用中的模具则是通过对制件质量状态和模具工作性能的检查来进行技术状态鉴定的。模具技术鉴定的方法见表 2-54。

表 2-54　模具技术鉴定的方法

鉴定内容		检　查　方　法
制件质量检查	检查内容	①　制件尺寸精度是否符合图样要求 ②　制件形状及表面质量有无各种成形缺陷 ③　毛刺是否超过规定要求
	首件检查	①　在完成模具安装调整开始作业时，首先应检查几个制件，看是否符合图样要求 ②　将检查结果与模具前一次或试模时检查的测定值作比较，看是否发生变化，以确定模具是否安装正确
	模具在使用中的检查	①　进行制件尺寸和毛刺测量 ②　根据检查结果与首件检查相比来掌握由于尺寸变化状况鉴定模具的磨损状况和使用性能
	末件检查	①　模具在使用后，检查最后几个制件的质量状况 ②　根据末件的质量和生产数量来判断模具的磨损状况及有无修复的必要
模具工作性能检查	检查工作零件	①　结合制件质量情况，检查模具工作零件是否有裂纹、损坏和严重磨损 ②　凸、凹模间隙大小是否合适，是否均匀 ③　冲裁模刃口是否锋利，型腔模表面是否有划痕
	检查各工作系统	检查各工作系统动作是否协调，能否正常工作
	检查导向系统	导向装置是否有严重磨损，导柱、导套间隙配合是否正常，固定部位有无松动现象

（续）

鉴定内容		检 查 方 法
模具工作性能检查	检查推件及卸料装置	各推件及卸料装置动作是否灵活，是否有磨损和严重变形状态
	检查定位装置	定位装置是否可靠，有无松动及严重磨损
	检查安全防护装置	安全、防护装置状态是否完好

通过对制件、模具性能状态的检查，其主要目的是保证模具精度，发现问题及时处理，使模具永远保持在良好技术状态下工作，最大限度地延长模具寿命和防止制件出现缺陷。

二、冲模的维修

任何模具在使用一段时间后，由于其内部零件逐渐磨损或操作者的粗心大意，都会使其工作性能和精度降低甚至被损坏。所以，为延长其使用寿命，一般要进行修理。

修理模具要尽量用较少的时间来完成。如果修理时间拖的太长就会影响生产的正常进行。但是，要达到快速修理的目的，工厂中正确地组织和安排工作是非常重要的。

（一）修理工作的组织

修理工作的组织就是合理安排修理人员，明确修理工作职责，制定修理工艺方案，实施模具的随机修理和拆卸修理，以保证生产的正常进行。

1. 修理人员的配备

在一般的工厂中，为了使模具能得到合理的使用，做到安全正常生产，都设有模具修理车间或维修小组。这些修理组织的成员，应该是有一定冲模制造实践经验的模具工来担任并要配备专业技术人员。在通常的情况下，他们的技术水平和实践经验要求比较全面。这是因为，他们不仅要精通模具的修理方法，而且还要明了各种模具的技术要求和检验、验收及使用方法。同时，还要善于发现模具的问题及时寻找模具损坏的原因，并要使模具在最短的时间内修理好，使之能恢复到原来的质量和精度要求，确保模具的正常使用。

2. 修理工的工作职责

由于模具是一种精密高效的生产工具，它在制造与修配上有不少特点，技术上要求也比较高。所以冷冲模的修配工作，不但要求维修工有较强的责任感和事业心，还要有较高的技能。其主要职责是：

1）熟悉本厂（本车间）所有产品所用模具的种类及每种产品制件所用模具套数、工艺流程及使用状况。对模具要做好技术档案，注明模具开始使用时间、每次生产的件数、刃口修磨次数及每副模具的使用状态，标明模具易损零件的磨损情况及需要维修的部位及更换备件程度。

2）熟悉掌握所修模具的全部情况、如模具的结构特点、动作原理、模具性能特点、易损耗和常发生毛病部位，并确定修理方法和修理方案。

3）要不断提高修理技能和培养独立工作能力，配合操作工一起安装冲模及修理后的模具调试工作。

4）在模具工作过程中，要经常检查模具的工作状态，负责模具在机上的随机修理及调整工作。

5）负责模具易损件的配制及更换，负责维护与检修工作。

3. 冷冲模修理的程序与组织要求（见表2-55）

表2-55　修理工作的组织程序与要求

序号	摘　要	工　作　要　求
1	现场模具使用完毕应及时归库	① 操作者对下线模具应清理干净，做到无油污无杂物后，再归库 ② 模具归库时，应将该模具的实际生产数量及产品的质量情况、模具技术状态等必要内容，如实反映给库管人员（须有文字依据）
2	入库后的管理	① 管理人员应对归库模具进行仔细检查，检查有无损伤，并对活动元、部件的暴露部分涂上防锈油，导柱的注油孔应注入润滑油，并用纸封口，以防灰尘、杂物落入 ② 将反馈回来的产量、质量、技术状态数据认真填入模具使用历史卡片上，妥善保管 ③ 模具底面不得与地面直接接触，需垫上木块，并保持地面清洁干燥，以防底面锈蚀 ④ 将历史卡片记录完毕后，交给现场施工人员分析，判断模具是否须进行维修
3	施工人员对模具作出技术上的处理意见	① 依据反馈记录及卡片记载的情况及生产的实际需要、上机时模具调整及首件产品质量情况及借用单上反映的产品质量变化和自己的经验等因素，进行综合分析，判断模具是否需要维修（以确保生产需要为主） ② 将能继续使用的模具卡片交回库房保管，将需维修的模具卡片交库房分类保管，另开具模具维修申请单（注明维修内容、完工日期等要求），送维修部门做技术处理 ③ 负责模具上机时的调试工作、日常模具生产中的使用状况及技术状况的巡查，以及必要的工作记录，并对模具修复的质量进行考核
4	维修部门（或模具工）的准备与实施	① 根据模具图样，资料作好模具常用易损件的储备工作，以加快维修速度 ② 根据维修申请单和模具图样、模具实际损坏状况作进一步分析，明确损坏原因，确定维修内容 ③ 制订维修方案，安排维修工艺，发出维修指令由维修工在规定时间内完成维修任务。同时，作好维修工作中必须的专用工具和备件的准备工作 ④ 模具维修工对模具进行检查，拆卸损坏部件，并清洗干净，进一步核查修理原因及方案的可靠性。如有疑问，应及时联系并制订方案以利维修的顺利完成；配修损坏的零部件，使其达到设计要求；更换修配好的零部件，重新组装模具，交质检人员检查
5	修复后的检查	① 将修复后的模具，在相应的设备上进行试模与调整 ② 检查试件，确定维修的质量：原来的弊病是否消除，零件是否达到图样要求 ③ 确认模具合格后，签字入库备用

4. 冲模修理的准备

（1）选择修理装备

1）修理所用设备。这些设备主要是指供冲模修理、装配后试冲及调整使用的压力机，螺旋式手动压力机等。另外，应配备锉锯机、钻床、手推起重小车（供模具的运输及搬运用）等修理设备。

2）修理所用工具。它主要是指手用工具，包括撬杠（用于开启模具）、卡钳（用于夹持模具零件和组件）、平行夹板、平行垫块、样板夹、一字和十字旋具、拔销器〔用于拔取、安装圆柱销（销孔为不通孔时用）〕、螺钉定位器、铜锤、销钉棒〔用于安装和退出销钉（销孔为通孔时用）〕、各种尺寸的内六角螺钉扳手、台虎钳等，见图2-47。

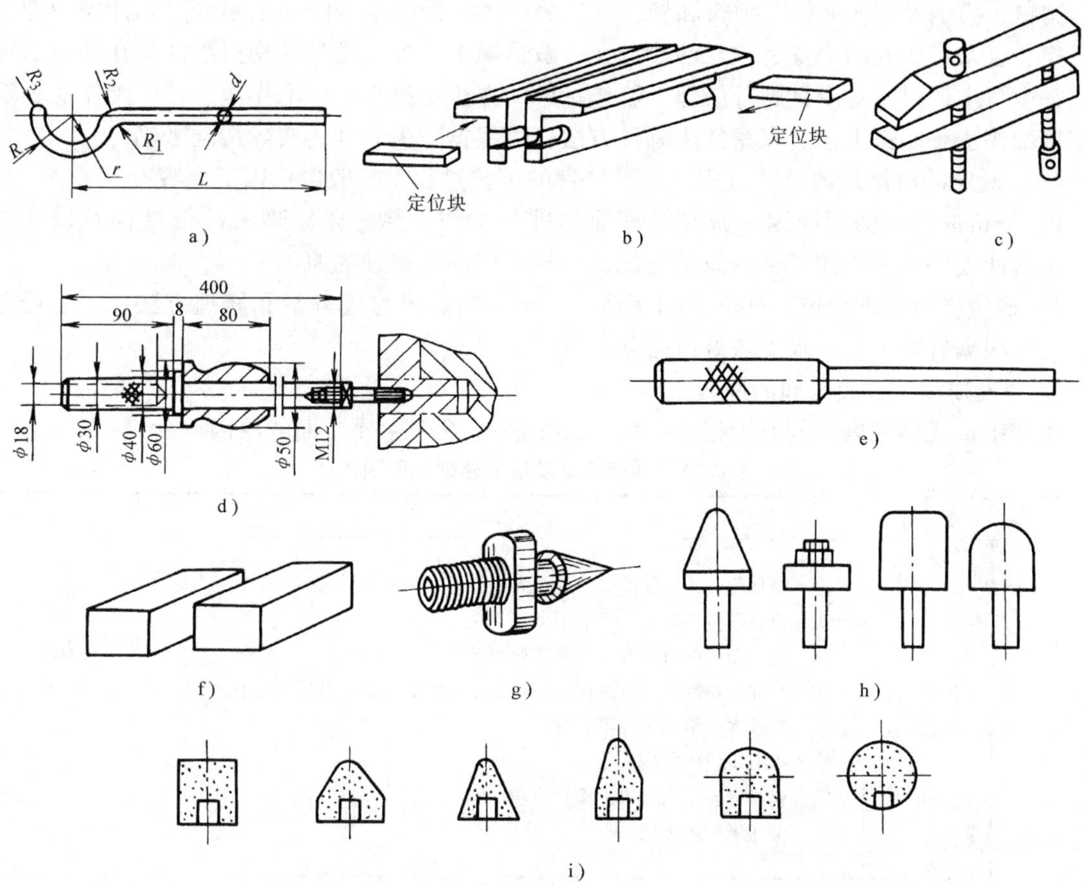

图2-47　模具修理常用工具

a）撬杠　b）平行夹板　c）卡钳　d）退销棒与拔销器　e）销钉棒　f）平行垫块　g）螺钉定位器　h）抛光轮　i）砂轮磨头

3）切削工具及设备。

① 风动砂轮机。它主要用于维修时打磨工件用。其规格有700、1600、3000r/min等。

② 抛光轮。它主要用于对零件进行抛光。形式有布、皮革及毛毡三种。

③ 砂轮磨头。它用于修磨各种零件。其粒度有46、60、80等各种规格。

④ 细纹什锦锉。它用于锉修各种零、部件，通常为5~12支细锉备用。

⑤ 油石。它用以修磨刃口或抛光用。其形式有圆形、方形、长方形、半圆形、三角形等多种，粒度在0.154~0.071mm（100~200目）之间。

⑥ 砂布。它主要用于在维修时抛光用，应备有0.4、0.18、0.175、0.080mm（46、80、120、180目）各种不同的规格。

4）修理用主要量具。修理用主要量具有千分尺、游标卡尺、游标高度尺、万能角度尺、0.02mm 厚薄规、半径 1mm 以上的半圆规、放大镜等。

（2）制作冲模备件　为了快速修理被损坏的冲模，使之达到原始冲模的质量标准和要求，对于易损零件，可进行成品或半成品件的储备，以便当冲模零件由于磨损或裂损不能再使用时，予以更换或配制。冲模的储备零件有两类：一类是通用标准件，如常用的内六角螺钉、销钉、模柄及导向元件、弹簧和橡胶等。另一类是冲模本身的易损零件，如冲模中细小的凸模、复杂形状的凹模及定位元件等。在一般情况下，各类模具的易损零件应在冲模的技术档案中写出，以便对模具进行修理。制作备件的方法主要有压印配作法、划印配作法、定位连接配作法等制作工艺。究竟选用哪种方法，可根据冲模修理的实际情况来确定。

（3）确定冲模修理的工艺过程　冲模修理的工艺过程，一般包括以下内容：

1）分析冲模的修理原因，做好修理前的准备工作。熟悉要修理的冲模结构及设计图样，了解冲模修理前所冲工件的质量情况，分析造成冲模修理的原因。

2）确定模具修理部位，观察其损坏情况。然后制定出修理方案和修理方法；确定修理工艺，并根据修理工艺要求准备好所必须的修理工具及备件。

5. 冲模损坏及造成修理的原因

生产中造成冲模修理的原因很多，表 2-56 列举了几个主要方面的原因。

表 2-56　冲模损坏及造成修理的原因

冲模损坏特征及部位		产生原因
冲模工作零件表面磨损	冲裁过程中的磨损	① 模具凸、凹模间隙过小或过大，且不均匀 ② 凸、凹模工作部分润滑不良 ③ 凸、凹模材料选择不当或热处理不当 ④ 所冲材料性能超过所规定的范围或表面有锈斑、杂质，并且表面不平、厚薄不均 ⑤ 冲模本身结构设计不合理 ⑥ 压力机设备精度较差 ⑦ 模具安装不当或紧固螺钉松动 ⑧ 操作者使用不当
	弯曲、拉深过程中的磨损	① 由于材料在凹模内滑动，引起凸、凹模表面有划痕和磨损，并且一般情况下凹模的磨损比凸模严重 ② 拉深模压边力不足或压边力不均匀 ③ 材料厚薄不均匀或表面有灰砂、润滑油不干净 ④ 凸、凹模之间间隙过小 ⑤ 模具的缓冲（气垫）系统顶件力不足，弹簧或橡胶块弹力不够 ⑥ 凸、凹模镶块选材不当，淬火硬度不够 ⑦ 拉深件起皱，部分材料变硬或弯曲件变形不均匀
	模具其他部位的磨损	① 定位零件长期使用。零件之间相互摩擦而造成磨损，使定位不准确 ② 导柱与导套，斜楔与滑块，上、下滑板之间，送料机构等导向部位，由于长期使用及相对运动次数增加而产生磨损 ③ 连续模的挡料块及导板由于与条料之间产生摩擦，在长期使用之后被磨损

（续）

冲模损坏特征及部位		产 生 原 因
冲模工作零件的裂损	操作方面造成的裂损	① 制件放偏，没有定好位置就冲了，造成凸模的偏负载作用 ② 制件或板料影响了导向部分，造成导向失灵 ③ 叠料冲压，或违章操作 ④ 制件或废料未及时排除，又送到了刃口部位 ⑤ 异物遗忘在工作部位，没有及时清除或来不及移开就操作
	模具安装方面造成的裂损	① 起吊不慎将模具摔裂；闭合高度调整不当将下模压裂；打杆横梁螺钉调得过低，将卸料器顶裂 ② 垫板（块）挡住了下模座的出废料孔，使废料排不出去而造成凹模胀裂 ③ 安装时异物未清理干净（如工具、垫木、垫块等）或未及时发现而开始工作，造成工作部件的挤裂 ④ 连杆螺钉未紧固就进行生产或压板螺钉紧固不牢靠
	模具设计、制造方面造成的裂损	① 模具结构设计不合理。如凹模出现倒锥，或由于结构上的应力集中、强度不够而导致模具受力后自行裂损 ② 凹模排料孔不通畅，如有台肩，排件或排废料受阻，造成凹模胀裂 ③ 模具加工及热处理质量不符合要求 ④ 连续自动或多工位级进模工作不稳定，造成制件重叠，将凹模胀裂
	制件材料造成的裂损	① 材料性能超出标准 ② 材料厚薄不均匀，超差过大

几点说明：

1）冲模工作零件的磨损会导致冲模耐用度的降低，若出现这一情况，应及时对冲模零件进行修理。否则，磨损量会越来越大，最终会使模具的使用寿命降低。表2-57所示为冲裁模在正常情况下的平均耐用度。

表2-57　冲裁模的平均耐用度　　（件/每刃磨一次）

工件材料	模具材料	工件材料厚度/mm	
		3~6	<3
35、45（硬钢）	T10A	4000~6000	6000~8000
	Cr12MoV	8000~10000	10000~12000
20、16Mn（中硬钢）	T10A	8000~12000	12000~16000
	Cr12MoV	18000~22000	22000~26000
08、10（软钢）	T10A	12000~18000	18000~22000
	Cr12MoV	22000~24000	24000~30000

2）冲模零件的裂损是指凸、凹模，上、下模模板在使用过程中产生了裂纹及碎裂，使模具不能继续生产运行的破坏现象。裂损多属于非正常损坏，主要是人为作用造成的。

（二）冷冲模的修理工艺

1. 冲模修理的方法

（1）冲模的临时修理　不需将模具从压力机上卸下而直接进行的修理就称为冲模的临时（随机）修理。

1）临时修理的内容

① 利用储备的易损件，更换冲模中已被损坏的零件，如连续模中的挡料块及复合模中的定位销、挡料销等。

② 用油石（或其他刃磨工具）研磨被损坏变钝了的凸、凹模刃口，使其变得锋利，恢复正常的使用状态。

③ 紧固松动了的螺钉，调整凸、凹模变大了的间隙以及定位装置，按要求及时更换卸料弹簧、橡胶、顶杆及退料杆等。

2）临时修理的应用

① 在使用复合模时，凸凹模的修理工作比较繁杂，特别是其刃口部分，磨损量大，刃磨次数多。这会导致冲模的闭合高度降低，卸料板与凸凹模不在同一平面上，上模要压下卸料板一定距离致使卸料弹簧4过大变形。为了避免这一现象，对修磨次数较多的凸凹模，一定要在凸凹模底部加垫才能保证其正常使用，如图2-48件3所示。如果预先备有新的凸凹模，则可进行更换。但在更换时，必须使卸料板的厚度及卸料弹簧、卸料螺钉等与新配的凸凹模备件装配调整合适后才能使用，否则仍然会使冲模损坏。

② 在连续模中，导料板经长期使用后，容易产生磨损变形。对此，可将导料板从冲模上拆下，把接触条料的表面采用平面磨床磨平，然后再扩大螺钉孔及销钉孔，使导料板之间的距离重新调整到原来的进料宽度。

③ 在拉深及弯曲模中，常常因磨损而有金属微粒的粘附和出现划痕，这会使工件冲压成形后带有毛刺和细小的印痕，从而影响了工件的表面质量。对此，可用油石或细砂纸在凸、凹模上轻轻地打光，然后再用氧化铬抛光，直到消除表面划痕为止。但是由于抛光的结果，可能会使尺寸变大，这时可以用表面镀硬铬的方法进行补救。

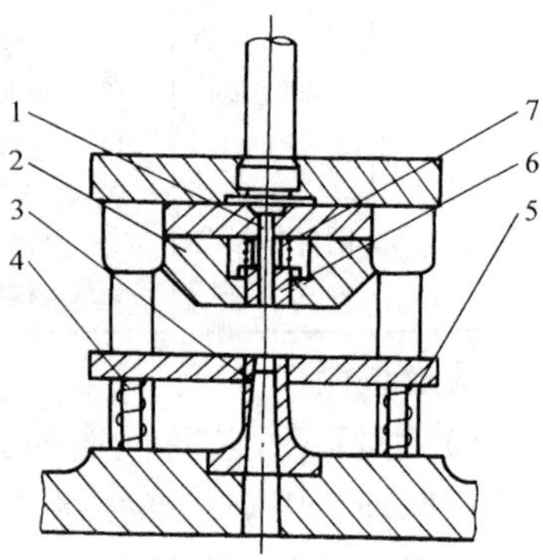

图2-48　复合模的临时修理
1—冲孔凸模　2—凹模
3—凸凹模　4、7—弹簧
5—卸料板　6—推件块

冲模的临时修理是一项细致而又复杂的工作。无论对于何种项目的修理，都要首先切断机床电源，并要仔细地寻找毛病所在，进行及时的修理。

（2）冲模的检修　在工作中，若发现冲模的主要部位有严重的损坏，或冲压件有较大的质量问题，在临时修理不能解决的情况下，就应安排进行恢复技术状态的检修。

1）冲模检修的基本原则。

① 冲模零件的更换，一定要符合原图样规定的材料牌号和各项技术要求的规定。

② 冲模检修的时间一定要适应生产的要求，尽可能利用两次生产的间隔期。

③ 检修后的冲模一定要进行试冲和调整，直到冲制出合格制件后，方可交付使用。

2）冲模的检修方法和步骤

① 冲模在检修前要用汽油或清洗剂清洗干净。

② 将清洗后的冲模按原图样的技术要求检查损坏部位及损坏情况。

③ 根据检查结果确定修理方案，并编制修理卡片。修理卡片所包括的内容有：冲模的名称、模具图号及使用期限次数；冲模检修的原因及检修前冲压件的质量情况；冲模检查的

结果及主要问题所在；确定修理方法及修理后冲模所能达到的性能要求。

④ 按修理方案卡上规定的修理方案拆卸损坏部位。拆卸时，可以不拆的尽量不拆，以减少重新装配时的调整和修配工作。

⑤ 将拆下的损坏零、部件按照修理卡片的要求进行修理或更换。

⑥ 将修理好的零、部件重新装配和调整。

⑦ 将重新安装调整后的冲模试冲，检查故障是否排除，制件质量是否合格。若仍有毛病，可再次进行修理，直到毛病及故障全部排除，恢复到原来的使用状态后，方可交付使用。

2. 冲模修理工艺的应用

(1) 冲裁模的修理

1）主要检查项目。对冲裁模的修理，应着重检查以下几个方面：

① 凸模与凹模和凸凹模的刃口配合精度及刃口的锋利程度。

② 凸、凹模表面粗糙度及间隙的均匀情况。

③ 冲模定位的准确度，以及紧固、导向和卸料等部位的工作状况。

2）制件质量与冲裁模的修理。冲裁模在使用一段时间后，应对制件质量进行检查，若发现其形状或尺寸发生了变化，则必须停机检查，找出造成模具修理的原因并给予修复，使模具恢复到原有的工作状态。表 2-58 列出了冲裁模常见故障及修理的方法。

3）凸、凹模的修理工艺

① 凸、凹模刃口的修磨。凸、凹模刃口变钝使制件剪切面上产生毛刺而影响制件质量。刃口修磨的方法有两种：一是当凸、凹模磨损较小时，可不必拆卸凸、凹模，而直接用几种不同规格的油石加煤油在刃口面上顺着一个方向来回研磨，直到刃口光滑锋利为止。二是当凸、凹模磨损较大或有崩裂现象时，应拆卸凸、凹模，用平面磨床磨削。

表 2-58　冲裁模常见故障及修理的方法

制件的缺陷	产生形式和原因	修理方法
制件外形及尺寸发生变化	① 凸模与凹模的尺寸发生变化，或凹模刃口被啃坏，凸模损坏了某个部位 ② 送料没有送到规定的位置，或定位销、挡料快等发生故障 ③ 连续模中条料太窄，送料时位置发生移动 ④ 在剪切模及冲孔模中，未安装压料板，造成制品在冲裁时因受力而产生弹性跳起	① 若制件的外形尺寸较小时，可修整凹模，对凸模更换新的备件。若制件的外形尺寸较大，则修整凸模，并对其凹模进行修补或更换新的备件 ② 检查一下定位装置，若磨损过于严重，则应及时更换 ③ 检查压料装置，如果压料板、压料弹簧或橡胶破损，弹力减小，则应更换新的备件
内孔与外缘的尺寸位置发生变化	① 落料与冲孔的凸模和凹模孔的相对位置发生改变，或凸模歪斜 ② 在连续模中，侧刃尺寸由于磨损而发生变化 ③ 采用导钉定位的模具，其导钉的位置偏斜或条料定位不准确	① 对凸模和凹模孔进行修复或更换 ② 对侧刃凸、凹模进行修复或更换 ③ 调整导钉的高度和垂直度，使之合适 ④ 检查定位销的损坏程度或位置，必要时可进行重新更换与调整
制件产生毛刺	① 凸、凹模间隙发生了变化，变大或不均匀 ② 凸、凹模刃口变钝	当冲模出现刃口变钝现象时，必须对其进行修磨。修磨时，可采用油石研磨刃口或采用平面磨床刃磨刃口

（续）

制件的缺陷	产生形式和原因	修理方法
制件表面不平	卸料板与凸模间的间隙由于长期磨损而加大，致使在卸料时易使制件或废料带入卸料孔中，而使制件产生弯曲变形	重新调整卸料板与凸模间的间隙，使之配合合适（一般为 H7/h6 的配合形式）。在冲裁薄铝板或硬纸板时，不能用钢板作为卸料板而应采用橡胶板
制件只有压印而剪切不下	① 凸模与凹模刃口变钝 ② 凸模进入凹模的深度太浅 ③ 凸模与固定板配合松动 ④ 垫板淬火硬度不够而使凸模工作不到位	① 用平面磨床磨削凸、凹模刃口表面 ② 调整压力机的闭合高度，使凸模进入凹模的深度适中 ③ 紧固凸模 ④ 更换硬度较高的垫板
制件或废料排出困难	① 顶料杆由于长期使用和热处理硬度不够，在压力作用下被镦粗，或产生变形和弯曲，并使长度变短 ② 弹簧或橡胶丧失了原来的弹力 ③ 固定卸料板的螺钉弯曲，或活动卸料板被卡住而难以卸下产品 ④ 卸料板与凸模间的间隙过大 ⑤ 因振动而使紧固螺钉、定位销产生松动，导致凹模与底板漏料孔错位	① 更换顶料杆 ② 更换弹簧或橡胶，使弹力恢复到原来的效果 ③ 更换螺钉 ④ 调整卸料板与凸模间的间隙 ⑤ 将冲模重新装配，使之恢复到原来的工作状态

在刃磨时应注意以下几个方面：

a. 拆卸需要刃磨的凸、凹模工件时，小心不要碰坏凸凹模表面和刃口，并且不能损伤定位销及销孔。刃磨时，每次刃磨量不要太大，否则会使凸、凹模因受力而重新崩裂。每次刃磨时在消除正常磨损后，磨削掉的金属层最好不超过 0.10～0.15mm，以增加冲模重磨次数和提高冲模的利用率。

b. 当冲模冲裁一定数量的制件后，应执行正常的凸、凹模修磨手续，而不应等到磨损太大后再进行修磨。

② 凸、凹模间隙变大的修理。可采用局部锻打的方法修正凸模或凹模刃口尺寸，使其恢复到原来的间隙值。修理的方法是：用氧-乙炔气焊喷嘴沿刃口边缘移动加热，当刃口发红后，用手锤敲击铜棒将刃口向中心方向挤压，以改变刃口尺寸。对于冲孔模，应敲击凹模刃口的周边，以保证凸模尺寸；对于落料模，应敲击凸模，以保证凹模尺寸。这种方法可使刃口尺寸改变 0.1～0.2mm。采用这种方法时应注意以下几点：

a. 刃口停止敲击后，应加热几分钟，以消除由于挤压而产生的内应力。

b. 加热的凸模或凹模冷却后，即可用压印法重新修整间隙。

c. 最后采用火焰表面淬火工艺来提高刃口的硬度。

③ 凸、凹模间隙不均匀的修理。冲裁模间隙不均匀会使制件产生单边毛刺或局部产生第二光亮带，严重时，会使凸、凹模相“啃”而造成较大的事故。凸、凹模间隙不均匀一般是由两个原因引起的：一是导向装置刚性差，精度低，起不到导向作用，使得凸、凹模发生偏移，引起凸凹模间隙不均匀。二是凸、凹模定位销松动，失去定位作用，使凸、凹模移动而造成凸、凹模间隙不均匀。对于第一种情况，其修理方法一般是更换导向装置。有时对导柱、导套也进行修理。方法是给导柱镀铬。镀铬前，导柱的配套表面要磨光。镀铬后，按

原来导柱、导套的配合间隙研配导柱。研配后，在导柱与导套的配合表面上涂润滑油，把上、下模板合在一起，使导柱通过上板模的导套压在下模板上，这样可以保证导柱、导套对上、下模板的垂直度。对于第二种情况，其修理方法是把凸、凹模刃口对正，使间隙恢复到原来的均匀程度，然后用螺钉紧固，把原来的销钉孔再用绞刀扩大0.1～0.2mm，重新配装定位销，使模具精度恢复到原来的要求。

④ 更换小直经的凸模。冲压过程中，由于板料在水平方向的错动，直径较小的凸模很容易折断，其更换的方法是：

a. 将凸模固定板卸下，并清洗干净，使其表面无赃物及油污，然后把卸下的凸模固定板放在平板上，使凸模朝上，并用等高垫块垫起。

b. 将铜棒对准损坏的凸模，用手锤敲击铜棒，将凸模从固定板上卸下，然后将新的凸模工作部分朝下，引进已翻转过来的固定板型孔内，并用手锤轻轻敲入凸模固定板中。

c. 将换好的凸模固定板组件用磨床磨削刃口面，直到与未更换的凸模保持在同一平面为止。

d. 将凸模组件装配到模具上，并调整凸、凹模间隙，试冲出合格制件方可交付使用。

⑤ 大、中型凸、凹模的补焊。当大、中型冲模的凸、凹模有裂纹和局部损坏时，可采用补焊法对其进行修补。修补时，焊条和零件的材料要相同。注意修补后要进行表面退火，以免零件变形。退火后可再进行一次修整。

（2）弯曲模的修理　弯曲模是弯曲零件的主要生产工具。弯曲模经一段时间使用后，由于各种因素会使产品质量发生变化，因此必须对其进行修理，使之恢复到原来的工作状态。弯曲模常见故障及修理的方法见表2-59。

表2-59　弯曲模常见故障及修理的方法

制件的缺陷	产生形式和原因	修理方法
弯曲件的形状和尺寸发生变化	① 定位板和定位销产生了松动，或由于磨损较大而影响了定位 ② 定位板及定位销产生了折断破损	① 重新调整定位板或定位销的位置 ② 重新更换定位板和定位销
“U”形件的两个侧壁一个高一个低	凹模边缘的圆角半径由于长期磨损而造成两侧不一致	对凹模边缘的圆角半径进行修整，使之均匀一致
制品的形状与模具的形状有所不同	由于材料存在弹性变形而产生了回弹现象	材料的回弹情况是由很多因素引起的，所以只能边试验、边修理调整，直到合适为止
弯曲件产生裂纹或开裂	① 圆角半径过小，凸模产生崩刃 ② 间隙太小或不均匀 ③ 定位销、螺钉松动或导向机构失灵，使凸、凹模的位置不正确	① 尽量采用较大的圆角半径 ② 修磨或更换凸模 ③ 经常调整间隙，确保间隙均匀 ④ 对冲模进行重新装配
制件的侧壁上出现擦伤拉毛或有较深的凹坑	凸、凹模表面不平，以及凹模表面不够光洁，有麻点或凹坑	必须对凸、凹模进行抛光，以确保制品质量的稳定性
制件的直壁上出现浅而发亮的划道或形成波浪形的荷叶边	间隙过小或过大	对弯曲模的间隙进行调整，使之处于均匀状态

（3）拉深模的修理　对拉深模的修理，也可以通过对制件质量的分析来对模具进行检查和修复，其主要方法如下：

1）制件的形状和尺寸发生变化时，拉深模的修理：

① 修整压边圈，使之平整；调整凸模与凹模的轴心线，使之重合；修整或更换压边圈的螺钉，使之符合模具连接的要求；修整凹模的几何形状以及四周的圆角半径，使之满足产品加工的需要。

② 应保持凸模与凹模的相对位置在同一中心线上，如果凸模与凹模不同心，则会使凸模与凹模的间隙不均匀，所加工的制件应会产生高低不平、厚薄不均的缺陷（图2-49）。此外，定位板的中心与凹模的中心不重合的话，也会产生上述缺陷。对此，必须对冲模进行重新装配和调整。

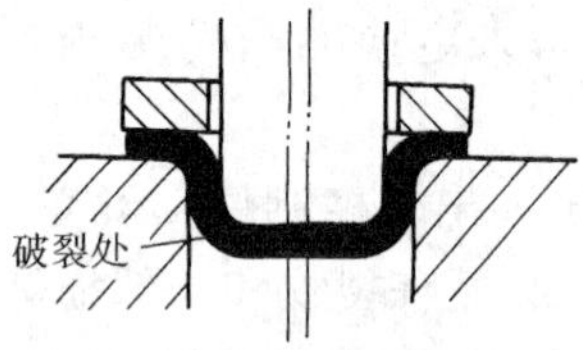

图2-49　凸模和凹模不同心时所产生的制件缺陷

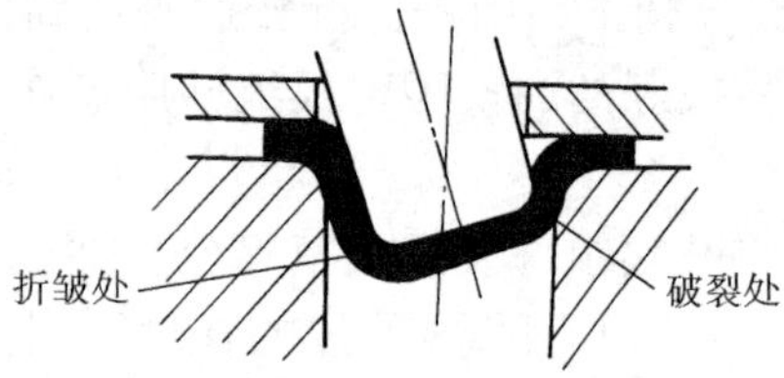

图2-50　凸模中心线与凹模平面不垂直时产生的制件缺陷

③ 应随时注意拉深凸模的使用情况，避免凸模由于松动而歪斜进入凹模型腔内（图2-50），否则会使制件产生变形不一致，严重时会拉裂制件造成报废。遇到这种情况，应用千分表或90°角尺来校正。

④ 应注意检查压边圈与凸模或凹模的间隙，一旦产生偏心，就会造成板料移动和变形不一致。因此，应当随时对其进行调整。

⑤ 应经常保持销钉及螺钉的定位和紧固作用。

2）拉深件出现起皱、裂纹或破裂时，拉深模的修理。拉深模在拉深时，发现制品起皱、裂纹或破裂是经常的。其修复的方法可从以下几个方面进行：

① 调整压边圈的压料力及压边圈装置。

② 尽量使模具的圆角半径符合生产要求，以避免制件的起皱和破裂。

③ 严格控制凸、凹模的间隙，始终保持间隙均匀。对于经磨损而使间隙变大无法修复时，应及时更换新的备件。

④ 拉深模在使用一段时间后，必须对凸、凹模表面进行抛光。

⑤ 压边圈在使用一段时间后，应及时取下磨光。

⑥ 保持凸模与凹模的中心在同一轴线上，并确保凸模在工作时，其中心线与凹模平面相垂直。

3）制件表面有擦伤或划痕时，拉深模的修理。在拉深过程中，若发现制件表面出现划痕和擦伤，主要从以下几方面查找原因并进行修复。

① 检查凸、凹模工作部分是否有裂纹或损坏，表面是否光洁，并根据具体情况进行修磨或抛光。

② 修整好凸模或凹模的圆角半径，并调整好凸、凹模的间隙。

③ 在冲压时，要对凸、凹模表面进行合理的润滑。

④ 凸模与凹模在使用一段时间后，一定要进行修磨，使之保持良好的工作状态。

（4）冷挤压模的修理 冷挤压模的修理，可通过生产中出现的故障分析或通过对制件质量的分析、对模具进行检查和修复，冷挤压模常见故障及修理方法见表2-60。

表2-60 冷挤压模常见故障及修理方法

故障现象	产生原因	修理方法
制品被拉裂	① 凸、凹模的中心轴线发生相对位移，不同心 ② 凸模的中心轴线与机床台面不垂直	① 重新调整凸、凹模相对位置 ② 在压力机上重新安装冲模，使其中心轴线垂直于工作台面
制品从冲模中取不下来	① 冲模的卸料装置长期使用后，内部机构相对位置变化及损坏 ② 润滑油太少，或毛坯未经表面处理	① 更换及调整卸料装置零件 ② 正确使用润滑剂或处理毛坯表面
凸模被折断	① 毛坯端面不平或与凹模之间间隙过大凸凹模不同心 ② 表面质量降低，有划痕及磨损，引起应力集中 ③ 工作过程中，反复受压缩应力与拉应力影响	① 保证毛坯端面平整，凸、凹模同心度 <0.15mm，凹模与毛坯间隙应控制在0.1mm左右 ② 抛光凸凹模表面 ③ 更换凸模，选用高强度、高韧性材料
凹模碎裂	① 表面质量差 ② 硬度不均匀 ③ 截面过渡处变化大 ④ 加工质量差 ⑤ 组合凹模的预应力低 ⑥ 润滑不良 ⑦ 表面脱碳	① 采用氮化处理，强化表面层 ② 改善热处理条件，使表面硬度均匀 ③ 改善凹模结构，重新制造凹模 ④ 改善加工质量，增大过渡圆弧 ⑤ 增大组合凹模的预应力 ⑥ 提高坯料的润滑质量 ⑦ 热处理采取防脱碳措施或盐浴炉加热

3. 冲模零件的翻修方法

（1）螺纹孔及销钉孔的修理 螺纹孔及销钉孔的修理见表2-61。

表2-61 螺纹孔及销钉孔的修理

修理项目	简 图	修 理 方 法
损坏了的螺纹孔	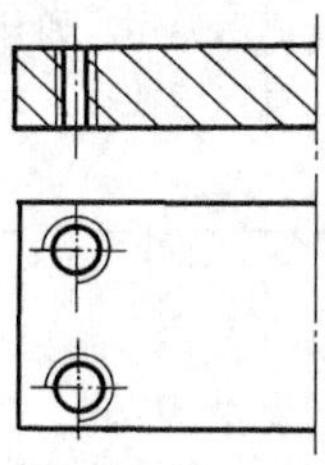	第一种方法：扩孔维修法 将小螺纹孔扩改成较大螺纹孔后重新选用相应螺钉 优点：牢固可靠，修理方便 缺点：所有螺钉凹孔、沉孔要重新修理钻锪；比较麻烦
	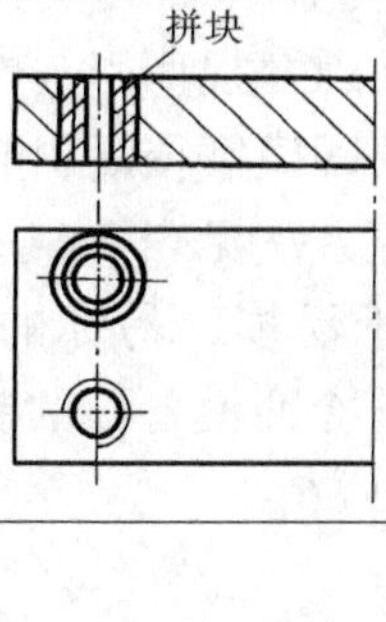	第二种方法：嵌镶拼块，重新攻原规格的螺纹孔 优点：不需更换新螺钉，其他件也不需扩、锪孔； 缺点：比较费事

（续）

修理项目	简　图	修　理　方　法
损坏了的销钉孔	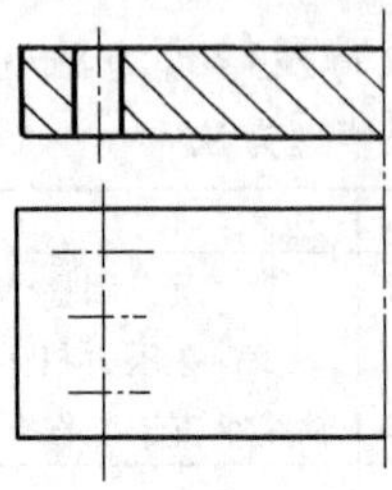	第一种方法：更换直径比较大的销钉此法用于所有零件（同一销钉销紧零件）均同时加大或磨损后采用 优点：精度较高
	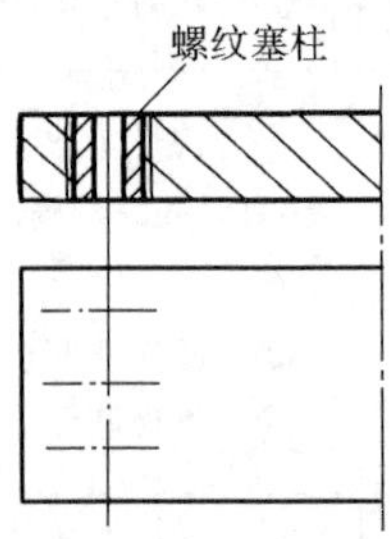	第二种方法：加螺纹塞柱后，再加工成原先孔径大小的柱销孔 适用于同一圆柱销紧固的板系，只有一块销孔变大或损坏的情况下 优点：方法简单

（2）定位零件的修复　定位零件的修复见表 2-62。

表 2-62　定位零件的修复

修理部位	损坏原因	修配方法
定位销、定位钉、定位板	长期磨损或定位板螺钉、销钉松动使定位不准	①　更换新的定位钉，重新调整后使用 ②　再次调整紧固螺钉及销钉，使其定位准确 ③　定位销孔因磨损逐渐变大或变形，要用直径大点的钻头扩孔或铠孔后，嵌镶镶套再进行修整其定位位置
连续模中的导料板及侧刃挡块	长期磨损或条料的冲击，使位置发生变化，影响冲裁质量	修理时，把其从冲模卸下进行检查。如发现挡块松动，要重新紧固调整合适后使用。如导板磨损严重，应在磨床上磨平后，再调整位置继续使用。如果局部磨损，可以补焊磨平后继续使用

（3）凸、凹的修理

1）冲裁凸、凹模的修复。冲裁凸、凹模的修复方法见表 2-63。

2）变形类冲模工作零件的修复。变形类冲模如压弯模、翻边模及拉深模的凸、凹模经长期使用后除了因裂纹需要修补外，常见的损坏主要是因磨损而引起的质量下降。例如压弯模凸模圆角磨损后会引起制品侧面孔位上移；翻边模的凹模磨损后引起制件翻边不直或外径超差；拉深模的凹模磨损后造成拉毛、起皱等。其修复方法见表 2-64。

3）备件的制备。对于批量较大生产用模具，对于易损、易坏的模具零件，应备有备件，一旦出了毛病，马上即更换修理，以不影响生产。冷冲模备件的制备方法见表 2-65。

（4）导向零件的修配　导向零件的修配方法见表 2-66。

表 2-63　冲裁凸、凹模的修复方法

修复方法	简　　图	修复工艺说明
挤捻法修复刃口	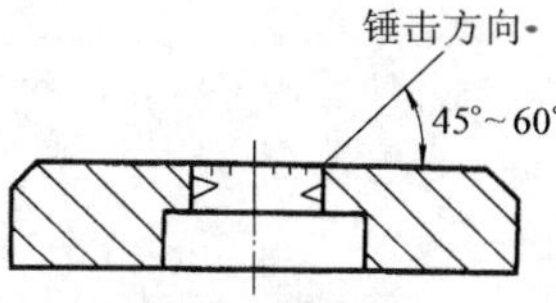 a) 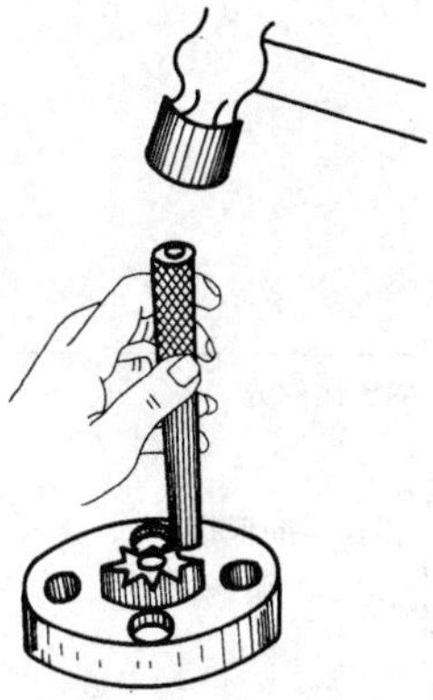 b)	刃口长期使用及刃磨，间隙变大，可用锤击的方法从刃口附近的金属向刃口的边缘挤捻移动，从而减少凹模孔的尺寸（或加大凸模的尺寸），达到减小间隙的目的。其方法是，先将硬度降至38~42HRC范围内，即局部加热，用锤敲击，并沿着刃口边缘均匀而细心地依次进行，最好修磨刃口，合适后再淬硬
修磨法修整刃口	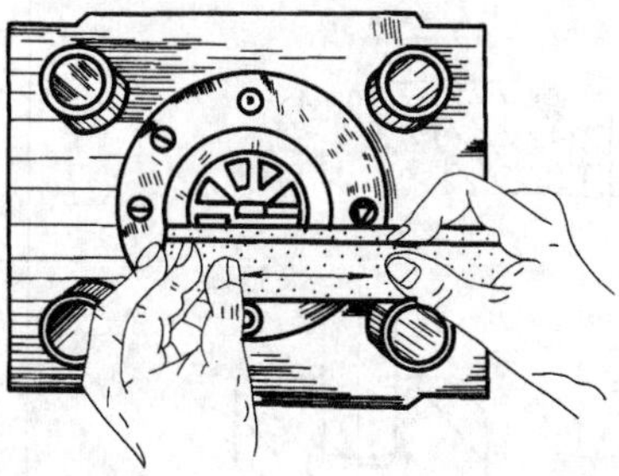	用几种粗细不同的油石，加些煤油在刃口面上细心地一次一次来回研磨，使刃口变的锋利，研磨时可不必拆卸冲模
嵌镶块法修整	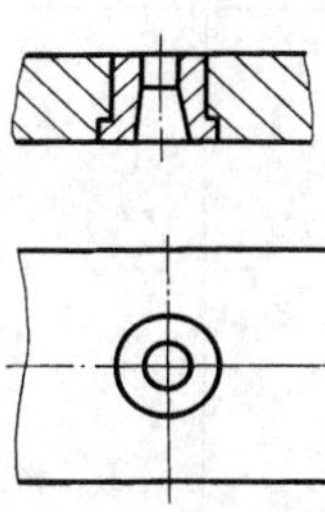 a) 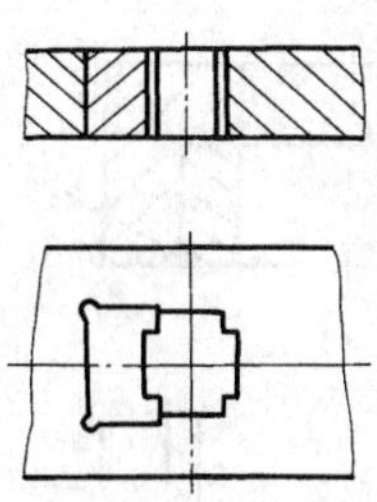 b) 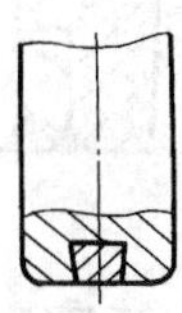 c)	凸模、凹模刃口损坏后，可用相同材料的镶块来镶补损坏部位，并修整到原来的形状和部位： ① 将损坏了的凸、凹模进行退火处理 ② 把被损坏了的部位去掉，用线切割或锉修的方法修成工字形或燕尾形 ③ 将制成的镶块嵌在槽中，并且要密和，不允许有裂纹 ④ 大型镶块用螺钉及销钉紧固，嵌小孔凹模时，也可以用螺纹塞柱塞紧后再重新钻孔成形 ⑤ 将镶配后的凸、凹模加工成形并研配间隙后淬硬

（续）

修复方法	简　图	修复工艺说明
锻打法修复刃口	—	对于间隙变大的凸、凹模，可以采用局部锻打的方法来使间隙变小：先利用氧-乙炔气焊嘴，沿着刃口边缘慢慢移动，将其加热，等到发红后即用手锤敲击刃口，以改变刃口尺寸（缩小凹模孔径尺寸或增大凸模断面尺寸）。待刃口各部位的延展尺寸敲击均匀后，（一般 0.1 ~ 0.2mm）停止敲击，继续加热、保持几分钟后冷却，采用压印法将刃口修复合适。刃口修复后再用火焰表面淬火的方法，提高其硬度
镦压法修复刃口	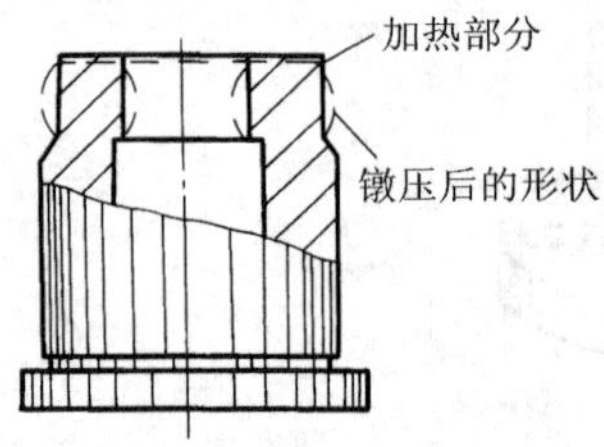	① 将要报废的零件刃口部分加热到适于锻打的红热状态 ② 放在压力机上施加压力，使其受力变粗 ③ 冷却后修配刃口成形
电焊堆焊法	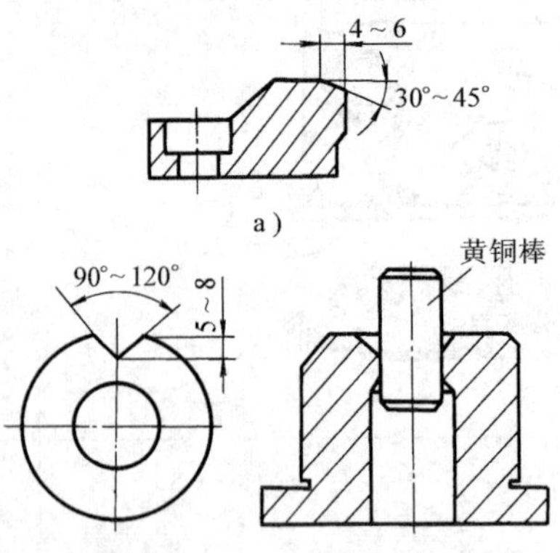	① 将啃刃部位的凹（凸模）用砂轮磨成与刃口平面成 30° ~ 45°斜面，宽度视损坏程度而定，一般为 4 ~ 6mm；假如是裂纹，可用砂轮磨出坡口；如果是内孔崩刃，应按内孔直径大小装配一根黄铜棒于凹模孔内 ② 预热：在炉内加热，按回火温度 ③ 焊补；用直流电焊机将预热的工件用电焊条来焊补镶块 ④ 将焊后的工件保温一段时间 ⑤ 冷却后；磨床加工到尺寸
红热嵌镶法修复凹模	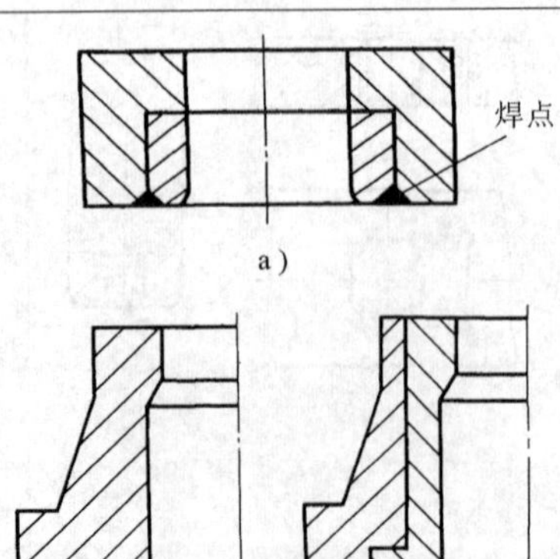	① 将损坏的凹模退火后按要求车成内孔规定尺寸形状作为外套 ② 根据内孔形状做一凹模镶件 ③ 将外套加热至 300 ~ 400℃，然后把镶件嵌入，冷却后即紧固在一起 ④ 将紧固后的组合，修整凹（凸）模刃口到尺寸

（续）

修复方法	简　图	修复工艺说明
套箍法修复裂纹零件	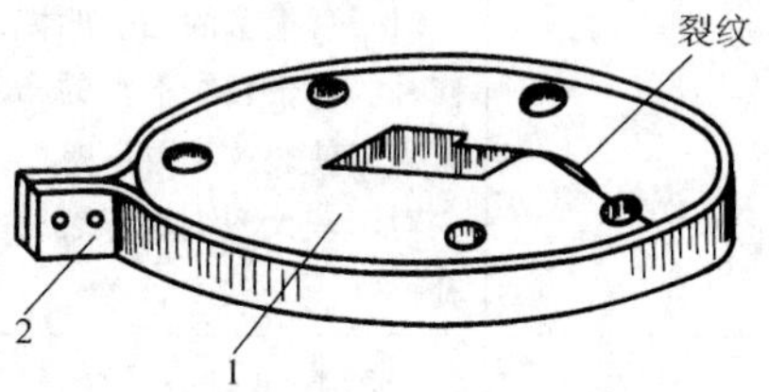 1—被修零件　2—钢带夹圈	先制成一个钢带夹圈，其内径尺寸比工件小，成压配合形成。然后将其加热发红后，把被修零件固定在夹圈内、冷却后即被夹紧，使裂纹不会再扩展
加链板形箍修理裂纹凹模底座	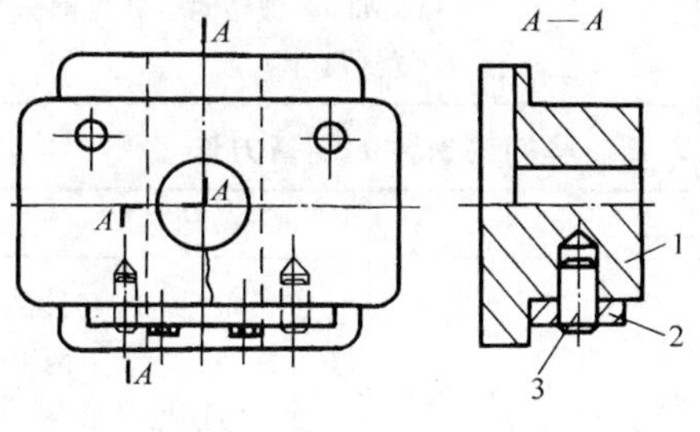 1—凹模底座　2—链板形箍　3—铆钉	对于大中型冲模，其底座和凹模若裂纹，可以加链板形箍进行修理补救
圆形镶块凹模修复法	—	若大中型圆形落料凹模是采用拼块式结构，在修理时可先将凸模刃口磨锋利，再将凹模拼块拼接面每面磨去 0.3mm 左右，重新拼后，内孔缩小，再用内圆磨床磨到尺寸，与凸磨相配，调好间隙可继续使用

表 2-64　变形类冲模工作零件修复方法

修复方法	简　图	修复工艺说明
修磨修复法	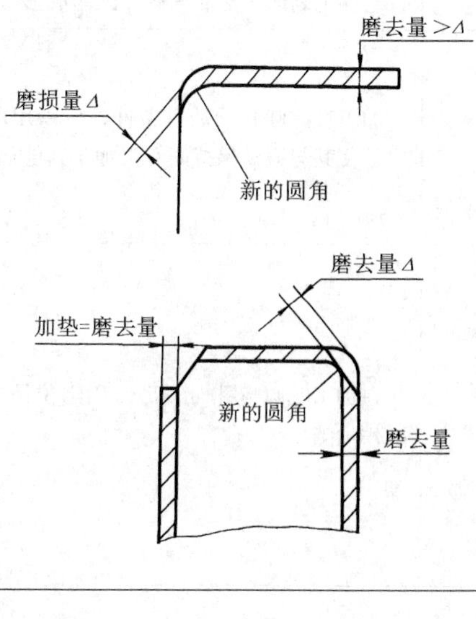	① 压弯模凸模圆角磨损后，可在平面磨床上将底面磨去，其修磨量应大于圆角磨损量，随后再用砂轮打修成所需的圆角 ② 对于凹模，除了将刃口部位磨去后，同样也应将侧面磨去。但侧面磨量不要太大，只要将拉毛的沟槽磨平即可。侧面磨去后，其尺寸会变小，为不影响使用，可以采取背面加垫的办法，以其补偿

（续）

修复方法	简　图	修复工艺说明
镶嵌加箍法	—	对于裂损了的凸、凹模，可采用嵌镶拼块的方法进行修补。对于裂纹不大的凸、凹模也可以采用加箍法将其紧固，使裂纹不再扩展 对于较大型镶块碎裂后，也可以采用焊补方法进行修补
镀硬铬法	—	变形类凸、凹模被磨损后表面失去了原有光洁、几何形状及尺寸精度后，用修整的方法较难修复时，可以采用镀硬铬的方法进行修复。镀铬层一般不超过 0.2 ~ 0.3mm。镀铬时，转角部分要镀厚一些，镀后再重新修复到尺寸

表 2-65　冷冲模备件的制备方法

制备方法	简　图	工艺说明
压印备件法	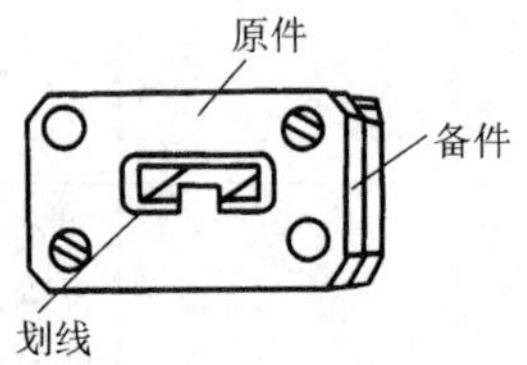	①　先把备料坯件的各部分尺寸按图样进行粗加工，并磨光上、下两平面 ②　按照模具底座、固定板或原来的冲模零件把螺钉孔和销孔一次加工到尺寸 ③　把备件坯料紧固在冲模上后，可用铜锤锤击或用手搬压力机进行压印 ④　压印后卸下坯料，按刃痕进行锉修加工 ⑤　把坯料装入冲模中，进行第二次压印及锉修 ⑥　反复压印锉修，直到合适为止
划印备件法	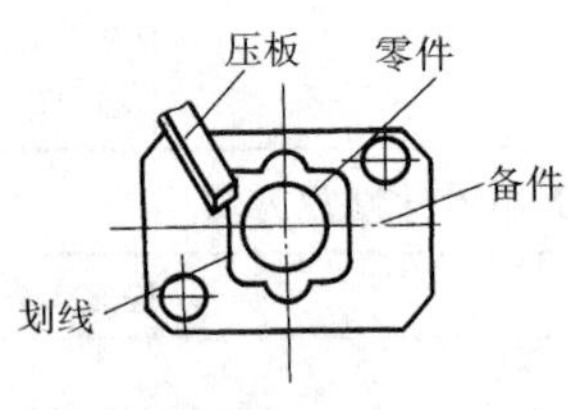	①　用原来的冲模零件划印：利用废损的工件与坯件夹紧在一起，再沿其刃口，在坯件上划出一个带有加工余量的刃口轮廓线。然后按这条轮廓线加工。最后用压印法来修整成形 ②　用压制的合格制件划印：即用原冲制的零件，在毛坯上划印，然后锉修、压印成形
芯棒定位法	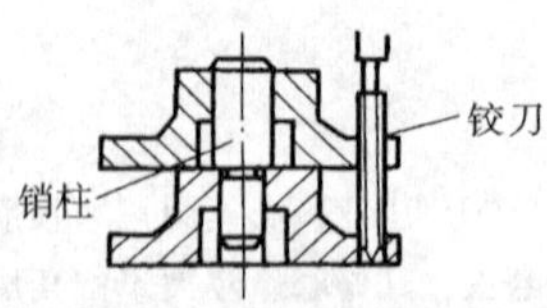	加工带有圆孔的冲模备件，可以用芯棒来加工定位，使其与原模保持同心再加工其他部位
定位销定位法	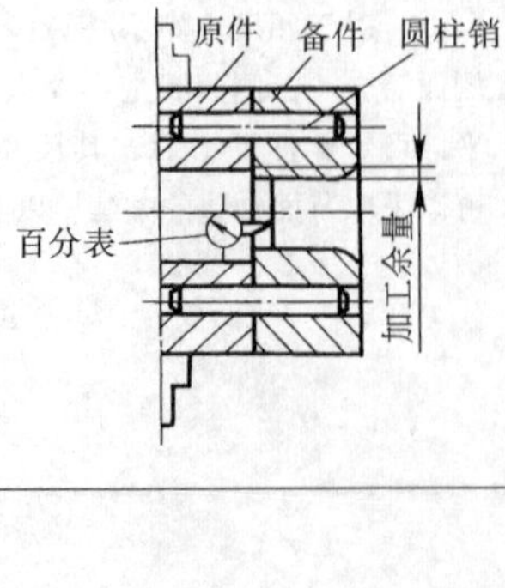	在加工非圆形孔时，可以用定位销定位后按原模配作加工

（续）

制备方法	简　图	工艺说明
直接接触定位法	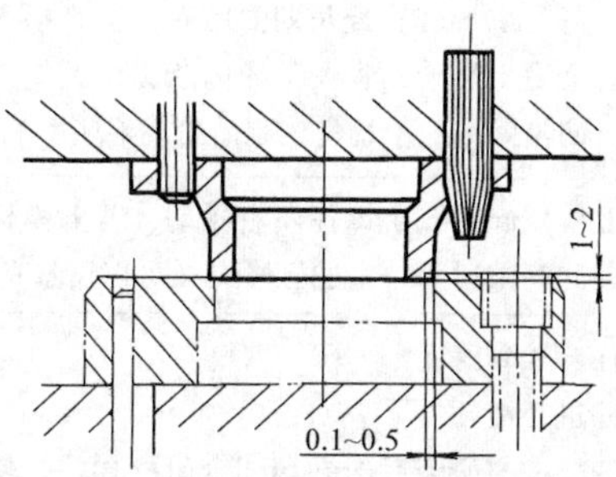	在配制凸凹模备件时，用原凹模定位，首先把备件坯料外圆的上端精车到能同凹模作轻松压配合的尺寸（长度2~3mm），然后将坯料压入凹模后，即可按冲模底板上的已有定位销孔配钻备件的销孔
利用制品配制变形类备件	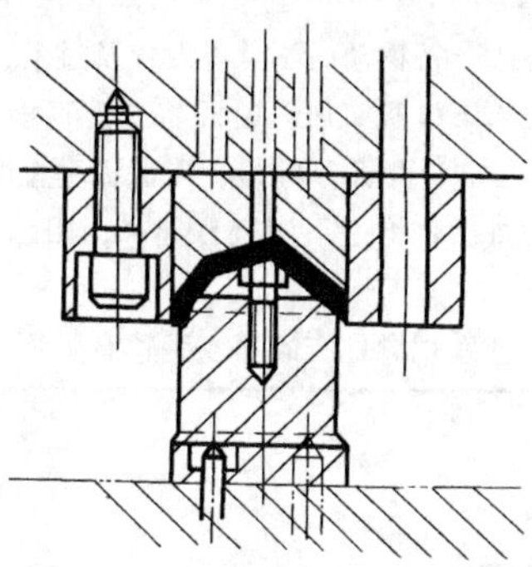	① 按图样检验备好的坯件 ② 将坯件装入冲模中，并用工艺螺钉紧固 ③ 在上、下模的工作部分放入一个已压制好的合格零件，并使其与凸、凹模贴紧摆正 ④ 按下模板上的销孔钻铰坯件的销孔及螺孔 ⑤ 钻孔后进行热处理、抛光、研磨后即可使用 坯件必须采用配制的方法进行修理。首先按图样加工模坯，并留有一定加工余量。然后，在原来的冲模上配制定位销孔及螺孔，以保证一定的间隙及准确位置
细小备件凸模的更换	—	① 将凸模固定板卸下，清洗干净 ② 把固定板放在平台上，并用等高垫铁垫起，使凸模朝上 ③ 将铜锤对准损坏了的凸模，砸凸模 ④ 将固定板翻转过来，再用等高垫铁垫起 ⑤ 将新凸模工作部分朝下，并引进固定板对应的形孔中，再用手锤轻轻地敲入固定板中 ⑥ 新更换的凸模与凹模配准，调好间隙，再用冲子将其固紧 ⑦ 将换好的凸模固定板组合，在平面磨床上磨平抑翻平面后，再反转过来，平磨刃口面，使其与其他平面相平 ⑧ 进一步调整间隙，修整后可继续使用 细小凸模更换也可以用低熔点合金及环氧树脂浇注紧固
凸、凹模刃口平面磨削法	—	凸、凹模刃口使用一段时间后，应在平面磨床上磨刃口，使其变锋利 ① 每次刃磨量不要太大，一般为0.10~0.15mm ② 刃磨时，每次进刀量要适中，不要过深 ③ 拆卸零件时，应避免碰伤刃口及模具其他零件

表 2-66　导向零件的修配方法

序号	项　目	修配说明
1	导向零件磨损后对模具的影响	导向零件（导柱、导套）经长期使用后，被磨损而使导向间隙变大；受到冲击震动后会发生晃动，丧失了导向能力，致使上、下模相碰，损坏冲模或造成凸、凹模间隙的不均匀，制品出现毛刺影响了产品质量
2	检查方法	用撬杠将上模撬起，双手撑住左右晃动，若上模板在导柱中摆动，则表明导柱、导套间间隙过大，应进行修配（可以用量具检查）
3	检修方法	①　把导柱、导套磨光 ②　对导柱进行镀硬铬 ③　镀铬的导柱与研磨后的导套配合研磨导柱，使之间隙恢复到原来的精度 ④　将经研磨后的导柱、导套抹一层薄润滑油，使导柱插入导套孔中。这时，用手转动或上下移动而不觉得发死及过紧、过松即为合适 ⑤　将导柱压入下模板。压入时需将上、下模板合在一起，使导柱通过上模板孔再压下去，并用角尺测量，以保证垂直度 ⑥　用角尺检查后，将上下模板合起来，用手检查其配合程度和修理质量 ⑦　检查时，若发现导柱有倾斜或手感有摇晃现象，应重新修配

三、模具技术状态鉴定技能训练

训练课题：连续模或拉深模具技术状态鉴定

1. 训练目的

1）熟悉新装配的冲模或修理后的冲模技术状态鉴定的内容。

2）熟悉成批生产使用过程中的模具技术状态鉴定的内容。

3）提出模具技术状态报告。

4）通过对模具技术状态的鉴定和分析对有问题的模具提出维修处理意见。

2. 准备工作

1）选择一副连续模或拉深模（或根据实际生产情况予以选取）。

2）准备好必要的工具、量具。

3. 训练步骤

（1）对新装配完的模具或修理后的模具技术状态的鉴定一般通过试模鉴定　它是指具体通过对制件尺寸精度是否符合图样要求；制件形状及表面质量有无各种缺陷；毛刺是否超过规定要求等制品质量检验分析。如果制件存在质量缺陷，参照课题五中冷冲模的试模与调整相关内容，提出模具维修方案，并予以实施，直到冲出合格零件为止。模具合格后，填写模具使用记录卡（见表 2-67），随冲出的合格样件（6～10 件）及图样交库备存使用。

（2）对正在使用中的模具的鉴定是通过对制件质量状况和模具工作性能进行检查来确定。

1）首件检查。在完成模具安装调整开始作业时，首先应检查几个制件，看是否符合图样要求。将检查结果与模具前一次或试模时检查的测定值作比较，看是否发生变化，以确定模具是否安装正确。

表 2-67　模具使用记录卡

模具号		入库时间		货架号	
制件名称		样件数		检验员	
制件号		备件名称		数量	
使用及维修记录					
使用压力机型号及规格				制件材料规格	
使用起止日期		冲压件数	使用者	刃磨量及维修情况记录、维修要点及更换零件记录	
年　月　日至　年　月　日					
年　月　日至　年　月　日					
年　月　日至　年　月　日					
年　月　日至　年　月　日					
年　月　日至　年　月　日					

2）模具正在使用中的检查。进行制件尺寸和毛刺测量，根据检查结果与首件检查相比来掌握由于尺寸变化状况，从而鉴定模具的磨损状况和使用性能。

3）末件检查。模具在使用后，检查最后几个件的质量状况，根据末件的质量和生产数量来判断模具的磨损状况及有无修复的必要。

4）模具工作性能检查。检查模具工作零件的状态、导向系统的工作情况、推件及卸料装置工作情况、定位装置是否可靠准确、各工作系统动作是否协调，能否正常工作，安全、防护装置状态是否完好。

5）通过鉴定分析对需要维修的模具提出修理方案报告，并填写模具使用记录卡，见表2-74。

4. 实训记录与成绩评定

实训记录与成绩评定见表2-68。

表 2-68　冷冲模模具技术状态鉴定实训记录及成绩评定表

项次	项目与技术要求	配分	评定方法	实测记录	得分
1	准备工作充分	8	检查评定		
2	鉴定过程安排合理，方案正确	8	分析评估		
3	测量操作符合要求	15	按操作规程评定		
4	模具使用记录卡填写正确	10	每错一项扣 1 分		
5	模具维修修理方案正确	15	每错一项或缺一项扣 2 分		
6	模具维修过程操作规范	25	按操作规程评定		
7	时间安排合理（4h）	6	安排不合理每一处扣 1 分		
8	各项数据记录符合要求	8	发现一项不符合要求扣 2 分		
9	安全文明生产	5	违者每次扣 2 分		

第三单元　塑料成型模具钳工技能训练

课题一　塑料成型模具典型结构

一、概述

在塑料工业生产中，从原料到塑料，又从塑料到塑料制品要经过树脂制造、塑料制造、成型加工等生产流程。通常树脂制造、塑料制造两部分属于塑料生产部门，成型加工部分属于塑料制品生产部门。

塑料制品的生产主要由塑料的成型、机械加工、修饰和装配四个基本工序组成，如图3-1所示。有些塑料在成型之前需要经过预处理（预压、预热、干燥等）。因此，塑料制品生产的完整工序顺序为：预处理、成型、机械加工、修饰、装配。

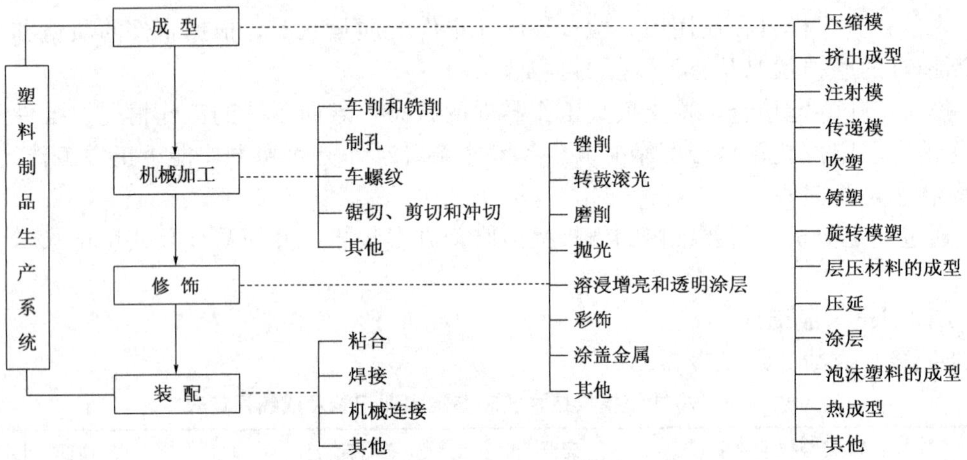

图3-1　塑料制品生产系统的组成

在五个基本工序中，塑料的成型是最重要的，是一切塑料制品和型材生产的必经过程，其他四个工序却是根据塑料制品的要求而定，不是每个制品都需要经过这四个工序。后三个工序有时统称为二次加工。因此，可以说塑料的成型在塑料制品生产乃至塑料工业中占有重要的地位。

从图3-1可以看出，塑料成型方法很多，有各种模塑成型、层压及压延成型等，其中塑料模塑成型种类较多，如挤出成型、压缩模塑、传递模塑、注射模塑等。它们的共同特点是利用塑料模来成型具有一定形状和尺寸的塑料制品。

塑料成型模具（简称塑料模）是塑料模塑成型关键的工艺装备。这是因为在现代塑料制品生产中，正确的加工工艺、高效率的设备、先进的模具是影响塑料制品生产的三大重要因素，而塑料模对塑料模塑工艺的实现，保证塑料制品的形状、尺寸及公差起着极重要的作用，高效率全自动的设备只有配备了适应自动化生产的塑料模才可能发挥其效能；产品的更新也是以模具的制造和更新为前提。目前，对塑料制品的品种、质量和产量的要求愈来愈高，因而对塑料模的需求也愈来愈迫切。

二、塑料模的典型结构

塑料模的类型很多，同一类塑料模又有各种不同的结构形式。但是任何一副塑料模的组成零件都可按其用途进行归类。这样，在进行模具设计时，可以根据各类零件的用途和要求，在结构及几何参数的设计计算上找到共同的规律。塑料模具的组成零件按用途可以分为两大类：

1．成型零件

它是直接与塑料接触的决定塑料制品形状和精度的零件，即构成型腔的零件。它是塑料模具的关键零件，如压缩模、传递模和注射模的型腔（或凹模）、凸模、型芯、螺纹型芯、螺纹型环及镶件等和挤出机头中的口模、芯模、定型套等。

2．结构零件

由于模具类型及复杂程度不同，结构零件所包括的种类有一定差别。就压缩模和注射模来说，一般包括如下几类零件：浇注系统零件或加料腔、导向零件、分型与抽芯机构、推出机构、加热与冷却装置，还有装配、定位以及模具安装用的支承零件等。

现以两副典型塑料模具来说明塑料模具的基本结构：

图3-2为一副热塑性塑料制品的注射模。这是一副结构较复杂的多型腔的固定式模具。

一副注射模可分为动模和定模两大部分。动模安装在注射机移动模板上；定模安装在注射机固定模板上。注射时动模与定模闭合构成型腔和浇注系统，以便熔体充模形成制品，开

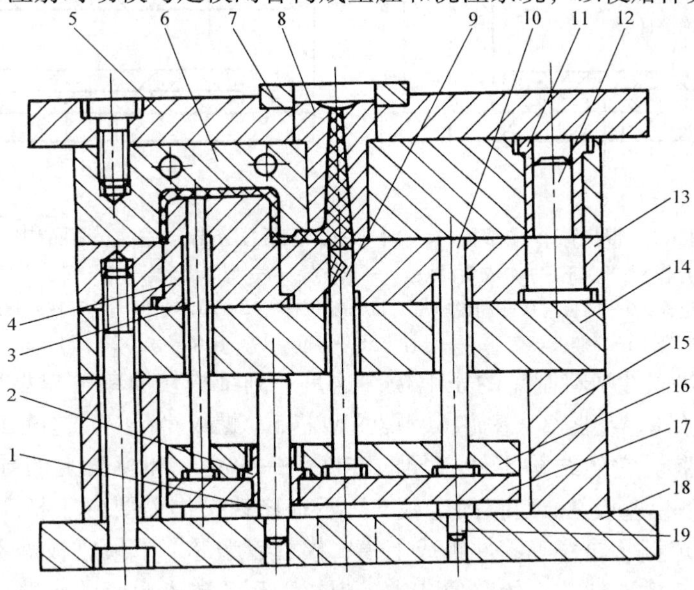

图3-2　注射模典型结构

1—推板导柱　2—推板导套　3—推杆　4—型芯　5—定模座板　6—型腔（型腔板）　7—定位圈　8—主流道衬套　9—拉料杆　10—复位杆　11—导套　12—导柱　13—动模板　14—支承板　15—垫块　16—推杆固定板　17—推板　18—动模座板　19—支撑柱

模时动模与定模分开，取出制品。

根据组成模具的各零件作用，该模具的零件归类如下：成型零件——型芯 4、型腔 6；浇注系统零件——主流道衬套 8、拉料杆 9；导向零件——导柱 12、导套 11、推板导柱 1、推板导套 2；推出装置零件——推杆 3、推杆固定板 16、推板 17、复位杆 10；支承零件——定模座板 5、动模板 13、支承板 14、垫块 15。该模具在型腔上开设冷却通道，以便调节模具温度。

有的塑料制品带有侧凹或侧孔，在制品被推出之前，必须先进行侧向分型，抽出侧型芯，然后推出制品，故使用的注射模必须具备侧向分型与抽芯机构。

图 3-3、图 3-4 分别为热塑性塑料点浇口带侧抽注射模和热流道注射模。

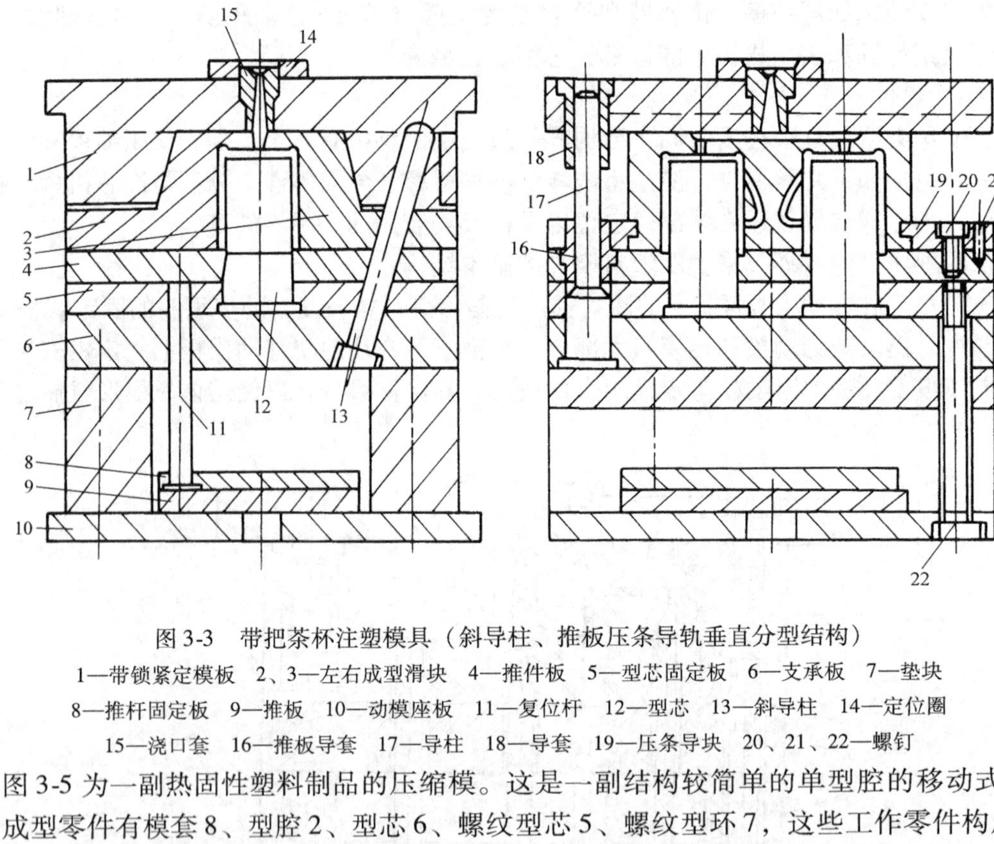

图 3-3　带把茶杯注塑模具（斜导柱、推板压条导轨垂直分型结构）

1—带锁紧定模板　2、3—左右成型滑块　4—推件板　5—型芯固定板　6—支承板　7—垫块　8—推杆固定板　9—推板　10—动模座板　11—复位杆　12—型芯　13—斜导柱　14—定位圈　15—浇口套　16—推板导套　17—导柱　18—导套　19—压条导块　20、21、22—螺钉

图 3-5 为一副热固性塑料制品的压缩模。这是一副结构较简单的单型腔的移动式模具。它的成型零件有模套 8、型腔 2、型芯 6、螺纹型芯 5、螺纹型环 7，这些工作零件构成了成型旋钮所需要的型腔。它的结构零件有导向零件——导柱 4 和模套上的导向孔；支承零件——上模座板 1、下模座板 9、型腔固定板 3；还有移动操作需要的手柄 1 等零件：上模座板、型腔、型腔固定板、导柱等零件组成上模；模套、型芯、下模座板等零件组成下模。工作时先将螺纹型芯 5 插入型芯 6 的定位孔中，螺纹型环 7 放入模套的底部，加入塑料后，使上、下模闭合，然后将整副模具移到压力机中进行压制。压制结束，将模具移出压力机，利用专用卸模架将上、下模分开。同时利用卸模架中的推杆将螺纹型环、塑料制品和螺纹型芯一同推出模套，最后从制品上拧下螺纹型芯和螺纹型环。

图 3-6、图 3-7、图 3-8 分别为热固性塑料固定压制模、传递模、注射模。

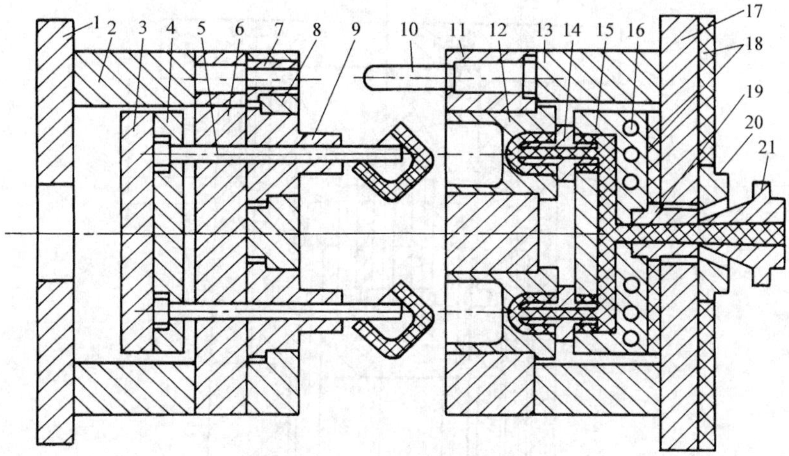

图 3-4　热流道注射模

1—动模座板　2、13—支架　3—推板　4—推杆固定板　5—推杆　6—支承板　7—导套　8—动模板　9—凸模　10—导柱　11—定模板　12—型腔　13—支架　14—二级喷嘴　15—热流道板　16—加热器孔道　17—定模座板　18—绝热层　19—主浇道衬套　20—定位环　21—注射机喷嘴

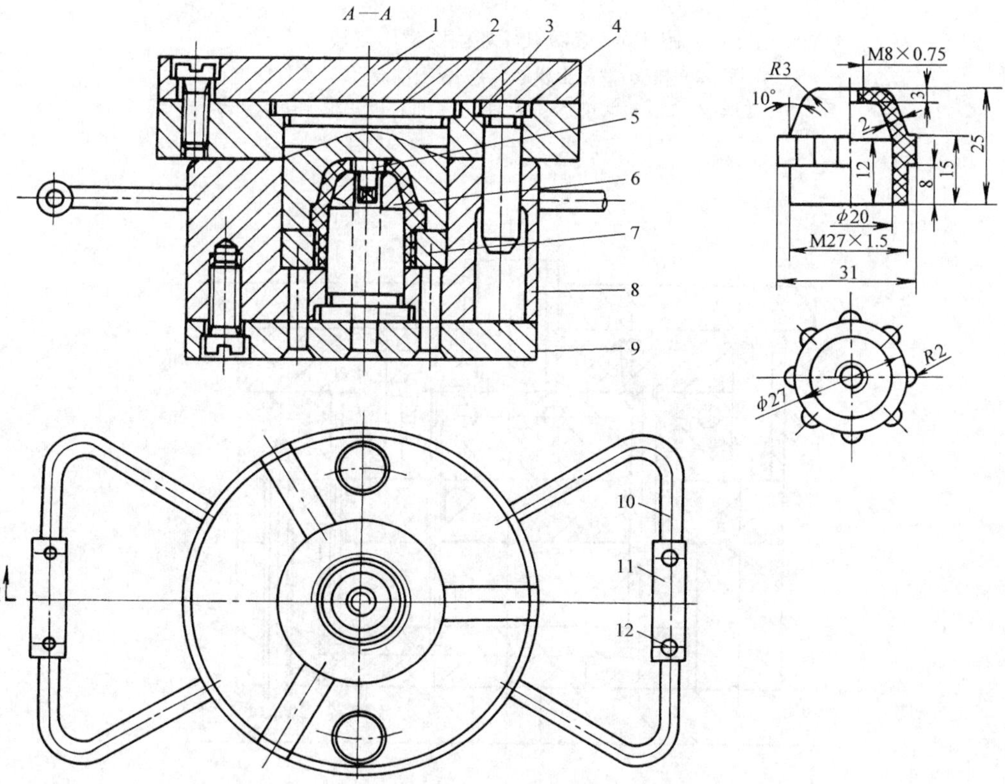

图 3-5　压缩模典型结构

1—上模座板　2—型腔　3—型腔固定板　4—导柱　5—螺纹型芯　6—型芯　7—螺纹型环　8—模套　9—下模座板　10—手柄　11—套管　12—销钉

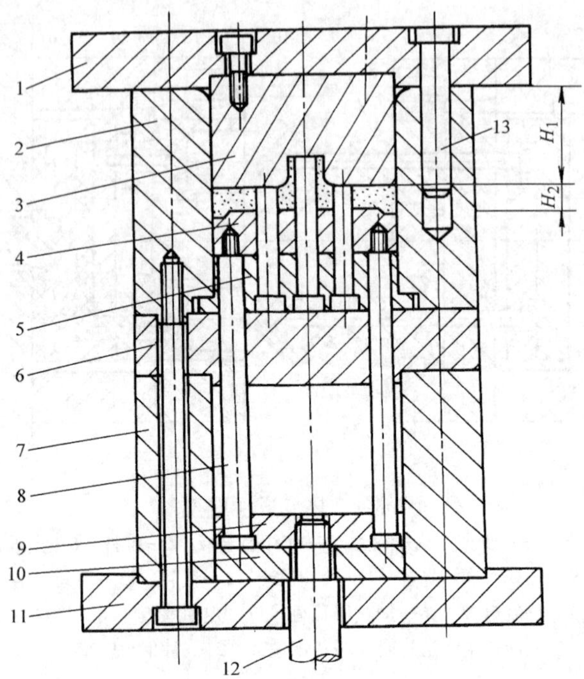

图 3-6　聚四氟压坯固定型压制模

1—模板　2—模套　3—上模芯　4—成型推板　5—型杆固定板　6—支承板　7—支撑圈　8—推杆　9—推杆固定板　10—推板　11—下模板　12—支柱　13—导柱

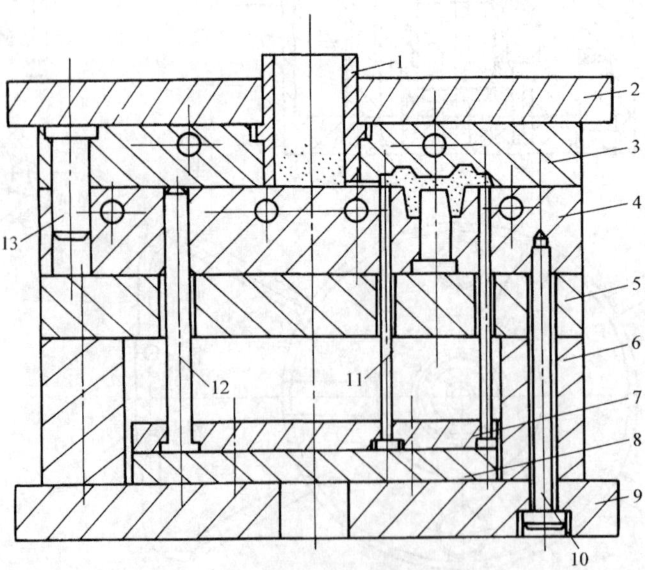

图 3-7　固定式热固性塑料传递模

1—加料室　2—上模座板　3—上模　4—下模　5—支承板　6—垫块　7—推杆固定板　8—推板　9—下模座板　10—螺钉　11—顶杆　12—复位杆　13—导柱

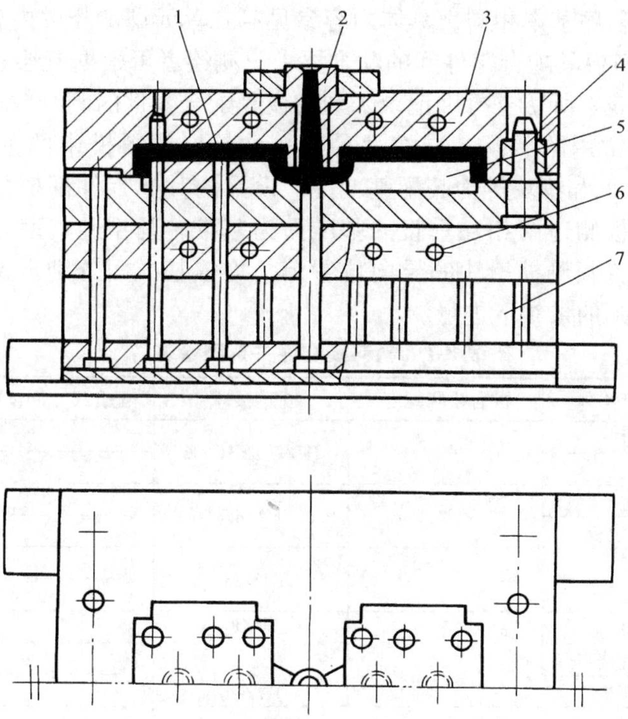

图 3-8　热固性塑料注射模的基本结构图

1—推杆　2—主流道衬套　3—定模座板（型腔（凹模））

4—导柱　5—型芯　6—加热元件　7—复位杆

三、塑料模拆装、测绘技能训练

1. 训练目的

1）增加对塑料模具内部构造的认识，培养实践动手能力。

2）了解塑料模零部件相互之间的装配形式及配合关系。

3）了解塑料模的拆卸过程及装配步骤。

2. 训练要求

1）对所拆模具零件进行测绘，并按要求画出相应的零件结构图。

2）对所拆模具零件进行分析，了解模具的工作原理及各零件的作用。

3）熟悉拆装过程及有关操作规则。

4）填写好配合关系测量表。

3. 准备工作

1）选择中等复杂程度的塑料注射模一副（可根据实际生产情况予以选取）。

2）选择好必要的操作工具：包括内六角扳手、拔销器、铜棒、平行等高垫块、钳工台、手锤、螺钉旋具、润滑油、盛物容器等。

3）选择好测量工具：包括游标卡尺、千分尺、钢直尺等量具。

4. 实习内容和步骤

塑料模具拆装的基本规则、测绘的基本内容及模具装配复原的一般程序与冷冲模具的拆卸、测绘及装配复原程序基本相同，具体内容参见第二单元课的相关内容。

表 3-1 所示为塑料模具配合零件间的配合要求，测绘者可根据测绘过程中的实感及实测数据填写有关栏目，表中所留空行供记录未列的模具配合零件的测绘数据用。

塑料模具装配时常用的装配基准有两种：一种是以塑料模中的主要工作零件如型芯（凸模）、型腔（凹模）和镶块等为装配基准件，模具的其他零件都依装配基准件进行顺序装配；另一种是以模板侧边两相互垂直的基准面为基准，凡型腔、型芯的修整和装配，导柱、导套的安装孔位置及侧抽滑块的导向位置等，均依基准面分别定位、找正。具体操作时，应在实习指导老师的带领下进行。

表 3-1　塑料模零件关系测绘表

序号	相关配合零件	配合松紧程度	配合要求	配合尺寸测量值	配合尺寸
1	导柱		H7/f7 或 H7/f6		
	导向孔				
2	导柱		H7/m6		
	导柱固定板				
3	导柱		H8/f6		
	导套				
4	推杆		H8/f6		
	推杆配合孔浇口套				
5	定模座板		H7/m6		
6	推件板		H7/f6		
	型芯或凸模				
7	推件板		H7/f7		
	导柱				
8					
9					
10					

5．实习记录与成绩评定实习记录与成绩评定（见表 3-2）

表 3-2　塑料模拆卸、测绘实习记录及成绩评定表

项次	项目与技术要求	配分	评定方法	实测记录	得分
1	准备工作充分	8	检查评定		
2	拆绘过程安排合理，方案正确	8	分析评估		
3	拆卸操作符合要求	10	按操作规程评定		
4	测绘方法正确，数据取值合理	10	每错一项扣 1 分，缺一项扣 2 分		
5	各零件的配合关系清楚、准确	8	每错一项扣 1 分		
6	图样绘制符合标准，标注正确	35	每错一项扣 1 分，缺一项扣 2 分		
7	时间安排合理	6	安排不合理每一处扣 1 分		
8	各项数据记录符合要求	10	发现一项不符合要求扣 2 分		
9	安全文明生产	5	违者每次扣 2 分		

课题二　成型零件典型加工工艺

一、成型零件典型加工工艺

1. 型芯零件加工工艺分析

（1）材料及热处理　塑料模凸模和型芯的材料与冲压凸模相近，简单形状便于热处理后精加工的凸模材料为T8A、T10A，复杂形状的凸模材料为9Mn2V、Cr6WV、CrWMn和5CrMnMo、5CrNiMo。对于简单形状凸模和型芯热处理硬度为45～60HRC，对于复杂形状凸模热处理硬度为40～50HRC。

（2）表面粗糙度要求　对于凸模和型芯的表面粗糙度要求，成型表面的粗糙度值为$R_a0.2\sim0.1\mu m$，对于塑料流动性差和塑件表面粗糙度值要求小的为$R_a0.1\sim0.025\mu m$，凸模与加料室接触部分的表面粗糙度值为$R_a1.6\sim0.2\mu m$，因此以上表面都要进行研磨和抛光加工。上述表面还应进行镀铬处理，铬层厚度为0.015～0.02μm，在镀铬前后各表面都应进行抛光。

（3）位置精度要求　凸模和型芯上的工作部分和固定部分要考虑同轴度要求，在零件加工工艺上要保证上述要求。

（4）脱模斜度表示法　塑料模的凸模、型芯和型腔、型孔的成型部分都要有脱模斜度，在图样上脱模斜度的部位及长度、脱模斜度的大小，都应该有显明和明确的表示。

（5）工艺性分析　塑料模型芯零件如图3-9所示。

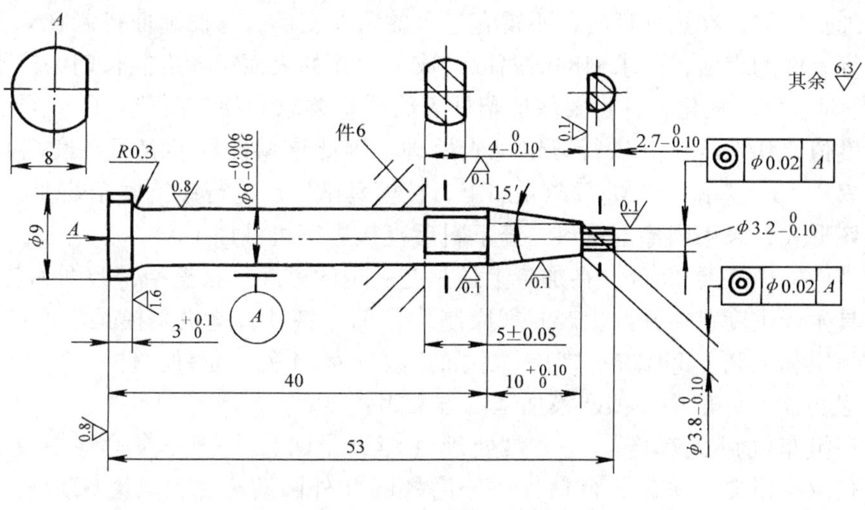

图3-9　塑料模型芯

零件名称：型芯　材料：CrWMn　热处理45～50HRC

数量：20件 $R_a0.1\mu m$　表面镀铬抛光δ0.015

该零件是塑料模的型芯，从零件形状上分析，该零件的长度与直径的比例超过5:1，属于细长杆零件，但实际长度并不长，截面主要是圆形，在车削和磨削时应解决加工装卡问题，在粗加工车削时，毛坯应为多零件一件毛坯，既方便装夹，又节省材料。在精加工磨削外圆时，对于该类零件装卡方式有三种形式，如图3-10所示。图3-10a是反顶尖结构，适用于外圆直径较小、长度较大的细长杆凸模、型芯类零件。$d<1.5mm$时，两端做成60°的锥形顶

尖，在零件加工完毕后，再切除反顶尖部分。图 3-10b 是加辅助顶尖孔结构，两端顶尖孔按 GB/T 4459.5—1999 要求加工，适用于外圆直径较大的情况。当 $d \geqslant 5\text{mm}$ 时，工作端的顶尖孔，根据零件使用情况决定是否加长，当零件不允许保留顶尖孔时，在加工完毕后，再切除附加长度和顶尖孔。图 3-10c 是加长段在大端的作法，此时细长比介于图 a 和图 b 之间，细长比不太大的情况。

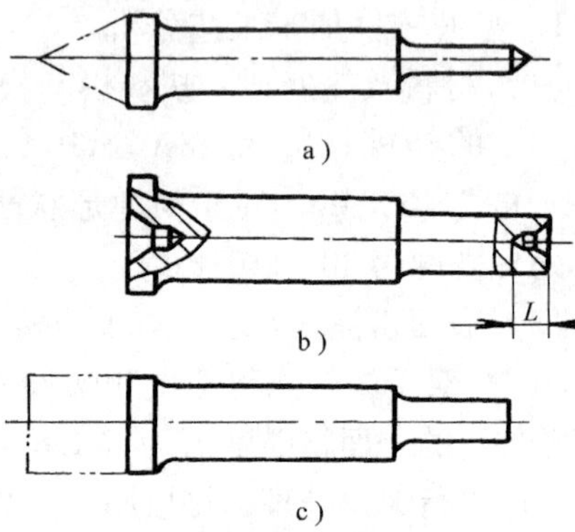

图 3-10　细长轴装卡基准形式

该零件是细长轴，从零件形状、尺寸精度以及零件要求进行淬火处理来看，加工方式主要是车削和外圆磨削，加工精度要求在外圆磨削的经济加工范围之内。零件要求有脱模斜度也在外圆磨削时一并加工成形。另外，外圆几处磨扁处，在工具磨床上完成。

该零件材料是 CrWMn，热处理硬度 45 ~ 50HRC，工作时在型腔内要承受熔融状塑料的冲击，要求有一定的韧性，长期工作中不发生脆性断裂和早期塑性变形，因此要求进行淬火处理。CrWMn 材料属于锰铬钨系低变形合金工具钢，有较好的淬硬性（HRC ≥ 60）和淬透性（油淬，$D = 30 \sim 50$）。淬硬层为 1.5 ~ 3mm。该材料有较好的强韧性，淬火时不易淬裂，并且变形倾向小，也有较好的耐磨性。CrWMn 材料在我国沿用较广，时间较长。在锰铬钨系钢中，CrWMn 材料的综合性能并不算优良，国内外均趋于缩小使用范围。推荐代替的锰铬钨系钢材料有 MnCrWV 和 SiMnMo 钢。该零件作为细长轴类，在热处理时，不得有过大的弯曲变形，弯曲翘曲控制在 0.1mm 之内。塑料模型芯等零件的表面，要求耐磨耐腐蚀，成型表面的表面粗糙度能长期保持不变，在长期 250℃工作时表面不氧化，并且要保证塑件表面质量要求和便于脱模。因此要求淬硬，成型表面粗糙度值 $R_a 0.1\mu\text{m}$，并进行镀铬抛光处理。因此该零件成形表面在磨削时保持表面粗糙度值为 $R_a 0.4\mu\text{m}$ 基础上，进行抛光加工，在模具试压后进行镀铬抛光处理。

零件毛坯形式，采用圆棒型材料，经下料后直接进行机械加工。

该型芯零件一模需要 20 件，在加工上还是有一定的难度，根据精密磨削和装配的需要，为了保证模具生产进度，在开始生产时就应制作一部分备件，这也是模具生产的一个特色。在模具生产组织和工艺上都应充分考虑，总加工数量为 24 件，备件 4 件。

（6）工艺方案　一般中小型凸模加工的方案为：

备料⟶粗车（卧式车床）⟶热处理（淬火、回火）⟶检验（硬度、弯曲度）⟶研中心孔或反顶尖（车床、台钻）⟶磨外圆（外圆磨床、工具磨床）⟶检验⟶切顶台或顶尖（万能工具磨床、电火花线切割机床）⟶研端面（钳工）⟶检验。

（7）工艺过程　材料：CrWMn，零件总数量 24 件，其中备件 4 件。毛坯形式为圆棒料，8 个零件为一件毛坯。

工序号	工序名称	工序主要内容
10	下料	圆棒料 $\phi 12\text{mm} \times 550\text{mm}$，3 件
20	车	按图车削，$R_a 0.1\mu\text{m}$ 及以下表面留双边余量为 0.3 ~ 0.4mm，两端在零件长度之外做反顶尖

30	热	淬火、回火：40～45HRC，弯曲≤0.1mm。
40	车	研磨反顶尖。
50	外圆磨	磨削 $R_a1.6\mu m$ 及以下表面，尺寸磨至中限范围，$R_a0.4\mu m$。
60	车	抛光 $R_a0.1\mu m$ 外圆，达图样要求。
70	线切割	切去两端反顶尖。
80	工具磨	磨扁 $2.7_{-0.10}^{0}mm$、$4_{-0.10}^{0}mm$ 至中限尺寸以及尺寸 8mm。
90	钳	抛光 $R_a0.1\mu m$ 两扁处。
100	钳	模具装配（试压）。
110	电镀	试压后 $R_a0.1\mu m$ 表面镀铬。
120	钳	抛光 $R_a0.1\mu m$ 表面。

2. 型腔零件加工工艺分析

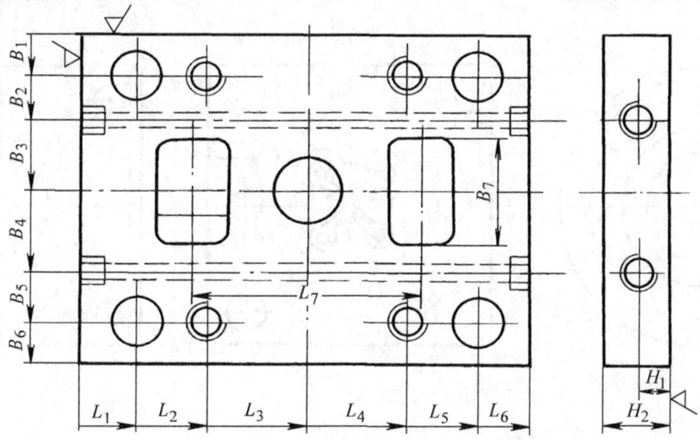

图 3-11　各种型孔板、型腔板结构图

（1）材料及热处理　型孔和型腔的基准板中，除注射成型软质塑料的注射模的型孔和型腔板，可以采用40Cr、T7A、12CrNi3A 等材料经调质处理硬度达到 28～32HRC 以外，其他基准板都要求采用性能较好的模具钢，并经过淬火和回火处理，硬度达到大于 50HRC 以上。

对于热处理件，当成形表面的精加工安排在热处理之前进行时，热处理的变形是加工中的主要矛盾。当成形表面的精加工安排在热处理之后，通过机械加工和特种加工，保证型孔、型腔尺寸精度时，热处理的强度、硬度往往是加工中的主要矛盾。

对于非热处理件，这类零件大部分为一般结构钢，不进行热处理，型孔或型腔多以基准件的孔为基准进行加工，采用“引钻法”和“同镗法”较多。

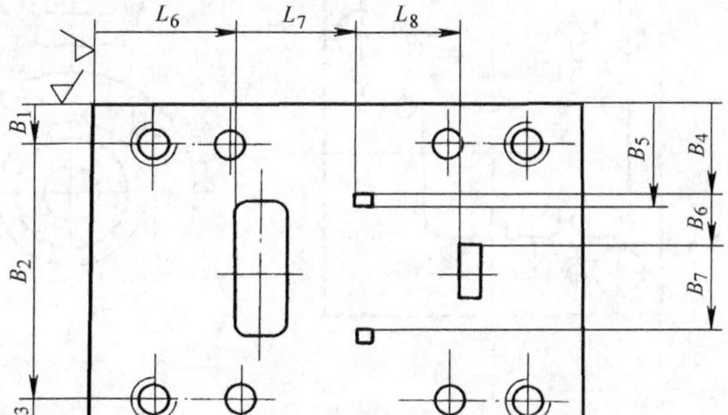

图 3-12　坐标标注法

（2）尺寸标注　模具型孔、型腔板的尺寸标注，传统标注方法以零件的对称中心为基准，按照对称方式标注孔距尺寸。目前，使用数控机床和数显机床越来越广泛，因此在尺寸标注上，尽量和加工要求相协调。除传统的对称标注外，图 3-11 和图 3-12 为常用标注方式。

图 3-11 是以中心线为基准和以基准面为基准的综合标注方式。图 3-12 是以基准面为基准的坐标标注方式。

（3）工艺方案　塑料模型孔板、型腔板系指塑料模具中的型腔（凹模）、定模（型腔）板、中间（型腔）板、动模（型腔）板、压制瓣合模，哈夫型腔块以及带加料室压模等等，图 3-13 为塑料模型孔板、型腔板的各种结构图。

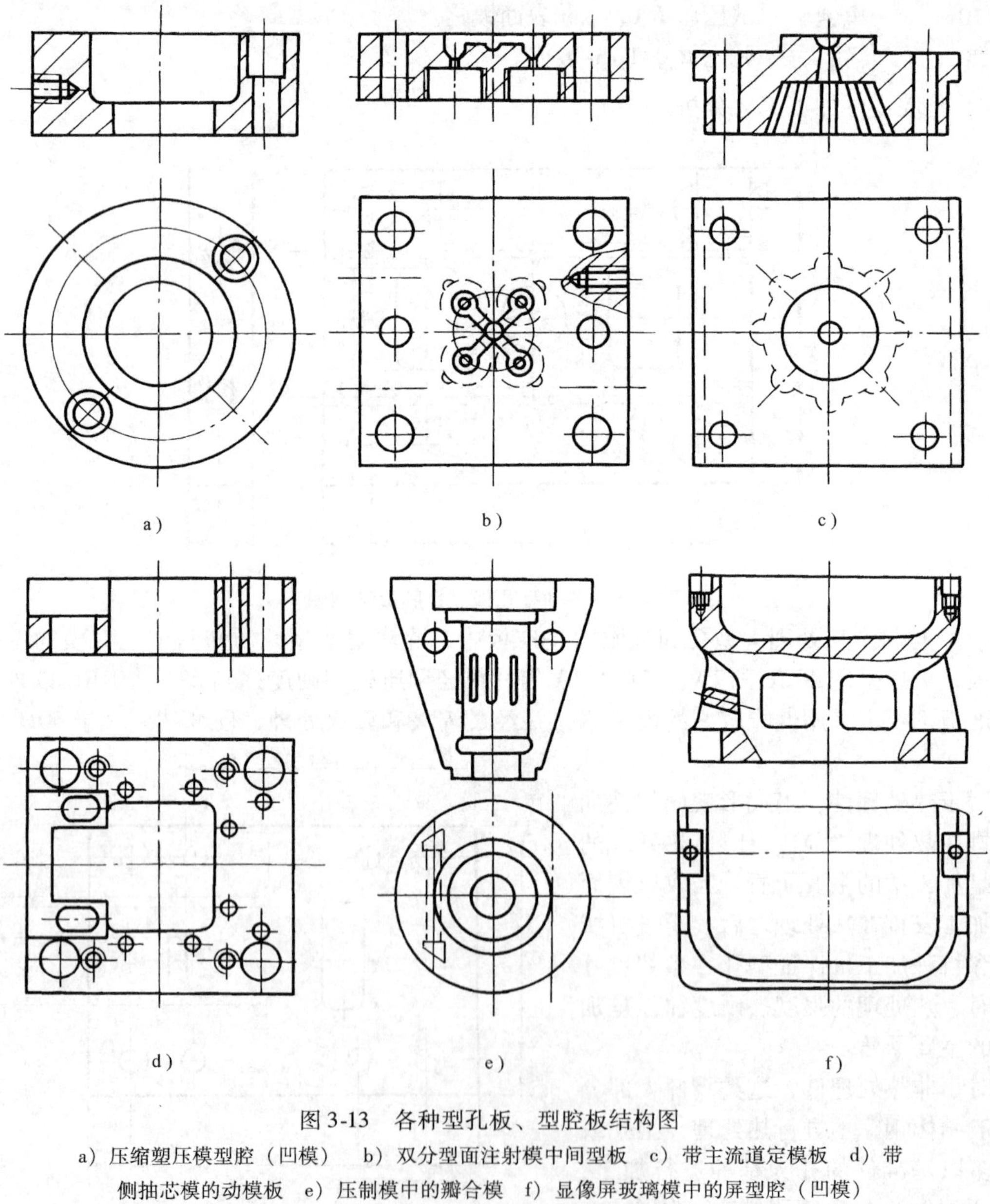

a）　b）　c）

d）　e）　f）

图 3-13　各种型孔板、型腔板结构图

a）压缩塑压模型腔（凹模）　b）双分型面注射模中间型板　c）带主流道定模板　d）带侧抽芯模的动模板　e）压制模中的瓣合模　f）显像屏玻璃模中的屏型腔（凹模）

上述各种零件形状千差万别，工艺不尽相同，但其共同之处都具有工作型腔、分型面、定位安装的结合面，确保这些部位的尺寸和形位精度、粗糙度值等技术要求将是工艺分析重点。

图 3-13a 是一压缩模中的型腔（凹模），其典型工艺方案为：备料──→车削──→调质──→平磨──→镗导柱孔──→钳工制各螺孔或销孔。如果要求淬火，则车削、镗孔均应留磨加工余量，于是钳工后还应有淬火回火──→万能磨孔、外圆及端面──→平磨下端面──→坐标磨导柱孔及中心孔──→车抛光及型腔 R ──→钳研抛──→试模──→氮化（后两工序根据需要）。

图 3-13b 是注射模的中间板，其典型工艺方案可为：备料──→锻造──→退火──→刨六面──→钳钻吊装螺孔──→调质──→平磨──→划线──→镗铣四型腔及分浇口──→钳预装（与定模板、动模板）──→配镗上下导柱孔──→钳工拆分──→电火花型腔（型腔内带不通型槽，如果没有大型电火花机床则应在镗铣和钳工两工序中完成）──→钳工研磨及抛光。

图 3-13c 是一带主流道的定模板，其典型工艺路线可在锻、刨、平磨、划线后进行车制型腔及主浇道口──→电火花型腔（或铣制钳修型腔）──→钳预装──→镗导柱孔──→钳工拆分、配研、抛光。

图 3-13d 为一动模型腔板，它也是在划线后立铣型腔粗加工及侧芯平面──→精铣（或插床插削加工）型腔孔──→钳工预装──→配镗导柱孔──→钳工拆分──→钻顶件杆孔──→钳研磨抛光。

对于大型板类的下料，可采用锯床下料。如 H—1080 模具坯料带式切割机床，精度好效率高，可切割工件直径 1000mm、重 3.5t、宽高 = 1000mm × 800mm 的坯料，切口尺寸仅为 3mm。坯料是直接从锻轧厂提供的退火状态的模具钢，简化了锻刨等工序，缩短了生产周期。此外，许多复杂型腔板采用立式数控仿形铣床来加工，使制模精度得到较大提高，劳动生产率和劳动环境也明显改善。

在塑料模具中的侧抽芯的机构，如压制模中的瓣合模、注射模中的哈夫型腔块等，图 3-13 的 e 为压制模的瓣合模，其工艺比较典型，工序流程大致为：

1）下料：按外径最大尺寸加大 10 ~ 15mm 作加工余量；长度加长 20 ~ 30mm 作装夹用。

2）粗车：外形及内形单面均留 3 ~ 5mm 加工余量，并在大端留夹头 20 ~ 30mm 长，其直径大于大端成品尺寸。

3）划线：划中心线及切分处的刃口线，刃口≤5mm 宽。

4）剖切两瓣，在平口钳内夹紧，两次装夹剖切开，采用卧式铣床（如 X62W）用盘铣刀。

5）调质：淬火高温回火及清洗。

6）平磨：两瓣结合面。

7）钳工：划线，钻两销钉孔并铰孔，配销钉及锁紧两瓣为一个整体。如果形体上不允许有锁紧螺孔，可在夹头上或顶台上（按需要留顶台）钻锁紧螺孔。

8）精车：内外形、单面留 0.2 ~ 0.25mm 加工余量。

9）万能磨内外圆或内圆磨孔后配芯轴再磨外圆，靠端面，外形成品，内形留 0.01 ~ 0.02mm 研磨量。

10）检验。

11）切掉夹头：在万能工具磨床上用片状砂轮将夹头切掉，并磨好大端面至成品尺寸。

12）钳工拆分成两块。

13）电火花加工内形不通型槽等。

14）钳研及抛光。

图3-13f为一显像屏玻璃模中的屏型腔（凹模），常采用铸造成型工艺，其工艺方案为：模型⟶铸造⟶清砂⟶除去浇冒口⟶完全退火⟶二次清砂⟶缺陷修补及表面修整⟶钳工划线及加工起吊螺孔⟶刨工粗加工⟶时效处理⟶机械精加工⟶钳工⟶电火花型腔⟶钳工研磨抛光型腔。

由于铸造工序冗长，加之铸造缺陷修补有时不理想，因此一般中型腔模和拉深模应尽可能采取锻造钢坯料加工或采用镶拼工艺加工。

型腔模在编制工艺时，为确保制造过程中型孔尺寸和截形的控制检验，因此工艺员应设计一些必须的检具（二类工具），如槽宽样板、深度量规、R型板等。

二、塑料模零件常用材料及热处理工艺要求

塑料模零件常用材料及热处理工艺要求见表3-3。

表3-3　塑料模零件常用材料及热处理工艺

零件名称	钢材选用	热处理与硬度要求	应用说明
型芯、凸模、型腔板、镶块	45	调质22～26HRC	用于产量不大的热塑性塑料注射模
	Y55CrNiMnMoV(SM1)	预硬硬度≤40HRC	用于有镜面要求的热塑性塑料注射模
	8Cr2MnWMoVS（8Cr2S）、5CrNiMnMoVSCa（5NiSCa）Y20CrNi3AlMnMo(SM2)	淬硬40～45HRC	用于形状复杂、精度要求高、产量大的热塑性塑料注射模
	T10A、9Mn2V、7CrSiMnMoV(CH)、Cr12、CrWMn	淬硬46～52HRC	用于热固性塑料模具、小型芯、镶块等
动、定模座板，上、下模座板，动、定模板，上、下模板，垫块，模套，支承板	45	不进行热处理或调质至230～270HB	
浇口套、拉料杆、分流锥	T10A、9Mn2V、7CrSiMnMoV(CH)	淬硬50～55HRC	
导柱、推板导柱、导套、推板导套	20	渗碳淬硬56～60HRC	
	T8A、7CrSiMnMoV(CH)	淬硬50～55HRC	

三、型腔电极制作

1．电极材料

电极材料必须是导电材料。在生产中，应选择损耗小、加工过程稳定、加工速度高、机械加工性能好、来源丰富且价格低廉的材料制造电极。常用的电极材料有纯铜、石墨、钢、铸铁、黄铜、银钨合金及铜钨合金等，其性能见表3-4。

表 3-4　各种电极材料性能

电极材料	电火花加工性能		机械加工性能	说　明
	加工稳定性	电极损耗		
铸铁	一般	一般	好	常用电极材料
钢	较差	一般	好	常用电极材料。电参数选择要注意稳定性
纯铜	好	较小	较差	磨削加工困难
黄铜	较好	大	一般	电极损耗大，较少用
石墨	尚好	较小	尚好	常用电极材料，力学强度差，易崩角
铜钨合金	好	小	一般	价格高，用于加工深孔，直壁孔及硬质合金
银钨合金	好	小	一般	价格昂贵，用于特殊及精密要求等

电极材料应具有电极损耗小、加工速度高、易于加工制造、来源丰富和价格便宜等特点。目前，型腔电火花加工中应用最广泛的材料是石墨和纯铜。石墨电极加工容易，密度小，但强度较差，在采用宽脉冲大电流加工时容易起弧烧伤。纯铜的组织致密，韧性强，适用于加工一些形状复杂、轮廓清晰、要求精度高和表面粗糙度要求低的型腔，但纯铜的切削加工性能差，密度较大，价格较高，大、中型尺寸的电极不宜应用。铜钨合金和银钨合金是较理想的型腔加工电极材料，但价格昂贵，只有在特殊情况下才采用。其他电极材料如铸铁、黄铜及钢等，因其损耗大，加工速度低，均不适宜型腔的加工。

2．电极结构形式

型腔电火花加工用电极的结构形式可分整体式、镶拼式和组合式。整体式电极多用于尺寸较小和复杂程度一般的型腔加工。镶拼式适用于型腔尺寸较大，单块电极坯料尺寸不够或型腔形状复杂的加工，但电极要易于分块制作。组合式电极在一模多腔的条件下采用，可以简化型腔加工的定位工序，提高定位精度、加工速度和加工精度。

由于型腔加工中一般都是不通孔加工，它的排气、排屑条件差，影响加工状态的稳定和表面粗糙度，因此，在电极上设置有适当的排气孔和冲油孔来改善加工条件。一般排气孔设置在蚀除面积较大的位置和电极端部有凹入的位置，如图 3-14 所示。冲油孔要设置在难于排屑的位置，如拐角、窄缝等处，如图 3-15 所示。排气孔和冲油孔的直径为平动头偏心量的 1/2，一般为 1～2mm，过大会造成电蚀表面形成柱状凸台而不易清除。为了便于排气和排屑，可将排气孔和冲油孔上端孔径加大为 5～8mm，各孔间的距离一般为 20～40mn 左右，面积较大且多排孔时要相互错开。

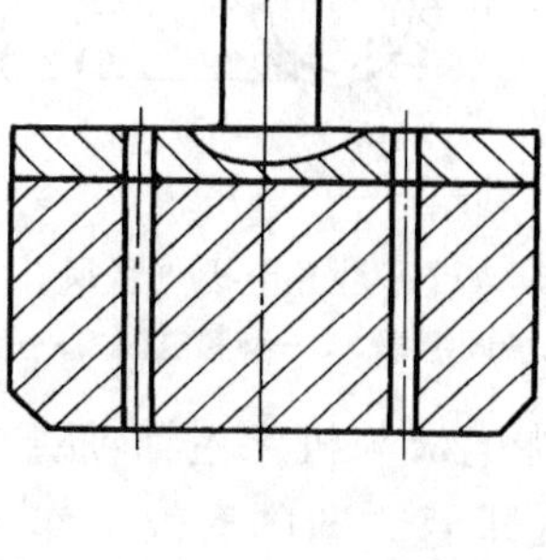

图 3-14　电极排气孔的设置

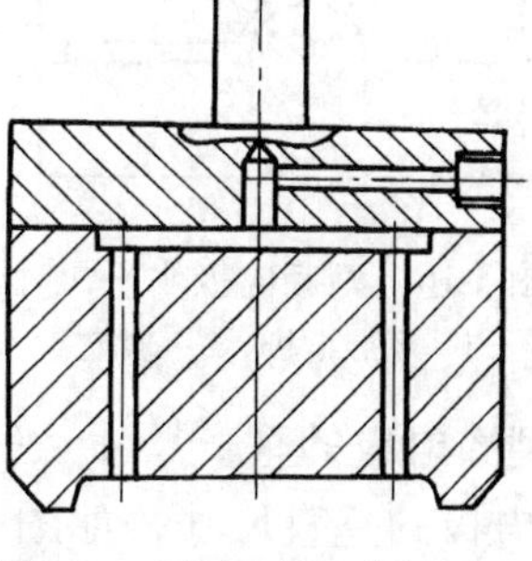

图 3-15　电极冲油孔的设置

在实际型腔加工中，对排气孔和冲油孔的设置也可采用部分排气、部分冲油的方法。如果型腔有通孔或型腔下面有工艺孔的型腔加工，也可改为从下面抽油。对排气孔、冲油孔的设置原则以不产生气体和电蚀物的积存为原则。

型腔电极的尺寸是根据所加工型腔的大小与加工方式、加工时的放电间隙及电极损耗而确定的，可分为水平尺寸和垂直尺寸。当采用单电极平动加工方法时，其电极尺寸计算方法如下：

（1）型腔电极水平尺寸　型腔电极水平尺寸是指电极与机床主轴轴线相垂直的尺寸，如图3-16所示。由于型腔加工中平动头的偏心量可以调整，一般可用下式确定：

$$a = A \pm kb$$

$$b = \delta + H_{max} - h_{max}$$

式中　a——电极水平方向尺寸（mm）；

A——型腔的基本尺寸（mm）；

k——与型腔尺寸标注有关的系数；

b——电极单边缩放量（mm）；

δ——粗规准加工的单面脉冲放电间隙（mm）；

H_{max}——粗规准加工时表面微观平面度最大值（mm）；

h_{max}——精规准加工时表面微观平面度最大值（mm）。

上式中“+”“-”号的确定原则：当图上型腔为凸出部分时，其对应电极凹入部分的尺寸应放大，k取“+”号；当图上型腔为凹入部分时，其对应电极凸出部分的尺寸应缩小，k取“-”号。式中k值按下述原则确定：当图中型腔尺寸两端以加工面为尺寸界线，如果蚀除方向相反，取$k=2$，如图3-16中的尺寸A_1；若蚀除方向相同，取$k=1$，如图3-16中的尺寸e；如图样上型腔中心线之间的位置尺寸及角度和电极上相对应的尺寸不缩不放时，取$k=0$，如图3-16中的尺寸R_1、R_2。

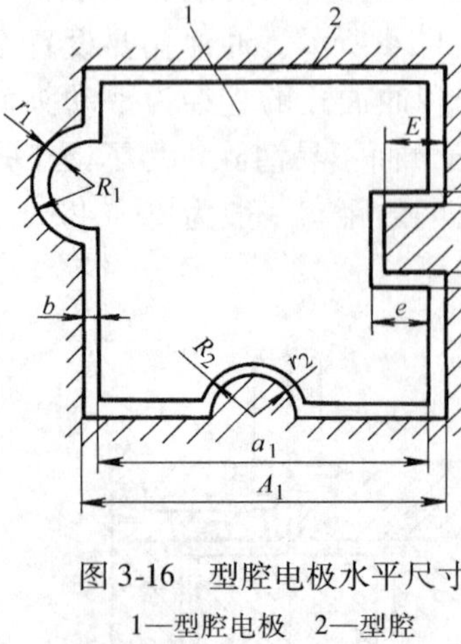

图3-16　型腔电极水平尺寸

1—型腔电极　2—型腔

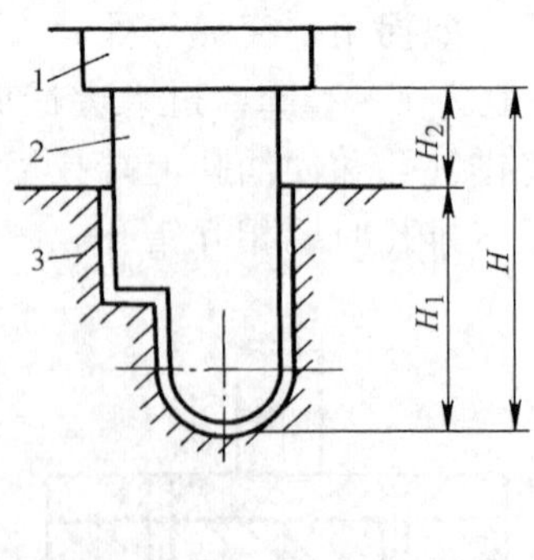

图3-17　型腔电极垂直尺寸

1—电极固定板　2—型腔电极　3—工件

（2）型腔电极的垂直尺寸　型腔电极的垂直尺寸是指电极与机床主轴轴线相平行的尺寸称为型腔电极的垂直尺寸，如图3-17所示。型腔电极在垂直方向的有效工作尺寸用下式确定：

$$H_1 = H_1' + C_1H_1' + C_2 - \delta_j$$

式中　H_1'——型腔的垂直尺寸（mm）；

C_1——粗规准加工时电极端面的相对损耗率，其值一般小于1%，C_1H_1'只适用于未进行预加工的型腔；

C_2——中、精规准加工时端面总的进给量，一般为0.4～0.5mm；

δ_j——最后一挡精规准加工时端面的放电间隙，可忽略不计。

在上式计算型腔电极垂直尺寸后，还应考虑到电极多次的重复使用造成垂直尺寸的损耗，以及在加工结束时电极的固定板与模具之间应有一定的余量。所以，型腔电极的垂直尺寸还应增加一定尺寸H_2（mm）。这样型腔电极在垂直方向的总高度尺寸为

$$H = H_1 + H_2$$

（3）型腔电极的制造　型腔电极的制造方法，主要根据型腔电极所选用的材料、型腔的精度和数量来确定。由于石墨材料的机械加工性能好，机械加工、修整和抛光都很容易，因此，石墨电极的制造以机械加工方法为主。纯铜电极制造主要是采用机械加工配合钳工修光的方法制造。

四、技能训练

1. 训练要求

1）熟练掌握模具型腔常用的修整工具及修正方法。

2）掌握电火花加工模具型腔用电极的设计及手工制作方法。

2. 电极的制作实例及技能训练

（1）实习课题　按照注射模型腔设计制作其电火花成型加工用电极。

（2）实习图　如图3-18所示。

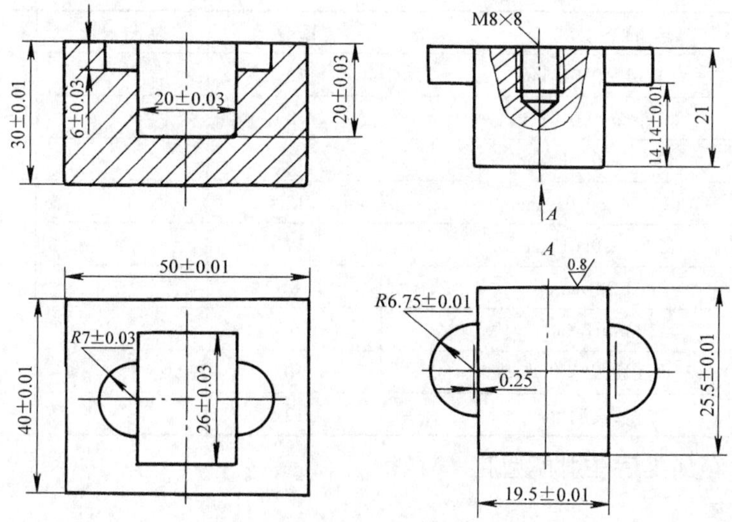

图3-18　电极制作实习图

a）注射模镶块　b）电极结构及尺寸

（3）操作步骤

1）方法选择。选用单电极平动法进行电火花成型加工，为保证侧面棱角清晰（$R<0.3$mm），其平动量 $\delta_0 \leqslant 0.25$mm。

2）电极选择。选用锻造过的纯铜为电极材料，并保证电极质量及表面粗糙度值。电极的结构尺寸如图 3-31b 所示。

依据单边缩放量计算式，有平动量 $\delta_0 = 0.25 - \delta_{精} < 0.25$（mm），且得电极水平尺寸单边缩放量为 $b = 0.25$mm；

对应着型腔主体 20mm 深度和 $R7$mm 的搭子及型腔 6mm 深度的电极长度之差不足 14mm，而是 $(20-6)\times(1+1\%)$ mm = 14.14mm（1% 为电极损耗）。

3）电极制造步骤：

① 锉好 3 个基准面。

② 在划线平台上划好各加工界线。

③ 加工外形尺寸（33.5 ±0.01）mm（长度），（25.5 ±0.01）mm（宽度），21mm（厚度）。

④ 加工尺寸（19.5 ±0.01）mm，并保证对称度，同时加工好尺寸（14.14 ±0.01）mm。

⑤ 加工两个圆弧面，保证尺寸 $R6.75$mm ±0.01 mm，同时保证其对称度。

⑥ 加工 M8 ×8mm，先钻孔，保证 $\phi6.7$mm 底孔尺寸及底孔深度尺寸，再进行倒角，最后攻出 M8 内螺纹。

⑦ 修整并抛光，达到表面粗糙度值 $R_a0.8\mu m$。

4）成绩评定（见表 3-5）。

表 3-5 电极加工训练记录及成绩评定表

项次	内容要求	配分	实测记录	得分
1	(19.5 ±0.01)mm	13		
2	$R6.75$mm ±0.01mm	13		
3	(25.5 ±0.01)mm	13		
4	(14.14 ±0.01)mm	13		
5	(33.5 ±0.01)mm	12		
6	0.25 mm	8		
7	M8 ×8mm	6		
8	表面粗糙度 $R_a0.8\mu m$	10		
9	安全、文明生产	12		

3. 修整电火花加工后注射模型腔

（1）修整要求

1）修整后能基本消除型腔表面的电蚀痕迹。

2）经修整后型腔的表面粗糙度值达到 $R_a3.2\mu m$。

3）经修整后型腔的形状、尺寸基本符合图样，并使每边留 0.04mm 左右的抛光余量。

（2）修整注意事项

1）本型腔因为较小，修整时要注意工具不能碰坏型腔。

2）修整时要注意砂轮磨头粒度的选择，要从粗到精来修整。

3）由于修整还达不到型腔的尺寸和形位公差及表面粗糙度要求，所以一定要预留抛光余量。

（3）配分要求见表3-6。

表3-6　型腔修整实习记录及成绩评定表

项次	内容要求	配分	实测记录	得分
1	$6_{-0.03}^{\ 0}$	14		
2	$20_{-0.03}^{\ 0}$	14		
3	$20_{-0.03}^{\ 0}$	14		
4	$R7_{-0.03}^{\ 0}$	14		
5	$26_{-0.03}^{\ 0}$	14		
6	表面粗糙度值 R_a 为3.2μm	20		
7	安全、文明生产	10		

课题三　标准模架及其检测

一、塑料注射模模架的基本结构

塑料注射模模架结构种类较多，其基本结构形式可按注射模分为单分型面和双分型面两大类。不同结构的模架，均以这两类的基本结构加入不同作用的模板（如推件板、型芯固定板、浇口板等）组合而成。其中最常用的两种结构，如图3-19所示。

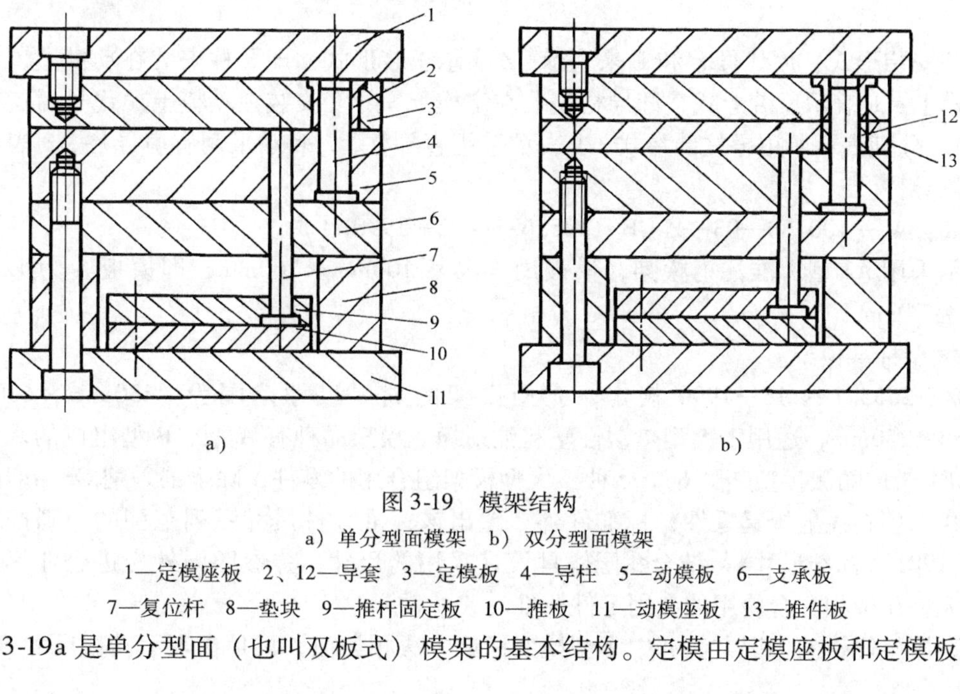

图3-19　模架结构

a）单分型面模架　b）双分型面模架

1—定模座板　2、12—导套　3—定模板　4—导柱　5—动模板　6—支承板
7—复位杆　8—垫块　9—推杆固定板　10—推板　11—动模座板　13—推件板

图3-19a是单分型面（也叫双板式）模架的基本结构。定模由定模座板和定模板两块模

板组成，其中没有可移动模板；动模由动模板、支承板两块模板以及其余零件组成；导柱、导套把定摸和动模组成一个整体模架。在定模板和动模板之间只有一个分型面。它适用于推杆、推管脱件。

图 3-19b 是双分型面模架的基本结构，它是在上述基本结构的动模部分增加一块推件板 13，动模有三块模板。它适用于推件板推出塑件。

双分型面（也叫三板式）模架，与单分型面模架相比，定模中有可移动的模板，在模具结构中增加了定距拉杆或定距拉板，它适用于点浇口进料的模具。

二、注射模标准模架

1. 中小型标准模架

GB/T12556. 1 ~ . 2—1990 规定，中小型模架的周界尺寸范围为：不大于 560mm × 900mm，并规定其模架结构形式为四种型号，即基本型分为 A1、A2、A3、A4 四个品种，派生型分为 P1 ~ P9 九个品种。标准中还规定，以定模、动模座板有肩、无肩划分，又增加 13 个品种，共 26 个模架品种。中小型模架全部采用 GB/T4169. 1 ~ 11—1984《塑料注射模具零件》中的标准件组合而成，其规格基本上覆盖了注射量为 10 ~ 4000cm^3 注射机用的各种中小型热塑性和热固性塑料注射模。

中小型模架规格的标记方法

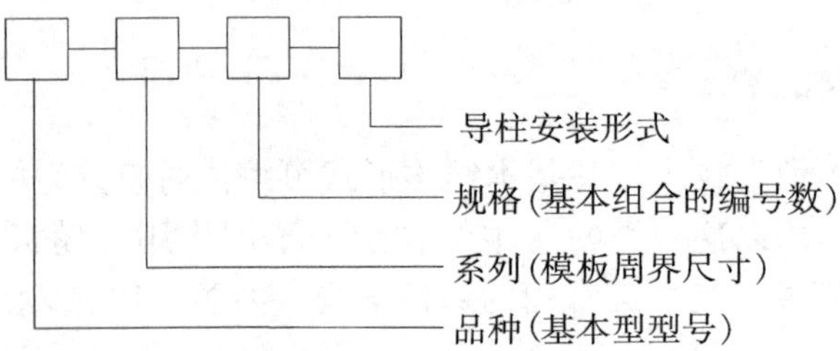

导柱安装形式：用代号 Z 和 F 来表示，Z 表示正装形式，即导柱安装在动模上，导套安装在定模上；F 表示反装形式，即导柱安装在定模上，导套安装在动模上。代号后还有序号 1、2、3，分别表示所用导柱的形式，1 表示采用直导柱，2 表示采用有肩导柱，3 表示采用有肩定位导柱。

例如：A2—100160—03—Z GB/T12556. 1 ~ . 2—1990

表示采用 A2 型标准注射模架，模板周界尺寸 100mm × 160mm，即模板 A 为 12. 5mm，模板 H 为 20mm。

2. 大型标准模架

GB/T12555. 1 ~ . 15—1990 规定，大型模架的周界尺寸范围为：630mm × 630mm ~ 1250mm × 1250mm，适用于大型热塑性塑料注射模。模架品种有 A 型、B 型组成的基本型和由 P1 ~ P4 组成的派生型，共 6 个品种。大型模架组合用的零件，除全部采纳 GB/T4169. 1 ~ 11—1984《塑料注射模具零件》标准件外，超出该标准零件尺寸系列范围的，则按照 GB/T2822—1981《标准尺寸》，结合我国模具设计采用的尺寸，并参照国外先进企业标准，建立了和大型模架相配合使用的专用零件标准。

大型模架规格的标记方法和中小型模架标记方法相类似，只是在表示模板尺寸 $B \times L$ 时少写一个“零”，也可以理解为其长度单位不是 mm 而是 cm，同时不表示导柱安装方式。

例如：A—80125—26 GB/T12555. 1 ~. 15—1990 表示采用基本型 A 型结构。模板 $B \times L$ 为 800mm×1250mm。规格编号为 26，即模板 A 为 160mm 而模板 B 厚度为 100mm。

模架组合标准主要根据浇注形式、分型面数、塑件脱模方式和推件板行程，定模和动模组合形式来确定的。因此，塑料注射模架组合具备了模具的主要功能。

有关模架的组成、功能及用途见表 3-7。

表 3-7　模架的组成、功能及用途

<table>
<tr><th>类型</th><th>型号</th><th>组成、功能及用途</th></tr>
<tr><td rowspan="4">基本型模架</td><td>A1 型（大型模架 A 型）</td><td>定模采用两块模板，动模采用一块模板，设置以推杆推出塑件的机构组成模架适用于立式与卧式注射机上。单分型面，一般设在合模面上，可设计成多个型腔以成型多个塑件的注射模</td></tr>
<tr><td>A2 型（大型模架 B 型）</td><td>定模和动模均采用两块模板，设置以推杆推出塑件的机构组成模架，适用于立式与卧式注射机上，用于直浇道，采用斜导柱侧面抽芯、单型腔成型，其分型面可在合模面上，也可设置斜滑块垂直分型、脱模式机构的注射模</td></tr>
<tr><td>A3、A4 型（大型模架派生型 P1 和 N 型）</td><td>A3 型（P1 型）的定模采用两块模板，动模采用一块模板，它们之间设置一块推件板联接推出机构，用以推出塑件。A4 型（P2 型）的定模和动模均采用两块模板，在定、动模板之间也设置一块推件板以推出塑件。A3、A4 型均适用于立式和卧式注射机上，适用于薄壁壳体形塑件，脱模力大以及塑件表面不允许留有顶出痕迹的塑件注射成型的模具</td></tr>
<tr><td colspan="2">注：1. 定、动模座可根据使用要求选用有肩或无肩
2. 根据使用要求选用导向零件和它们的安装形式（Z 或 F 式）
3. A1 ~ A4 型是以直浇道为主的基本型模架，其功能及通用性强，是国际上使用的模架中具有代表性结构</td></tr>
<tr><td rowspan="4">派生型模架</td><td>P1 ~ P4 型（大型模架 P3 型和 P4 型）</td><td>P1、P4 型由基本型 A1、A4 对应派生而成，结构形式上的不同点在于去掉了 A1 ~ A4 型定模座板上的固定螺钉，使定模部分增加了一个分型面，多用于点进料形式的注射模。所以其功能和用途可按 A1 ~ A4 型的要求</td></tr>
<tr><td>P5 型</td><td>由两块模板组合而成，主要适用于直浇道简单、整体型腔结构的注射模</td></tr>
<tr><td>P6 ~ P9 型</td><td>其中 P6 与 P7、P8 与 P9 是互相对应的结构，P7 和 P9 相对于 P6、P8 只去掉了定模座板上的固定螺钉，均适用于复杂结构的注射模，如定距分型自动脱落浇注系统式注射模等</td></tr>
<tr><td colspan="2">注：1. 派生型 P1 ~ P9 型模架组合尺寸系列和组合要素均与基本型相同
2. 其模架结构以点浇口、多分型面为主，适用于多动作的复杂注射模
3. 扩大了模架应用范围，增大了模架标准的覆盖面</td></tr>
</table>

三、注射模标准件

1. 注射模标准件

塑料模常用的导柱、导套、推杆、模板、圆锥定位件等标准件基本尺寸和技术要求，见表 3-8。这些零件之间具有相互配合关系，其尺寸范围适用于中小型模架，可根据表 3-9 选择合适的标准件以配套组装成模架。

表 3-8　标准件基本尺寸和技术要求

零件名称及标准号	图　例	材料	标记示例
推杆 GB/T4169. 1—1984	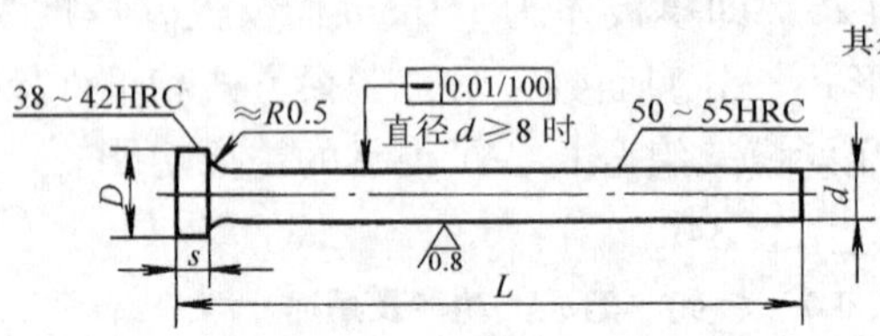	T8A 65Mn	d = 6mm，L = 160mm 的推杆： 推杆 ϕ6 × 160 GB/T4169. 1—1984
直导套 GB/T4169. 2—1984	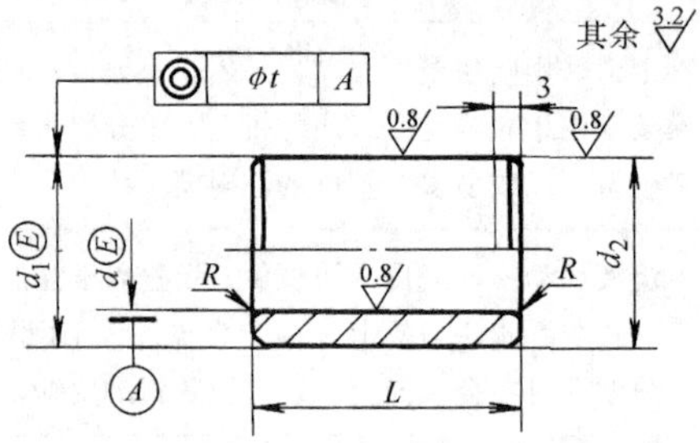	T8A 20	d = 12mm，L = 32mm 的直导套： 导套 ϕ12 × 32 GB/T4169. 2—1984 当材料为 20 钢时： 导套 ϕ12 × 32—20 钢 GB/T4169. 2—1984
带头导套 GB/T4169. 3—1984	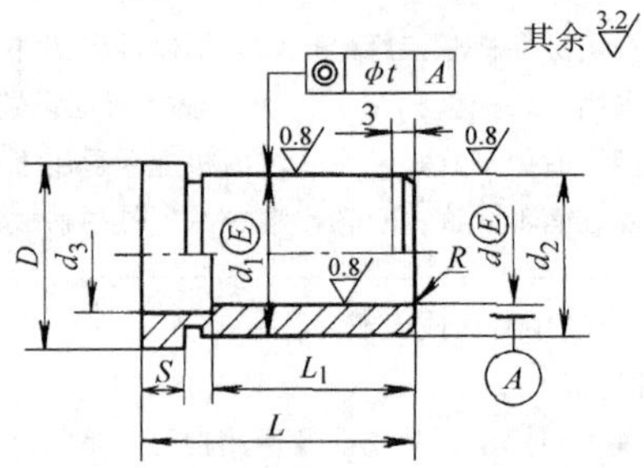 Ⅰ型 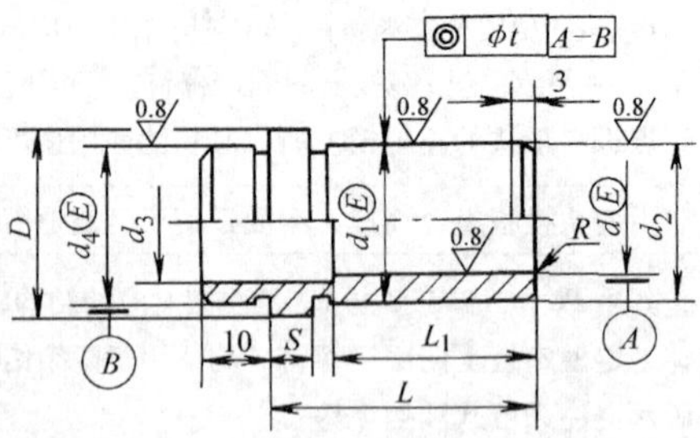 Ⅱ型	T8A 20	d = 12mm，L = 32mm 的带头导套Ⅰ型：导套 ϕ12 × 32（Ⅰ）GB/T4169. 3—1984 当材料为 20 钢时： 导套 ϕ12 × 32（Ⅰ）—20 钢 GB/T4169. 3——1984
带头导柱 GB/T4169. 4—1984	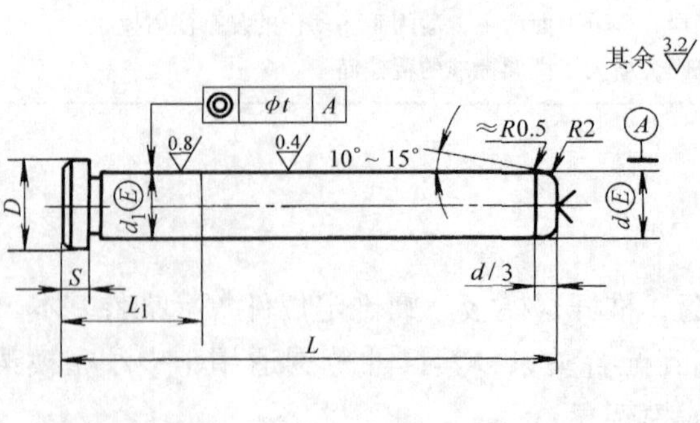	T8A 20	d = 12mm，L = 100mm，L_1 = 25mm 的带头导柱：导柱 ϕ12 × 100 × 25 GB/T4169. 4—1984 当材料为 20 钢时： 导柱 ϕ12 × 100 × 25—20 钢 GB/T 4169. 4—1984

（续）

零件名称及标准号	图　例	材料	标记示例
有肩导柱 GB/T4169.5—1984	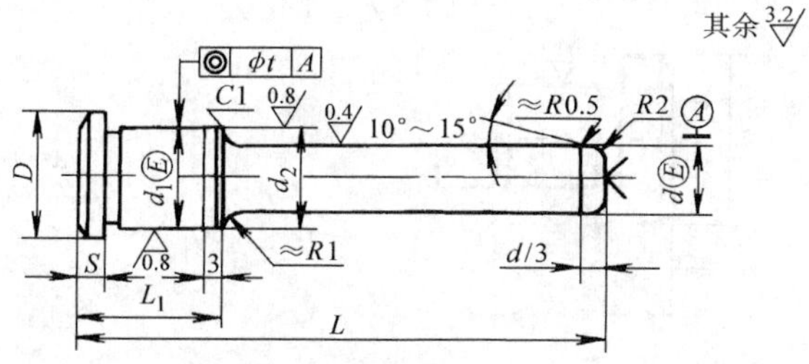 Ⅰ型 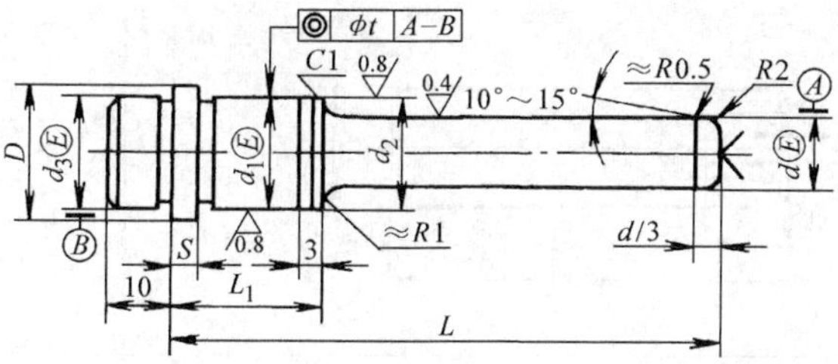 Ⅱ型	T8A 20	d = 12mm，L = 100mm，L_1 = 25mm 的有肩导柱Ⅰ型：导柱 ϕ12 × 100 × 25（Ⅰ）GB/T4169.4—1984 当材料为 20 钢时：导柱 ϕ12 × 100 × 25（Ⅰ）—20 钢 GB/T4169.4—1984
垫块 GB/T4169.6—1984	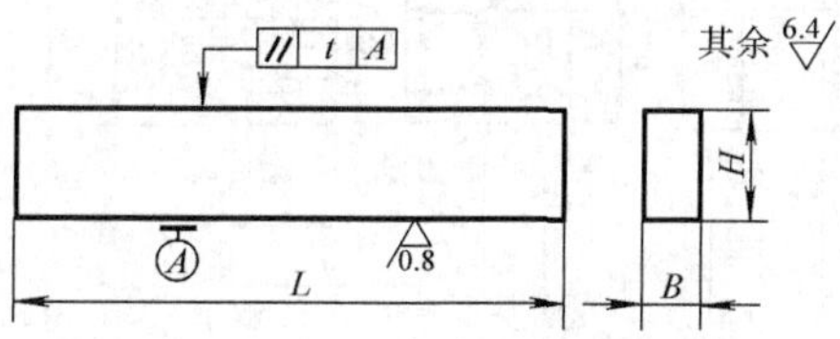	Q235 A	B = 20mm，L = 100mm，H = 40mm 的垫块： 垫块 20 × 100 × 40 GB/T4169.6—1984
推板 GB/T4169.7—1984	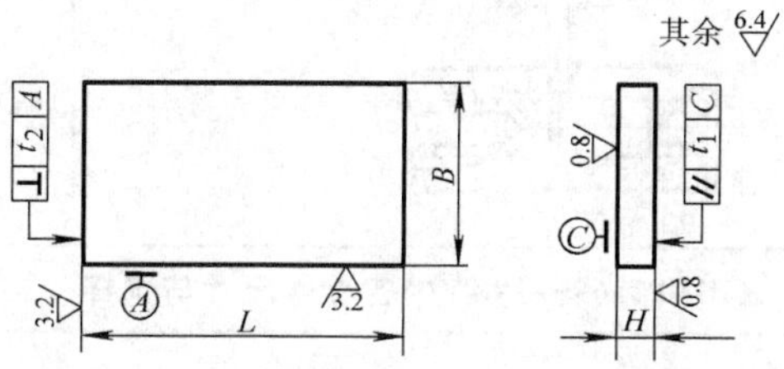	45	B = 56mm，L = 100mm，H = 12.5mm 的推板：推板 56 × 100 × 12.5 GB/T4169.7—1984
模板 GB/T4169.8—1984	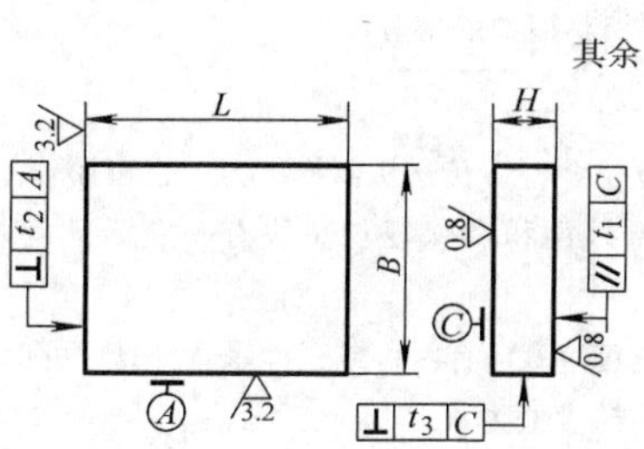	45 Q235	B = 100mm，L = 160mm，H = 40mm 的模板：模板 100 × 160 × 40 GB/T4169.8—1984

（续）

零件名称及标准号	图　例	材料	标记示例
GB/T4169. 9—1984	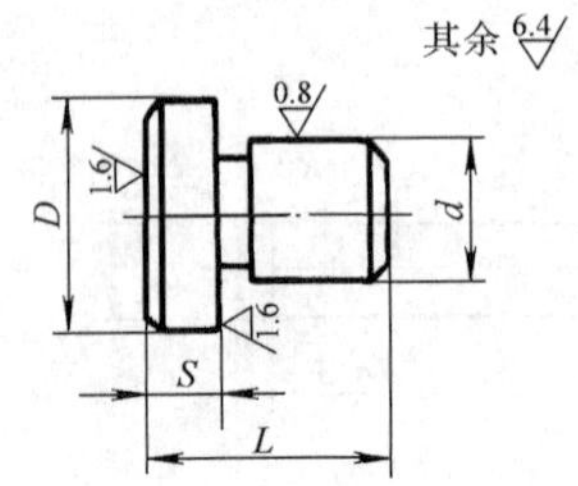	45	d = 8mm，的限位钉： 限位钉 $\phi8$　GB/T4169. 9—1984
支承柱 GB/T4169. 10—1984	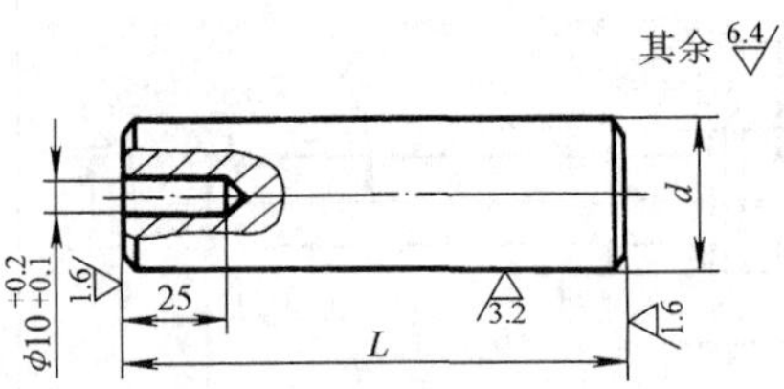	45	d = 32mm，L = 63mm 的支承柱： 支承柱 $\phi32\times63$　GB/T4169. 10—1984
圆锥定位件 GB/T4169. 11—1984	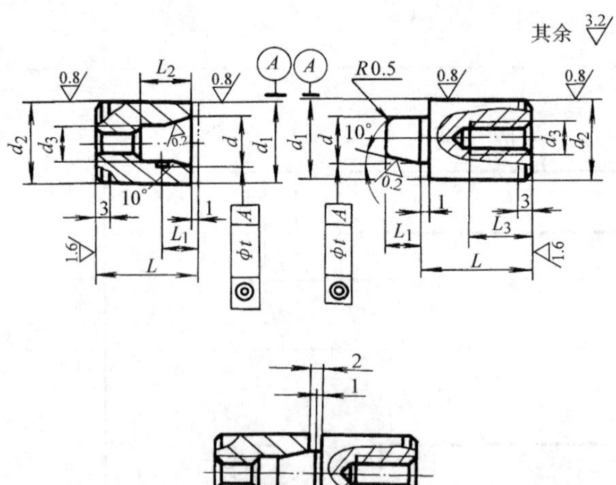	T10A	d = 6mm 的圆锥定位件： 定位件 $\phi6$　GB/T4169. 11—1984

表 3-9　GB/T4169—1984 中各零件尺寸与选择

零件名称及标准号	用　途
推杆 GB/T4169. 1—1984	为直杆式推杆，可以改制成拉杆或直接用作复位杆。其尺寸系列等效采用 ISO6751—1982（E）的推杆直径系列中的部分尺寸
推板 GB/T4169. 7—1984	用于支承推出和复位零件，传送机器推出力，也可用作推杆固定板，推板的宽度是考虑到充分利用模板的有效面积和保证与垫块有一定活动间隙而定的，其尺寸范围为 58 ~ 672mm 标准中规定一种宽度（B）有两种或三种厚度（H）可供选择推板两平面要求磨削加工，平行度 6 级，表面粗糙度值为 $R_a0.8\mu m$

（续）

<table>
<tr><th>零件名称及标准号</th><th>用　　途</th></tr>
<tr><td>垫块
GB/T4169. 6—1984</td><td>其用途在于保证推出距离和调整模具高度。选用时其长度 L 与模板一致。其宽度大约为模板宽度的 1/6 ~ 1/5，经圆整后按优先数列取位，其范围为 20 ~ 160mm。垫块的尺寸和注射机型号，动、定模尺寸大致有如下关系：
<table>
<tr><th>注射机型号</th><th>动定模板尺寸/mm
$B \times L$</th><th>垫块宽度
/mm</th><th>垫块高度
H/mm</th></tr>
<tr><td>XS—Z—60</td><td>200 × 315</td><td>40</td><td>50，63，80</td></tr>
<tr><td>XS—ZY—125</td><td>315 × 400</td><td>56</td><td>63，80，100</td></tr>
<tr><td>XS—ZY—250</td><td>315 × 500</td><td>56</td><td>63，80，100</td></tr>
<tr><td>XS—ZY—500</td><td>500 × 800</td><td>80</td><td>100，125，160</td></tr>
<tr><td>XS—ZY—1000</td><td>560 × 900</td><td>100</td><td>125，160，200</td></tr>
</table></td></tr>
<tr><td>导柱：
带头导柱
GB/T4169. 4—1984
有肩导柱
GB/T4169. 5—1984</td><td>带头导柱是常用结构，分两段，近头段为与模板固定用，采用 H7/k6 配合，另一段为导向段，采用 H7/f7 配合
有肩导柱适用于批量大的大、中型模具，同轴度要求高
导柱的直径 d 尺寸范围为 $\phi12 \sim \phi63$mm。选用时，其直径约为模板宽度 B 的 0. 06 ~ 0. 1 倍</td></tr>
<tr><td>导套：
直导套
GB/T4169. 2—1984
带头导套
GB/T4169. 3—1984</td><td>直导套主要使用于厚模板中，可减小模板的镗孔深度
带头导套Ⅰ型是国外常用形式，可用在各种场合。Ⅱ型的作用与有肩导柱相同，其定位肩可对安装在导套后面的模板进行定位。Ⅱ型还可用作推板导套与推板导柱相配合
导套内孔直径系列与导柱直径相同。直导套采用 H7/n6 配合，带肩导套采用 H7/k6 配合</td></tr>
<tr><td>模板
GB/T4169. 8—1984</td><td>主要用作塑料注射模中的各种板类零件（不包括推板及垫块）。当模板厚度要求和标准系列不同时，可取适当厚度模板改制或组合使用。其尺寸范围 $B \times L$ 为 100mm × 100mm ~ 1000mm × 1250mm，其中 315mm 以下尺寸段的 B 和 L 按优先数系的 R10 分级，355 ~ 1000mm 尺寸取 R20 分级。厚度按 R20 分级。模板的尺寸 $B \times L$ 还考虑到注射机的拉杆空间尺寸和其动、定模板的螺孔成 T 形槽的分布尺寸，模板尺寸 $B \times L$ 和注射机的大致关系见垫块中所列
模板材料标准中定为 45 钢，目前已有很大发展</td></tr>
<tr><td>限位钉
GB/T4169. 9—1984</td><td>用于支承推出机构，并用以调节推出距离，防止推出机构复位时受异物障碍的零件</td></tr>
</table>

2．注射模零件技术条件

该标准适用于 GB/T4169. 1 ~ 11—1984《塑料注射模具零件》中所规定的通用零件，其内容包括技术要求、检验规则及标记、包装、运输和储存等。其技术要求部分见表 3-10。

表 3-10　GB/T4107—1984 中的技术要求内容

标准条目及编号	内　　容
1. 1	零件图中未注公差尺寸的极限偏差按 GB/T1804—2000《一般公差　未注公差的线性和角度尺寸的公差》中的 m 级
1. 2	零件图中未注形位公差按 GB/T1184—1996（形状和位置公差　未注公差值）的规定，其中直线度、平面度、同轴度的公差等级均按 H 级

（续）

标准条目及编号	内　容
1.3	板类零件的棱边均需倒钝
1.4	零件图中螺纹的基本尺寸按 GB/T196—1981《普通螺纹　基本尺寸》的规定，其偏差按 GB/T197—1981《普通螺纹　公差与配合》（直径 1～355mm）的 3 级
1.5	零件图中砂轮越程槽的尺寸按 GB/T6403.5—1986《砂轮越程槽》的规定
1.6	零件材料允许代用，但代用材料的力学性能不得低于规定材料的要求
1.7	零件表面经目测不允计有锈斑、裂纹、夹杂物、凹坑、氧化斑点和影响使用的划痕等缺陷
1.8	凡重量超过 25kg 的板类零件均须设置吊装用螺孔，其数量、位置和尺寸由承制单位自行决定
1.9	如对零件有其他技术要求，由供需双方协商决定

四、模架及其主要零件的技术要求

为了确保模架的装配精度，动模板和定模板导柱、导套孔位精度与基准面的位置精度，对模架主要零件和装配后模架分别提出下列技术要求：

1. 模架主要零件的技术要求

模架主要零件是指模板和导柱、导套。

（1）导柱、导套的技术要求　导柱和导套是合模导向机构，它起着引导动、定模正确闭合和保证型芯的作用。对导柱和导套的技术要求主要有以下几点：

1）导柱、导套的尺寸精度、形位精度和表面粗糙度的要求应达到 GB/T4169.1～11—1984 所规定的各项技术指标。

2）导柱固定部分与模板固定孔的配合为 H7/k6。

当采用带头导套时，导套固定部分与模板固定孔的配合为 H7/k6；当采用直导套时，二者的配合为 H7/n6。

（2）模板的技术要求　模板上下平面的平行度和模板基准面的垂直度均要求较高，否则将影响模架的装配和型腔的加工精度。对模板的主要技术要求如下：

1）模板的尺寸精度、形位精度和表面粗糙度应达到 GB/T4169.8—1984 所规定的各项技术指标。模板厚度方向的平行度误差应符合 5 级精度，基准面的垂直度误差应符合 6 级精度。

2）动、定模板上导柱、导套固定孔的中心距应一致，且孔的轴心线与模板平面的垂直度误差应符合 6 级精度。

3）导柱孔至基准面的边距公差为 ±0.02mm。

4）基准面的直角相邻两面应作出明显标记。

2. 模架的主要技术要求

模架组装后要求达到如下精度：

1）模架上下平面的平行度误差，在 300mm 长度内应不大于 0.005mm（精度要求高的为 0.002mm）。

2）导柱与导套轴心线对模板的垂直度误差，在 100mm 长度内不大于 0.02mm。

3）导柱与导套的配合间隙应控制在0.02～0.04mm之间。

4）导柱、导套与模板孔固定结合面不允许有间隙。

5）分型面闭合时，应紧密贴合，如有局部间隙，其间隙值不大于0.03mm。

6）复位杆顶端面应与分型面平齐、复位杆与动模板的配合为H7/e7。

五、模架检测技能训练

1. 训练目的

1）掌握塑料注射模模架结构。

2）掌握塑料注射模模架技术要求。

3）掌握塑料注射模模架检测方法。

2. 训练要求

分组对不同形式塑料注射模模架按项目检测。

3. 技术要求

1）模架零件的形状、尺寸、精度、表面粗糙度值、热处理等技术要求应符合图样规定标准。

2）模架各零件表面不允许有伤痕裂纹、锈斑等缺陷。

3）模架活动部分要灵活，平稳无卡涩现象，紧固部位要牢固。

4）导柱、导套的配合应符合H7/f7配合标准，工作部分表面粗糙度值应为R_a0.8～1.6μm。

5）型腔基准面垂直度要求0.03/300；平行度允差为0.02/300。

6）动模部分与定模部分组合后，分型面的间隙应小于0.3mm。

7）重量超过25kg的模架应设有起重吊孔。

8）检验合格后的模架应附有产品合格证及技术文件标记。

4. 模架的检验方法及示例

型腔模模架检验方法，大致与冷冲模模架相同，现以塑料注射模的模架检验方法为例，说明型腔模模架的检验方法，见表3-11。

表3-11　塑料注射模具标准模架精度检测示例

序号	检测内容	检测方法	检测量具、器具	说　明	允 许 值
1	平行度	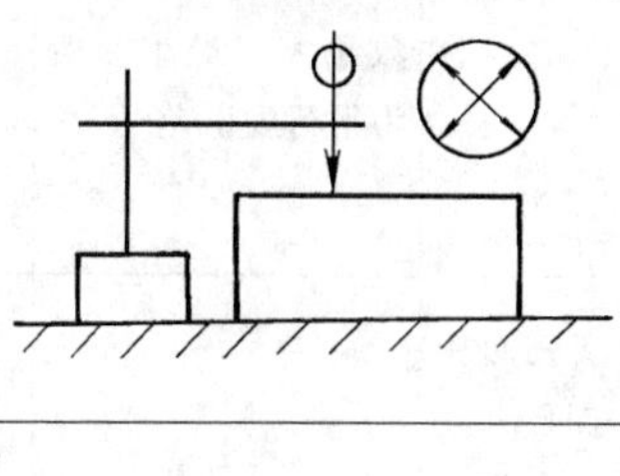	平板、附指示器的测量架	以平板为基准取读数最大与最小差值为平行度误差	定、动模板为IT5级，推板为IT6级
2	直线度	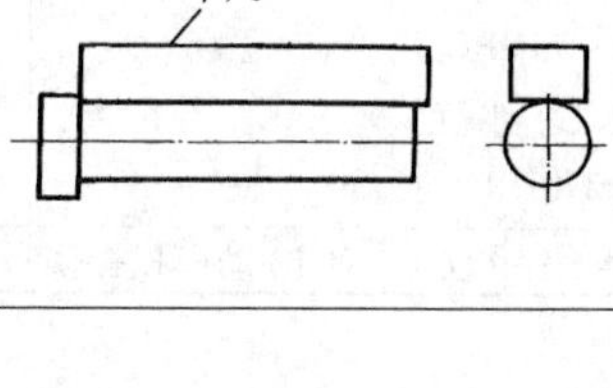	平尺、塞尺	用透光法，平尺靠塞尺测量	IT6级

（续）

<table>
<tr><th>序号</th><th>检测内容</th><th>检测方法</th><th>检测量具、器具</th><th>说　明</th><th>允 许 值</th></tr>
<tr><td>3</td><td>垂直度</td><td>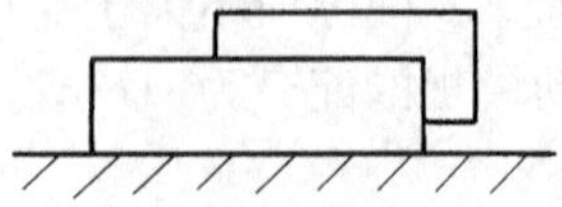</td><td>90°角尺、塞尺</td><td>用90°角尺侧面检测，塞尺测量间隙</td><td>IT8 级</td></tr>
<tr><td>4</td><td>同轴度</td><td>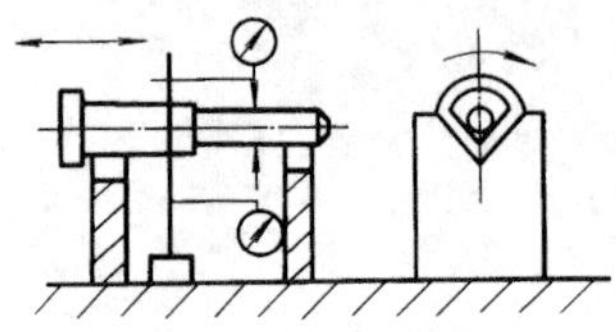</td><td>平板、V 形架、附指示器的测量架</td><td>将在铅垂轴方向的两指示器的指针分别调至零位，转动工件测量其绝对值</td><td>IT6 级</td></tr>
<tr><td>5</td><td>基准面垂直度</td><td>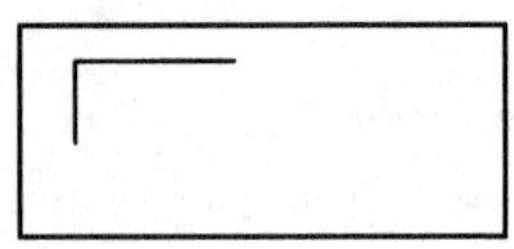</td><td>90°角尺、塞尺</td><td>用90°角尺内侧面检测，塞尺检测间隙</td><td>IT6 级</td></tr>
<tr><td>6</td><td>导柱对模板结合件的垂直度</td><td>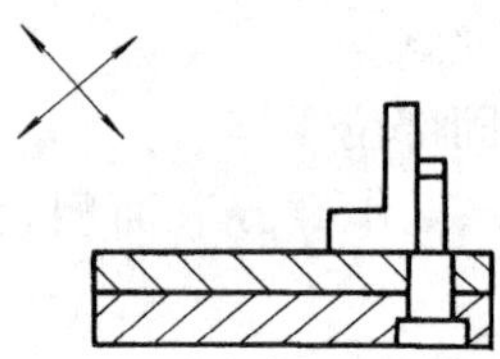</td><td>90°角尺、塞尺</td><td>用90°角尺外侧面检测，塞尺测量间隙，以分型面为基准</td><td>导柱轴线对模板为IT6 级</td></tr>
<tr><td>7</td><td>导套对模板结合件的垂直度</td><td>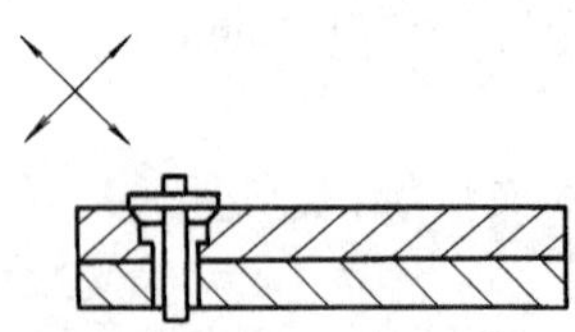</td><td>塞尺</td><td>用塞尺测量与定模板间隙</td><td>导套轴线对模板为IT6 级</td></tr>
<tr><td>8</td><td>模架组合后的平行度</td><td>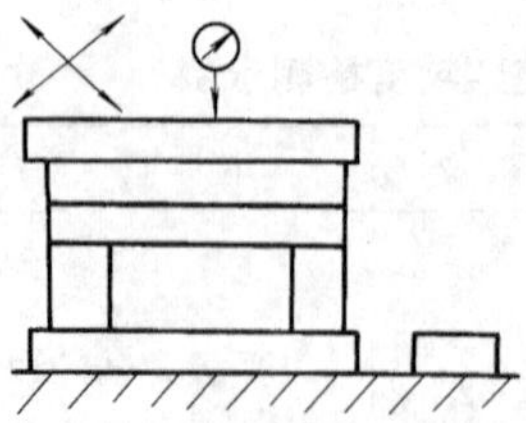</td><td>平板、附指示器的测量架、塞尺</td><td>测量组合的定、动模固定板平行度。以平面为基准取读数最大与最小差值为平行度误差</td><td><table><tr><td></td><td>范围</td><td>公差</td></tr><tr><td rowspan="2">平行度/mm</td><td>630 ~ 1000</td><td>≤0.1</td></tr><tr><td>>1000 ~1600</td><td>≤0.16</td></tr><tr><td rowspan="2">间隙/mm</td><td>630 ~ 1000</td><td>≤0.05</td></tr><tr><td>>1000 ~1600</td><td>≤0.06</td></tr></table></td></tr>
<tr><td>9</td><td>表面粗糙度</td><td></td><td>比较表面粗糙度样板</td><td></td><td>R_a 为0.3μm 以下直接比较；R_a 为1.6 ~3.2μm 用放大镜目测比较</td></tr>
<tr><td>10</td><td>硬度</td><td>布氏、洛氏硬度计</td><td>导柱、导套硬度50 ~55HRC
模板硬度240 ~270HBS</td><td></td><td></td></tr>
<tr><td>11</td><td>探伤</td><td></td><td>超声波探伤仪</td><td>对定、动模板探伤</td><td></td></tr>
</table>

模架的检查应遵循下述原则：

1）模架零件尺寸精度的测量以千分尺、千分表、90°角尺、精密平板等常规测量器具。形位公差要求按 GB/T 1184—1996《形状和位置公差未注公差的确定》确定。

2）模架的表面粗糙度按 GB/T1031—1995《表面粗糙度参数及其数值》规定确定。

3）模架零件的热处理硬度检验，其板类零件的调质硬度用布氏硬度值三点测定平均值；圆柱用洛氏硬度值分三点进行测量。

5. 模架检测记录与成绩评定表（见表 3-12）

表 3-12　模架检测记录与成绩评定表

项次	项目与技术要求	配分	评定方法	实测记录	得分
1	准备工作充分	8	检查评定		
2	检测方法正确、规范	32	按操作要求评定，错漏一项扣 3 分		
3	各项数据记录符合要求	12	发现一项不符合要求扣 4 分		
4	数据计算分析正确、能判断模架是否合格及定等级	35	每错一项扣 2 分，缺一项扣 2 分		
5	时间安排合理（2h）	8	安排不合理每项扣 1 分		
6	安全文明生产	5	违者每次扣 2 分		

课题四　注射模装配

一、成型零件装配

1. 成型零件的装配

（1）成型零件装配技术要求　成型零件的装配主要是指型芯及型腔（凹模）的装配。它包括型芯与固定板的装配，型腔（凹模）与动、定模板的装配及过盈配合件的装配。对这类零件的装配，应按照以下装配要求进行：

1）在装配前须对各成型零件进行检查，要求其形状、尺寸精度均符合图样标准及有关技术条件的规定。

2）型腔分型面处、浇口及进料口处应保持锐边，一般不准修成圆角。

3）互相接触的承压零件，如互相接触的型芯、凸模与挤压环、柱塞与加料室之间，在装配时应有适当的间隙或合理的承压面积，以防模具在使用时由于直接挤压而造成零件的损坏。

4）动、定模座安装面对分型面平行度误差在 300mm 范围内不大于 0.05mm。

5）活动型芯、顶出及导向部位运动时，起止位置要准确，滑动要平稳，动作要可靠、灵活、协调，不得有卡紧或歪斜现象。

6）装配后，相互配合的成型零件相对位置精度应达到图样要求。镶拼式的型腔或型芯的拼接面应配合严密、牢靠，表面光洁，无明显接缝。各镶嵌紧固零件要紧固可靠，不得松动。各紧固螺钉、销钉要拧紧。

7）成型零件装配后，应在生产条件下与其他部件一起进行最后的总装配和试模，试制的零件要符合图样要求。

（2）成型零件装配工艺特点　成型零件装配的特点主要是：零件的加工与装配是同步进行的，并且各组成零件装配的次序没有严格的要求。

（3）成型零件装配工艺方法　成型零件装配的主要方法有压入法、旋入法及镶入法等。具体装配方法介绍如下：

1）压入装配法。图 3-20 所示为型腔（图 3-20a）及型芯（图 3-20b）结构。其固定板型孔是通孔，其装配方法可采用直接将型腔及型芯压入模板型孔中。在压入时，最好是在液压机或专用的压力机上进行。

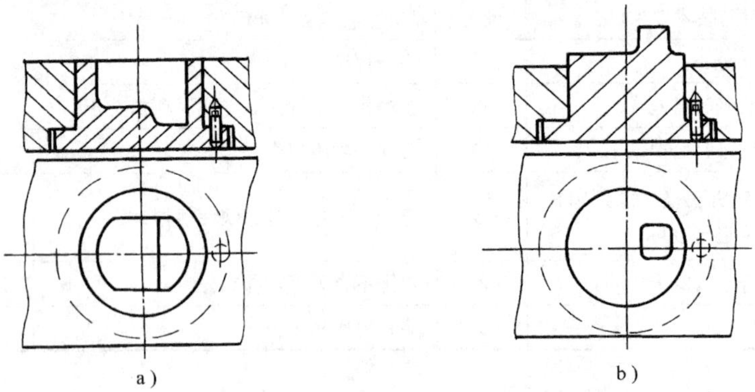

图 3-20　压入法装配型芯与型腔

a）型腔　b）型芯

型芯及型腔在压入前，首先要在模板上调整好位置，并在其压入表面及模板型孔表面涂以适当的润滑油，以便于压入。当压入模板极小一部分后，要用百分表校正型芯或型腔直线部分与模板安装基面的垂直度，如果出现位置误差，可用管钳等工具将其旋转到正确的位置，经校正合格后，再压入模板。压入时，要缓慢用力。压入后，要用销钉定位，以防其转动。

2）镶嵌装配法。图 3-21 所示的结构是在一块模板上镶入两个或两个以上的型腔（或型芯），并且动模与定模之间要求有较精确的相对位置。这种方法的装配，可先选择装配基准，然后按工艺要求进行装配。其装配过程如下：

① 用工艺销钉穿入定模镶块 1 和推块 4 的孔中作定位之用。

② 将型腔 3 套在推块上，按型腔外形的实际尺寸 l 和 L 修正动模板固定孔。

③ 将型腔压入动模板，并磨平两端面。

④ 放入推块，以推块孔配钻小型芯固定孔。

⑤ 将小型芯 2 装入定模镶块 1 孔中，并保证其位置精度。

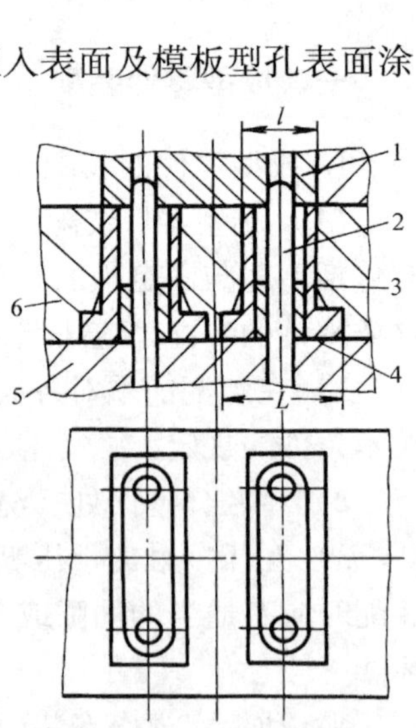

图 3-21　镶嵌装配法

1—定模镶块　2—小型芯　3—型腔　4—推块　5—固定板　6—动模板

3）拼块镶入装配法。如图 3-22 所示，其型腔采用拼块的结构形式，其装配过程如下：

拼块在装配前，所有拼合面应仔细磨平，并用红丹粉对研，检查其密合程度，要求各拼

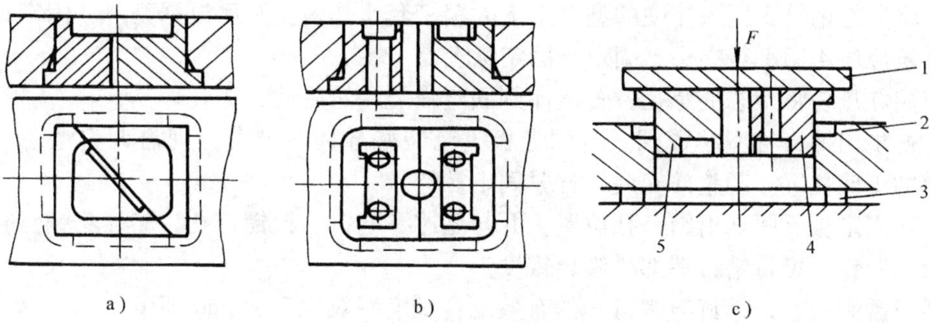

图 3-22　拼块型腔的形状与装配

a）单型腔的型腔拼块　b）多型腔的型腔拼块　c）装配工艺

1—平垫板　2—模板　3—等高垫铁　4、5—型腔拼块

块在拼合后应紧密无缝，以防模具使用时渗料。

模板上的型腔固定孔，一般要留有修正余量，按拼块拼合后的尺寸进行修正，使型腔拼块的镶入有足够的过盈量，否则成形时将被高压熔料挤开而形成毛边，造成脱件困难。

拼块压入模板固定孔时，压入的拼块应用平行夹头夹紧，防止压入最初阶段拼块尾部拼合处产生离缝而留有间隙，并在拼块上端加垫平垫块，使各拼块同步进入模孔，压入过程中应保持平稳压入。

4）沉坑内镶入装配法。图 3-23 所示的型腔为拼块结构。其装配工艺如下：

①　在装配时，固定模板的沉孔一般采用立铣加工。

②　将拼块压入。当沉坑较深时，沉坑的侧面会稍带斜度，且修整困难。可采取修磨拼块和型芯尾部的办法，并按模板铣出的实际斜度进行修磨，以便装配。

③　根据拼块螺孔位置，用划线法在模板上划出过孔位置，并钻、锪孔。

④　将螺钉拧入紧固，要求拼块之间应配合严密，不能有缝隙存在，并按图样要求保证拼块的正确位置。

5）螺钉固定式装配法。对于面积大且高度低的型芯，常用螺钉和销钉直接与模板联接，如图 3-24 所示。其装配过程如下：

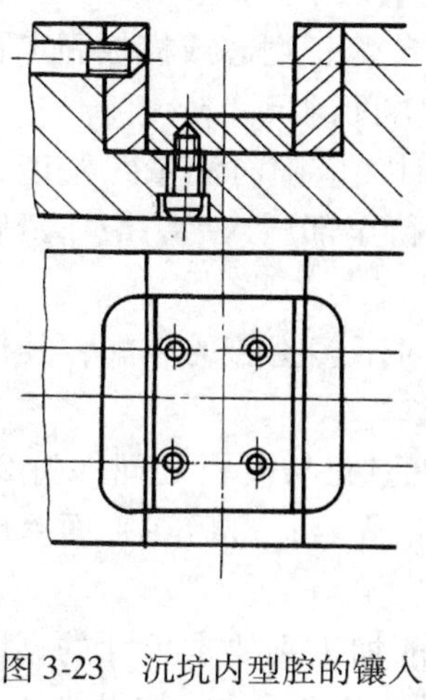

图 3-23　沉坑内型腔的镶入

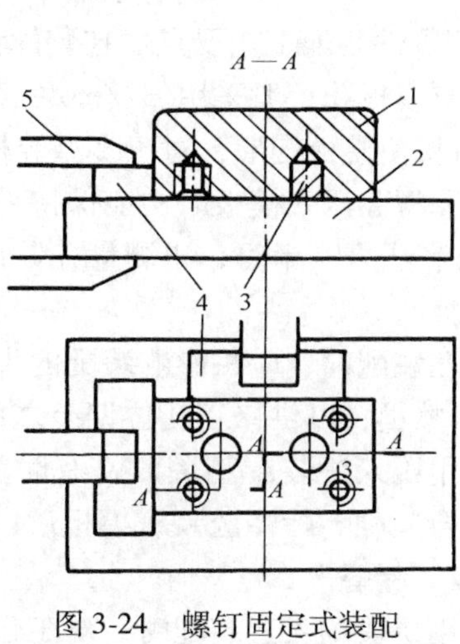

图 3-24　螺钉固定式装配

1—型芯　2—固定板　3—销钉　4—定位块　5—平行夹头

① 将实心销钉3压入淬硬的型芯1上的销钉套座孔内。然后根据型芯在固定板2上的位置，将定位块4用平行夹头5固定于固定板上。

② 用红丹粉将型芯的螺孔位置复印到固定板上，然后钻、锪孔。

③ 初步用螺钉将型芯紧固。若固定板上已装好导柱、导套，则需调整型芯，以确保定、动模的正确位置。调整准确后，拧紧固定螺钉。

④ 在固定板反面划出销钉孔位置，并与型芯一起钻、铰销钉孔，然后将销钉打入。为了便于打入销钉，可将销钉端部稍修出锥度。

为便于拆卸型芯，销钉与销钉套的有效配合长度一般取3～5mm即可。

6）旋入装配法。图3-25所示为热固性塑料压模中常用的旋入装配型芯的方法，它是通过配合螺纹联接型芯和固定板的。装配时将型芯拧紧，然后用骑缝螺钉定位。图3-25c所示为螺母固定旋入装配型芯的方法。其装配方式为型芯联接段采用H7/k6或H7/m6配合与固定板型孔定位，两者的联接采用螺母紧固。对于某些有方向性要求的型芯，装配时只需按要求将型芯调控到正确位置后，用骑缝螺钉定位即可。骑缝螺钉主要是用来定位，并可防止型芯转动，一般是在型芯热处理之前进行加工的。采用这种装配方法，适合于固定外形为任何形状的型芯及多个型芯的同时固定。

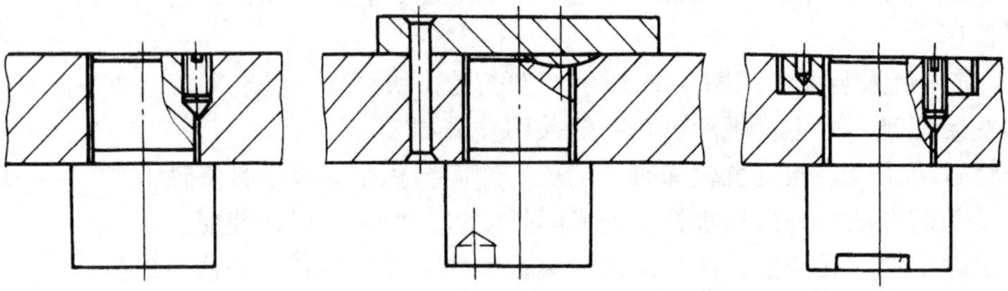

a）　　b）　　c）

图3-25　旋入装配法安装型芯

a）螺钉定位装配　b）键定位装配　c）螺母固定装配

（4）成型零件装配工艺要点　在装配型腔及型芯时，应注意以下几点：

1）型芯与模板孔一般采用H7/m6配合，若配合过紧，则应修正型芯或模板固定孔，否则型芯压入后将使模板变形，对于多型腔模具，还会影响各型芯间的尺寸精度。

2）型芯和型腔压入模板时，应保持平稳、垂直。在压入时，应随时测量并校正其垂直度误差，最好在压入一半时，再测量并校正一次垂直度误差。待全部压入后，应作最后的垂直度误差的测量。

3）零件在装配前，应将影响装配的尖角倒棱修成圆角。对于多型腔的装配，其模板孔要留有装配修整量，以供修正孔位偏差之用。

4）在采用压入法装配型腔时，有时为了装配方便，可使型腔与模板之间保持0.01～0.02mm的配合间隙，待型腔装入模板后，再找正位置用定位销固定，最后在平面磨床上将两端面和模板一起磨平。

5）在采用拼块镶入法装配时，对工作表面不能在热处理前加工到要求尺寸的型腔，如果热处理后硬度不高，可在装配后应用切削加工的方法得到所要求的尺寸；如果热处理后硬度较高，则只能在装配后采用电火花机床及坐标磨床对型腔进行精修，使之达到精度要求。

但无论采用哪种方法，对型腔两端面都要留有余量，以便装配后同模板一起在平面磨床上磨平。

6）为了便于将型芯和型腔镶入模板内并防止切坏孔壁，在其压入端应设导入斜度。其中对型芯的压入端四周可修出10′～20′、长3～5mm的斜度（图3-26）；若不允许修出斜度和圆角时（如型腔与动、定模板的镶嵌式配合，其压入端一般都不允许有压入斜度），则应将模板孔的压入端修出斜度，斜度一般为1°左右，高度在5mm之内，见图3-27。

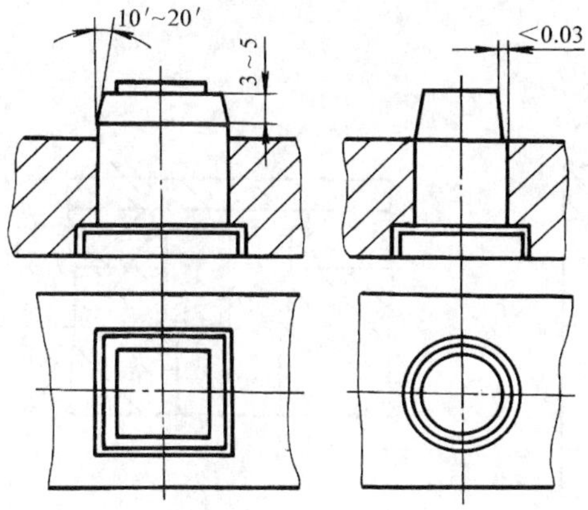

a）　　b）

图3-26　型芯端部的斜度

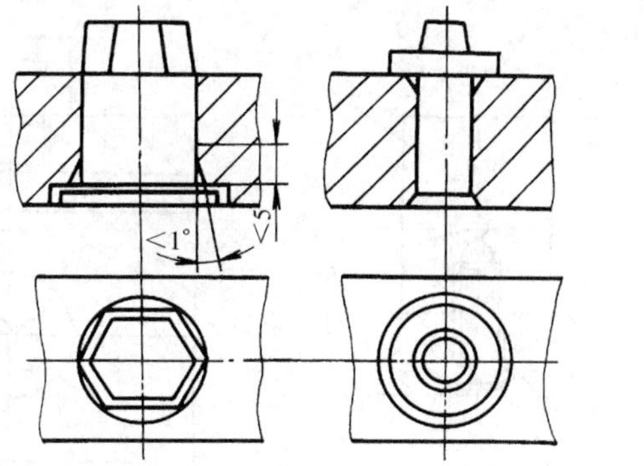

a）　　b）

图3-27　模板孔的导入斜度

7）型芯与模板配合的尖角部分，应将型芯角部修成表面粗糙度值R_a0.3μm左右的圆角。当不允许修圆角时，应将模板孔的角部修出清角或窄的沉割槽，如图3-28所示。

8）对于埋入式型芯的装配（图3-29），可通过修正固定板沉孔与型芯尾部形状及尺寸差异来达到装配要求。当型芯埋入固定板较深时，可将型芯尾部四周略修出斜度。而埋入5mm以内时，则不应修出斜度，否则会影响固定强度。当固定板的沉孔与型芯配合端尺寸有偏差时，应按合模的相对位置确定修整方向和修整量，一般都修整型芯，这样较为方便些。

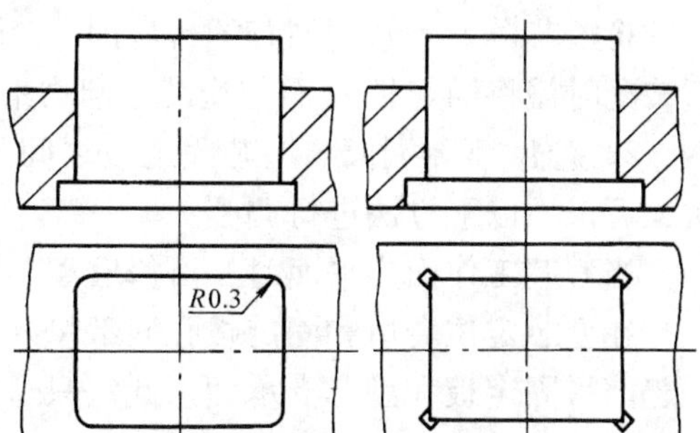

a）　　b）

图3-28　尖角配合处修正

9）在采用旋入法装配型芯时，若型芯与固定板之间出现了角度偏差，则必须对其进行调整，对于不对称形状的型芯，可采用修磨固定板平面或修磨型芯固定台肩平面的方法进行调整，也可在型芯固定好了以后再加工型芯的不对称型面。图3-30所示为不对称且具有方向性要求的型芯，当螺钉拧紧后，型芯的实际位置与理想位置之间出现了误差。图中α是理想位置与实际位置之间的夹角。型芯的位置偏差可以通过修磨固定板的a面或型芯的b面来消除。修磨前，要进行预装并测出角度α的大小。对a面或b面的修磨量Δ可按下式计算：

$$\Delta = \frac{P}{360°}\alpha$$

式中　α——误差角度（°）；

P——连接螺纹的螺距（mm）。

（5）成型零件装配的修磨　在对塑料模成型零件装配时，尽管各零件的制造公差限制较严，但在局部组装后仍有一些部位达不到装配技术要求，因此在装配过程中就需要对这些部位进行局部修磨。

1）修磨型芯端面和型腔端面出现的间隙。图 3-31 所示为型芯端面和型腔端面间出现了间隙Δ，需通过修磨消除，其方法为：

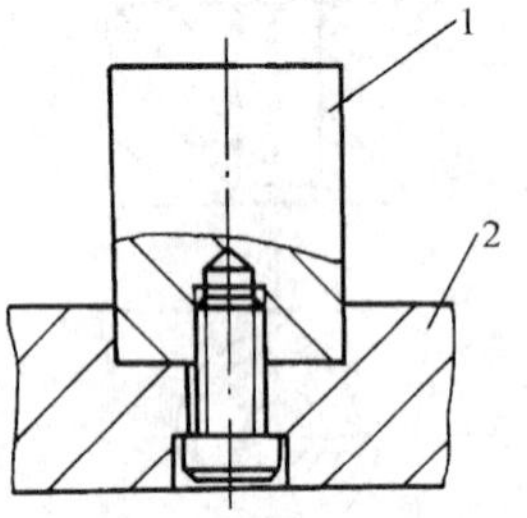

图 3-29　埋入式型芯装配
1—型芯　2—固定板

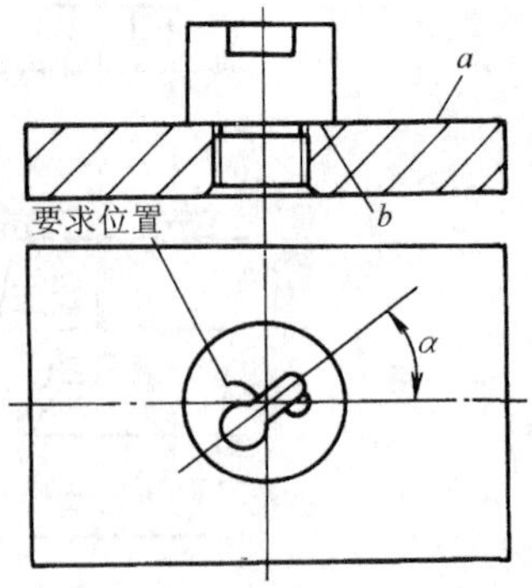

图 3-30　型芯位置误差

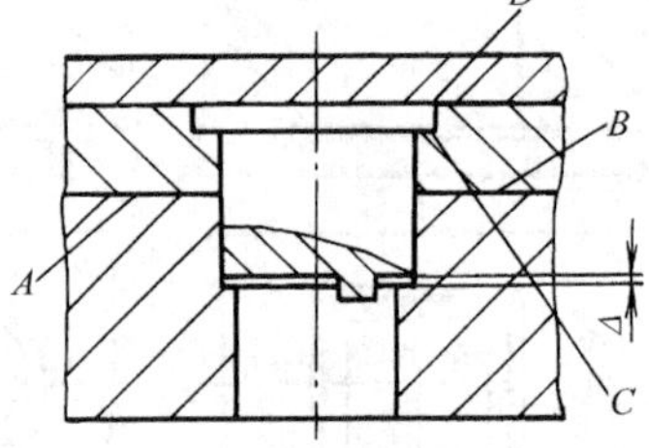

图 3-31　型芯与型腔端面间隙消除

将型芯拆下，修磨固定板平面 A，直至磨到等于间隙 Δ 的厚度，也可不拆卸零件，通过修磨型腔上平面 B 的方法磨去间隙 Δ 。

将型芯拆下，修磨型芯的台肩面 C，使 C 面磨去等于间隙 Δ 的厚度。需要注意的是在重新装配时需将固定板 D 面与型芯一起磨平。

2）修磨型腔端面与型芯固定板之间的间隙。当型腔端面与型芯固定板之间出现间隙Δ时，可采用以下方法进行调整：

当型芯工作面为平面时，可修磨型芯工作面 A，如图 3-32a 所示。

在型芯定位台肩和固定板孔底部垫入厚度等于间隙Δ 的垫片，如图 3-32b 所示。然后再一起磨平固定板和型芯支承面。此法只适用于小型模具。

在型腔上面与固定平面间增加垫板，如图 3-32c 所示。但对于垫板厚度小于 2mm 时不适用，因为是通过对垫板的修磨来消除间隙的。这种方法一般适用于大、中型模具。

3）修磨型腔成型尺寸。如图 3-33 所示模具，要求型腔组装完成后保证尺寸 a，对于这种模具结构，在型芯加工时就应注意在高度方向上加上适当的修整量；固定板凹坑加工时，其深度尺寸就应取最小极限尺寸，其修磨方法为：

当 A、B 面上无凹、凸形状时，可根据高度尺寸修磨 A 面或 B 面。

当 A、B 面上有凹、凸形状时，可修磨型芯的底面，使尺寸 a 增大，或在型芯底端面垫上薄垫片，使尺寸 a 减小。

4）修磨型腔成型面的贴合部位。如图 3-34 所示，型腔零件组装后与型面之间存在着间

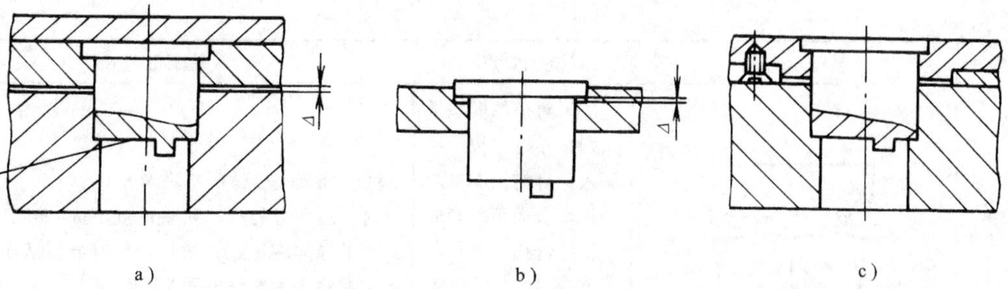

图 3-32　型腔与固定板间隙的消除

隙 $\delta = h' - h$，需通过修磨予以消除，确保型面间的相互贴合。其方法为：将小型芯斜面先磨削成型，在其总高度上预留修磨余量。小型芯装模后，使其与型腔零件表面接触，测出修磨量 δ，然后对小型芯斜面进行修磨即可。

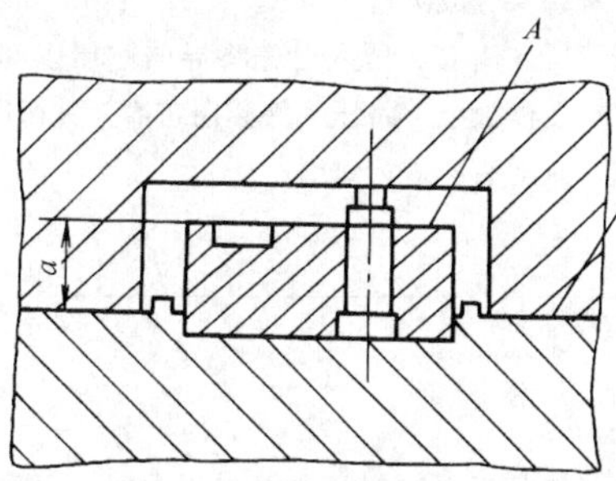

图 3-33　型腔成型尺寸的修磨

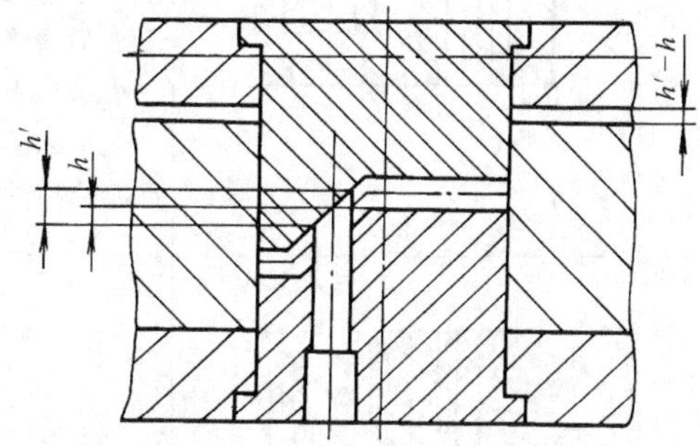

图 3-34　型芯贴合面的修模

二、结构零件装配

1. 过盈配合零件的装配

过盈配合零件装配后，要求紧固，不允许松动脱出。为保证装配质量，过盈配合零件间应有适当的过盈量，配合部分应有较小的表面粗糙度值，且压入端导入斜度应做得均匀，并且压入件中心线与孔的轴线同轴。各类过盈配合零件的装配工艺如表 3-13 所示。

表 3-13　过盈配合零件的装配工艺

装配形式	装配示意图	装配要点	装配工艺
销钉套的压入	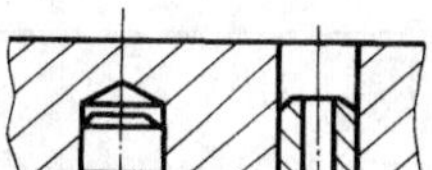	淬硬件应在热处理之前将孔口部位倒角并修正出导入斜度，也可将斜度设在销钉套上	① 利用液压机或专用压力机将销钉套压入淬硬的零件内（小件可用台虎钳） ② 压入后与另一件一起钻、铰销孔 ③ 当淬硬件为不通孔时，则应采用实心的销钉套，此时的销钉孔钻、铰，是从另一件向实心的销钉套钻、铰

（续）

装配形式	装配示意图	装配要点	装配工艺
导钉的压入	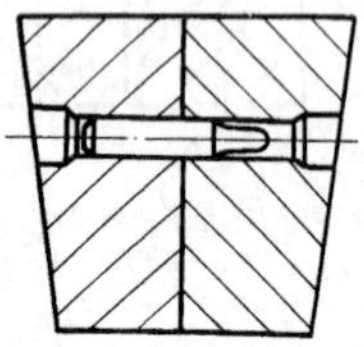	① 对拼的模块常用两个导钉定位。在压入导钉前，应将两个拼块合拢用研磨棒研正导钉孔 ② 在导钉装入时，应防止两块拼块偏移	① 将研磨合适的拼块淬火 ② 压入导钉时，拼块厚度不大，导钉可从有斜度的导向端压入；拼块较厚时导钉从压入端压入，并将压入端修出导入锥度
导套或镶套的压入	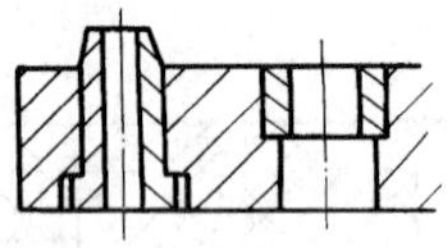	① 压入时应严格控制过盈量，以防内孔缩小，压入后应用铸铁研磨棒研磨 ② 压入件需有较长的导入部位，以保证压入后的垂直度	① 模板孔的压入口需倒成导入斜度；压入件的压入端要倒成圆角 ② 压入镶套，压入时先将导向芯棒以间隙配合固定在模板上，将压入件套在芯棒上进行压入 ③ 压配后再进行修磨
多拼块压入	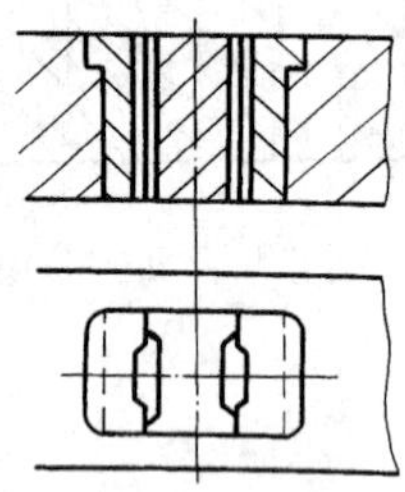	拼合后不应产生缝隙，应拼合严密	在一块模板上同时压入几件拼块时，可采用平行夹板将拼块夹紧，以防产生缝隙。压入时，可在液压机上进行，在压入端应垫平垫块，使各拼块进入模板高度一致
锥面配合压入	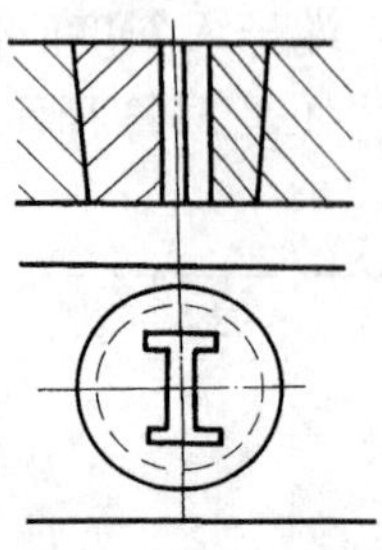	压入端应留有余量，待压入后将其与模板一起磨平	① 压入件与模孔应以锥面配合。两者的锥面需一致，可用红丹粉检查两者锥面贴合情况 ② 在压入时，应用百分表测量型腔各点，以保证型腔形状与模板的相对位置 ③ 压入件两端面均应留余量，待装配完毕后，将两端面和模板一起磨平

2. 模架零件的装配

（1）装配技术要求　模架零件主要是指模板、导柱和导套，要求它们的尺寸精度、形位精度和表面粗糙度值均应达到国家标准所规定的各项技术指标。模架组装后，应达到以下装配要求：

1）模架上、下平面的平行度误差在300mm长度内应不大于0.005mm（精度要求高的为0.002mm）。

2）导柱、导套是模具合模和开模的导向装置，它们是分别安装在塑料模动、定模上的。装配后，要求达到设计所要求的配合精度和具有良好的导向定位作用。一般采用压入法装配到模板的导柱、导套孔内。

3）导柱、导套装配后，应垂直于模板平面，要求导柱、导套轴线对模板平面的垂直度误差在100mm长度内应不大于0.02mm。导柱孔至基准面的边距公差为±0.02mm。基准面的直角相邻两面应作出明显标记。

4）导柱与导套的配合间隙应控制在0.02~0.04mm之间，要求滑动灵活、平稳，无卡阻现象。

5）导柱、导套与模板孔固定结合面之间不允许有间隙。一般导柱固定部分与模板固定孔的配合为H7/k6，当采用带头导套时，导套固定部分与模板固定孔的配合为H7/k6；当采用直导套时配合为H7/n6。

6）分型面闭合时，应贴合紧密，如有局部间隙，其间隙值不大于0.03mm。

7）复位杆顶端面应与分型面平齐，复位杆与动模板的配合为H7/e7。

8）模架组装后，其导向精度要达到设计要求，并对动、定模有良好的导向与定位作用。

（2）模架的装配工艺　塑料模模架的装配主要是将导柱、导套装入模板和复位杆的调整。其装配过程如下：

1）选配导柱、导套。在选配导柱和导套时，应控制导柱与导套的配合间隙在0.02~0.04mm之间。

2）压入导套。导套在压入前应测量并严格控制导套与导套安装孔的过盈量，以防导套压入后孔径缩小。图3-35所示为导套压入装配示意图，导套压入时，应随时注意控制其垂直度以防偏斜，或采用如图3-36所示，用导向芯棒引导导套压入。导向芯棒与模板孔的配合为间隙配合，芯棒直径与导套孔径间应留有0.02~0.03mm的间隙。

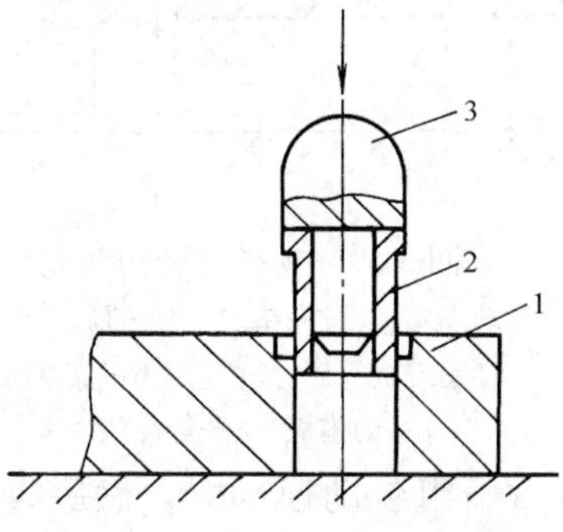

图3-35　导套的装配

1—模板　2—导套　3—导柱

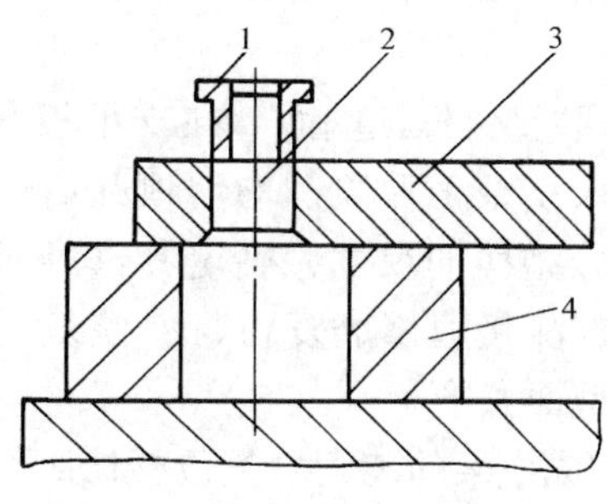

图3-36　利用导向芯棒压入导套

1—导套　2—导向芯棒　3—模板　4—等高垫块

3）压入导柱。导柱的压入应根据导柱长短采取不同的方法。

压入短导柱时（见图3-37），将动模板面朝下放在两等高垫块上，然后把导柱与导套的配合部分先插入导柱安装孔内，在压力机上进行预压配合。之后检查导柱与模板的垂直度，符合要求后再继续往下压，直到导柱压入部位全部压入为止。

压入长导柱时（见图3-38），为保证导柱对模板的垂直度要求，压入时要借助定模板上的导套作引导来压入导柱。

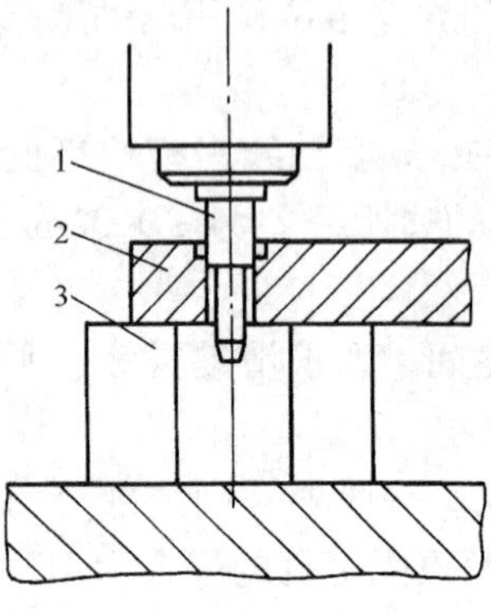

图 3-37　短导柱的压入

1—导柱　2—动模板　3—等高垫块

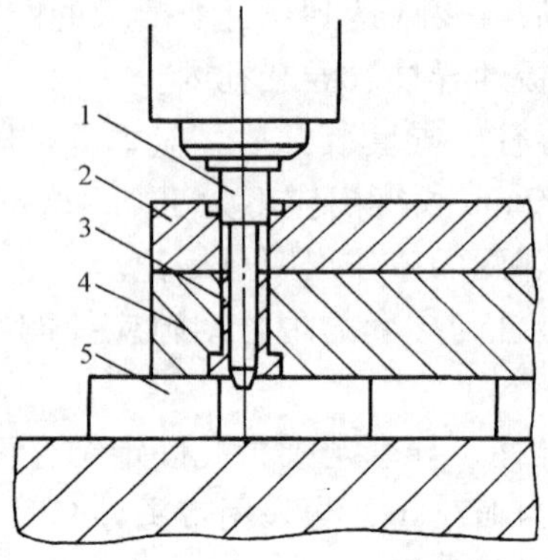

图 3-38　长导柱的压入

1—导柱　2—动模板　3—导套　4—定模板　5—等高垫块

说明：为使导柱、导套压入动、定模板后，开模和合模时导柱与导套间滑动灵活，导柱压入时，应选压入距离最远的两个导柱，然后合上已装入导套的定模板，检查一下开模和合模时是否灵活。如有卡住现象，则应分析原因，并将导柱退出重新压入。在两导柱装配合格后再压入第三、第四个导柱。每装入一个导柱均应重复上述检查。

4）组装动模部分。如图 3-39 所示，把动模板 7 的分型面朝下放在等高垫块上，先盖上支承板 6，再放上推杆固定板 4，装进复位杆 5，装好后把推板 3 放在推杆固定板上，并用内六角螺钉均匀拧紧，然后把垫块 2 和动模座板 1 重叠放在支承板上，用内六角螺钉把整个动模部分拧紧。翻转模架，并在推板和动模座板之间插入推杆，检查推件装置是否灵活。

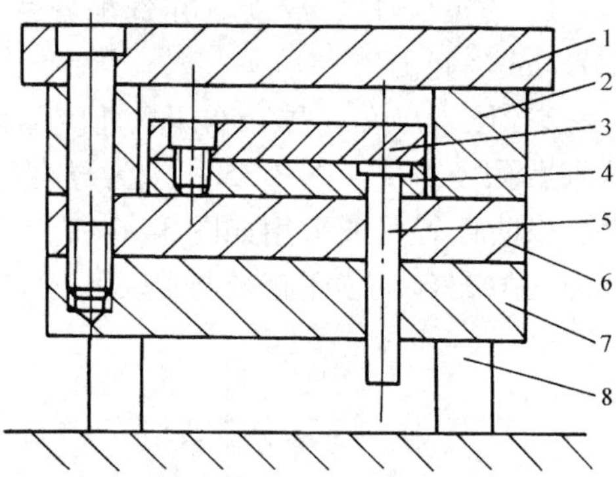

图 3-39　动模部分的装配

1—动模座板　2—垫块　3—推板　4—推杆固定板　5—复位杆　6—支承板　7—动模板　8—等高垫块

5）修磨复位杆顶端面。在支承板和推杆固定板之间，放入小型千斤顶，均匀顶开后，测量复位杆端面高出分型面的尺寸，确定其修磨量，然后拆开动模，根据测量值修磨复位杆，使复位后复位杆顶端面与分型面齐平。

6）完成模架的装配。复位杆修磨至正确尺寸后，再重新组装动模部分，然后组装模架的定模部分，将定模部分合到动模上，并在重合方向打上重合标记。

7）检验。按模架装配技术要求逐项检测。

3. 滑块抽芯机构的装配

滑块抽芯机构的作用是在模具开模后，将制件的侧向型芯先行抽出，再顶出制品的机构。装配中的主要工作是侧向型芯的装配和锁紧块的装配。

（1）侧向型芯的装配　侧向型芯的装配，一般是在滑块和滑槽、型腔和固定板装配后，再装配滑块上的侧向型芯。其具体装配内容如下：

1）对圆形侧向型芯的装配有两种方式。一是根据型腔侧向孔的中心位置测量出尺寸 a

和尺寸 b，如图 3-40a 所示。在滑块上划线，加工型芯装配孔，并装配型芯。二是以型腔侧向孔为基准，利用压印工具对滑块端面压印，如图 3-40b 所示。然后，以压印为基准加工型芯配合孔后再装入型芯。装配时，应保证型芯和型腔侧向孔的配合精度，装配结构图如图 3-40c 所示。

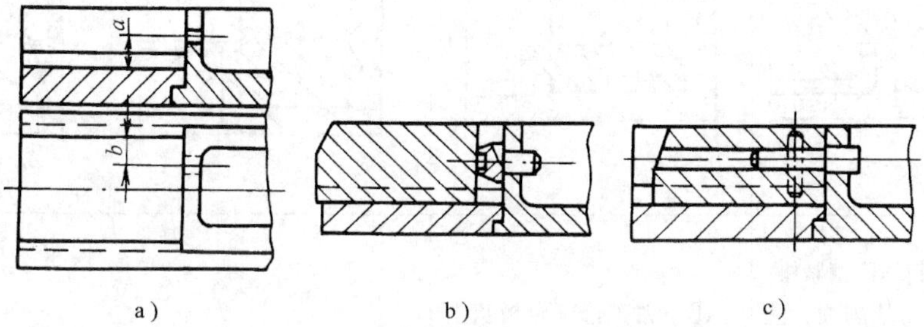

图 3-40　圆形侧向型芯与型腔镶块孔的装配

a）测量法配制示意图　b）压印法配制示意图　c）装配结构图

2）对非圆形型芯可采用在滑块上先装配留有加工余量的型芯，然后对型腔侧向孔进行压印，修磨型芯，保证配合精度。同理，在型腔侧向孔的硬度不高，可以修磨加工的情况下，也可在型腔侧向孔留修磨余量，以型芯对型腔侧向孔压印，修磨型腔侧向孔，达到配合要求，如图 3-41 所示。

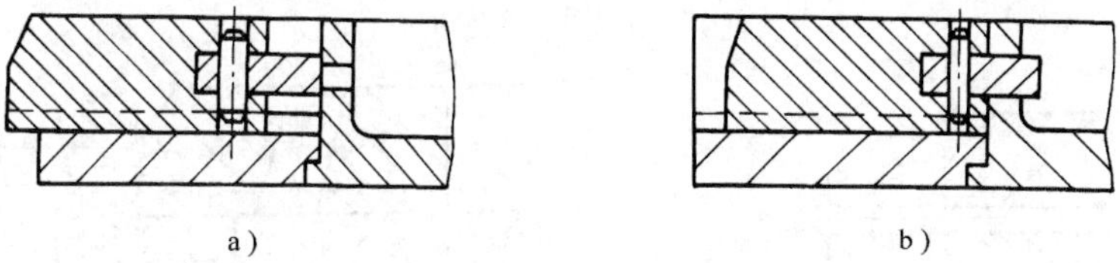

图 3-41　非圆形侧向型芯与型腔镶块孔的装配

a）压印法配制示意图　b）装配结构图

（2）锁紧块的装配　在滑块型芯和型腔侧向孔修配密合后，便可确定锁紧块的位置。锁紧块的斜面和滑块的斜面必须均匀接触。由于零件加工和装配中存在误差，所以装配时需进行修磨。为了修磨的方便，一般是对滑块的斜面进行修磨，修磨后用红丹粉检查接触面。锁紧块的装配方法如表 3-14 所示。

模具闭合后，为保证锁紧块和滑块之间有一定的锁紧力，一般要求装配后锁紧块和滑块斜面接触后，在分模面之间留有 0.2mm 的间隙进行修配，如图 3-42 所示。滑块斜面修磨量的计算式为

$$b = (a - 0.2)\sin\alpha$$

式中　b——滑块斜面修磨量（mm）；

a——闭模后测得的实际间隙（mm）；

α——锁紧块斜度（°）。

（3）滑块的复位与定位　模具开模后，滑块在斜导柱作用下侧向抽出。为了保证合模时，斜导柱能正确的进入滑块的斜导柱孔，必须对滑块设置复位与定位装置。

图 3-43 所示为用定位板作滑块复位的定位。滑块复位的正确位置可由修磨定位板的接

触平面得到。

表 3-14　锁紧块的装配方法

形式	螺钉、销钉固定式	镶入式	整体式	整体镶片式
简图	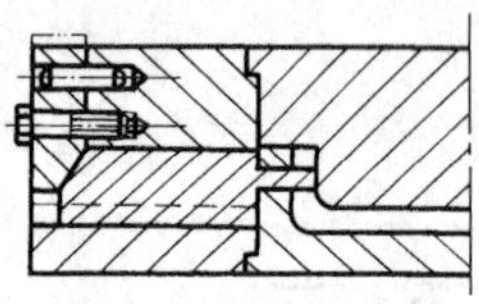	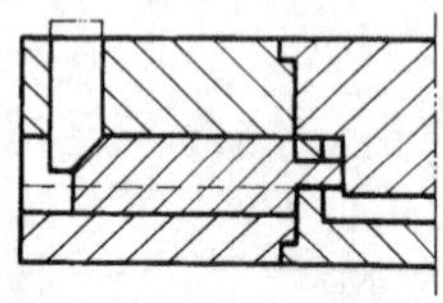	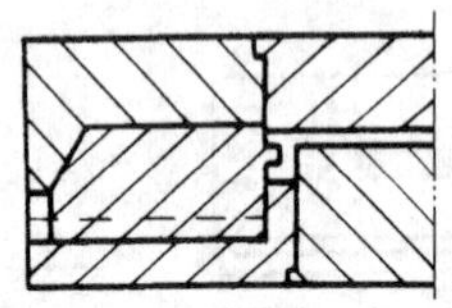	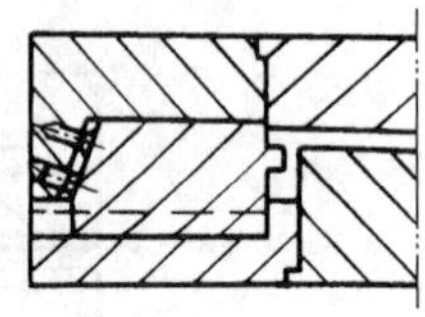
装配方法	① 用螺钉紧固锁紧块 ② 修磨滑块斜面，使之与锁紧块斜面密合 ③ 通过锁紧块对定模板复钻、铰销钉孔，然后装入销钉 ④ 锁紧块后端面与定模板一起磨平	① 钳工修配定模板上的锁紧块固定孔，并装入锁紧块 ② 修磨滑块斜面 ③ 锁紧块后端面与定模板一起磨平	① 修磨滑块斜面（带镶片式的可先装好镶片，然后修磨滑块斜面） ② 修磨滑块，使滑块和定模板之间具有 0.2 mm 间隙。两侧均有滑块时，可分别予以逐个修正	

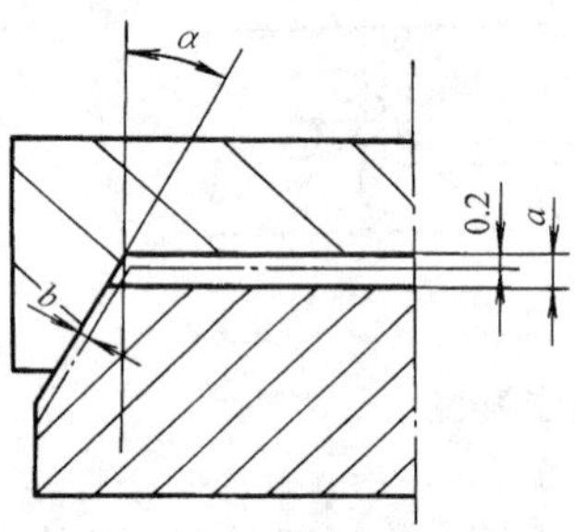

图 3-42　滑块斜面修磨余量

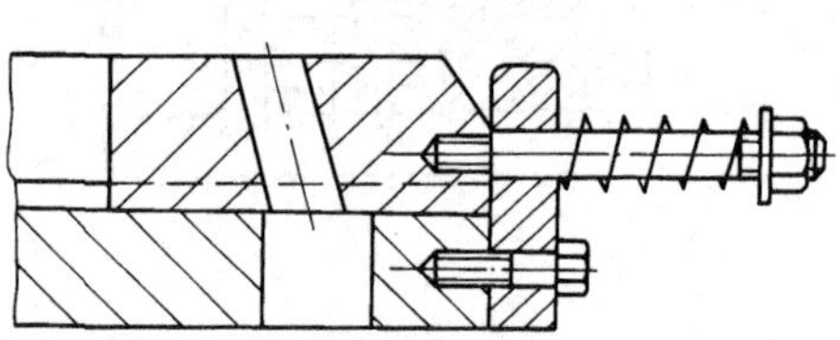

图 3-43　用定位板作滑块复位的定位

如图 3-44 所示，滑块复位用滚珠、弹簧定位时，一般在装配中需在滑块上配钻位置确的滚珠定位锥窝，以便达到正确的定位。

（4）斜导柱的装配　滑块型芯抽芯机构中的斜导柱装配，如图 3-45 所示。一般是在滑块型芯和型腔装配合格后，用导柱、导套进行定位，将动、定模板及滑块合装后按所要求的角度进行配加工斜导柱孔，然后再压入斜导柱。为了减小侧向抽芯机构的脱模力，一般斜导柱孔比斜导柱外圆直径大 0.5 ~ 1.0mm。

4. 浇口套的装配

浇口套与定模板的装配，一般采用过盈配合。装配后的要求为：

1）浇口套与模板配合孔紧密，无缝隙；浇口套和模板孔的定位台肩应紧密贴实。

2）装配后浇口套要高出模板平面 0.02mm，如图 3-46 所示。为了达到这一装配要求，浇口套的压入外表面不允许设置导入斜度。压入端要磨成小圆角，以免压入时切坏模板孔壁。同时压入的轴向尺寸应留有除去圆角的修磨余量 ΔH。

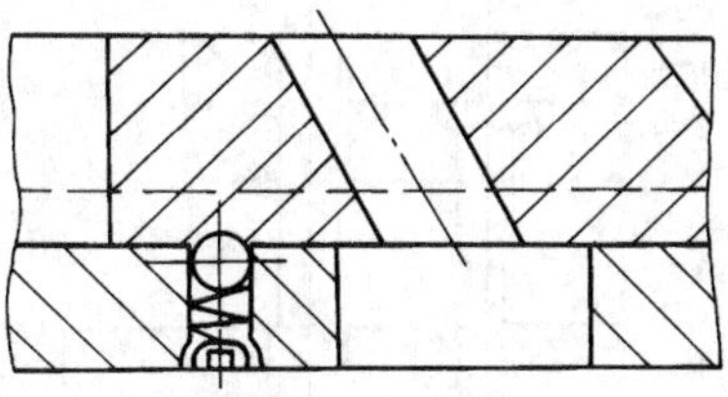

图 3-44　用滚珠作滑块复位的定位

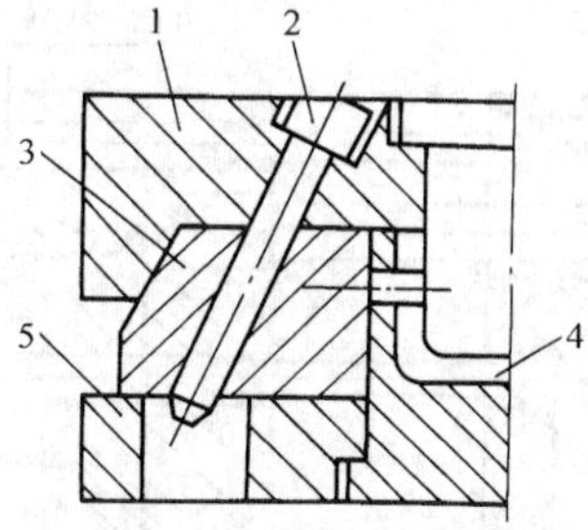

图 3-45　斜导柱的装配

1—定模板　2—斜导柱　3—滑块

4—型腔　5—动模板

3）在装配时将浇口套压入模板配合孔，使预留余量 ΔH 突出模板之外。在平面磨床上磨平，如图 3-47 所示。最后将磨平的浇口套稍稍退出，再将模板磨去 0.02mm，重新压入浇口套，如图 3-48 所示。

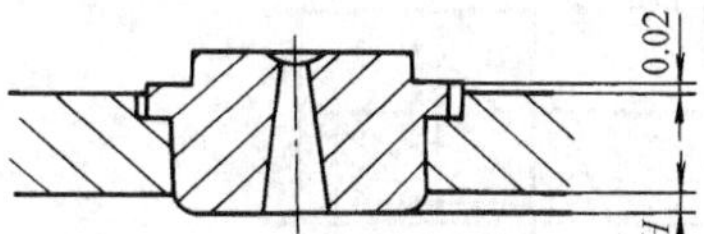

图 3-46　装配后的浇口套

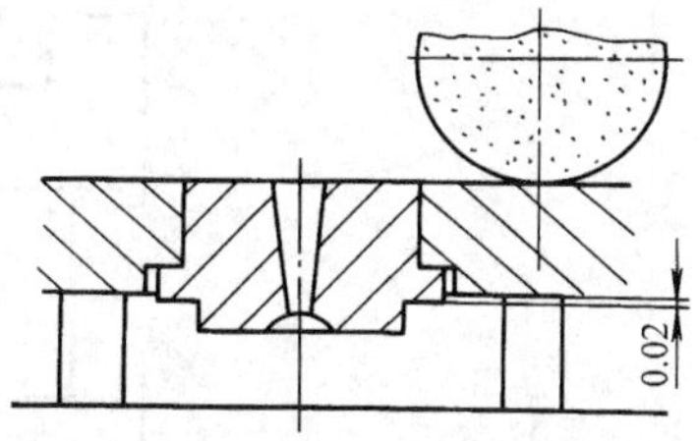

图 3-47　修磨浇口套

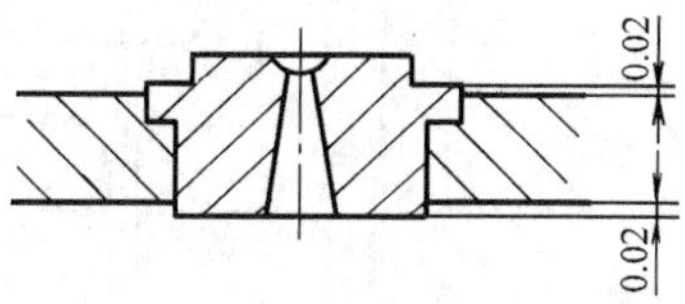

图 3-48　重新压入浇口套

4）对于台肩相对于定模板高出的 0.02mm，可由零件的加工精度保证。

5. 推出机构的装配

塑料模具的制件推出机构，一般是由推板、推杆固定板、推杆、导柱和复位杆等零件组成，如图 3-49 所示。其装配工艺如下：

（1）装配技术要求

1）推出机构装配后各推出零件动作协调一致，平稳，无卡阻现象。

2）推杆的导向段与型腔推杆孔的配合间隙，既要确保推杆动作的灵活，又要防止间隙太大而渗料，一般采用 H8/f8 的配合。要求推杆要有足够的强度和刚度，在固定板孔内每边应有 0.5mm 的间隙。

3）推杆和复位杆端面应分别与型腔表面和分型面齐平，并且推杆和复位杆在完成制品推出后，能在合模时自动地退回原始位置。

（2）装配工艺过程

1）推杆固定板的配作与装配。为了保证制件的顺利脱模，各个推出元件应运动灵活、复位可靠，推杆固定板与推板需要导向装置和复位支承。其结构形式有：用导柱导向的结构（图 3-50）、用复位杆导向的结构（图 3-51）和用模脚作推板固定板支承的结构（图 3-52）。其中用导柱作导向结构的推杆推出装置是比较常用的一种。其推杆固定板孔的位置是采用通过型腔镶块上的推杆孔配钻得到的。配钻过程为：

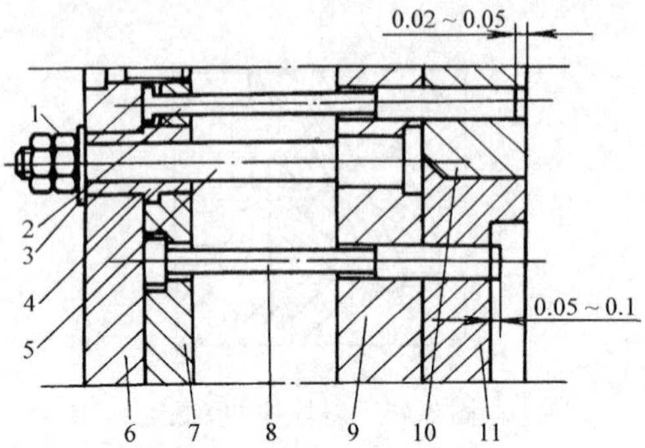

图 3-49　推杆的装配

1—螺母　2—复位杆　3—垫圈　4—导套　5—导柱　6—推板　7—推杆固定板　8—推杆　9—支承板　10—动模板　11—型腔镶块

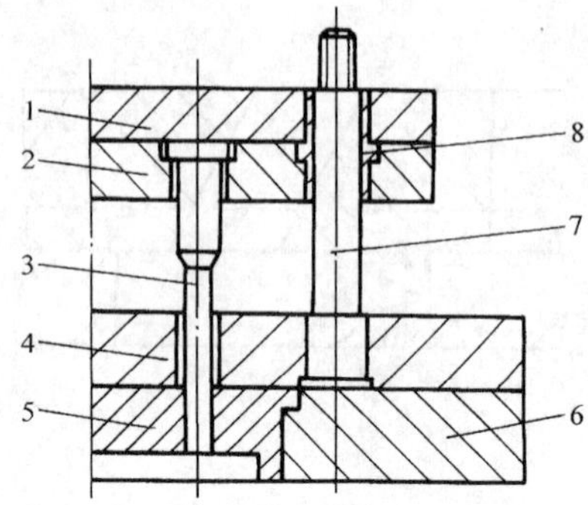

图 3-50　用导柱作导向结构的推出机构

1—推板　2—推杆固定板　3—推杆　4—支承板　5—型腔镶块　6—动模板　7—导柱　8—导套

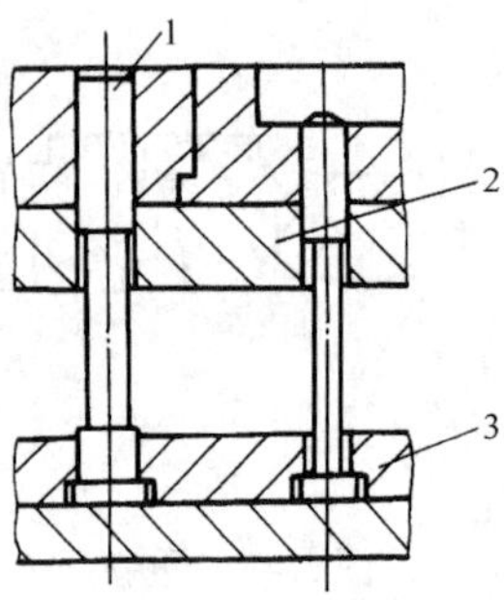

图 3-51　利用复位杆导向的推出机构

1—复位杆　2—支承板　3—推杆固定板

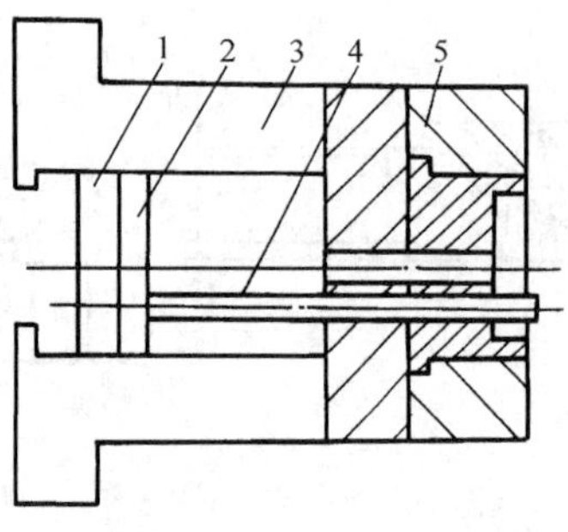

图 3-52　以模脚作推杆固定板的支承

1—推板　2—推杆固定板　3—模脚　4—推杆　5—动模

① 先将型腔镶块 1 上的推杆孔配钻到支承板 3 上（图 3-53a），配钻时用动模板 2 和支承板 3 上原有螺钉与销钉作定位与紧固。

② 再通过支承板 3 上的孔配钻到推杆固定板 4 上（图 3-53b）。两者之间可利用已装配好的导柱 6、导套 5 定位，用平行夹头夹紧。

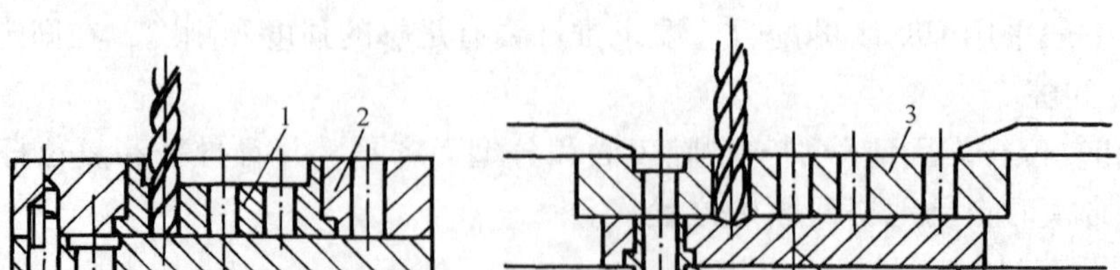

图 3-53　推杆固定板孔的配钻

1—型腔镶块　2—动模板　3—支承板　4—推杆固定板　5—导套　6—导柱

说明：

① 在配钻的过程中，还可以配钻固定板上的其他孔，如复位杆和拉料杆的固定孔等。

② 在利用复位杆作导向和利用模脚作推杆固定板支承的结构中，推杆固定板孔的配钻与上述相同，只是在从支承板向推杆固定板配钻固定孔时，以复位杆作定位。

③ 利用模脚作推杆固定板支承的结构中，模脚的侧面作为推板的导轨，起导向作用。因此，装配模脚时，不可先钻攻、钻铰模脚上的螺孔和销孔，而必须在推杆固定板装好后，通过支承板的孔对模脚配加工螺孔。然后用螺钉初步固定模脚，待推杆固定板作滑动试验并把模脚调整到理想位置后，才能加以紧固，最后对动模板、支承板和模脚一起钻、铰销钉孔。

2）推杆的装配与修整（见图3-49）

① 先将导柱垂直压入支承板9，并将端面与支承板一起磨平。

② 将推杆孔入口处和推杆顶端倒小圆角或斜度，修磨推杆尾部台肩厚度，使台肩厚度比推杆固定板沉孔的深度小0.05mm左右。

③ 将装有导套4的推杆固定板7套装在导柱上，并将推杆8、复位杆2穿入推杆固定板、支承板和型腔镶块11的配合孔中，盖上推板6用螺钉拧紧，并调整使其运动灵活。

④ 修磨推杆和复位杆的长度。如果推板和垫圈3接触时，复位杆、推杆低于型面，则修磨导柱的台肩。如果推杆、复位杆高于型面时，则修磨推板6的底面。

⑤ 一般将推杆和复位杆在加工时加长一些，装配后将多余部分磨去。修磨后的复位杆应与分型面平齐，但可低0.02~0.05mm，推杆端面应与型面平齐，但可高出0.05~0.10mm，推杆、复位杆顶端可以倒角。

6. 埋入式推件板的装配

埋入式推件板是指推件板埋入推杆固定板沉坑内，如图3-54所示。其装配的主要技术要求是：既要保证推件板与型芯和沉坑的配合要求，又要保持推件板上的螺孔与导套安装孔同轴度要求。这是因为推件板和推杆固定板之间，是以通过装在导套内的推杆螺钉连接的。这一导向装置，既是推件板的导向，也是推杆固定板的导向。其装配过程如下：

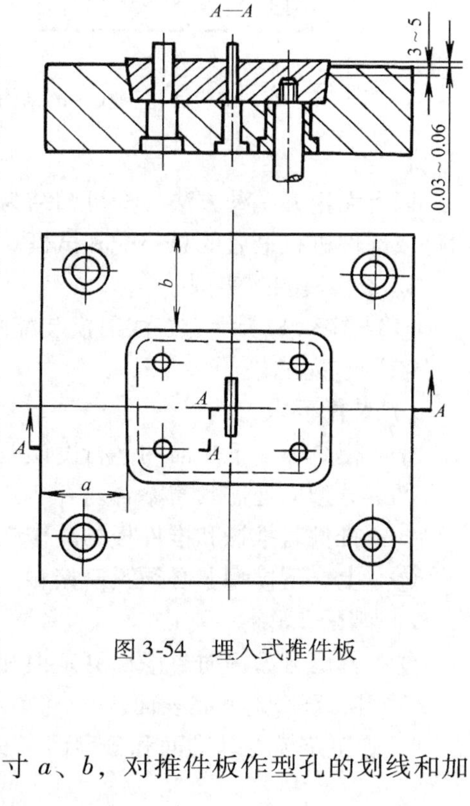

图3-54 埋入式推件板

（1）修配推件板与固定板沉坑的锥面 修正推件板侧面，使推件板底面与沉坑底面保证接触，同时与沉坑的斜面接触高度保持在3~5 mm（如果二者的推面全部接触而配合过于紧密，反而使推件板推出困难），而推件板的上平面高出固定板0.03~0.06mm。

（2）配钻推件板螺孔 将推件板放入沉坑内，用平行夹头夹紧。在导套安装孔内装入工艺钻套（钻套内径等于螺孔底径尺寸），通过工艺钻套配钻推件板上的螺纹底孔，然后取出推件板攻螺纹。攻螺纹时应注意保证垂直度要求。

（3）加工推件板型孔 根据推件板的实际位置尺寸 a、b，对推件板作型孔的划线和加工。固定板上型芯固定孔则根据推件板的型孔加工。当固定板上的孔与推件板型孔的尺寸不同时，则应根据选定基准 M 和推件板型孔的实际尺寸、型芯的实际尺寸，计算固定板孔与基准的对应尺寸进行加工，如图 3-55 所示。

（4）精修推件板型孔　根据型芯尺寸精修推件板型孔，使其与型芯的配合达到规定的要求。

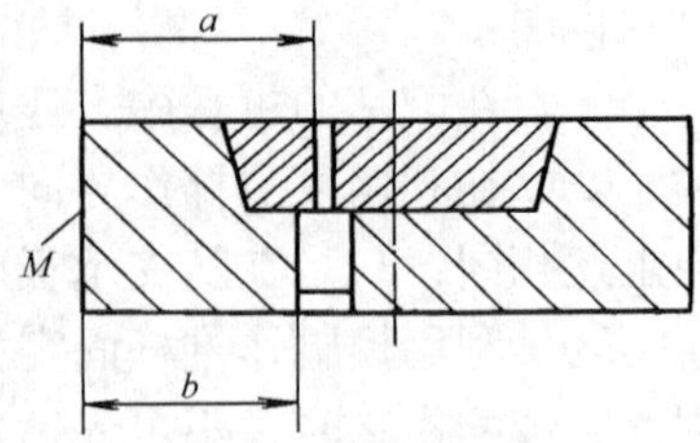

图 3-55　与固定板孔形状尺寸不一致的推件板

三、塑料注射模装配实例

1. 塑料模装配顺序的选择

根据装配基准的不同，塑料模装配的顺序一般有两种：一种是当动、定模在合模后有正确的配合要求，相互之间易于对中时，装配顺序为以主要工作零件如型芯、型腔和镶块等作为装配基准，在动、定模相互对中后再加工、安装导柱和导套（图 3-56 所示为卸料板与型腔有配合要求的装配）。另一种是当塑料件结构形状使型芯、型腔在合模后很难找正相对位置，或者是模具设有斜滑块机构时，通常要先装好导柱、导套来作为模具的装配基准，再装配型芯和型腔（图 3-57）。

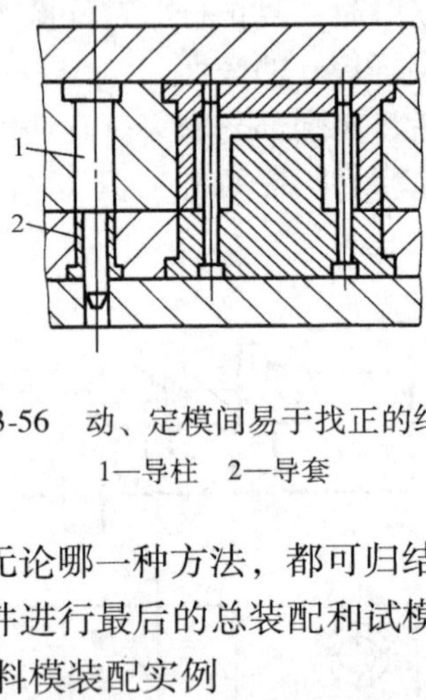

图 3-56　动、定模间易于找正的结构
1—导柱　2—导套

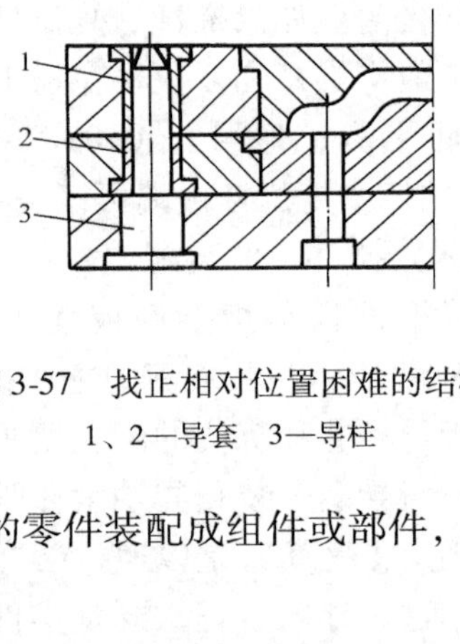

图 3-57　找正相对位置困难的结构
1、2—导套　3—导柱

以上无论哪一种方法，都可归结为：先将相互配合的零件装配成组件或部件，然后再将组件或部件进行最后的总装配和试模。

2. 塑料模装配实例

（1）图 3-58 所示为一注射模装配图。

（2）装配工艺

1）装配要求：

①　模具上、下平面的平行度误差不大于 0.05mm。

②　分型面处需紧密贴合。

③　推件时推杆和推件板的动作必须保持同步。

④　上、下模型芯必须紧密接触。

2）装配步骤：

①　修磨分型面时，应修磨定模和推件板分型面，使其密合。

a. 用油石修光型腔表面。

b. 加工定模的基准面和分型面（见图 3-59），按型腔尺寸，磨削定模 A 面，控制尺

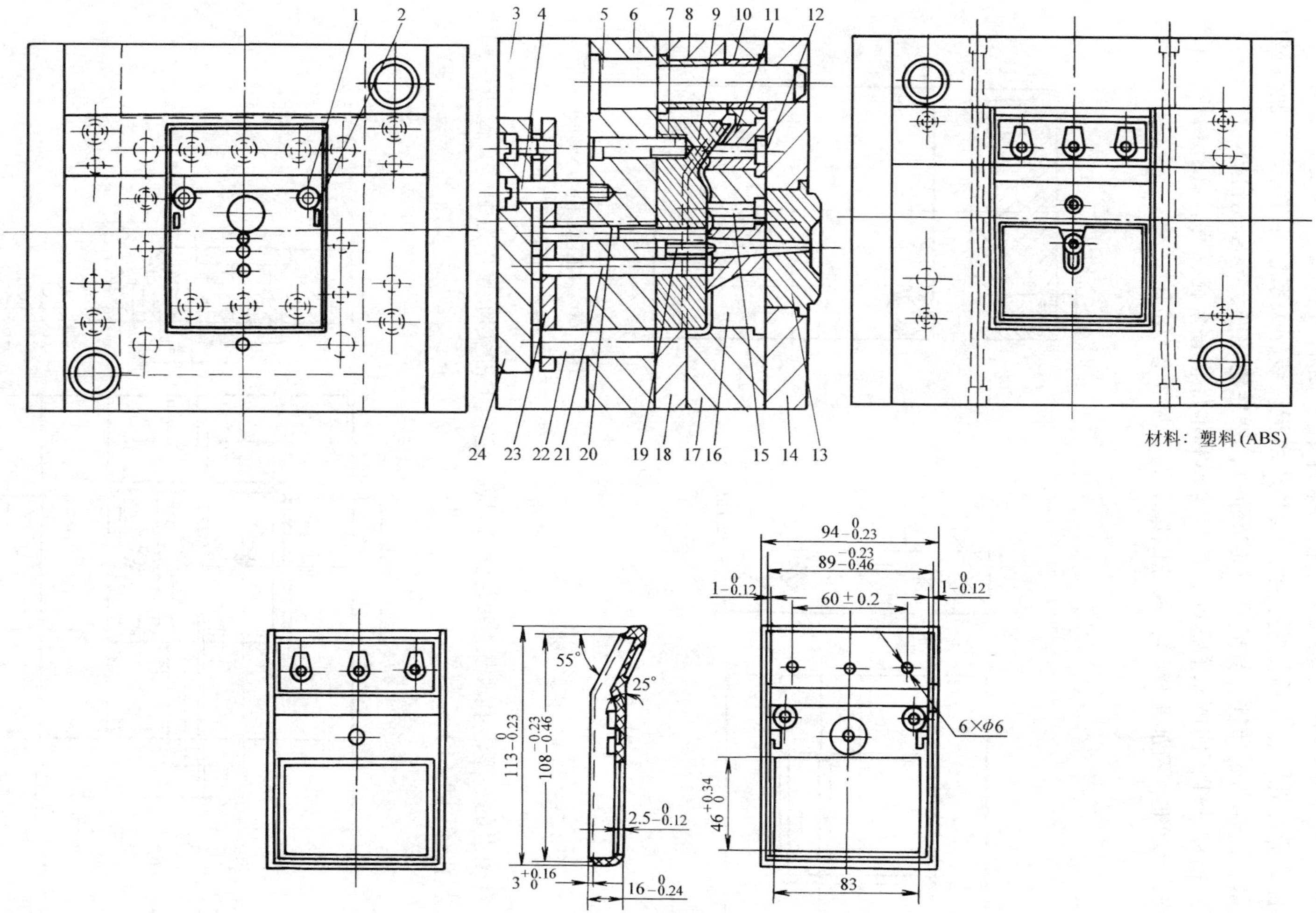

图 3-58　塑料注射成型模具

1—嵌件螺杆　2—矩形推杆　3—模脚　4—限位螺钉　5—导柱　6—支承板　7—销套　8、10—导套　9、12、15—型芯　11、16—镶块　13—浇口套　14—定摸座板　17—定模　18—卸料板（推件板）　19—拉杆　20、21—推杆　22—复位杆　23—推杆固定板　24—推板寸 12. 9mm，然后磨 B 面，再以 C 面为基准，磨分型面，控制尺寸 20. 85mm，同时磨出外形基准面 D。

c. 修磨推件板分型面，用红丹粉对研定模与推件板分型面，检查密合程度。

② 镗导柱、导套孔时，应将定模、推件板和支承板按装配关系叠合在一起，使分型面紧密接触并夹紧，同镗两个导柱、导套孔（ϕ26mm），然后锪导柱、导套孔台肩。

③ 加工定模和推件板四侧基准面时，应将定模和推件板叠合在一起，在孔内压入工艺定位销，以 D 面为基准，精加工外形，保证四边垂直（见图 3-60）。

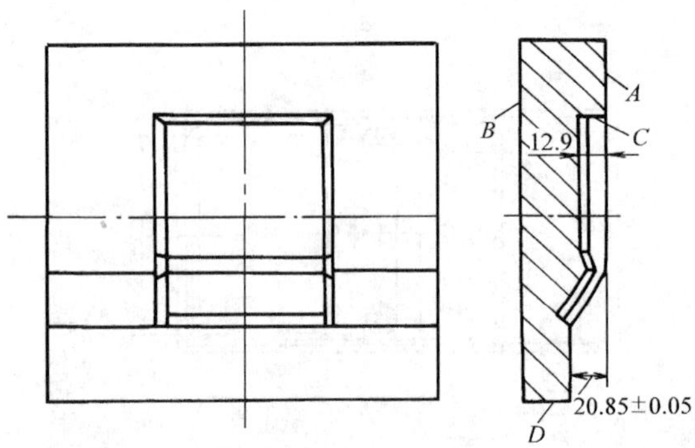

图 3-59　加工定模基准面

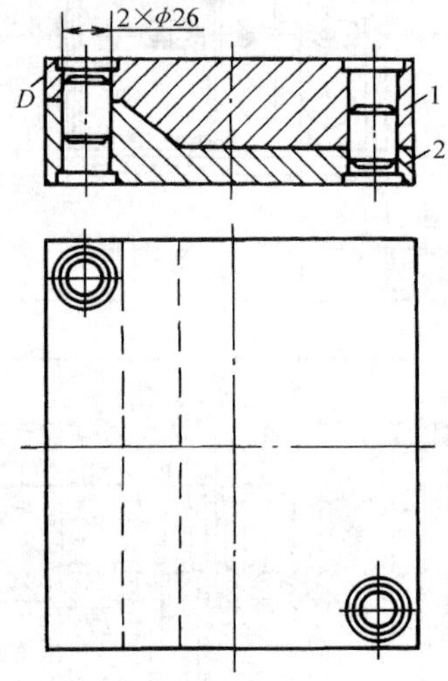

图 3-60　加工定模与推件板外形

1—定模　2—推件板

④ 加工定模上的小型芯孔和镶块型孔时，应以定模上的实际型芯为中心，镗线切割用的穿丝孔和型芯孔（图 3-61）。

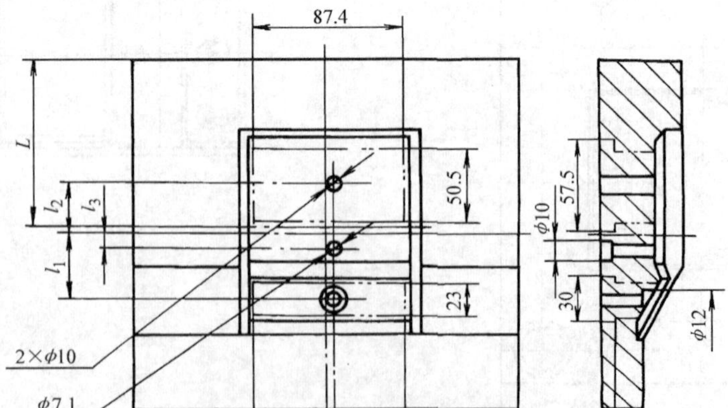

图 3-61　镗线切割用穿丝孔及型芯孔

a. 按定模的侧面垂直基准，确定型腔实际中心尺寸 L 及 L_1。

b. 按 l_1 划线，铣平台尺寸 ϕ12mm（镗孔用）；按 l_1、l_2 划线，铣矩形孔的台肩尺寸 57.5mm 与 30mm。

c. 按 l_1、l_2、l_3 位置，镗两个镶块型芯孔的线切割穿丝孔 ϕ10mm 和型芯孔 ϕ7.1mm。

d. 以两个 ϕ10mm 的穿丝孔为基准，线切割两矩形孔 50.5mm × 87.4mm 和 23mm × 87.4mm。

⑤ 线切割推件板型孔时，应以定模型腔的实际中心 L 及 L_1 镗削线切割用的穿丝孔 ϕ10mm，然后以穿丝孔和外形为基准，线切割型孔。

⑥ 压入导柱、导套，在定模、推件板和支承板上分别压入导柱、导套，并保持导向可靠，滑动灵活。

⑦ 组装主型芯时，应与推件板组合，将型芯固定在支承板上。

a. 钳工精修推件板型孔，使其与型芯配合滑动灵活。

b. 将支承板与推件板合拢，把型芯放入推件板型孔内，用复印法在支承板上复印出螺孔位置，然后取出推件板与型芯，在支承板上钻螺孔并锪沉坑。

c. 将销套压入型芯，拉料杆装入型芯。

d. 将推件板、型芯和支承板装配在一起，调整其正确位置后，用螺钉紧固型芯于支承板上。

e. 按划线同时钻、铰支承板与型芯销钉孔，打入销钉定位。

⑧ 通过型芯配钻支承板上的推杆孔。加工时，先以型芯导向在支承板上锪出锥坑，然后拆下型芯，按锥坑位置钻出所需尺寸的孔。

⑨ 配钻推杆固定板上的推杆孔时，将矩形推杆穿入推杆固定板、支承板和型芯，并将推杆固定板和支承板用平行夹头夹紧，按照支承板孔配钻推杆固定板孔。推杆固定板上的螺孔，按推板配钻。

⑩ 钻推杆固定板上的限位螺钉孔和复位杆孔，并配钻支承板的限位螺孔和复位杆孔（见图 3-62）。组装推杆固定板。

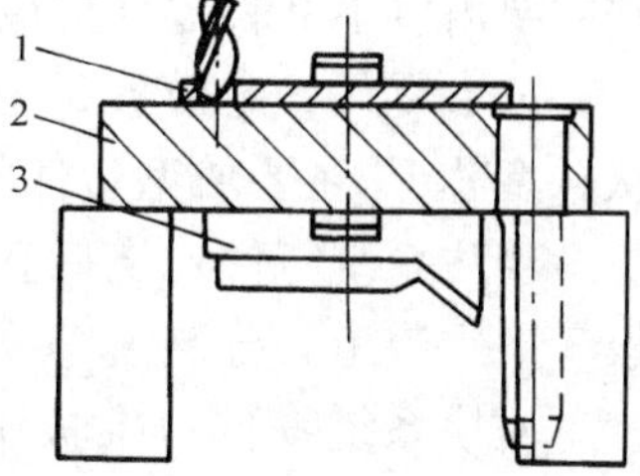

图 3-62 配钻支承板的限位螺钉孔和复位杆孔
1—推杆固定板 2—支承板 3—型芯

⑪ 组装模脚和支承板时，先在模脚上钻、锪螺钉孔和销钉孔（留铰量），使模脚和推板外形接触后与支承板夹紧，通过模脚向支承板配钻螺孔与销钉孔。

⑫ 组装镶块、小型芯与定模时，其装配步骤如下：

a. 先将镶块 16 和型芯 15 预装入定模，测量出它们凸出型面的实际尺寸，然后将它们退出，按主型芯高度和定模深度的实际尺寸，分别进行修磨，使合模后其端面与上、下模型芯接触，然后再装入定模，并检查定模和推件板是否同时接触。

b. 将型芯 12 装入镶块 11，并用销钉定位。以镶块外形和斜面作基准，预磨型芯的斜面后装入定模。然后将定模与推件板合拢，并测量出分型面间隙尺寸，退出镶块。按测得的尺寸，精磨型芯的斜面到要求尺寸后装入定模。镶块装入定模后，一起磨平装配面。

⑬ 在定模座板上钻孔，并压装浇口套，在定模座板上钻、锪螺钉孔、导柱孔和销钉孔

（留铰量）。然后将浇口套压入定模座板，并磨平端面（图 3-63）。

⑭ 装配定模部分时，将定模和定模座板组合在一起，把浇口套的浇道孔和镶块上的浇道孔调整到同轴度符合要求，然后用平行夹头夹紧，再按定模座板孔配钻定模上的螺孔与销钉孔。最后用螺钉紧固，打入销钉。

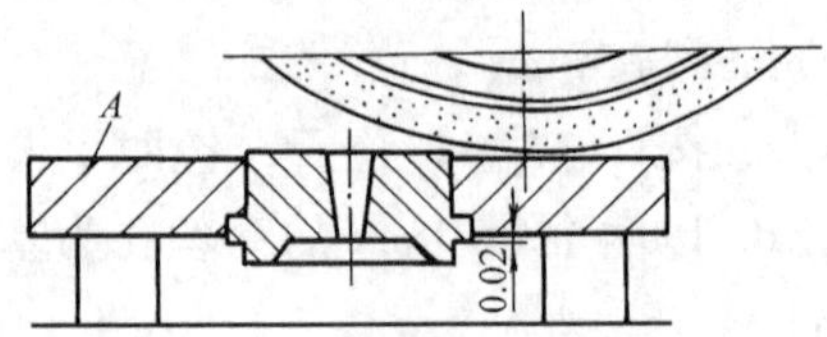

图 3-63 浇口套和定模板的修磨

⑮ 装配动模部分，并修正推杆和复位杆长度。将动模部分全部装配，使模脚底面和推板紧贴于平板，从型芯表面和支承板表面测量出推杆和复位杆的凸出尺寸。然后将推杆和复位杆拆下，根据测得的凸出尺寸修磨顶端面。要求推杆凸出型芯平面 0.2mm，复位杆和支承板面齐平。

四、塑料模装配技能训练

1. 训练目的

1）掌握模具型腔的修整、研抛操作方法及技巧。

2）培养和提高学生独立分析问题和解决问题的能力。

2. 训练要求（建议）

参考教材所列相关内容，让学生个人（或小组）自编模具零件加工工艺，并完成各零件的钳加工，最后装配成“微型模具”（各学校可视情况自选练习件材料）。

3. 结构介绍

图 3-64 所示是一套普通标准模架注射模，它主要由以下几种零件构成：

成形零件：定模板 3 主要成型塑件的外部形状；型芯 19 主要成型塑件的内部形状。

浇注系统零件：浇口套 20、定位圈 1、定模板 3 上主流道、分流道等。

脱模系统零件：推板 11、推杆 17、推杆固定板 10、复位杆 8 等。

结构零件：动模座板 9、型芯固定板 5、支承板 6、垫块 7 等。

导向零件：导柱 2、12，导套 4、13。

紧固零件：螺钉、销钉等标准零件。

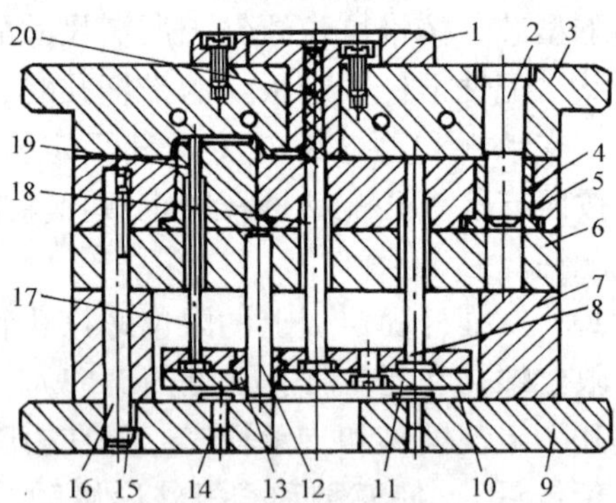

图 3-64 普通标准模架注射模

1—定位圈 2、12—导柱 3—定模板 4、13—导套 5—型芯固定板 6—支承板 7—垫块 8—复位杆 9—动模座板 10—推杆固定板 11—推板 14—限位钉 15—螺钉 16—定位销 17—推杆 18—拉料杆 19—型芯 20—浇口套

其注射成型过程是：将塑料原料经注射机的料斗加到加热料筒中，在注射机螺杆或柱塞的推动下，熔融的塑料经过注射机喷嘴，经模具的浇注系统进入闭合的模具型腔。将型腔充满，经保压、冷却而硬化定型，然后打开模具取出塑件。

4. 普通标准模架注射模主要零件

图 3-65～图 3-82 为该例模具主要零件图，按图样加工，达到图样要求。

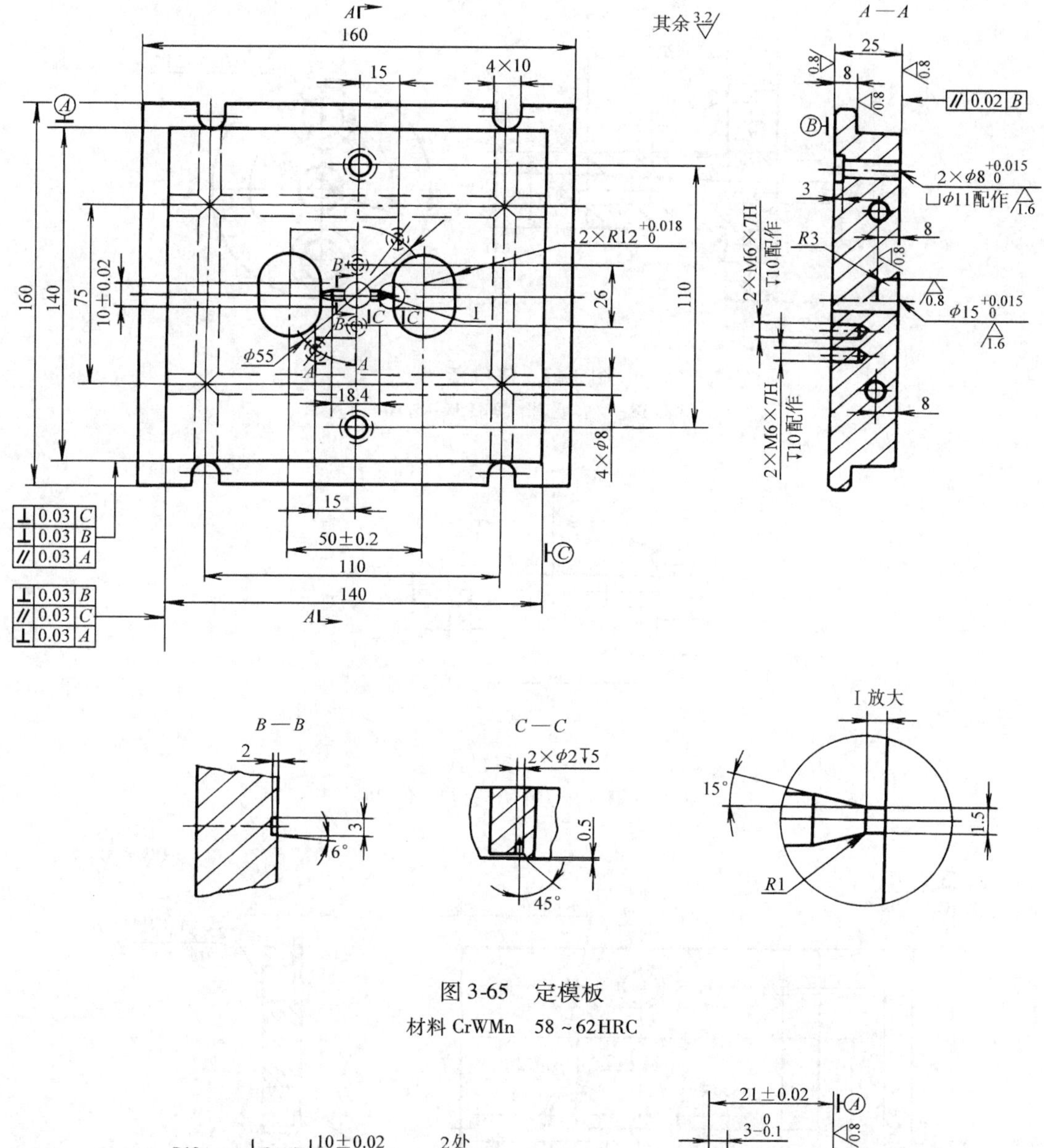

图 3-65　定模板

材料 CrWMn　58 ~ 62HRC

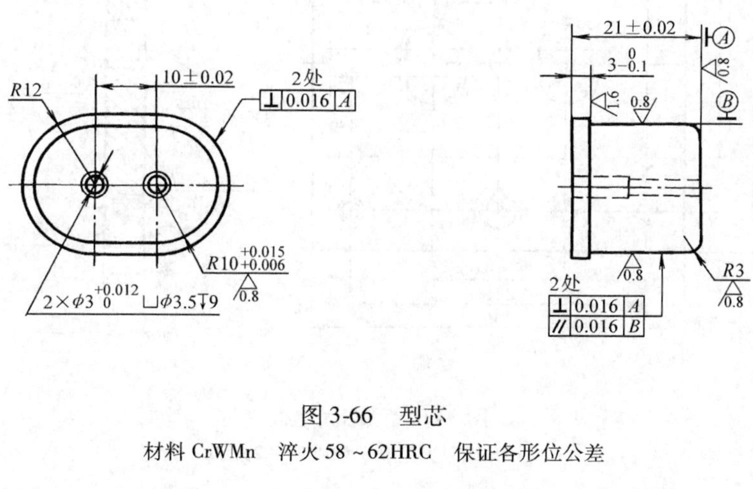

图 3-66　型芯

材料 CrWMn　淬火 58 ~ 62HRC　保证各形位公差

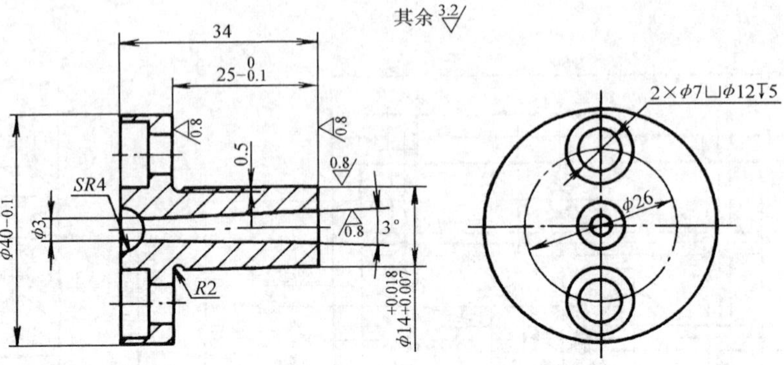

图 3-67　浇口套

材料 T8A　去毛刺　淬硬 55～57HRC

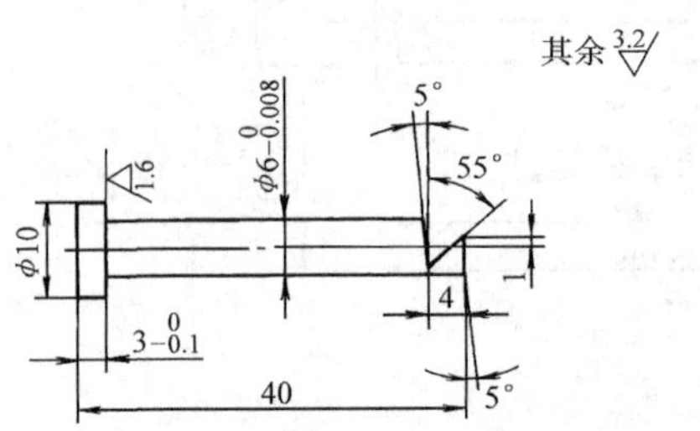

图 3-68　拉料杆

材料 45 钢　去毛刺　淬火 43～48HRC

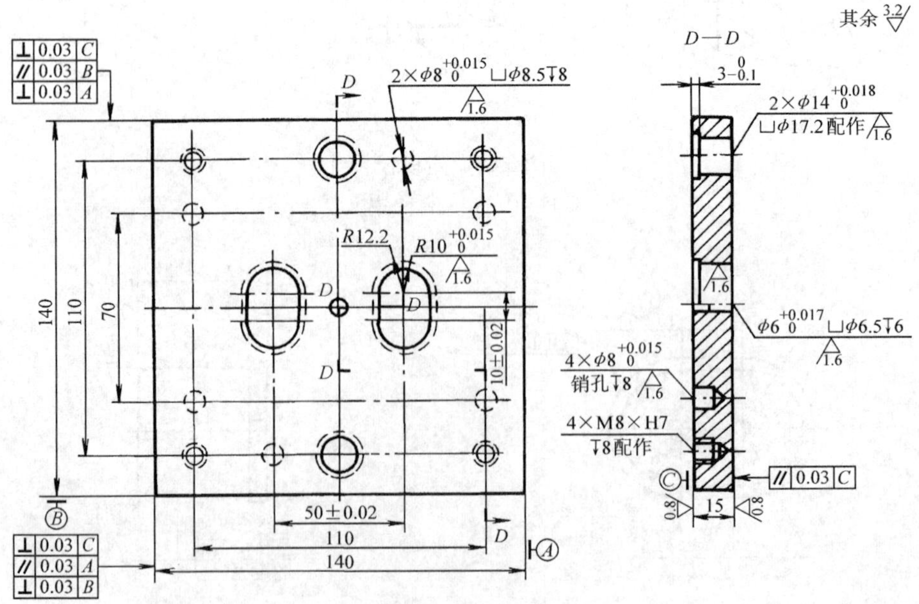

图 3-69　型芯固定板

材料 45 钢　去毛刺　调质 23～26HRC

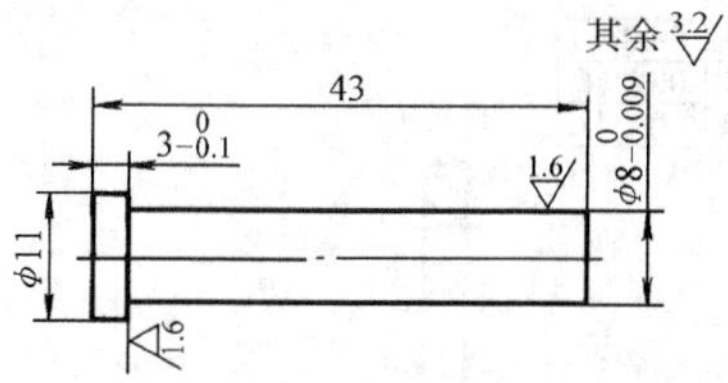

图 3-70　复位杆

材料 45 钢　去毛刺　淬火 43 ~ 48HRC

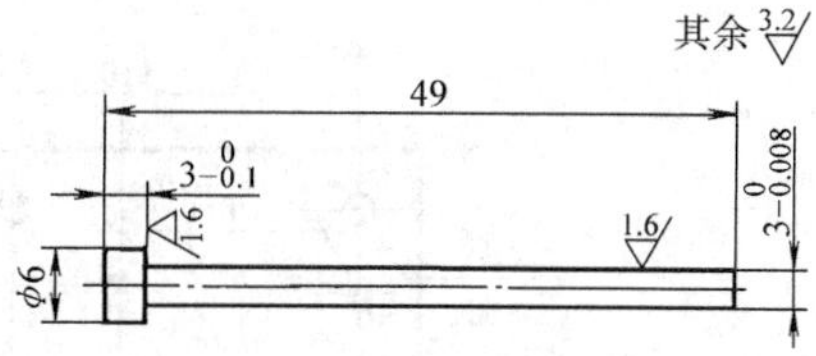

图 3-71　推杆

材料 45 钢　去毛刺　淬火 43 ~ 48HRC

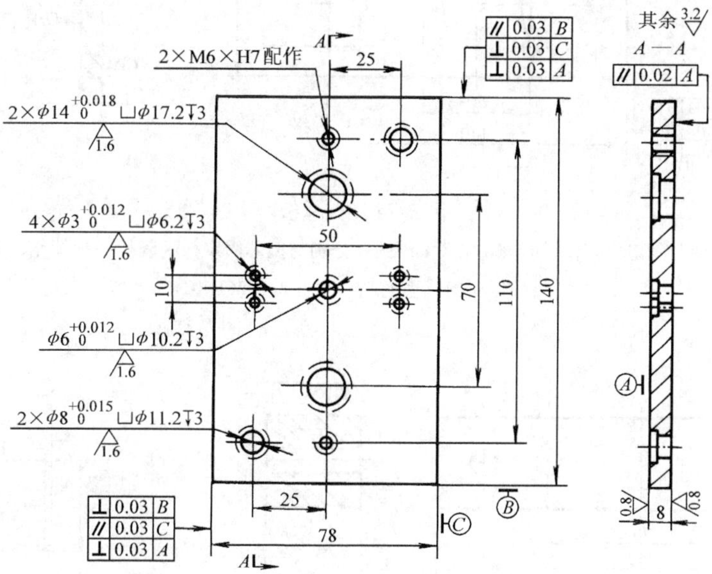

图 3-72　推杆固定板

材料 45 钢　去毛刺

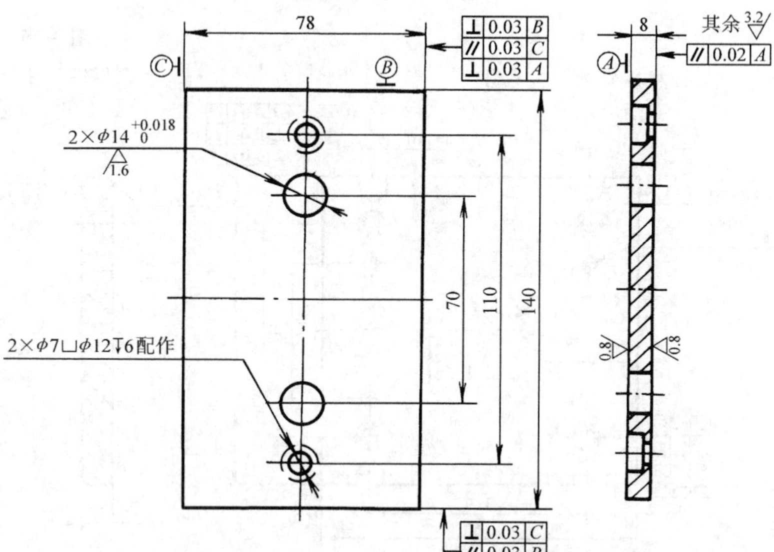

图 3-73　推板

$2\times\phi14_{\ 0}^{+0.08}$mm 导套孔与支承板、推杆固定板配作

材料 45 钢　去毛刺　调质 23 ~ 26HRC

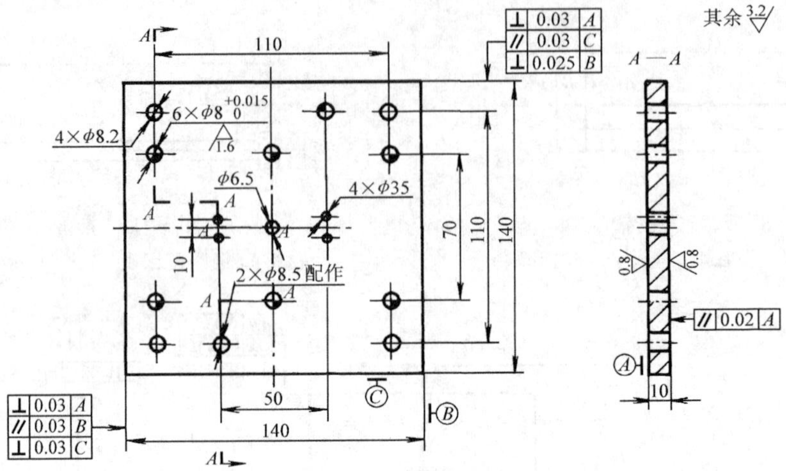

图 3-74　支承板

4×ϕ8.2mm 孔与型芯固定板配作，$6\times\phi8^{+0.015}_{0}$mm 销孔分别与型芯固定板、动模座板配作，保证各形位公差

材料 45 钢　去毛刺　调质 23~26HRC

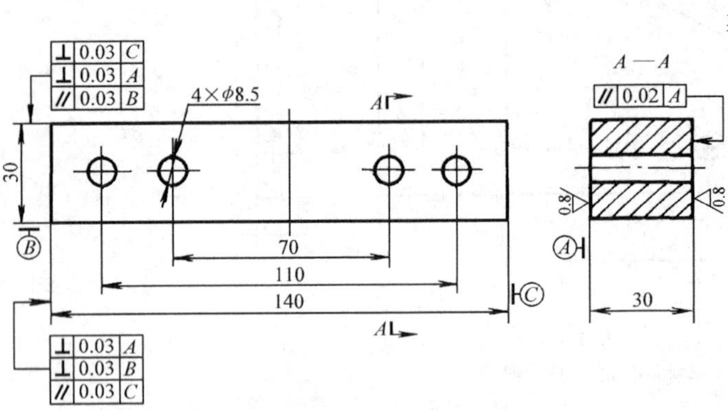

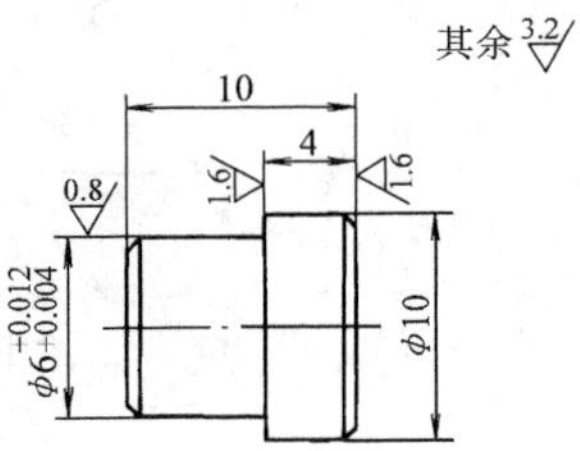

图 3-75　垫块

材料 45 钢　去毛刺

图 3-76　限位钉

材料 45 钢　未注倒角 C1

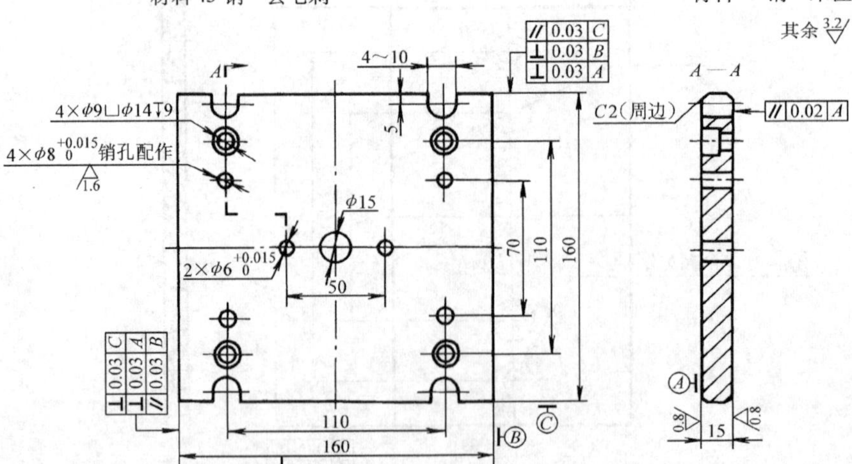

图 3-77　动模座板

材料 45 钢　去毛刺

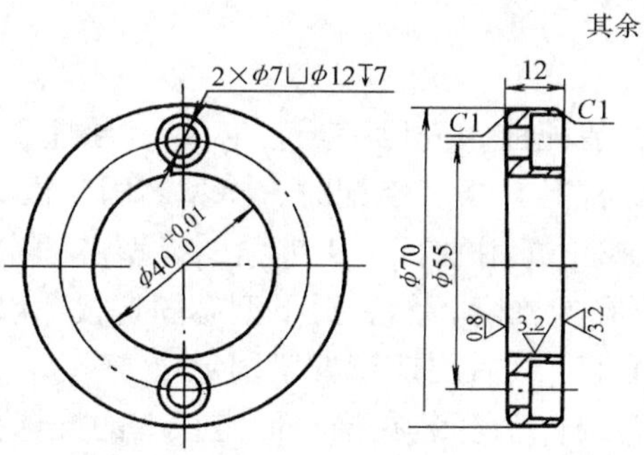

图 3-78　定位圈
材料 45 钢　未注倒角 C1　调质 23～26HRC

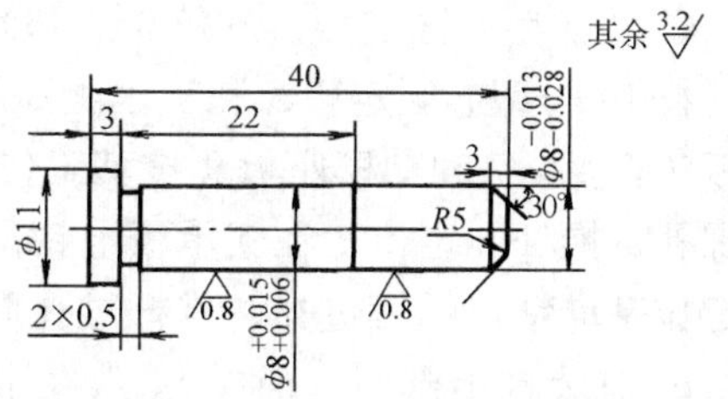

图 3-79　导柱 A
材料 T8A　去毛刺　淬火 45～50HRC

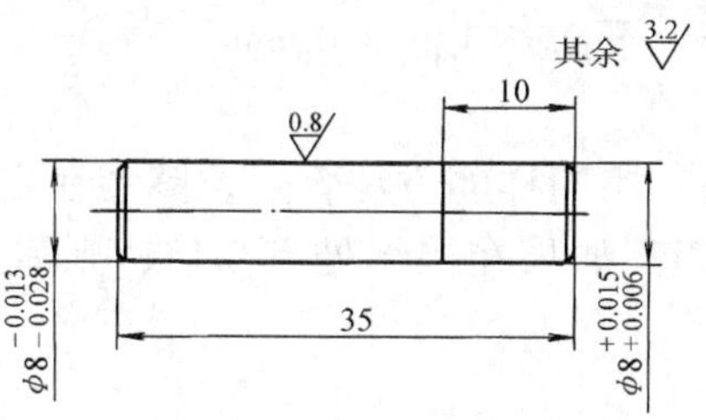

图 3-80　导柱 B
材料 T8A　去毛刺　淬火 45～50HRC

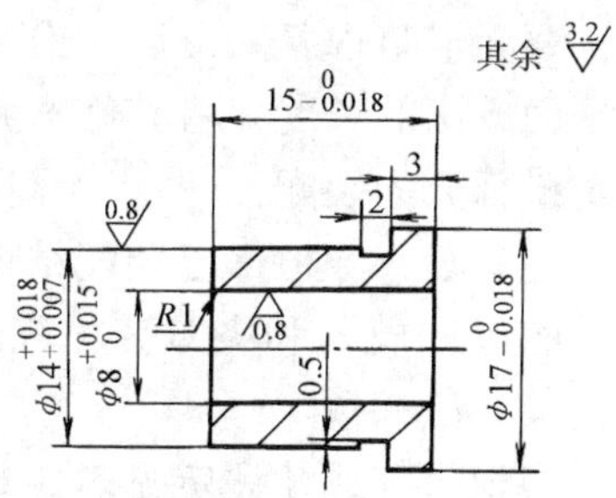

图 3-81　导套 A
材料 T8A　去毛刺　淬火 45～50HRC

5. 装配工艺

要求完成以下装配内容：型芯与型芯固定板的装配，导柱、导套的装配，浇口套的装配，推出机构的装配及总装。

（1）装配技术要求

1）按装配图和工艺要求完成各零件、部件的组装和调整。

2）按装配工艺要求选择好装配基准和装配工序。

3）按要求调整好各配合部分和固定部分，导柱、导套要配合均匀。

4）推杆要有足够的长度和准确的位置，调整好后应均匀紧固。

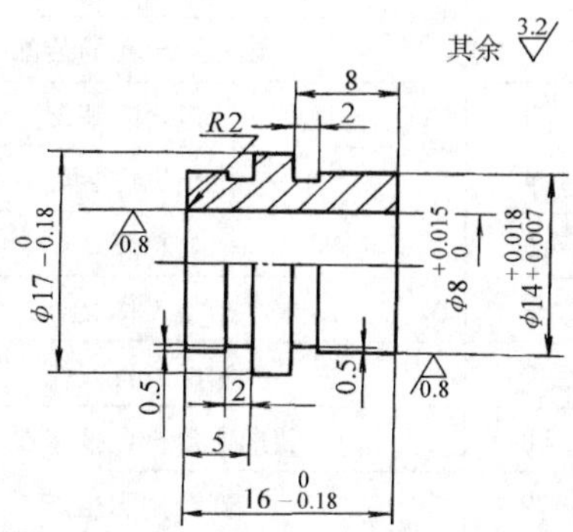

图 3-82　导套 B
材料 T8A　去毛刺　淬火 45～50HRC

（2）实习步骤

1）精修定模及型腔。用油石修光型腔表面，控制型腔深度，磨削分型面。

2）装配型芯。将型芯与型芯固定板组装，装配后，型芯外露部分应符合图样要求。

3）装配导柱、导套。将导柱、导套分别压入定模板、型芯固定板、支承板和推杆固定板。

4）装配浇口套。用压力机将浇口套压入定模板，并配钻螺钉孔。

5）装配推出机构。将推杆或复位杆与推杆固定板及推板组装。

6）总装。

① 动模部分的装配：

a. 装配型芯固定板、支承板、垫块和动模座板装配前，先已完成型芯19，导柱2、12，拉料杆18与型芯固定板5和支承板6的装配，并经检验合格。装配时，将型芯固定板5、支承板7、垫块7和动模座板9按其工作位置合拢，找正并用平行夹头夹紧，以型芯固定板上的螺孔、推杆孔定位，在支承板上钻出螺孔、推杆孔的锥窝，然后拆下型芯固定板，以锥窝为定位基准钻出螺钉过孔、推杆过孔和锪出螺钉沉孔，最后用螺钉拧紧固定。

b. 总装推出机构。推板11放在限位钉上，将推杆17套装在推杆固定板上的推杆孔内，并穿入型芯固定板5的推杆孔内，再套装到推板导柱12上，使推板和推杆固定板重合，在推杆固定板螺孔内涂上红丹粉，将螺钉过孔位复印到推板上，然后取下推杆固定板，在推板上钻孔并攻螺纹，之后重新合拢并拧紧螺钉固定。装配后，进行滑动配合检查，经调整使其滑动灵活，要无卡阻现象。最后将推件板拆下，把推板放到最大极限位置，检查推杆在型芯固定板上平面露出的长度，将其修磨到和型芯固定板上平面齐或低0.02mm。

② 定模部分的装配：

总装前浇口套、导柱都已装配结束并经检验合格。用同样的方法将定位圈装在定模板3上，检查型腔（凹模）和浇口套的浇道锥孔是否对正。如果在接缝处有错位，则需进行铰削修整，使其光滑一致。

（3）实习记录与成绩评定见表3-15

表3-15 实习记录与成绩评定

项次	项目与技术要求	配分	评定方法	实测	得分
1	型芯与型芯固定板的装配	15	测量		
2	导柱、导套的装配	8	用红丹粉涂试		
3	浇口套的装配	7	需略高出模板0.02mm		
4	推出机构装配	15	测量		
5	总装	30	总体评定		
6	准备工作充分	5	每缺一项扣1分		
7	装配过程安排	5	安排不合理每一处扣1分		
8	装配质量符合技术要求	10	发现一项不符合要求扣2分		
9	安全文明生产	5	违者每次扣2分		

课题五 注射机选用与试模调整

一、模具与注射机的关系

注射模必须安装在与其相适应的注射机上才能进行生产，因而必须熟悉所选用注射机的技术参数，如注射机的最大注射量、最大注射压力、最大锁模力、最大成型面积、模具最大厚度和最小厚度、开模最大行程、拉杆间距、安装模板的螺孔（或T形槽）位置和尺寸、定位孔尺寸、喷嘴球面半径等，以便设计的模具与所选注射机相适应。

1. 国产注射机合模部分的基本参数

注射机合模部分的基本参数包括模板尺寸、拉杆间距、模板间最大开距、动模板的行程、模具最大厚度和最小厚度等。这些参数规定了注射机所安装模具的尺寸范围。图3-83～图3-88所示为几种国产注射机合模部分的基本参数，供模具设计时参考。其他类型注射机可查阅有关产品样本和有关设计资料。

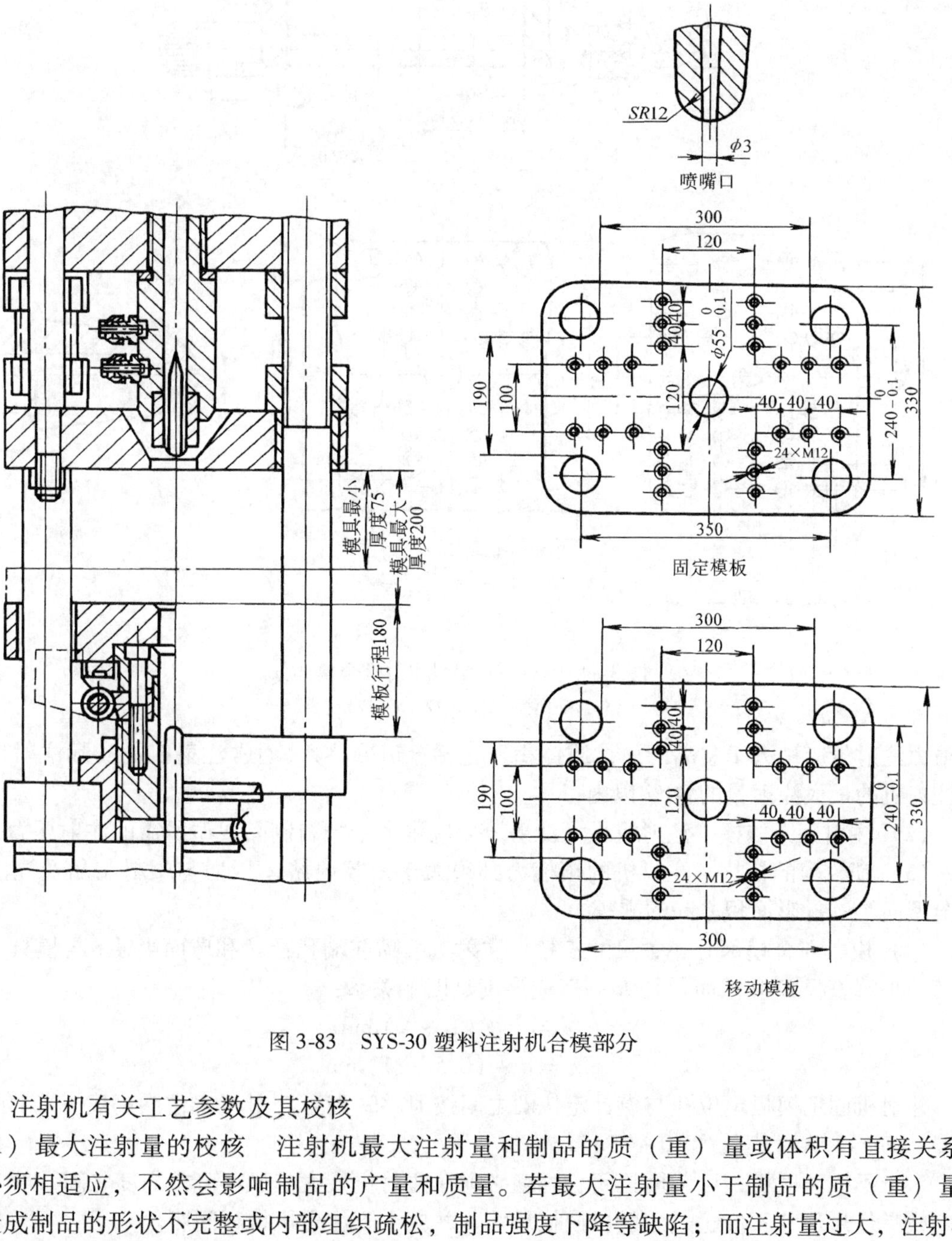

图3-83　SYS-30塑料注射机合模部分

2. 注射机有关工艺参数及其校核

（1）最大注射量的校核　注射机最大注射量和制品的质（重）量或体积有直接关系，两者必须相适应，不然会影响制品的产量和质量。若最大注射量小于制品的质（重）量，就会造成制品的形状不完整或内部组织疏松，制品强度下降等缺陷；而注射量过大，注射机利用率降低，浪费电能，而且可能导致塑料分解。因此，为了保证正常的注射成型，注射机

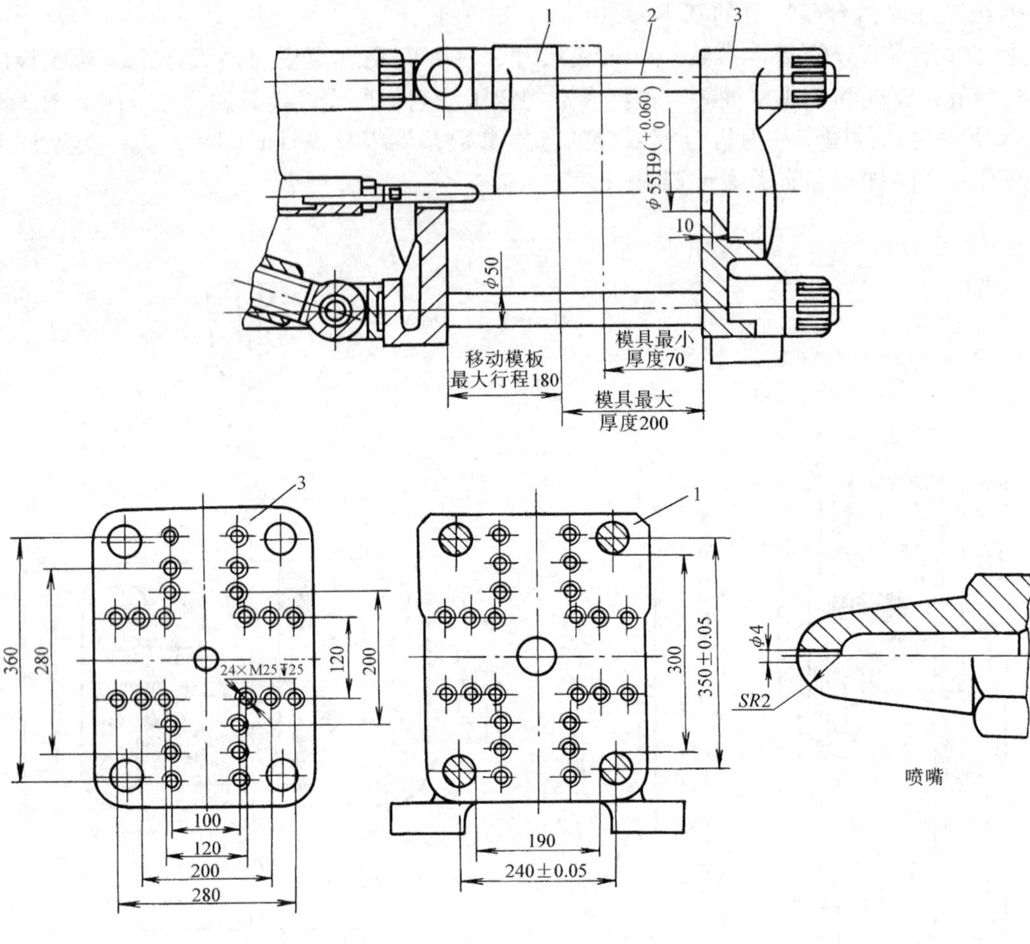

图 3-84　XS-Z-60 塑料注射机合模部分

1—移动模板　2—拉杆　3—固定模板

的最大注射量应稍大于制品的质量或体积（包括流道凝料）。通常注射机的实际注射量最好在注射机的最大注射量的 80% 以内。

（2）注射压力校核　注射机最大注射压力应稍大于塑料制品成型所需的注射压力。

（3）锁模力的校核　注射机的锁模力必须大于型腔内熔体压力与塑料制品及浇注系统在分型面上的投影面积之和的乘积。

（4）模具与合模部分相关尺寸校核　注射机喷嘴前端孔径 d 和球面半径 r 与模具主流道衬套的小端直径 D 和球面半径 R 一般应该满足以下关系：

$$R = r + (1 \sim 2)\text{mm}$$

$$D = d + (0.5 \sim 1)\text{mm}$$

注射机固定模板定位孔与模具定位圈之间按 H9/f9 配合。对于定位圈高度 h，小型模具为 8 ~ 10mm，大型模具为 10 ~ 15mm。

对于不同注射机，可装模具闭合高度必须在注射机最大与最小装模高度之间。

模具外形尺寸不应超过注射机模板尺寸，并应小于注射机拉杆间距。

注射机最大开模行程至少是塑料制品和浇道凝料高度的两倍以上，与模具厚度无关。

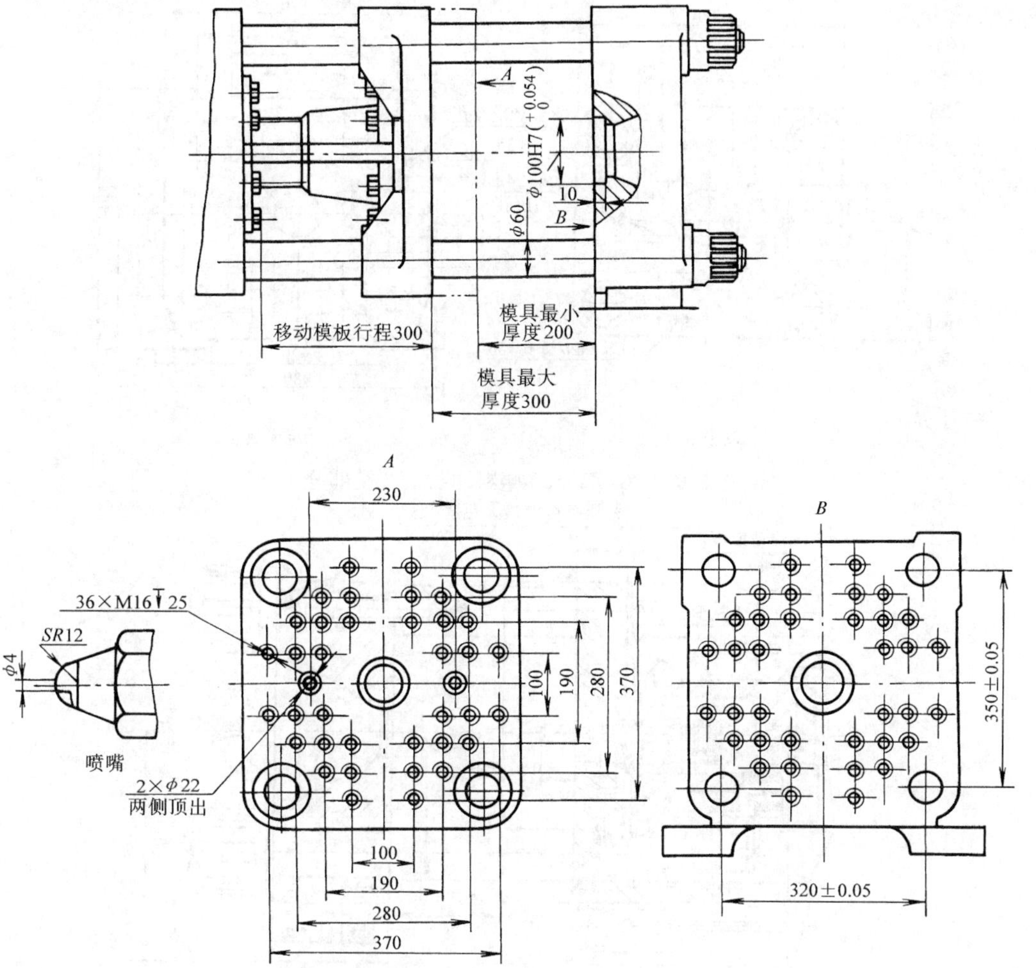

图 3-85 XS-ZY-125 塑料注射机合模部分

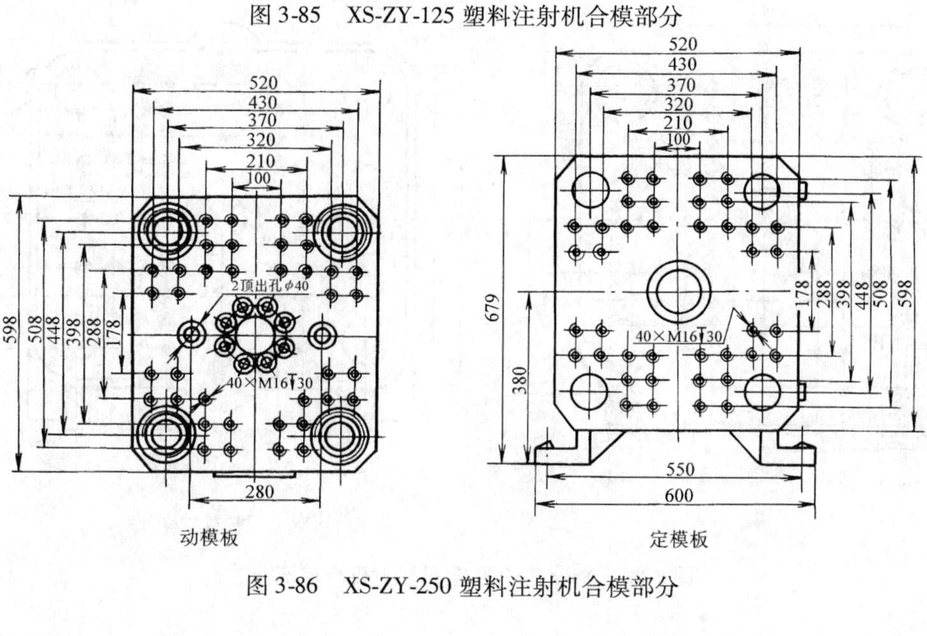

图 3-86 XS-ZY-250 塑料注射机合模部分

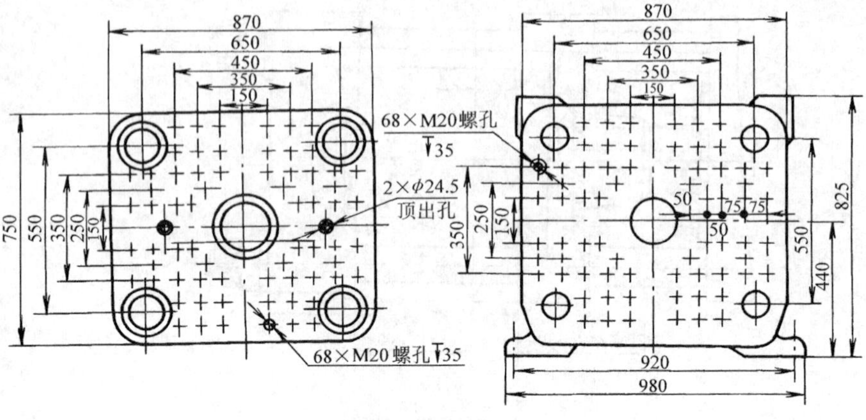

动模板　　　　定模板

图 3-87　XS-ZY-500 塑料注射机合模部分

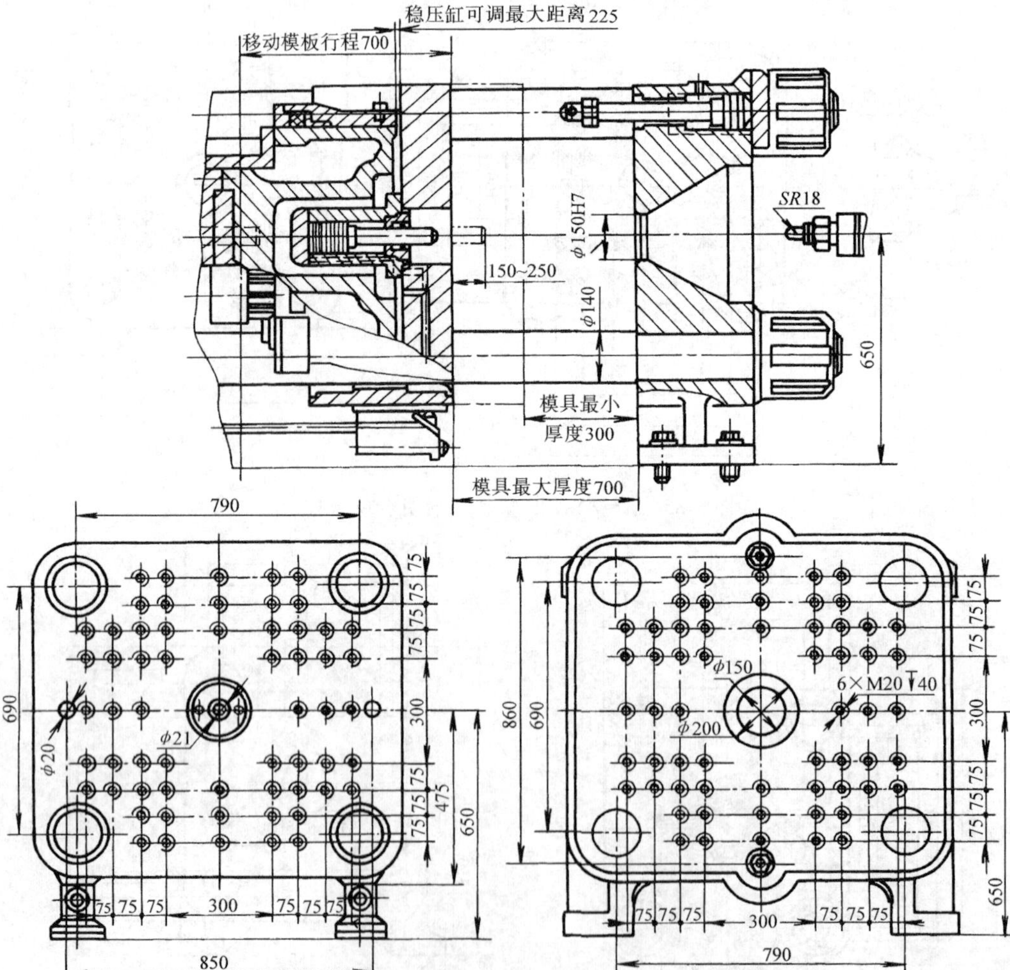

移动模板　　　　固定模板

图 3-88　XS-ZY-1000 塑料注射机合模部分

二、试模调整

1. 模具安装基本要求

模具安装是指总装完成后的模具，经过与选定的试模设备的技术条件相匹配的校核检查后，确定可在该设备上试模。将该模具正确无误地安装在试模设备上，使模具在试模设备上合模、开模、顶出、复位、再合模、再开模使各运行机构的动作灵活，安全可靠，这就完成了安装工作。

安装时首先要注意操作者的人身安全；其次要确保设备和模具的安全。模具在安装过程中，操作人员要互相照顾，尤其是大型模具安装时，更要前后、左右、上下互相照看，由一个人指挥。起动、合模、开模都要高声喊叫，因为注射车间噪声大，注射设备大，模具又大，易挡住人的视线，使机后有人不易发现。所以吊装移动、开模、合模必须招呼着进行，避免发生意外。

模具安装时，注射机的操作按钮必须选用在手动的位置上，使机器的全部动作功能都由手动来控制，不能用自动和半自动的按钮。

模具安装需要 2 ~ 3 人，大型模具吊装时需要人更多，必须选一名吊装经验丰富的人员做指挥。模具尽量采用整体吊装，尤其是大型模具。但也可以把定模、动模分体吊装。若分体吊装，则先吊装定模，因为定模有定位环定位；然后吊装动模，则以定模上的四个导孔定位，然后将动模及其导柱与定模找正合位。

模具安装方向，必须由模具钳工现场指导，因为钳工最了解模具结构。模具安装方向选择应本着以下几个原则：

1）若模具上有滚珠限位的侧抽机构，则必须让侧抽方向成为水平或向下，切勿让抽拔方向朝上。因为滚珠限位可靠性差，易产生事故隐患。如用其他安全限位装置，则不受此限制。

2）模具上若带有液压油路接头、气压接头、热流道元件接线板，及加热、通水、水道搭接较多的侧面，尽可能放置在非操作那侧，以免影响操作者工作。

3）模具上若需要安放预埋件，则让安放操作较方便、较顺手的一侧放在操作台一侧。

4）当模具的长度与宽度方向尺寸相差较大时，应尽可能将长边与水平方向平行横安装。

2. 注射模安装与调整

（1）准备工作　注射模在安装前须做好以下几项准备工作：

1）根据图样弄清模具的结构及其工作特点。熟悉有关的工艺文件以及注射机的主要技术参数和使用规格。

2）检查模具的安装条件。包括模具的外观及零、部件的数量；成型零件和浇注系统的表面质量，是否有伤痕和塌陷等缺陷；各运动零件的配合、起止位置是否正确，整个模具连接紧固是否可靠；模具的闭合高度、脱模距离、安装槽（孔）位置是否与注射机相适应；当模具定、动模部分分开检查时，要注意方向，以免合模时搞错。

3）检查设备的油路、水路以及电路是否正常工作。把注射机操作的选择开关调到点动或手动位置上，把液压系统的压力调到低压。调整好所有行程开关的位置，使动模板运行通畅。调节动模板与定模板的距离，使其在闭合状态下大于模具闭合高度 1 ~ 2mm。同时检查吊装设备，看其是否安全可靠，工作范围是否满足要求。

（2）安装连接

1）开机。开动注射机，使动、定模板处于开启状态。

2）清理杂物。将机床和模具的安装面擦拭干净。

3）吊装模具。模具吊装有整体吊装和分体吊装两种方法，一般中小型模具采用整体吊装，而大型模具则采用分体吊装。

① 整体吊装时，先在机床下面两根导柱上垫好木板，把模具从侧面吊入机架间，并调整好方位，使侧型芯滑块处于水平方向滑动，然后将定模上的定位圈装入注射机定模板上的定位孔内并放正，以极慢的速度合模。用动模板将模具轻轻压紧（注：若定位圈与定位孔不相符，切勿强行合模，可将模具上下、左右调整合适后再合模），用压板或螺钉压紧定模，并初步固定动模。而后以慢速开合模具数次，找正动模，并保证模具开合过程中运动平稳、灵活，无卡滞现象，最后紧固动模。

② 分体吊装时，大型模具安装常采用分体吊装。先把定模从机器上方吊入机架间，调整方位后将定位圈装入定位孔并放正，压紧定模。再将动模部分吊入，找正动、定模的导向、定位机构后，与定模相合，点动合模，并初步固定动模。然后慢速开合模具数次，确认定模和动模的相对位置已找正无误后，紧固动模。对设有侧型芯滑块的模具，应使滑块处于水平方向滑动为宜。

4）定模与动模的连接：

① 定模的安装主要是通过模具上的定位圈与注射机定模板上定位孔的配合来对准定心的，可将定模座板紧紧地贴在注射机的定模板上，然后利用螺栓或螺钉、压板、垫块将定模部分压紧、固定。

② 动模的安装一般是在定模安装后及时进行的，先调整好注射机的动模板，使其与模具的动模座板底面贴合，然后联接固定。其方法与定模的安装联接方法相似。

5）配套部分的安装。当模具主体部分安装在注射机上以后，通过空载运行确认一切正常，便可以进行配套部分的安装，即根据要求接通冷却水路和加热系统，接通液压、气压回路及电气控制回路，安装相应的辅助部分等等。

（3）安装要点

1）装模时应注意安全，两人以上操作时，必须相互呼应，统一行动。

2）模具紧固应平稳可靠，要求压板对角压紧，压板要放平，不得倾斜，切尽量靠近模脚。要注意防止合模时，动模压板和定模压板以及推板和动模压板相碰。

3）带侧向分型抽芯机构的模具，在卧式注射机上安装时，一定要注意模具的安装方位，应使模具的安装方位与设计方位一致，以保证滑块定位装置的可靠性。

4）模具紧固后，便慢速开模，直到动模板到位停止后退为止，这时把推杆的位置调整到模具上的推板和支承板之间，尚留有5～10mm的间隙（对于装有复位弹簧的推板，要留有弹簧被压缩后所占的距离）。这样既可以防止顶坏模具，又能够推出制件。同时开合模具观察推出机构动作是否平稳、灵活，复位机构动作是否协调、准确。

3. 试模

（1）清理料筒　当注射工按照预先商量好的试模工艺条件，把料筒和模具温度升温到工艺要求的温度之后，就要开始注射。在欲注射前，对料筒内不符合要求的残余料要进行清理，即将料筒加热后，加入试模选定用的塑料，对空喷射残余料，这时加入的试模料尽可能用回收料（用回收清洗料筒比较经济）。

当新加的回收料开始吐出时，必然注射出来的是两种料混合。如果制品形状简单，极易脱模，则可以用这种混合料试注射。这样清理料筒既节约原料，又可以起到对模具进行预热。但是值得注意的是：如果制品形状复杂，有较深的加强筋及深腔薄壁之类制品，千万不要用这类混合料向模腔内试注射。因为混合料易分层、强度差，顶出易破裂，易使部分塑件断裂残留在模内不易取出，给试模带来困难。如果原来料筒内存的料与试模料属于同类型塑料即能共熔，则可以用混合料试注射。

清理料筒时，还要注意料筒内残余料与新选的试模料之间的成型温度的差异。若新加料的成型温度比料筒内剩余料成型温度高时，应将料筒和喷嘴温度升到新加料的下限最低加工温度，然后对空连续注射，直至排尽剩料后，再升高料筒温度达到要求范围。否则容易使剩余料在料筒内被分解。一旦残余料被分解，给清洗料筒又造成困难。

（2）正确计算注射量　喷嘴空射把残余料从料筒内清理干净，吐出来的都是新试模料时，就要向模内正式试注射。正式试注射时，注射量一定要认真计算。有制品实样的称一下它的质量，再加上浇道凝料质量，计算在一起即可。若无实样，则要按图样基本尺寸算出制品实际体积乘以塑料密度求出质量。如果形状复杂，则计算比较麻烦，可用量杯测制品的排水量来计算。

试注射时要正确计算注射量。缺料必然产生型腔注射不满。未注满的制品形状残缺，会使推杆或推件板顶出时产生偏荷顶出，容易把制品卡死在型芯或型腔上，造成残缺制品留在模内取出困难。遇到这种情况，不要强顶出。可让喷嘴空射一部分新料，喷在硬纸板上，趁热把它贴补在残留在型芯上的残缺制品的残缺部位，与残缺制品粘贴在一起。等它们冷却硬化后，即可顶出。因为残缺制品已补成整体，使推杆、推件板顶出着力点处于平衡，不产生偏荷顶出，制品就能顺利顶出。

缺料易造成顶出困难，但注射量太多，又会产生溢料飞边，易撑坏模具。所以注射量以不能太小，但也不宜超量过多为原则。

（3）试注射时的注射压力控制　试注射时，注射压力不宜过大，尤其是注射量稍大时，更不宜注射压力大。因为注射压力大，制品易产生飞边，脱模顶出困难。尤其形状复杂的制品更是如此。过大的注射压力会引起制品产生较大的内应力，甚至会损坏模具，损伤机器。故初试模时，绝对不能用过大的注射压力。试注射压力稍小些，制品会有点缩坑，只要能脱模，有点缩坑问题不大，可以慢慢调整。

（4）试模工艺条件应逐步进行调整　试模的第二目的，是要寻找合理的注射工艺条件。由于制品的原料不同，工艺条件也各不相同。然而，因为是试模过程，在模具方面难免存在着许多估计不到的、不利于注射成型的因素。初次试注射，出现成型不理想时，一时难以判断是注射工艺问题还是模具设计制造问题。因此，首次注射所选用的基本工艺，要根据制品的特点及所选用原料的型号，所选试模设备的性能等综合考虑，拟订一个实际与理论均趋于合理的工艺条件，暂作试模基本工艺条件。先假设模具结构合理，试注射时着重对工艺条件逐步进行调整。

所谓工艺条件调整，无非是对注射量、注射压力、注射速度和注射速率、注射温度和模具温度的调整。由于塑料属于非牛顿流体，这些工艺条件调整都互相牵连、互相制约。例如注射压力提高，注射速度提高，或注射温度提高都能增加熔料在模腔内的流动性。但在实际试模中，究竟应该调整哪个工艺条件较为理想这就要根据具体条件作具体分析。如：有的塑料对压力变化较敏感，有的塑料对温度变化敏感，那么应该对敏感的条件先调整。若该试模塑料对温度敏感，则应该从调整注射温度入手，提高熔料流动性。调整注射温度又要注意以下两点：第一，温度调整有一个时间过程，不能马上反应出来，不到一定时间，试注射出来的制品不是真实情况，可能是假象，应多注射几个样品对照变化情况；第二，温度调高，必须微调。对于注射温度区间狭窄的塑料要特别注意其分解温度的临界点。尤其是温度计误差较大，料筒内实际温度反馈不准确，容易产生误调，造成试模料在料筒内分解，给试模工作带来很大麻烦。

如果把注射压力、注射温度和注射速度都作了调整，模内熔料仍流动不畅，注射不满，那么就要检查是否缺料。如果加料之后，发现制品出现局部溢料飞边，而整个制品尚有缺料塌坑现象，出现这种现象应调整注射量，查看模具飞边部位是否分型面不贴实；塌坑部位是否有局部冷却现象等，直到制品完整。

如果应调的工艺条件均经过调试，仍未有明显效果，则应从模具上找毛病。查看模具的浇注系统流程是否太远；浇口是否太小；主流道、分流道是否太窄；型腔是否憋气、窝气；浇口位置不佳，浇口太少，是否适当增加，还是重新选择浇口位置；是否制品壁厚不均；或是水道循环不佳；模具有局部冷却等。总之，复杂模具试模，要仔细检查，查出原因后，才能制订维修方案，拟订修正措施。在调换工艺条件进行试注射时，要做好详细记录，要把试模样件编上号顺序排列，每次工艺条件的更改，应注射 3～5 个制品留样。然后把其工艺数据记录下来，在其中寻找最佳制件的工艺数据，把这些数据的组合、变化规律特点归纳起来，从而找出合理的工艺参数。

每次试模时，要对所用的设备型号、特点，试模用塑料的牌号及生产厂家，也要详细记录。对模具结构有碍工艺调试，有碍操作的不合理之处都要提出修改意见和建议，并应在试模记录中加以详细说明，这将为制订模具的修改方案提供十分宝贵的第一手资料。

一副模具经过几次试模、几次修改和多次工艺调整，成功之后，其详细的试模记录是一套完整的工艺数据，这是模具的宝贵的原始资料。经过总结整理，它将为塑料成型工艺修改和调整提供可查依据，也是模具设计者和制造者提高设计、制造水平不可缺少的来源于实践的可靠的技术资料。

三、塑料注射制品成型缺陷与改正措施（表 3-16）

表 3-16　塑料注射制品成型缺陷及其产生原因

制品缺陷	产 生 的 原 因
1. 制品不足	（1）料筒、喷嘴及模具温度偏低 （2）加料量不够 （3）料筒剩料太多 （4）注射压力太低 （5）注射速度太慢 （6）流道或浇口太小，浇口数目不够，位置不当 （7）模腔排气不良 （8）注射时间太短 （9）浇注系统发生堵塞 （10）原料流动性太差

（续）

制品缺陷	产 生 的 原 因
2. 制品溢边	（1）料筒、喷嘴及模具温度太高 （2）注射压力太大，锁模力不足 （3）模具密封不严，有杂物或模板弯曲变形 （4）模腔排气不良 （5）原料流动性太大 （6）加料量太多
3. 制品有气泡	（1）塑料干燥不良，含有水分、单体、溶剂和挥发性气体 （2）塑料有分解 （3）注射速度太快 （4）注射压力太小 （5）模温太低，充模不完全 （6）模具排气不良 （7）从加料端带入空气
4. 制品凹陷	（1）加料量不足 （2）料温太高 （3）制品壁厚或壁薄相差大 （4）注射及保压时间太短 （5）注射压力不够 （6）注射速度太快 （7）浇口位置不当
5. 熔接痕	（1）料温太低，塑料流动性差 （2）注射压力太小 （3）注射速度太慢 （4）模温太低 （5）模腔排气不良 （6）原料受到污染
6. 制品表面有银丝及波纹	（1）原料含有水分及挥发物 （2）料温太高或太低 （3）注射压力太低 （4）流道浇口尺寸太大 （5）嵌件未预热或温度太低 （6）制品内应力太大
7. 制品表面有黑点及条纹	（1）塑料有分解 （2）螺杆转速太快，背压太高 （3）塑料碎屑卡入柱塞和料筒间 （4）喷嘴与主流道贴合不好，产生积料 （5）模具排气不良 （6）原料污染或带进杂质 （7）塑料颗粒大小不均匀
8. 制品翘曲变形	（1）模具温度太高，冷却时间不够 （2）制品厚薄悬殊 （3）浇口位置不当，数量不够 （4）顶出位置不当，受力不均 （5）塑料大分子定向作用太大
9. 制品尺寸不稳定	（1）加料量不稳 （2）原料颗粒不匀，新旧料混合比例不当 （3）料筒和喷嘴温度太高 （4）注射压力太低 （5）充模保压时间不够 （6）浇口、流道尺寸不均 （7）模温不均匀 （8）模具设计尺寸不准确 （9）脱模杆变形或磨损 （10）注射机的电气，液压系统不稳定

（续）

制品缺陷	产 生 的 原 因
10. 制品粘模	（1）注射压力太高，注射时间太长 （2）模具温度太高 （3）浇口尺寸太大和位置不当 （4）模腔光洁度不够 （5）脱模斜度太小，不易脱模 （6）顶出位置结构不合理
11. 主流道粘模	（1）料温太高 （2）冷却时间太短，主流道料尚未凝固 （3）喷嘴温度太低 （4）主流道无冷料穴 （5）主流道光洁度差 （6）喷嘴孔径大于主流道直径 （7）主流道衬套弧度与喷嘴弧度不贴合 （8）主流道斜度不够
12. 制品内冷块或僵块	（1）塑化不均匀 （2）模温太低 （3）料内混入杂质或不同牌号的原料 （4）喷嘴温度太低 （5）无主流道或分流道冷料穴 （6）制品重量和注射机最大注射量接近，而成型时间太短
13. 制品分层脱皮	（1）不同塑料混杂 （2）同一种塑料不同级别相混 （3）塑化不均匀 （4）原料污染或混入异物
14. 制品褪色	（1）塑料污染或干燥不够 （2）螺杆转速太大，背压太高 （3）注射压力太大 （4）注射速度太快 （5）注射保压时间太长 （6）料筒温度过高，致使塑料、着色剂或添加剂分解 （7）流道、浇口尺寸不合适 （8）模具排气不良
15. 制品强度下降	（1）塑料分解 （2）成型温度太低 （3）熔接不良 （4）塑料潮湿 （5）塑料混入杂质 （6）浇口位置不当 （7）制品设计不当，有锐角缺口 （8）围绕金属嵌件周围的塑料厚度不够 （9）模具温度太低 （10）塑料回料次数太多

四、技能训练

1. 训练目的

1）熟练掌握塑料注射模在注射机上安装。

2）掌握注射工艺调整方法。

3）掌握注射成型工艺对塑料制品成型质量影响。

2. 训练要求

1）完成1~3种典型注射模具在注射机上的安装工作（根据学校具体情况，选择合适塑料注射模具）。

2）根据样件存在问题，分析原因。

3）调整工艺参数，得到合格塑料制品。

3. 操作步骤

1）分析所选择模具结构特点、制品特点。

2）根据以上分析结果初步确定操作过程以及制品成型工艺参数。

3）按要求将模具安装到注射机上，模具各部位动作灵活。

4）注射试模，得到样件。分析样件存在问题，提出解决办法。

5）进一步调整工艺参数，最终得到合格塑料制品。

4. 实习记录与评分标准（见表3-17）

表3-17　实习记录与评分标准

项次	项目与技术要求	配分	评定方法	实测	得分
1	正确分析模具、制品特点	20	审定文字报告		
2	正确确定安装步骤及成型工艺参数	20	审定文字报告，安排不合理每一处扣2分		
3	正确完成注射模装模过程、模具动作正常	30	安排不合理每一处扣3分		
4	正确分析样件存在问题，并提出正确解决方案	15	总体评定		
5	制品合格	10	测量、观察		
6	安全文明生产	5	违者每次扣2分		

课题六　塑料模具技术状态检测与维修

一、模具技术状态的检测

1. 模具技术状态检测的重要性

模具作为一种特定的工艺装备，在其使用前、使用过程中和报废时都需要进行技术状态的检测。

在模具制造完成正常投入使用之前进行的技术状态检测是判断模具是否达到设计要求，在制件质量、模具寿命和功能上是否满足生产要求的重要步骤。这种检测主要是判断模具是否合格，能否投入使用。在检测中，各有关部门和人员要齐心协力排除缺陷和不足。

模具在使用过程中，由于模具零件的自然磨损、模具制造工艺不合理、模具在机床上安装或使用不当以及设备发生故障等原因，都能使模具失去原有的使用精度。模具技术状态必然日趋恶化，也将直接影响制件质量和生产效率。因此，在模具管理上，模具使用一段时间或每次使用完毕都需要进行检测。这样管理人员就可以主动地掌握模具技术状态的变化，并认真及时地予以处理，使模具经常在良好或最佳状态下工作。

模具经过长期使用，在报废前也要进行技术状态检测，对模具做出正常的结论，报废模具做出特定标记，及时更新模具。

此外，在各次技术状态检测中，要把模具检测的结果连同制件产生缺陷的内容、原因和采取的措施以及模具的磨损程度、损坏原因和修理内容作详细记录，并进一步整理出资料，为模具设计、工艺和使用等方面提供十分重要而有用的技术资料。

2. 模具技术状态的检测

新模具制成和模具修理后，模具的技术状态是通过试模来检测的。使用中模具技术状态的检测是通过对制件质量状态和模具工作性能的检查来进行。

重大的技术状态检测应由产品工艺人员、模具设计人员、模具工艺人员、检验人员、模具制造和使用人员以及模具生产管理人员共同参与和完成。在检测中要做到模具工作的设备及状态、试用的原材料或半成品、试用的工艺条件要符合产品工艺规程的规定。同时，对试用中的制件的数量要有明确的规定。

（1）制件质量的检查　由于模具精度直接表现为制件精度，因此，制件质量的检查是模具技术状态检测的重要一环。

1）制件质量检查主要内容有以下方面：

① 制件尺寸精度是否符合图样要求。

② 制件形状及表面质量有无各种成形缺陷。

③ 飞边是否超过规定要求。

2）制件质量检查应分三个阶段进行。

① 模具开始作业时检查。应在模具安装调整完毕进行，先检查几个制件并与前一次模具检验时的测定值作比较，以检验模具安装是否正确。这是因为有时制件不良的原因不在于模具，而是由于模具安装方法不当而造成的。

② 模具使用中的检查。主要内容是进行制件尺寸测量和飞边测量，通过检查和掌握制件尺寸、形状和飞边大小来检测模具的磨损状态和使用性能。

③ 模具使用后检查。检查最后几个制件的质量情况，其检查要根据工序的性质来确定，要检查外形尺寸、孔位变化、表面质量和尺寸等的变化。通过制件质量和模具生产制件的数量来判断模具的磨损情况或模具有无修理的必要，以防止在一次使用该模具时由于模具不良而引起事故或中断生产。

三个阶段的检查分别发挥着不同的作用，其主要目的是保证模具的精度，使模具保持良好的技术状态，最大限度地延长模具的寿命和防止制件出现缺陷。

（2）模具工作性能的检查　模具使用后，除了检查制件质量外，还应对模具的工作性能进行一次详细的检查。其检查内容如下：

1）检查工作件：结合制件质量情况，检查模具工作件是否完好。

2）检查各工作系统：各工作系统动作是否协调，能否正常工作。

3）检查导向装置：导向装置是否有严重磨损，导柱、导套的配合间隙是否过大以及有无松动现象。

4）检查推出机构和侧抽装置：推出机构和侧抽装置动作是否灵活平稳，是否有严重磨损和变形状况。

5）检查定位装置：定位装置是否可靠，有无松动和严重磨损。

6）检查安全防护装置的完好状态。

通过以上检查来确认模具技术状态的良好程度，并以此为根据提出修、存的处理意见。对于每次检测中的制件质量、模具质量、留档制件和模具维护等方面的情况，要逐项记录在模具档案本上，由有关人员签字。历次检测都要记录在案直至报废。每副模具都有“技术状态检测档案本”。

二、塑料模的常规维修

塑料模具在正常使用过程中，需要定期或不定期的维护修理，以保证模具的使用精度和延长使用寿命。

任何一付模具都离不开日常维修，因为长期使用，总会产生自然磨损，或出现意外事故，造成不同程度的损坏。因此，要根据损坏的程度进行小修、中修和大修。没有任何一付模具可以不经过维修而能长期地保持正常使用。因此，正确分析和掌握模具常见损坏原因和维修方法十分重要。

1. 导柱和推杆的损坏原因及修理方法

塑料模具在长期使用过程中，某些滑动配合的活动零部件较容易磨损，如导柱、导套等导向零件；侧抽滑块和侧抽型芯等抽拔零件；限位、锁紧等定位零件；推杆、回杆、拉料杆等结构零件。它们在工作中都互相摩擦，较易损坏，称为易损件。此类零件一般均为标准件。它们的损坏主要是磨损和拉伤，严重的有折断及啃坏卡死等现象。若一般磨损拉伤不厉害，则及时用油石、砂布打磨即可。严重拉伤或啃坏、折断，则必须更换新件。因为有标准件备用，更换很方便，故没有必要对旧件进行修补。因为用刷镀等工艺对这类易损件进行修补，比更换新件更费工，更不经济，反而得不偿失。

必须指出：若某根导柱或推杆经常发生单面磨损或折断，则不应老是频繁地更换新件，必须从根本上查找磨损或折断的原因。因为这不属于自然磨损，而是有偏荷作用，单面受力引起。只有把产生偏荷原因找到，才能防止磨损、折断。

一般导柱与推杆单面严重拉伤、磨损和断裂的原因有以下几种情况：

1）导柱与导套或推杆与推杆孔配合太紧，容易拉伤。四根导柱或多根推杆，配合紧松不一致，会引起顶出力不平衡，产生偏荷，而引起拉伤、啃坏或折断。

2）导柱孔或推杆的安装孔与分型面不垂直，使开模时导柱轴线与开模运动方向不平行。推杆顶出时，与顶出运动方向不平行，由此引起的偏荷，易拉伤、啃坏或折断导柱或拉杆，如图 3-89 所示。

3）动模部分在注射机上安装有下垂现象，使它在合模时，与定模导套孔插入时产生偏荷，引起拉伤、啃坏或折断。

4）推杆固定板与推板太薄，刚性不够，使顶出时产生弹性或塑性变形，成为图 3-90 所示那样弯曲状态，引起推杆中心线与顶出运动方向不平行而偏荷，迫使推杆拉伤、啃坏或折断。因此，推杆固定板和推板必须有足够的厚度。尤其是推杆数量较多、较密及中间有两个支柱过孔的模具，其推杆固定板和推板更要有足够的刚性，更应该加厚。其厚度不受标准模架规定的厚度所限制。

5）为了保护导柱免受径向应力，在模具的分型面上应设定位装置，另外斜分型面上必须设限位台阶，这些都是为了保护模具的导柱免受径向压力。因为分型面上无定位装置，斜

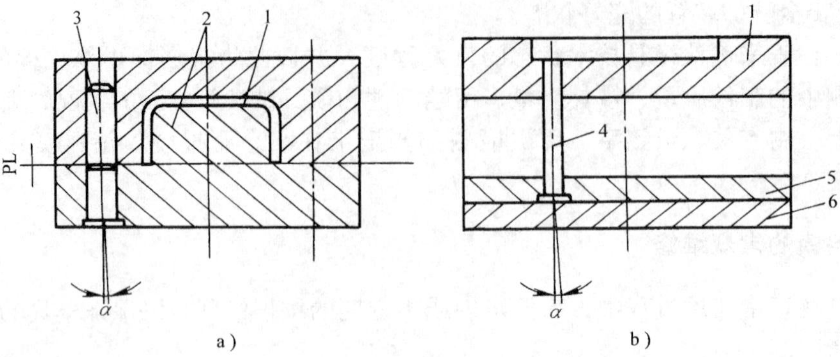

图 3-89　导柱孔和推杆安装不垂直

a）导柱孔与分型面不垂直　b）推杆固定与分型面不垂直

1—型腔　2—型芯　3—导柱　4—推杆　5—推杆固定板　6—推板

分型面上无限位台阶，是导柱拉伤、啃坏和断裂的重要原因之一。

6）推板和推杆固定板无导向驱动，在卧式注射机上因自重下垂，产生偏荷力矩，推杆易单面磨损，顶杆孔上端易磨成椭圆，如图 3-91 所示。

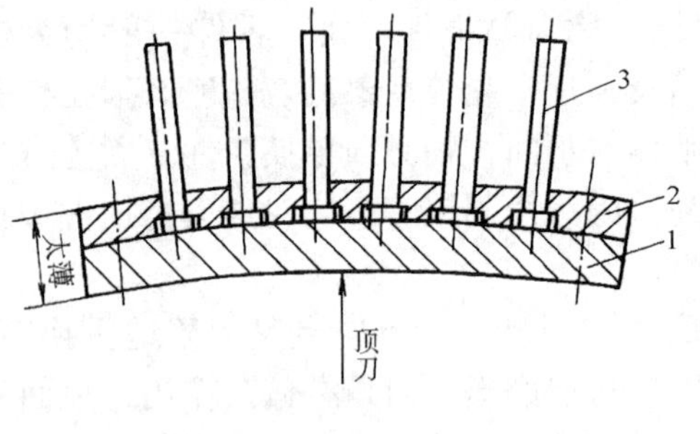

图 3-90　推杆固定板与推板受顶力产生弯曲变形

1—推板　2—型芯固定板　3—推杆

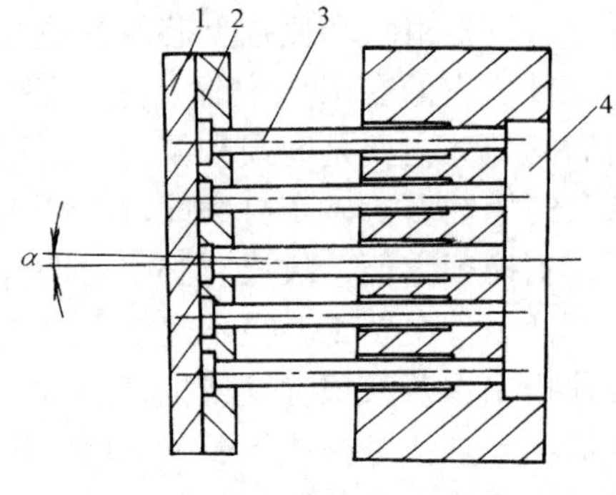

图 3-91　推杆固定板与推板自重下垂

1—推板　2—推杆固定板　3—推杆　4—型腔

7）导柱与推杆的淬火硬度不够，是磨损、拉伤、啃坏的又一种原因。一般导柱的硬度不低于 55HRC，推杆的硬度不低于 45HRC，并要求导套的硬度低于导柱硬度 5HRC 左右为宜。

8）导柱、导套和推杆、推杆孔的配合处有污物，或缺少润滑油而干磨擦，属于保养不好，也是产生磨损、拉伤、啃坏的一种原因。因此，维护、保养是确保模具使用寿命的重要一环。每班均应在滑动部位加油一次。每付模具都应定时清理维修，让这种维护、保养制度化与经常化。

2. 侧抽机构的损坏原因及修理方法

侧抽机构损坏主要有两大因素造成，其一是自然磨损或零件疲劳引起；其二是侧抽机构动作失灵造成。前者属于经常维修保养问题，通过对滑动部位勤加油，磨损部位进行修补、调节，使滑动件得到精确复位，如图 3-92a、b 所示。通过对图 3-92a 的件 4 锁紧块 *A* 面微量修磨和对图 3-92b 件 5 垫块 *B* 面用金属片适量垫高，就能补偿件 3 侧抽成型件的磨损量。凡是滑动摩擦部位均应淬火，经常易磨损的件，应做备用件。只要模具结构合理，平时又能做到及时维修、定时检修，就能延长模具的使用寿命。而后者是属于事故隐患，维修人员应具有查找和消除各种隐患的本领，不让侧抽机构动作失灵。因为动作失灵不仅损坏侧抽件，同时还会损坏型腔和型芯。但有些侧抽机构动作失灵仅损坏成型后的制品，并不毁坏模具，可暂不考虑。常见的侧抽隐患，有以下几种情况：

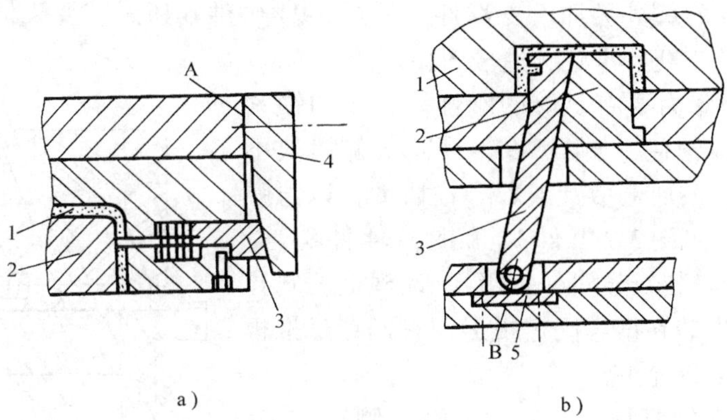

图 3-92　侧抽易损件的微量修复和调整

1—型腔　2—型芯　3—侧抽件　4—锁紧块　5—垫块

1）在侧成型杆下面禁止设有脱模推管和推杆，如图 3-93 所示。一旦侧抽失灵，推杆或推套必然顶坏侧成型件，毁模事件立即发生。若将图 3-93a 修改成图 3-93b 的形式，危险即可消除，因为有件 12 拨针协助弹簧实现侧抽，同时件 8 锁紧块镶嵌入件 1 定模板上，顶端还插入件 2 型腔，使锁紧的刚性也得到加强。

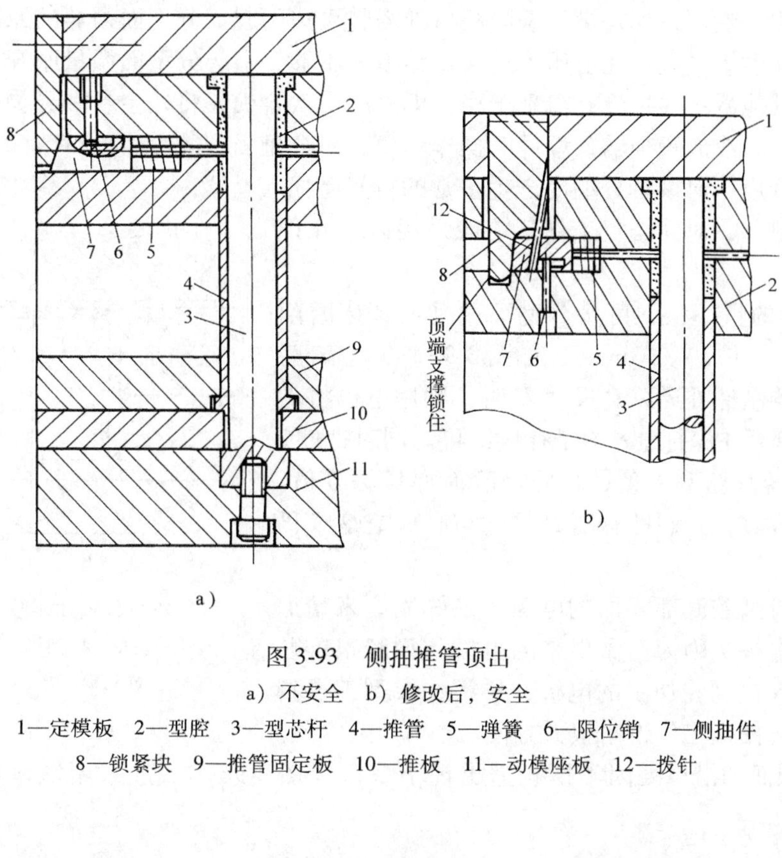

图 3-93　侧抽推管顶出

a）不安全　b）修改后，安全

1—定模板　2—型腔　3—型芯杆　4—推管　5—弹簧　6—限位销　7—侧抽件

8—锁紧块　9—推管固定板　10—推板　11—动模座板　12—拨针

2）弹滚珠限位的侧抽件的限位形式，只许安装在水平方向，不能安放在模具的上下位置上，因为靠弹簧的弹力，可靠性差，遇到振动或无意中磕碰，极易使侧滑块位移，造成斜导柱复位受阻而压坏模具。

3）侧抽滑块的道轨不宜太短，锁紧块在锁紧滑块时，滑块下面必须有道轨支撑，不准悬空。补救的办法是在模外另加上支撑件，见图3-94中件6所示。要谨防悬臂锁紧，否则产生力矩，造成滑块卡死、卡住，造成毁模事故。

4）锁紧块的锁紧力要有足够的刚性。较长的锁紧块，顶端也需要支撑锁住，如图3-93b所示。侧滑块不宜只用弹簧抽拔，应该加上拨针或斜导柱协助，以防弹簧自锁，卡死失灵，见图3-93b件12和图3-94件8。

5）推板上不能安装斜导柱（斜销）。动模上的斜导柱（斜销）一般都安装在型芯固定板上，它们穿过推板时，在推板上开设腰圆过孔。

总之，有侧抽件的模具，结构就复杂。侧抽越多，结构越复杂，模具使用中事故隐患也就越多。务必引起注射工和维修人员足够重视，在操作中一定要谨慎小心。

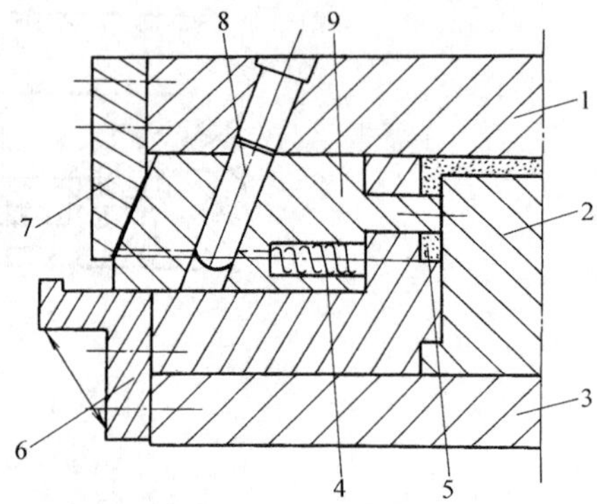

图3-94　滑块导轨延长加支撑架
1—定模板　2—型芯　3—支承板
4—弹簧　5—型腔　6—支撑架
7—锁紧块　8—斜导柱　9—侧抽件

3. 分型面的损坏原因及修复方法

模具经过一段时间的使用后，原本很清晰光亮的分型面，会出现坑凹或麻面。尤其在型腔的沿口处由楞角变成了圆口和钝角，如图3-95所示。使制件产生飞边、毛刺，都是模具型腔沿口处溢料飞边引起。分型面损坏的原因是多方面造成的。第一是注射量过大、注射压力过大、锁模力不够，引起分型面微量胀开；第二是分型面上有余料或其他微小异物没有清理干净，即进行二次合模，将残余料和异物挤压在分型面上；第三是取制品或放置金属预埋件时操作不慎，对合型面型腔沿口处有磕碰；第四是长期反复地闭合、开启，对模具分型面产生正常的自然磨损。

针对以上情况，对其修复工作，一般采用以下几种方法。

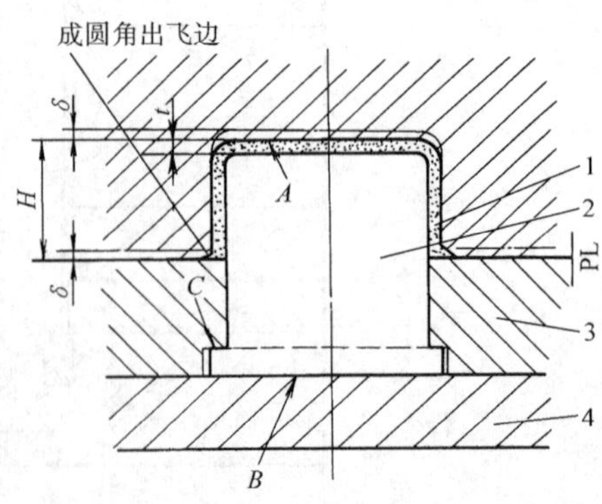

图3-95　分型面出现飞边的修理
1—型腔　2—型芯　3—型芯固定板　4—支承板

1）若磨损的量不大，可将分型面用平面磨床磨削飞边的厚度δ（约0.1~0.3mm），如图3-95所示。若磨去微δ量会影响制件外形总高尺寸H时，则用电极将件1型腔的底部A面往深打量δ给予补偿即可。同时把件2型芯的B面用薄片垫高δ值，C处台阶面亦铣去δ值。这样修改后的模具，其制件总高H尺寸与底部壁厚C仍保持不变。

注意：修打型腔底部A面的电极，最好用原来精加工型腔时的原电极，因为新做出来的电极与型腔很难贴实。所以留心保存型腔加工的电极、样板、成型工卡具等二次工装，对修模工作带来很大方便。

2）若分型面的沿口处因不慎碰撞出现小缺口（图3-96）一般采用氩弧焊把小缺口焊

上，由钳工修复即可；若型腔未曾淬火，因材料有一定的延展性，则可用挤胀法在缺口处附近钻一个 $\phi8\sim10$mm 的小孔，用小捻子从小孔的那侧向缺口处冲击碾挤，如图 3-97a 所示。当被碰撞的缺口经碾挤后，向型腔内侧凸起时，见图 3-97b，观察其凸起的量够修复的量时，就停止碾挤，然后把碾挤变形了的小孔用钻头扩大成正圆，并把底扩平，然后用圆销将孔堵平填补好，再把被碾挤凸的型腔侧壁修复好即可，见图 3-97c。

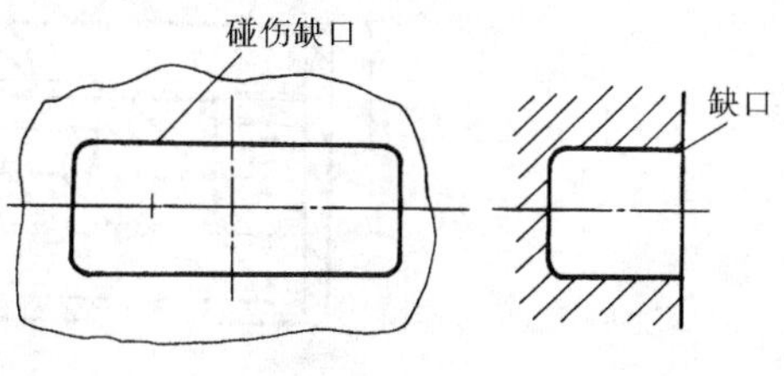

图 3-96 分型面沿口处局部碰伤

3）对于一模多腔的小型制品模具，大多数采用型腔台阶嵌入模板的方法。若此类模具的分型面沿口处局部损坏，或个别型腔意外损坏，一般不必修理，重新换一个新型腔安装上即可。因为此类模具的型腔都是采用电火花和冷挤压或电铸等方法加工的，只要原来的电极、冷挤用的冲头种模保存良好，复制一个型腔很方便。因此在新模制作时，就要考虑到多制几个型腔，留作备用，便于维修时更换。

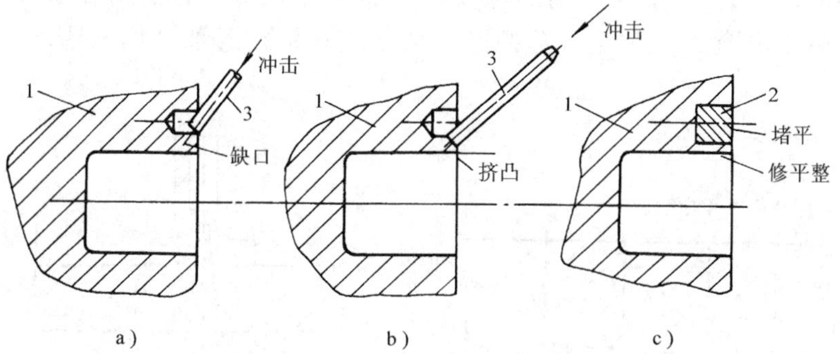

图 3-97 用挤胀法修复局部碰伤

a）碰伤缺口附近钻孔 b）用冲子冲击，并将侧壁挤凸

c）扩孔，堵平、修复型腔壁

1—型腔 2—堵 3—冲子（无刃口的凿子）

4）分型面的保护措施：

① 分型面沿口的局部淬火。分型面是定模和动模两大部件的分界线，分型面又是型腔和型芯的基准面。分型面最易损坏的部位就在型腔的沿口处，因此沿口处淬火增加硬度是防止磨损的一项重要措施。对于小制品，一模多腔的采用型腔台阶嵌入的方法，因体积小，型腔淬火、氮化、渗碳等热处理均比较方便。但对于大型模具，则淬火热处理是难以实现。现介绍用火焰局部淬火的简易方法，对大型模具的分型面的沿口处实施淬火，如图 3-98 所示。

件 1 型腔放入件 2 水槽中，下面用件 4 支撑块支撑。放入清水，让水面漫过型腔分型面约 2 ~ 3mm。件 5 为气焊的小焊枪，火焰苗对准沿口处吹，沿口处的水被火焰吹开一个约 $10mm^2$ 的小平面，这个小平面立即被烧红。接着焊枪慢慢移动，火焰顺着沿口处的周边环行一周，被烧红的小平面亦跟着火焰走红了一周，这样沿口周边均被淬上了火。如果型腔是 45 钢，则沿口周边的硬度可达到 40 ~ 45HRC。由于整个型腔浸入水中，沿口淬火后能确保型腔不变形。这是火焰局部淬火的最大优点。用此法亦可淬大型模具的模套和推板的沿口处。

② 分型面上避免暴露出螺纹孔。分型面上除了导柱孔和复位杆孔之外，避免其他孔分

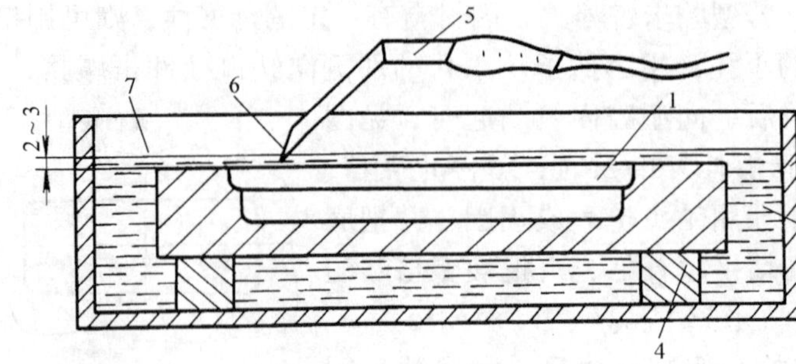

图 3-98　型腔沿口周边火焰淬火示意图

1—型腔　2—水槽　3—水　4—支撑块

5—焊枪　6—火焰　7—水平面

布在分型面上，尤其是螺纹孔更不宜暴露在分型面上。因为分型面上难免会出现溢料飞边，一旦飞边，料流注入螺孔内，使螺纹周边的残余料很难清理干净，这些未清理干净的残余料在合模时易压坏分型面。一般装配用的螺纹孔尽量不钻透分型面，应做成不通孔，如图 3-99b 所示。如果不慎把螺纹孔钻透了分型面，那么应该把钻透部分局部堵上，如图 3-99a 所示。

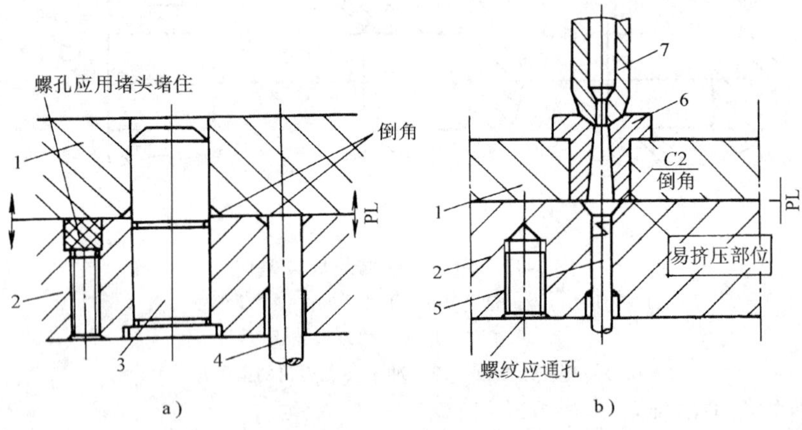

图 3-99　分型面上的滑动配合孔均应倒角

a）导柱孔与复位杆的倒角　b）拉料杆孔的倒角

1—定模板　2—动模板　3—导柱　4—复位杆　5—拉料杆　6—浇口套　7—喷嘴

③　分型面上的滑动配合孔均应倒角。在分型面上的导柱孔和复位杆过孔及拉料杆的配合孔，必须在分型面的出入口处倒角，否则容易出现导柱与复位杆和拉料杆被拉伤、啃坏和卡死，如图 3-99a、b 所示。因为分型面频繁地开启、闭合，贴合面上长期承受相互挤压，久而久之会把通孔的口部直径挤压缩小。虽然缩小是微量的，但它影响导柱与复位杆和拉料杆的配合精度。使本来动配合的杆，变成了静配合。在闭合和顶出过程中，必然使导柱、复位杆和拉料杆被拉伤、啃坏或卡死。尤其是拉料杆孔，更应倒角大一些。因为它上面的浇口套在注射机喷嘴不断地撞击下，这股撞击的顶力绝大部分由浇口套端面传递给拉料杆孔的出口处，见图 3-99b。浇口套的挤压力是引起拉料杆孔口部直径缩小的主要原因。

④　分型面上的安全区与密合带。在维修工作中，分型面上的一切孔穴，尤其是通孔，都必须安排在安全区域内。若在维修工作中由于特殊需要，必须在危险区内钻孔或套螺纹，

则应在钻孔、套扣的同时，相应地采取增强措施（见图 3-100），以弥补危险钻孔带来强度和刚度的损失。注意：模套加强焊接，采用电焊应把它局部放入水中，如前面讲的火焰淬火似的防止模套变形。

在维修分型面的刮削和研磨工作中，重点应放在分型面的密合带和平衡带的研配和密合。对于其他部位就不必认真精研，并要求稍低凹些，让它们低于密合带和平衡带 0.05～0.1mm 为好。

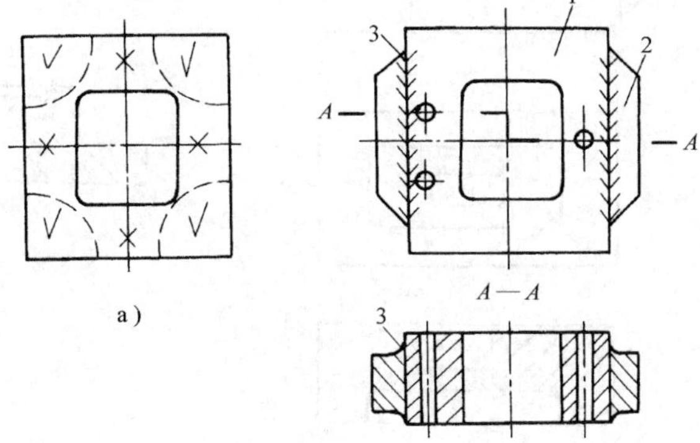

a）　b）

图 3-100　在模套的危险区钻孔，应有增强措施
✓—安全区　×—危险区
1—模套　2—加强块　3—焊接

4. 意外事故造成型腔型芯损坏的修复

（1）意外事故的预防　意外事故泛指异物掉入型腔内未被发现就合模，造成型腔和型芯被挤压损坏。如果掉入的异物是残余料，损坏程度稍轻一些，若掉入的是金属件，则后果就不堪设想。一般说来，型腔、型芯被挤压损坏后，要想完全修复原状是比较困难，因此要求注射工尽量做到小心谨慎，要以预防为主。平时停机时，最好把模具闭合上。开机时，观察模上是否有异物，模具四周压板是否松动，侧抽滑块和推杆、推板是否动作灵活。第一次合模和开模都应慢动作，仔细观察模内是否干净，听模具启合是否有异声等。

为防止因推杆、成型杆折断而损坏型腔，或预埋件安放不到位掉落压坏型腔，内外抽芯机构失灵损坏型腔等故障，应细心观察、认真操作、定期维修，对易损件及时更换，对某些零件在使用中发现质量有问题、结构不可靠、动作不灵活等，都应及时更换、修理和改进。

（2）意外事故的修复　发生意外事故，将模具的型腔和型芯压坏，根据其损坏的程度来制订修复的方案；还要看型腔原来的光度、精度，是否生产透明制品有无皮革纹或其他图案等。要根据具体情况，进行综合分析。

具体的修复方法有以下几种：

1）焊补法：即把型腔和型芯被压成凹坑的地方，用氩弧焊将凹坑焊补上，然后修平焊疤，打磨光亮即可。这种修补一般能看出修补后的接痕。对于 CrWMn 等不宜焊接的材料，不宜采用焊补的方法。

2）镶块法：型腔、型芯被挤压损坏，可以把损坏处切割掉一块有规则的面积，然后镶一块新的嵌件镶补上。尽量做到该镶嵌件正好在型腔、型芯的造型区间分界线上，可以遮盖修补的痕迹。如图 3-101 所示的镶嵌修补，能把修补痕迹遮盖住。

3）镶金牙修补法：把压坏了的型腔、型芯，在压坑处用凿子凿一个不规则的小坑，如图 3-102b 所示，并用凿子把小坑周边向外稍翻卷，然后把一根纯铜烧红退火后取一小段塞在小坑内，用碾子将纯铜踩碾实，并把小坑四周翻边踩平盖上，将纯铜嵌住，如图 3-102c 所示。然后钳工用小挫修平，砂布、油石打磨光滑抛光即可。此种纯铜镶嵌，在模具上能清楚地看到纯铜的紫红色与钢材的银灰色这种明显的修补后颜色界线，可是注出来的制品看不出修补的痕迹。因为纯铜有良好的延展性，它镶入钢内，经过踩碾，与钢模贴得非常紧密。因为型腔与型芯不是易损、易磨件，局部一小块纯铜镶嵌在型内不影响使用寿命。

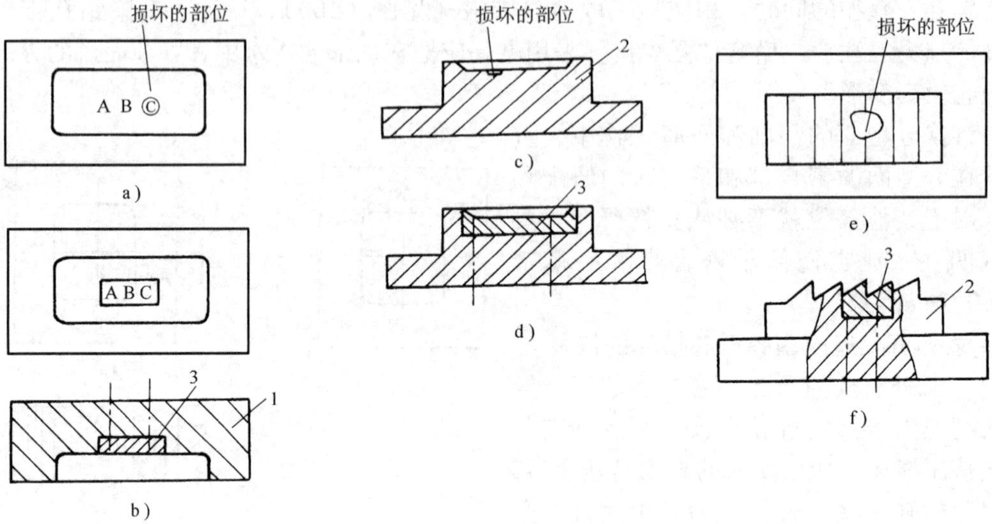

图 3-101　型腔、型芯镶嵌修补

a）商标压坏　b）商标镶嵌并加框格　c）型芯低台压坏

d）型芯低台镶嵌组合　e）型芯锯齿压坏　f）压坏矩形镶嵌

1—型腔　2—型芯　3—修补镶嵌件

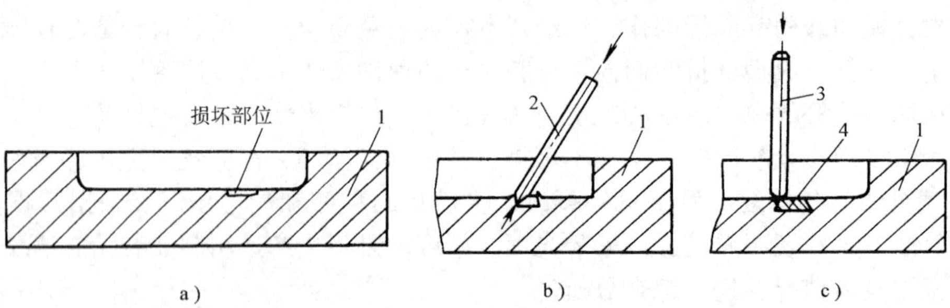

图 3-102　镶金牙式修补型腔

a）型腔受损　b）用凿子凿坑　c）镶补纯铜

1—型腔　2—凿子　3—碾子　4—纯铜块

4）挤胀修补法：为了使型腔损坏部位修补后不留任何痕迹，采用挤胀法修补是行之有效的方法。图 3-103a 为被压坏的型腔，在其损坏的部位的背面钻一个大于压坏面积一倍的深孔，深孔的深度应距型腔底部留 h 的距离。h 取深孔孔径的 1/2 ~ 2/3，即 $h \approx d$（1/2 ~ 2/3）深孔的底部平整，四周 R 圆滑过渡，参看图 3-103a。然后用件 2 碾子冲击深孔底部，经过冲击后，受损部分型腔底部变形凸出，隆起成如图 3-103b 所示。接着把冲变形的深孔底部用钻头锪平，孔底部四周仍留圆弧过渡，并车配一根圆销将深孔堵住，如图 3-103c 所示。让堵头顶住深孔的底平面，并把堵头上部与型腔背面用电焊焊住。最后把型腔底部隆起的部分修平修光，把型腔修复原状。在腔内不留任何伤痕与修理的痕迹。

5）撑胀修补法：当型腔压损的位置在型腔的侧壁（见图 3-104a），则采用撑胀法同样不会留下任何损坏修复的痕迹。其原理与挤胀法相同，也是利用金属的延展性。撑胀的方法

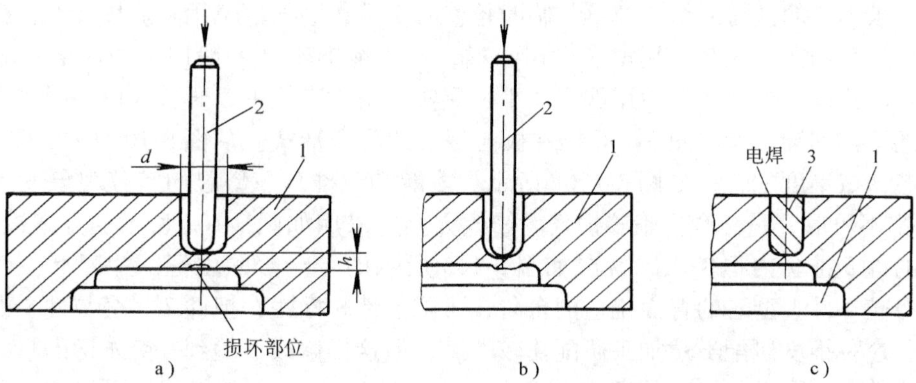

图 3-103　用挤胀法修补型腔

a）受损部背面钻孔　b）用碾子冲凸变形　c）堵孔、修型复原

1—型腔　2—碾子　3—堵

是：在侧壁损坏部位附近钻一个约 $\phi10\sim12$mm 的孔，深度略超过被损位置，如图 3-104b 所示。孔的边缘离型壁距离 h 约 4 ~ 5mm，然后磨一把撑扩用的碾子，碾子冲头要硬，要光亮。经过碾子冲挤，损坏处型壁被撑鼓凸出一道筋，如图 3-104c 所示，然后将被撑挤的孔扩大、扩平，车一根圆销堵死、焊牢、填实后，把侧壁撑鼓的凸出部分修平、抛光，型腔修复后也不会留下任何痕迹，如图 3-104d 所示。

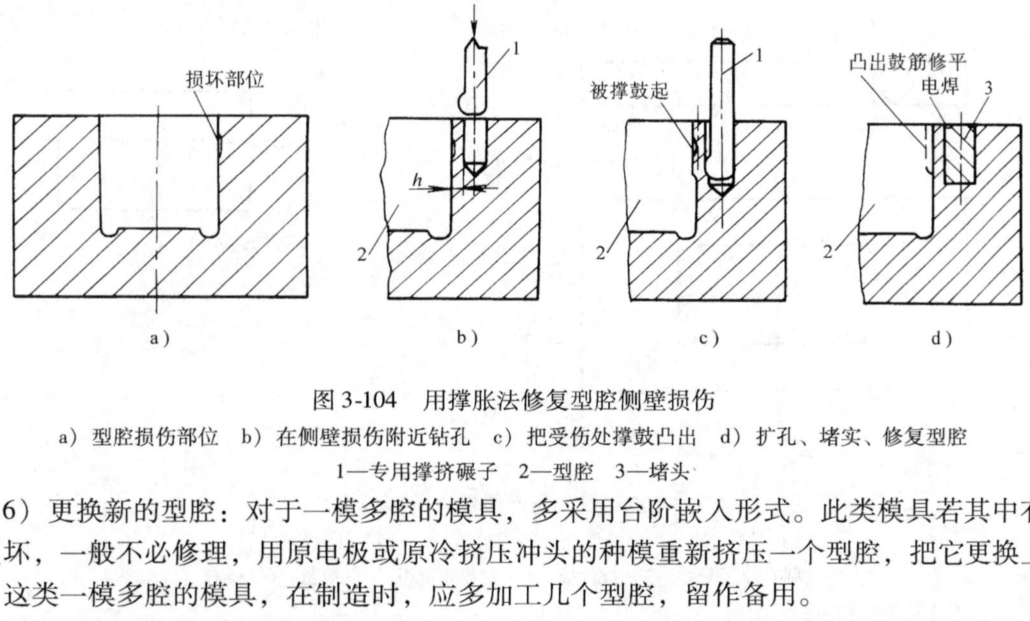

图 3-104　用撑胀法修复型腔侧壁损伤

a）型腔损伤部位　b）在侧壁损伤附近钻孔　c）把受伤处撑鼓凸出　d）扩孔、堵实、修复型腔

1—专用撑挤碾子　2—型腔　3—堵头

6）更换新的型腔：对于一模多腔的模具，多采用台阶嵌入形式。此类模具若其中有一腔损坏，一般不必修理，用原电极或原冷挤压冲头的种模重新挤压一个型腔，把它更换上即可。这类一模多腔的模具，在制造时，应多加工几个型腔，留作备用。

5. 推件板与型芯互相啃坏的修复

如图 3-105a 箭头所指处是型芯与推套极易啃坏的部位。由于推套与型芯是动配合，在生产中长期置于相互摩擦中，而这种摩擦一般均为干摩擦，不能加润滑油。因为摩擦部位离型腔太近，极易把制品污染了，故不能加油；再加上模具长期使用发热；又加上外界尘土、悬浮颗粒杂物偶然进入配合缝内，因此引起啃坏的机会多。被啃情况如图 3-105b、c 所示，图 b 为推套内侧四周啃坏；图 c 为型芯外侧四周啃坏。如果不及时修，啃坏面积会立即扩大、扩散，被啃坏的铁粉末纷纷掉落。临时抢修时把啃坏磨损部位用氩弧焊补上，由钳工修平研配；也可采用镶嵌工艺，用凿子凿出小槽，再用纯铜丝（一般用不同规格的电线）烧红退火后取一段嵌入槽内，然后用碾子碾平、碾实，由钳工修平、研合即可。根本上解决推套与型芯的磨损问题，参看图3-106推件板与型芯的配合形式。从图3-106中可见，惟独将推套与型芯做成锥度配合，如图3-106c所示，才能避免推套与型芯的啃咬现象发生。图3-106a和b都不可取，是会产生啃咬损伤。修改方案应采用如图3-107所示的方案进行根治，即将啃坏的件3推套内框扩大，铣成如图3-105所示的带台阶的内框，并配上一个件7衬套；同时将啃坏件1型芯的背面铣一圈台阶，再配上件8框圈，把件7衬套与件8框圈做成锥面配合。这种锥度研配虽然加工研配比较费工，但这样修改可达到一劳永逸的目的。若将件7衬套或件8框图进行氮化处理或火焰淬火（见图3-98），则效果将会更好，使用寿命更长。

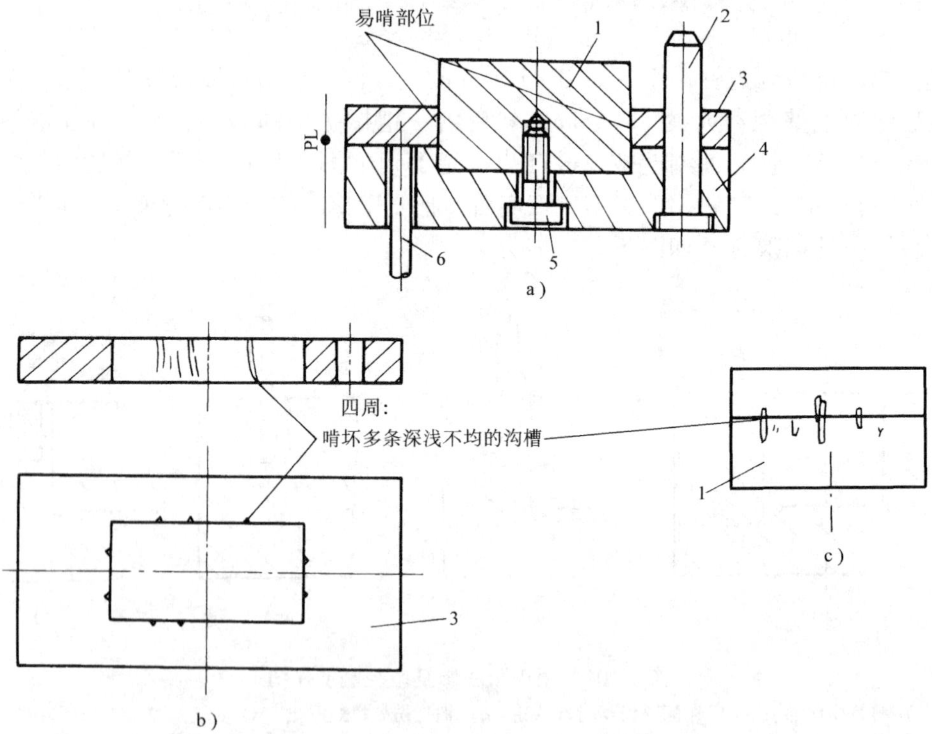

图3-105　型芯与推件板易啃坏部位

a）易啃部位　b）推件板内四周被啃　c）型芯外四周被啃

1—型芯　2—导柱　3—推件板　4—型芯固定板　5—螺钉　6—推杆

6. 锥形托盘推杆修飞边

锥形托盘推杆具有顶出面积大、排气性能好的优点，因此在薄壁深腔及盆、桶、盖之类的制品上被广泛应用。但此类推杆的锥形口部极易溢料飞边，在制品内壁产生飞边，如图3-108所示。尤其是一模多型的锥形推杆，飞边更易产生。因为飞边均在制品的内壁，修剪也很困难。产生飞边的原因是锥形推杆的锥面与型芯的锥面配合不严密所致。即使配合较严密，但如图3-109这种多型腔锥形推杆刚性复位的模具结构，装配工艺很难保证每根锥形推杆与型芯都能达到锥面贴实，总会发生多根锥形推杆在同步复位时产生起翘。靠件5复位杆

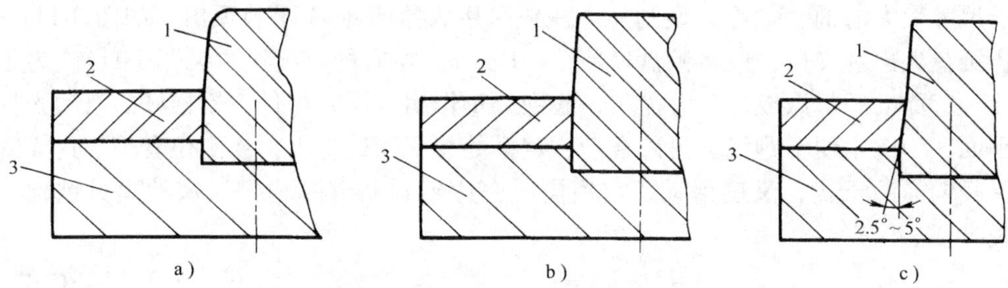

图 3-106　推件板与型芯的配合形式

a）不可　b）不可　c）可以

1—型芯　2—推件板　3—型芯固定板

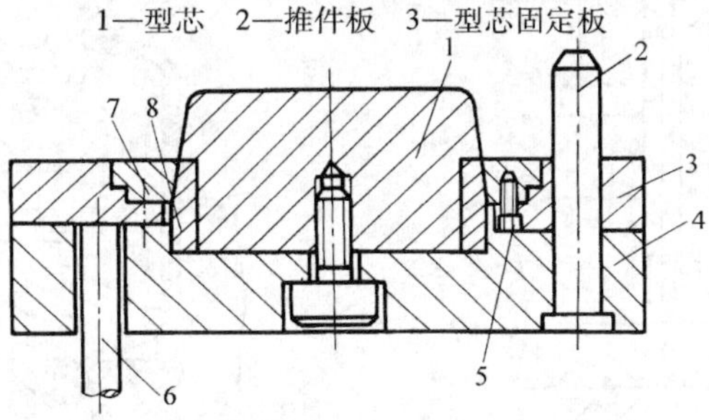

图 3-107　推件板与型芯啃坏修复方案图

1—型芯　2—导柱　3—推件板　4—型芯固定板

5—螺钉　6—推杆　7—衬套　8—框圈

刚性复位，很难调节多根锥形推杆的锥面密合贴实。欲消除锥面飞边，必须把图 3-109 结构改成图 3-110 所示那种锥形推杆浮动弹性复位形式。多根锥形推杆均各自靠件 8 弹簧自行复回，与件 5 顶板不组合在一起，而件 5 顶板以件 9 导柱为导向，靠件 10 弹簧复回。采用这种浮动弹性顶出，则各锥形推杆顶出复回互不干扰，只要锥面研配严密，保证复位贴实不会产生飞边。装配工艺和装配精度也方便简单、维修亦很方便。

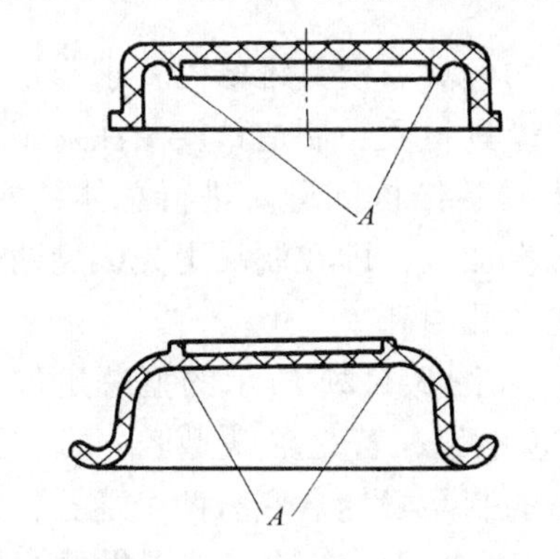

图 3-108　制品内壁出飞边

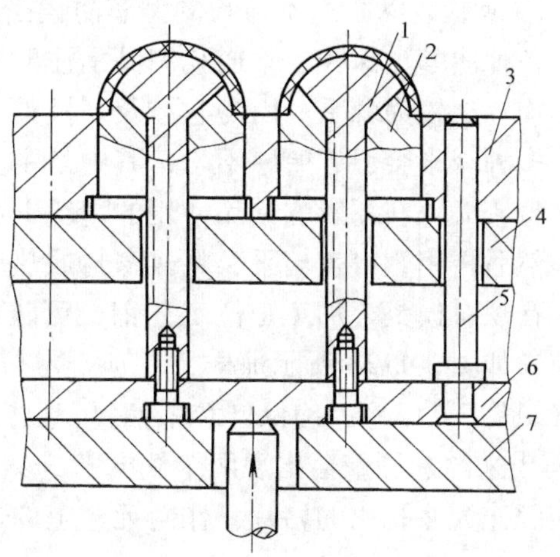

图 3-109　锥形推杆刚性复位杆

1—锥形推杆　2—型芯　3—型芯固定板　4—支承板

5—复位杆　6—推杆固定板　7—动模座

对于尺寸较大的桶、盆等大型制品，一般采用大锥盘推杆浮动顶出，如图 3-111 所示。为了防止锥盘处出现飞边，应将锥盘口部车一段 4mm 左右的直配段，见图 3-111。为了顶出滑动平衡，背面的螺母做成件 7 大盘状，起到配重作用。同时把件 1 锥推杆的滑动光杆铣出两个扁平面，为的是便于跑气。另外在动、定模的分型面处加上件 4 定位套箍，这样既保护导柱免受径向力的干扰，又确保动、定模同心，达到制品壁厚均匀。这种模具结构，寿命长，修理方便。

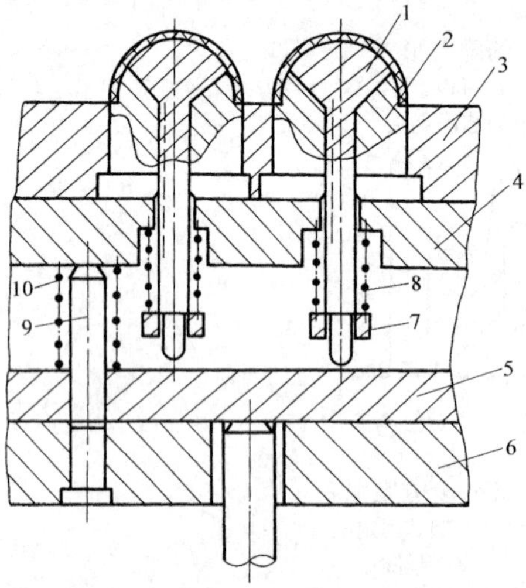

图 3-110　锥形推杆浮动弹性复位

1—锥形推杆　2—型芯　3—型芯固定板　4—支承板　5—顶板　6—动模座板　7—螺母　8、10—弹簧　9—导柱

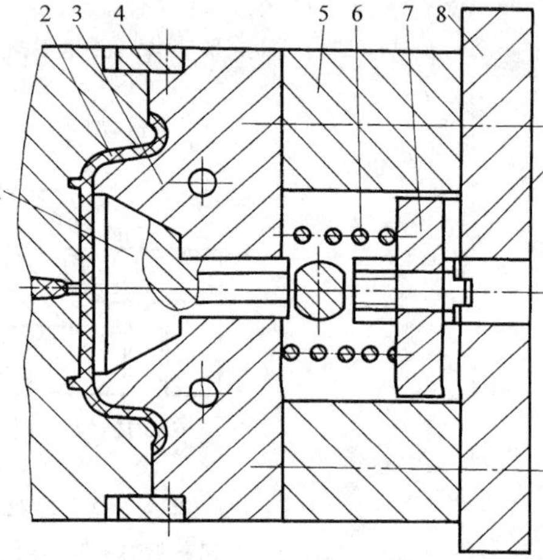

图 3-111　大型锥推杆配重等安全措施

1—大型锥推杆　2—型腔　3—动模　4—定位套箍　5—垫块　6—弹簧　7—配重盘　8—动模座板　9—螺母

7. 薄壁、深腔、不通孔的型芯防偏措施

各种薄壁、深腔、不通孔制品是注射模具最难制造的模具。模具维修时要求修正制品壁厚不均，这较为棘手。因为它涉及划模具的总体结构、模具材质、制造精度及注射工艺等因素。多种因素会引起壁厚不均，其中最主要的因素是模具的结构问题。进行总体结构改造，工作量较大。在不影响制品使用的情况下，允许制品二次加工，即在制品上先成型两个工艺孔，然后再用塑料盖堵平，粘接密封或热合密封，将工艺孔封死。

在现有模具上加工定位工艺销，可防止型芯偏斜。如图 3-112a 所示的型芯定位为整体型腔，如图 3-112b 所示那样，在顶端定位，可确保型芯不偏；若是哈呋型腔，宜在两侧限位（见图 3-112c），确保型芯不偏斜。以图 3-112b 出来的制品必然盒底有两个通孔；以图 3-112c 出来的盒侧壁会出现两个侧向孔，然后在模具分型面上找一个适当位置做两个圆盖似的型腔作为堵孔用的堵片，作封死盒上的通孔用。

三、技能训练

1. 训练目的

1）正确分析模具存在问题，并提出解决方案。

2）正确确定维修工艺。

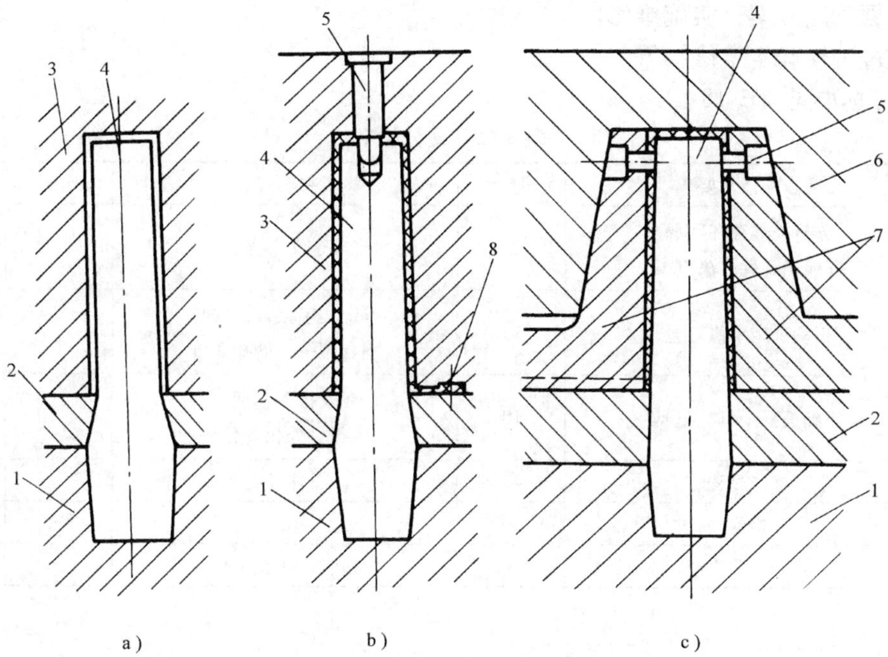

图 3-112　薄壁深腔不通孔型芯防偏措施

a）型芯偏斜示意图　b）整体型腔圆销顶端限位　c）哈呋型腔两侧限位

1—型芯固定板　2—推件板　3—整体型腔　4—型芯　5—限位销

6—定模锁紧块　7—哈呋型腔　8—堵片型腔

3）掌握塑料注射模基本维修方法。

2. 训练要求

1）选择一套典型注射模（根据学校具体情况，选择合适塑料注射模具）。

2）根据样件存在问题，分析原因。

3）确定维修方案，准备好必要的工具、量具。

3. 训练步骤

1）对新装配完的模具或修理后的模具技术状态的检测一般通过试模检测，具体是通过对制件尺寸精度是否符合图样要求；制件形状及表面质量有无各种缺陷；飞边是否超过规定要求等制品质量检验分析并参照模具验收技术条件要求等来判断模具是否合格。

2）对正在使用中的模具通过对制件质量状况和模具工作性能的检查进行。

①　使用前检查。在完成模具安装调整开始作业时，首先应检查几个制件，看是否符合图样要求，将检查结果与模具前一次或试模时检查的测定值作比较，看是否发生变化，以确定模具是否安装正确。

②　使用后检查。模具在使用后，检查最后几个件的质量状况，根据塑件的质量和生产数量来判断模具的磨损状况及有无修复的必要。

③　模具工作性能检查。检查模具工作零件的状态、导向系统的工作情况、推件装置工作情况、定位装置是否可靠准确、各工作系统动作是否协调，能否正常工作，安全、防护装置状态是否完好。

3）通过检测分析对需要维修的模具提出修理方案报告。

4）根据已定方案，实施维修。

5）通过试模确定维修结果。

5. 评分标准见表 3-18

表 3-18　评分标准

项次	项目与技术要求	配分	评定方法	实测	得分
1	分析模具存在问题 并提出正确解决方案	15	审定文字报告		
2	正确确定维修工艺	15	审定文字报告，安排 不合理每一处扣 2 分		
3	正确选择工具、量具	10	安排不合理 每一处扣 2 分		
4	维修过程	45	总体评定		
5	检验	10			
6	安全文明生产	5	违者每次扣 2 分		

第四单元　其他模具钳工技能训练

课题一　锻模装配与调试

一、锻造模具结构

锻模是是金属在热态和冷态下进行体积成形时所用的模具的统称。按锻模的结构不同可分为整体锻模和组合镶块锻模；按终锻模膛结构不同可分为闭式模锻和开式模锻。

1. 固定式锻模结构

固定式锻模由上、下两半模组成，通常借助燕尾楔铁及键块固定在锤头和下模座的燕尾槽中，如图 4-1 所示。根据所采用的模锻方式的不同，可分为无飞边槽的闭式锻模和带飞边槽的开式锻模。

带飞边槽的开式模锻的分模线垂直于锤头的打击方向，如图 4-2a 所示。当锻模打靠时，多余金属由型槽内挤出而形成飞边，模锻后需要切边工序。材料利用较低，但锻件的尺寸精度不受坯料重量的影响，因此对下料精度要求较低，应用十分广泛。

无飞边槽的闭式模锻的分模线与锤头的打击方向平行如图 4-2b 所示，在模锻时无飞边产生（仅有少量飞刺），材料损耗少，锻件内部纤维组织连续，质量好。但坯料的重量对锻件高度方向上的尺寸影响较大，因此对下料精度要求很高。

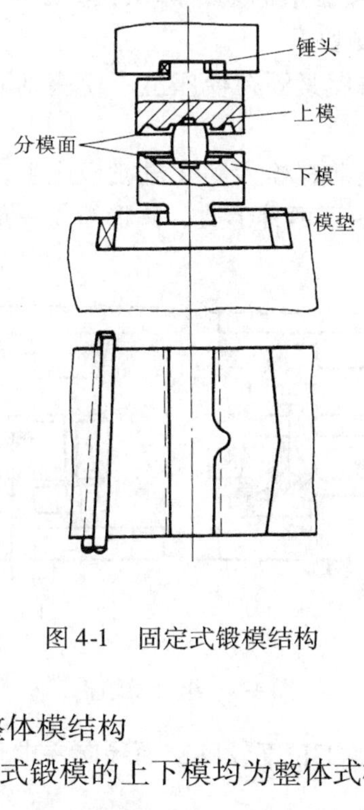

图 4-1　固定式锻模结构

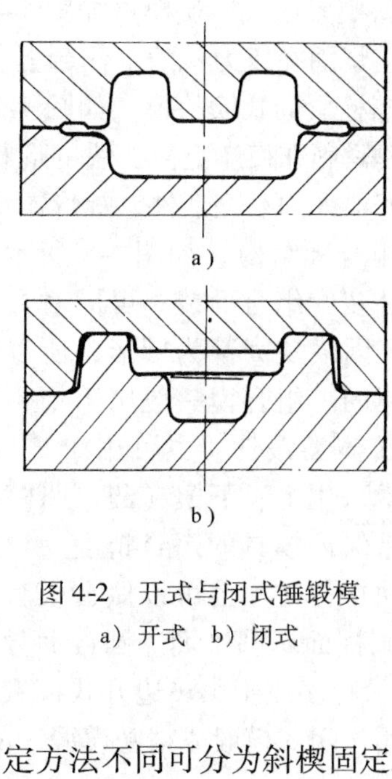

图 4-2　开式与闭式锤锻模

a）开式　b）闭式

2. 整体模结构

整体式锻模的上下模均为整体式模块。根据锻模固定方法不同可分为斜楔固定式和压板固定式。

（1）斜楔固定式　如图 4-3a 所示。带燕尾的模块用斜楔紧固在过渡模板的燕尾槽内，过渡模板则用压板固定在压力机的工作台上。

（2）压板固定式　如图 4-3b、c 所示，锻模通过压板直接紧固在压力机的工作台上。此类锻模在模锻时为了避免因压力机工作台单位面积压力过大，从而导致模具损坏的可能，模具的承压面积不能太小。

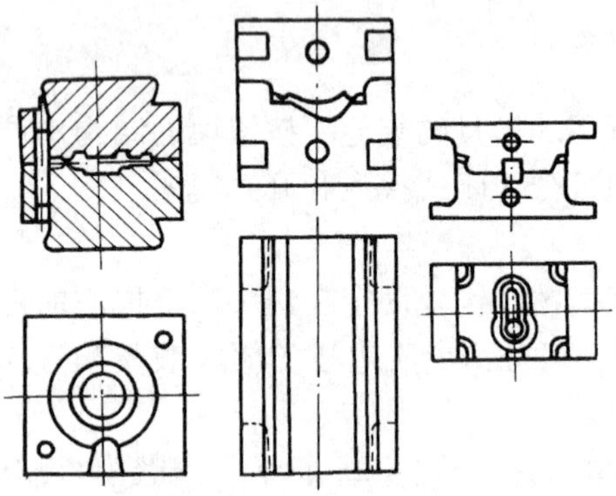

a）　b）　c）

图 4-3　整体模结构

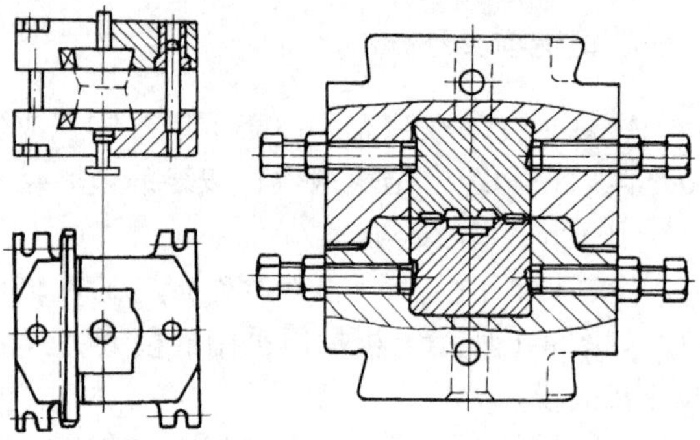

a）　b）

图 4-4　镶块模结构

3. 镶块模

镶块模是采用通用的模座与可更换的镶块组成的锻模，这种结构形式不但可以节省模具材料，而且有利于实现模具的标准化，从而达到缩短模具制造周期，降低模具成本的目的。对于中小型锻件或小批量多品种的锻件，应尽可能选用镶块模

（1）斜楔紧固式镶块模　如图 4-4a 所示，镶块用斜楔紧固在模座上，模座则通过压板或 T 形螺栓紧固在压力机的工作台上。

（2）螺栓紧固式镶块模　如图 4-4b 所示，镶块由止动螺栓紧固在过渡模座上，过渡模座再用斜楔紧固在模座上。镶块的形状一般采用圆形或矩形两种形式，圆形镶块一般适用于圆形或长度不大的小型锻件，矩形镶块可用于各类锻件。

（3）组合模结构　如图 4-5 所示，组合模由多个零件装配组合而成，可同时具有两个以上分模面，因模块大都为圆形，所以通常用压圈或压套紧固。组合模一般用于中小型旋转体或近似旋转体类锻件，也可用于长杆类锻件。组合模通常采用上、下模（凸、凹模）自身导向的方式来保证模具的闭合精度。导向部分既可做在镶块本体上，也可以做在模套上。导向面可以为圆柱面或圆锥面。圆锥面导向，（如图 4-5a 所示）多用于小飞边开式模锻，圆柱面导向则适用于闭式模锻或精密模锻，所以圆柱面导向的加工精度较圆锥面导向要求高。组合

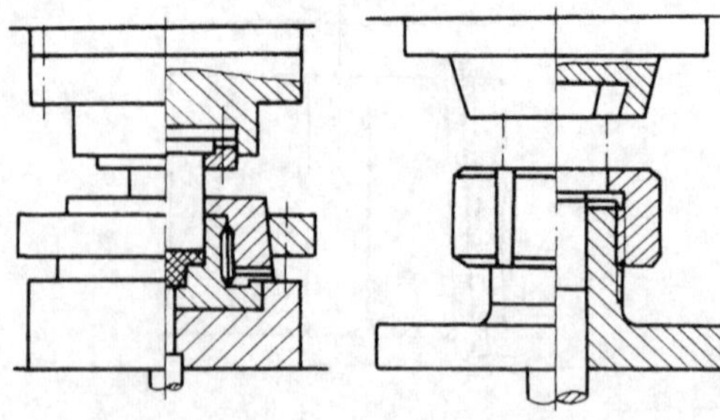

a）　b）

图 4-5　组合模结构

模下模的顶杆通常为单柱式顶杆，顶杆在凹模镶块孔中能自由滑动。顶杆与凹模孔间的配合一般为 H8/f8。

4. 锻造模架结构

（1）组合的窝座式模架　如图 4-6 所示，该模架设有双工位矩形镶块用斜面压板紧固的模座，两矩形镶块平行排列，由斜面压板 4 与后挡板 6 紧固在模座上。侧向调整和紧固通过侧墙板 7 和其上的螺钉来实现。

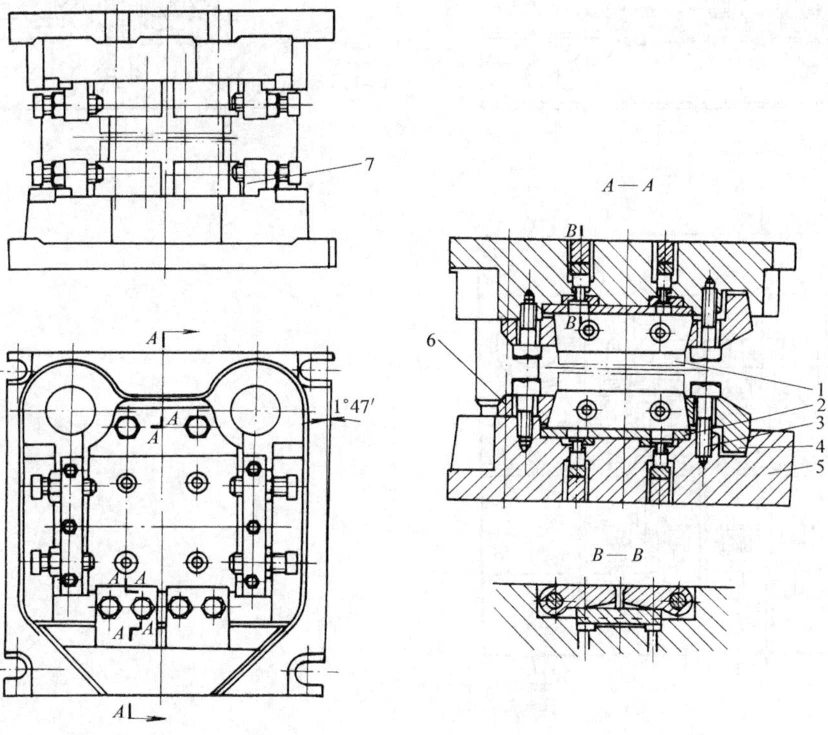

图 4-6　组合的窝座式模架

1—镶块　2—垫板　3—螺钉　4—斜面压板　5—模座　6—后挡板　7—侧墙板螺钉

（2）定位键式模架　该模架采用十字形分布的键实现前后左右方向的定位。如图 4-7 所示，模架的上、下模板与垫板 4 之间，垫板 4 与模块 1 之间都采用平键定位，模板与垫板之间用螺 7 紧固，垫板与模块间是用压板 2 紧固的。

5. 锻模图例

（1）单工位矩形镶块用斜楔紧固的锻模　如图 4-8 所示，该模具的上、下模块 10、8 用一对斜模 3 紧固在上、下模垫 11、9 中，模块的前后位置靠装有螺杆的拉楔 6 及垫片 5 来调整与紧固。

（2）三工位圆形镶块模具　如图 4-9 所示，该模具的模块呈直线排列，压板 6 前面弧面与模块圆柱面相匹配，并压在模块凸肩上将其紧固。

（3）杠杆式左右移动径向夹紧剪切模　如图 4-10 所示，当压力机的滑块作用在压板 1 时，通过支承板 3 迫使上联杆 4 和 13 绕其端的轴销转动，从而推动前面的左右模座 11 和 6

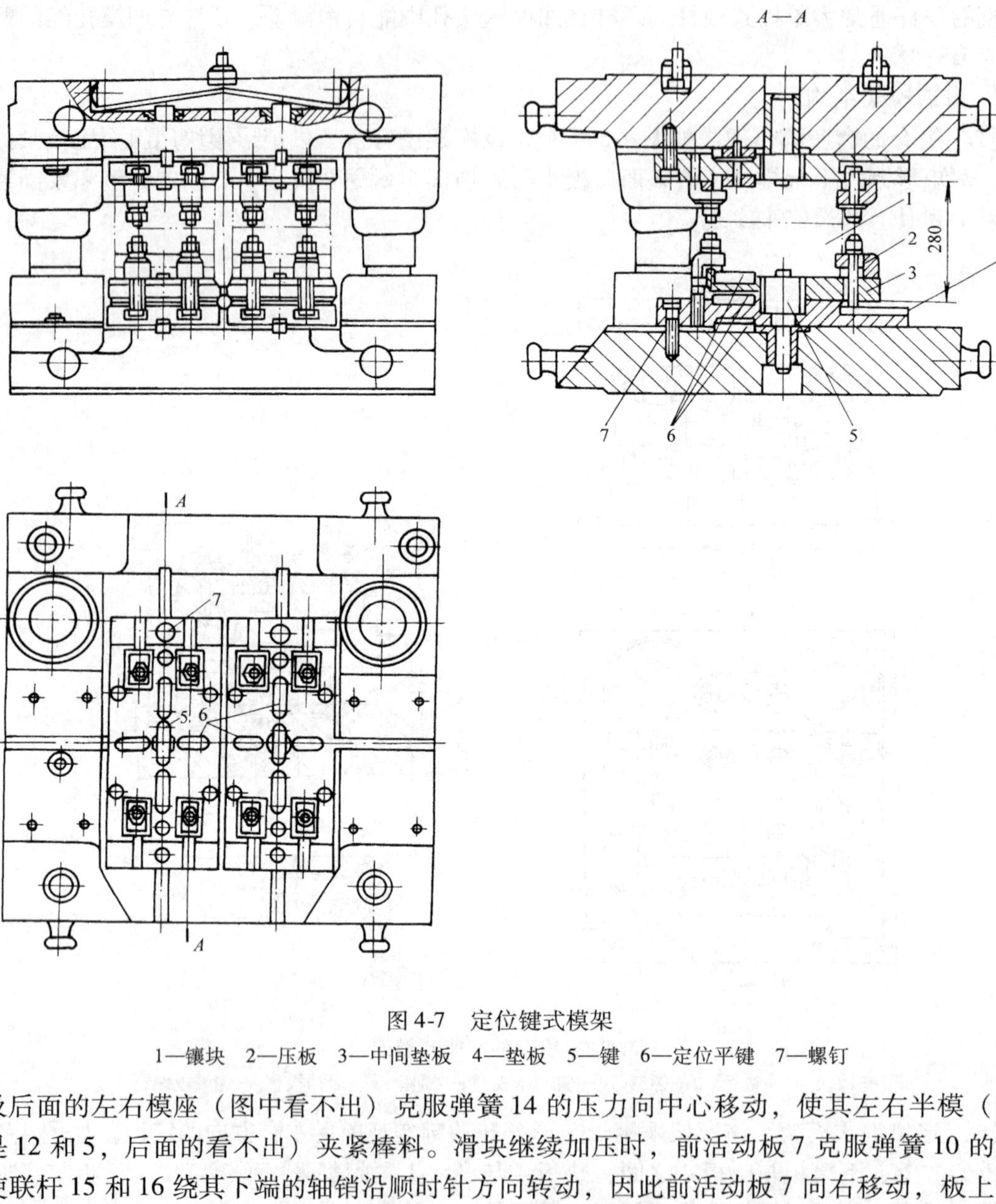

图 4-7　定位键式模架

1—镶块　2—压板　3—中间垫板　4—垫板　5—键　6—定位平键　7—螺钉

以及后面的左右模座（图中看不出）克服弹簧 14 的压力向中心移动，使其左右半模（前面的是 12 和 5，后面的看不出）夹紧棒料。滑块继续加压时，前活动板 7 克服弹簧 10 的压力迫使联杆 15 和 16 绕其下端的轴销沿顺时针方向转动，因此前活动板 7 向右移动，板上的左右半模 12 和 5 带着夹紧的棒料也一起向右移动（因为压板 1 和支承板 3 之间有滚柱 2，所以，支承板 3 和前活动板 7 向右移动时，压板 1 不向右移动）。与此同时，后活动板（图中看不出）迫使后联杆 8 和 9 沿反时针方向转动，因此，后活动板和后左右半模带着夹紧的棒将向左移动。前后模具的这种相对运动，就可以把棒料剪断。

（4）锻坯切边、冲孔复合模　图 4-11 所示是某厂一种切边、冲孔复合模具，用于冲孔直径小于 60mm 的回转体锻件。其特点是先冲孔，后切边，锻件靠凸模定位。图 4-12 为该模具工作示意图。由于冲孔直径较小，冲头较细，为了避免冲头长期受扭而损坏，故将它固定在上模座上，凸模固定于下模座，凹模固定在上模座，顶料机构自上往下顶出锻件。

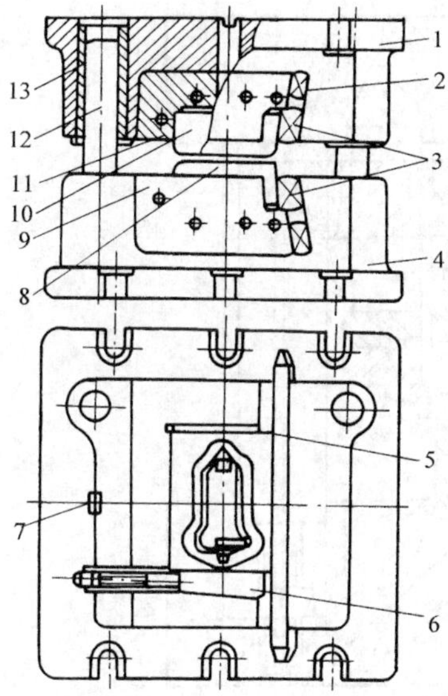

图 4-8　单工位矩形镶块用斜楔紧固的锻模

1—上模座　2、3—斜模　4—下模座　5—垫片　6—拉楔　7—键　8—下模块　9—下模垫　10—上模块　11—上模垫　12—导柱　13—导套

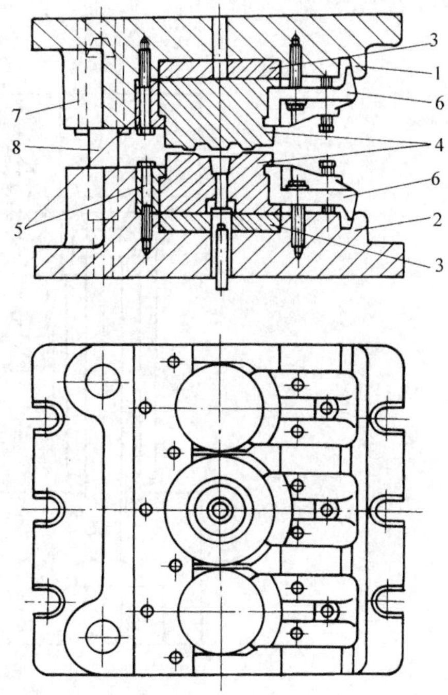

图 4-9　三工位圆形镶块模具

1—上模座　2—下模座　3—垫板　4—上、下模块　5—后挡板　6—压板　7—导套　8—导柱

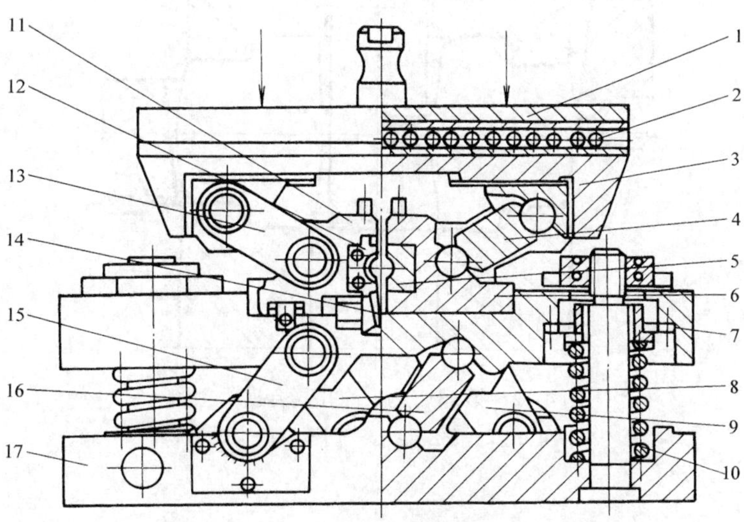

图 4-10　杠杆式左右移动径向夹紧剪切模

1—压板　2—滚柱　3—支承板　4、13—上联杆　5—右半模　6—右模座　7—前活动板　8、9—后联杆　10—弹簧　11—左半模座　12—左半模　14—弹簧　15、16—前联杆　17—底板

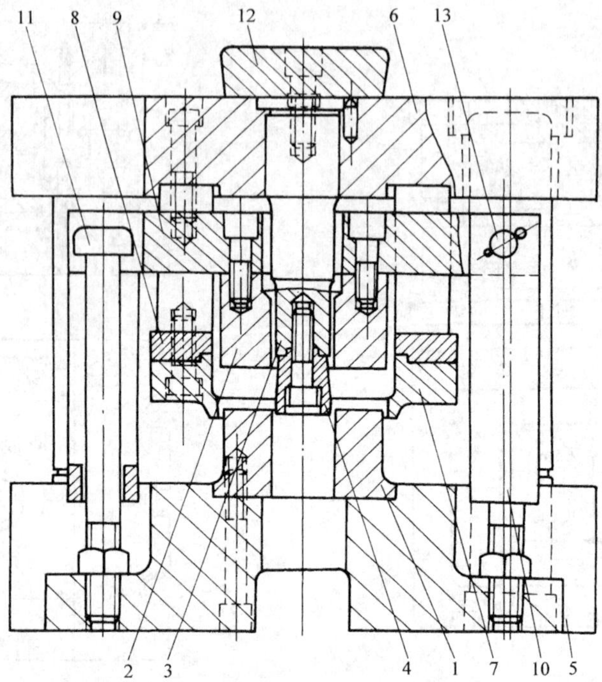

图 4-11　锻坯切边、冲孔复合模

1—切边凸模　2—顶出器　3—冲头　4—冲头镶块　5—下摸座　6—上模座　7—凹模
8—凹模固定器　9—模板　10—U 形板　11—拉抨　12—燕尾榫　13—销轴

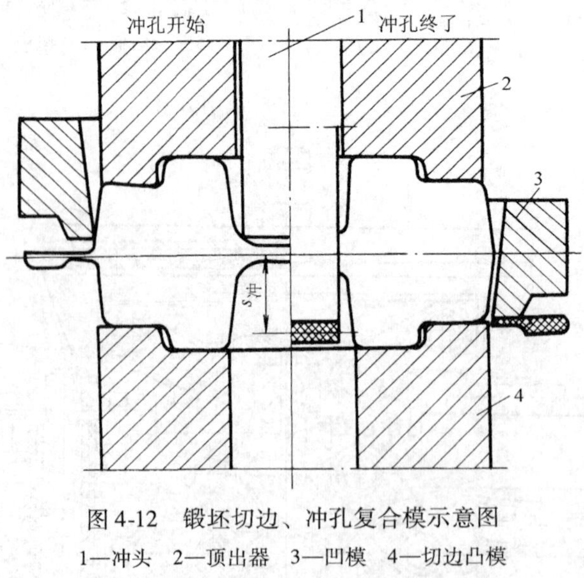

图 4-12　锻坯切边、冲孔复合模示意图

1—冲头　2—顶出器　3—凹模　4—切边凸模

二、锻模装配

装配就是按照图样规定的技术要求，将相关零件与部件配合、联接，使之成为具有特定功能的成品或半成品的工艺过程。

装配工作是模具生产制造工艺过程中的最后一道工序，装配工作的好坏，对模具的质量起着十分重要的作用。相配合的零件之间的配合精度不符合要求，相对位置不准确，直接影响模具的寿命和锻压零件的质量。在装配过程中，不重视清洁工作、粗心大意和不按工艺要求装配，也不可能装配出好的模具。装配是一项十分重要而细致的工作，必须认真、仔细地去做。

1. 装配工作的要点

要保证模具的装配质量，就应该按照规定的装配技术要求去执行。不同的模具其装配技术要求虽不尽相同，但在装配过程中有许多工作要点是必须共同遵守的，它们包括：

（1）做好零件的清理和清洗工作　清理工作包括除去残留的型砂、铁锈、切屑等，对于孔、槽、沟及其他容易存留杂物的地方，尤其应该仔细的进行清理。零件加工后的去毛刺倒角工作应保证做得完善，但要防止因动作粗糙而损伤其他表面或影响精度。

零件的清洗工作一般都是不可缺少的，其清洁的程度，可视相配表面的精密性高低允许有所差别。特别要引起注意的是：对于已经仔细清洗过的零件，装配时随意拿纱头再去擦几下，这反而是一种不清洁的做法。

（2）相配表面的润滑　相配表面在配合或连接前，一般都需加油润滑，因为如果在配合或联接之后再加油润滑，往往不方便和不全面。对于过盈联接件，配合表面如缺乏润滑，则当敲入或压合时，易发生拉毛现象。活动联接的配合表面当缺少润滑时，即使配合间隙准确，也常常因有卡滞而影响正常的活动性能，而有时被误认为配合不符合要求。

（3）相配合零件的配合尺寸要准确　装配时，对于某些较重要的配合尺寸进行复验或抽验，这常常是很必要的，尤其是当需要知道实际的配合间隙或过盈时。过盈配合的联接一般都不宜在装配后再拆下重装，所以对实际过盈量的准确性要十分重视。

（4）做到边装配边检查　当所装的模具较复杂时，每装完一部分就应检查一下是否符合要求，而不要等大部分或全部装完后再检查，此时发现问题往往为时已晚，有的甚至不易查出问题产生的原因。

在对螺纹联接件进行紧固的过程中，还应注意对其他有关零部件的影响，即随着螺纹联接件的逐渐拧紧，有关的零部件位置也可能有所变动，此时要防止发生卡住、碰接等情况，以免产生附加应力而使零部件变形或损坏。

2. 螺母和螺钉的装配要点

（1）螺母和螺钉与被联接件的接触面应平整　螺母和螺钉与被联接件的接触面应平整无倾斜，通常被联接件的接触面都需经过加工，否则会使螺钉或螺栓弯曲、螺纹受损坏以及联接紧回性降低。

（2）螺母或螺钉的接触表面应保持清洁　螺母或螺钉的接触表面（包括螺纹部分）都应保持清洁螺纹部分最好经过清洗，尤其是螺孔的清洁工作常被轻视，而使螺纹表面遭到损坏。

（3）拧紧成组的螺母或螺钉　拧紧成组的螺母或螺钉时，要按一定的顺序进行，并做到分次逐步拧紧，否则会使被联接件产生松紧不匀和不规则的变形。例如，拧紧长方形分布的成组螺母或螺钉时，应从中间的螺母或螺钉开始，依次向两边对称地扩展，如图 4-13 所示。在拧紧圆形或方形分布的成组螺母或螺钉时，必须对称地进行，如图 4-14 所示。

（4）拧紧力矩必须适当　这对装配者来说并不是轻而易举的事，在没有规定拧紧力矩和专用工具的条件下，全凭经验确定。过大的拧紧力矩常常造成螺杆断裂、螺纹滑牙和零件变形的弊病；而过小的拧紧力矩同样会因联接紧固性不足，使零件经受不住工作负荷，以致

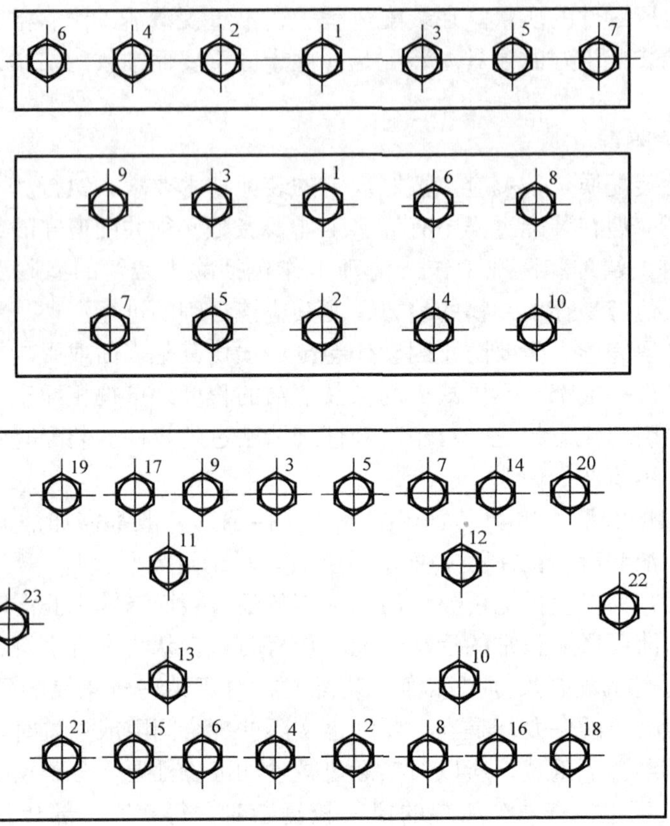

图 4-13　拧紧长方形分布成组螺钉的顺序

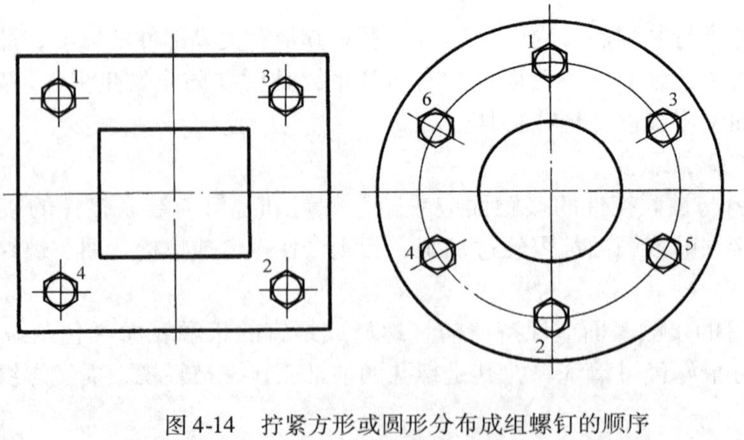

图 4-14　拧紧方形或圆形分布成组螺钉的顺序

遭受损坏。为了容易控制适当的拧紧力矩，采用呆扳手来拧紧螺母是比较合理的，它的柄长与开口尺寸保持了适宜的比例，在一般的拧紧臂力作用下，拧紧力矩不会产生过于悬殊的出入，同理，在选用旋具拧紧螺钉时，也要按照尺寸小的螺钉选用规格小的旋具来拧紧。

3. 螺纹联接的损坏形式和修理

螺纹联接损坏的形式一般有：螺纹有部分或全部滑牙，螺钉头损坏，螺杆断裂等。对于螺钉、螺栓或螺母的任何形式的损坏，通常都以更换新件来解决；螺孔滑牙后有时需要修理，其方法大多是扩大螺纹直径，而镶入套圈后再重新攻螺纹的方法，一般在不得已时才被采用。

螺纹联接修理时，常会遇到锈蚀的螺纹难于拆卸，这时可采取以下几种辅助措施：

1）用煤油浸润或把锈蚀零件放入煤油中，间隔一定时间后利用煤油的渗入，可使锈蚀处疏松，再用工具拧转螺母或螺钉，就比较容易拆卸。

2）用手锤敲击螺钉或螺母，使其受振动而使锈蚀处松动。

3）用火焰对锈蚀部位加热，经过膨胀或冷却后收缩的作用，使锈蚀处松动。

4. 销联接的装配修理

（1）圆柱销的装配　圆柱销装配时，销与销孔的配合要求按使用场合的不同有一定差别，改变圆柱销的直径可以获得不同的配合性质。国家标准规定圆柱销可按 n6、g6、h8 和 h9 四种偏差制造。

在大多场合下圆柱销与销孔的配合具有少量的过盈，以保证联接或定位的紧固性和准确性。此时销子涂油后可把铜棒垫在端面上，用手锤把它打入销孔中。过盈配合的圆柱销联接，不宜多次拆装，否则将使配合变松和降低配合精度。图 4-15 是销联接的示意图。

对于需要经常装拆的圆柱销定位结构，为了便于装拆，一般采用间隙配合。

圆柱销装配工作中，保证两销孔的中心重合是很重要的，因此一般都将两销孔同时进行钻铰，其表面粗糙度值 R_a 不大于 1.6。

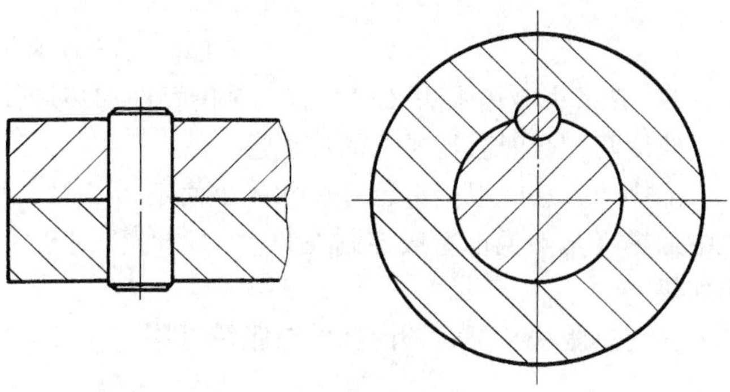

a)　　b)

图 4-15　销联接

（2）圆锥销的装配　圆锥销具有 1∶50 的锥度（少数场合也采用其他锥度），所以定位准确和装拆方便，应用较广泛。圆锥销以小端直径和长度表示其规格。装配时，被联接或定位的两销孔也应同时钻铰，但必需控制好孔径大小，一般用试装法测定，即铰孔时将销子在销孔中试插，当销子能自由插入销子长度的 80% 左右时为宜，但试插时务必做到销子与销孔都应十分清洁。销子装配后要求大小端都有少量长度（一般为稍大于倒角尺寸）露出销孔表面。

（3）销联接的修理　销联接磨损或损坏时，通常都要更换销子，而将销孔重铰修复后再配制特殊尺寸的销子，标准销子一般不能满足所需的配合要求。

用手锤敲击法拆卸销子时，要注意不能用力过猛，以免一时不能松动而将销子端部胀大，增加拆卸工作的困难。销子端部有螺纹的（顶丝）应尽量利用它来进行拆卸。

5. 过盈联接的装配

（1）过盈联接的装配要点

1）配合表面应具有较小的表面粗糙度值，一般都要达到 R_a0.8。圆锥面的过盈联接要求配合的接触面积达到 75% 以上，以保证配合的稳固性。

2）配合面必须十分清洁，在配合前应加油润滑。

3）压入配合时，压入过程必须连续，速度不宜太快，一般为 2 ~ 4mm/s（不应超过 10mm/s）。

4）压入时必须保证孔和轴的中心线一致，不允许存在倾斜现象，并要随时进行检查。

5）对于细长件和薄壁件，压入时要特别细心，防止发生变形或损坏，最好采用加热法或冷缩法装配。

（2）过盈联接的装配方法　圆锥面的过盈联接是利用包容件和被包容件相对轴向位移后，相互压紧而获得配合过盈的。过盈联接对于圆柱面配合常采用以下三种方法：

1）压入法。用外力把配合件压入的方法叫做压入法，如图 4-16 所示。

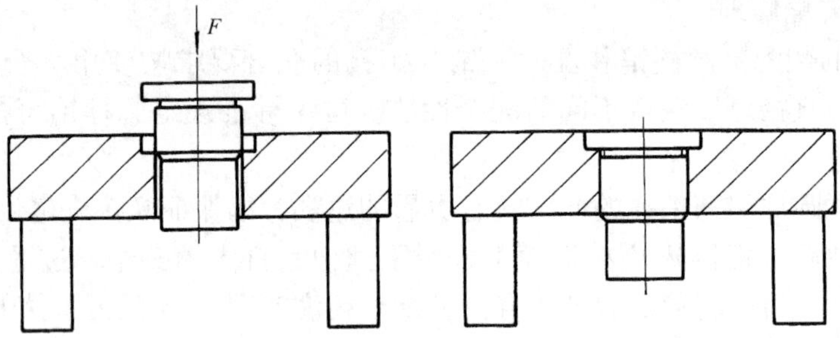

图 4-16　压合件示意图

2）热胀法。热胀法又称红套，对包容件加热后使内孔胀大，套入被包容件待冷却收缩后，便使两配合面获得要求的过盈量。

加热的方法应根据包容件尺寸大小而定，一般中小型零件可用电炉加热，有时也可浸在油中加热（加热温度一般控制在 80°～120°）。对于大型零件则可利用感应加热或乙炔等火焰加热。

采用热胀法装配时，内孔的热胀量可用下式计算：

$$\Delta d = \alpha(t_2 - t_1)d$$

式中　Δd——热胀量（mm）

α——包容件的线胀系数（1/℃），对于钢料，取 $\alpha = 11 \times 10^{-6}$/℃；

t_2——加热温度（℃）；

t_1——环境温度（℃）；

d——内孔直径（mm）。

3）冷缩法。冷缩法是将被包容件进行低温冷却使其尺寸缩小。对于过盈量较小的零件，可用干冰（固体二氧化碳）冷缩，它可冷至 -78℃；对于过盈量较大的零件，则可采用液氮冷缩，它可冷至 -195℃。

6. 锻模装配

模具的装配工艺过程由以下几个部分组成：

（1）装配前的准备工作　装配前的准备工作包括以下四项：

1）研究和熟悉装配图，了解模具的结构、零件的作用以及相互的联接关系。

2）确定装配的方法、顺序和准备所需的工具。

3）对零件进行清理和清洗。

4）对某些零件有时要进行修配。

（2）组件装配　把几个零件装配在一起，组成一个完整的组合零件的过程叫组件装配。

（3）部装和总装　装配工作通常分为部装和总装。

1）部装。把零件装配成部件（若干零件结合为模具的一部分即称为部件）的过程称为部件装配，即部装。

2）总装。把零件和部件装配成最终产品的过程称为总装。

（4）涂油和入库

装配好锻模一般应满足以下 9 项技术要求：

1）装配好的锻模，其闭合高度应符合设计要求。

2）导柱和导套装配后，其中心线应分别垂直于下模座底平面和上模座底平面，其垂直度应符合设计要求。

3）上模座上平面应和下模座的底面平行，其平行度误差应符合设计要求。

4）装入模架的每一对导柱和导套的配合间隙（或过盈量）应符合设计要求。

5）装配好的模架，其上模座沿导柱移动应平稳，无阻滞现象。

6）凸模和凹模的配合应符合设计要求。

7）定位装置应保证定位正确可靠。

8）卸料及顶件装置活动灵活、正确。

9）模具应在生产的条件下进行试验，锻造的制件应符合设计要求。

7. 装配实例

下面以图 4-17 所示的行星齿轮精锻模具图为例叙述锻模的装配过程。行星齿轮精锻模具的装配过程实际上包括了组件装配、下模部分装配、上模部分装配和总装配。如图 4-17 所示，行星齿轮精锻模具分为上模和下模两个部分，上模部分由上模座 13、压缩弹簧 12、

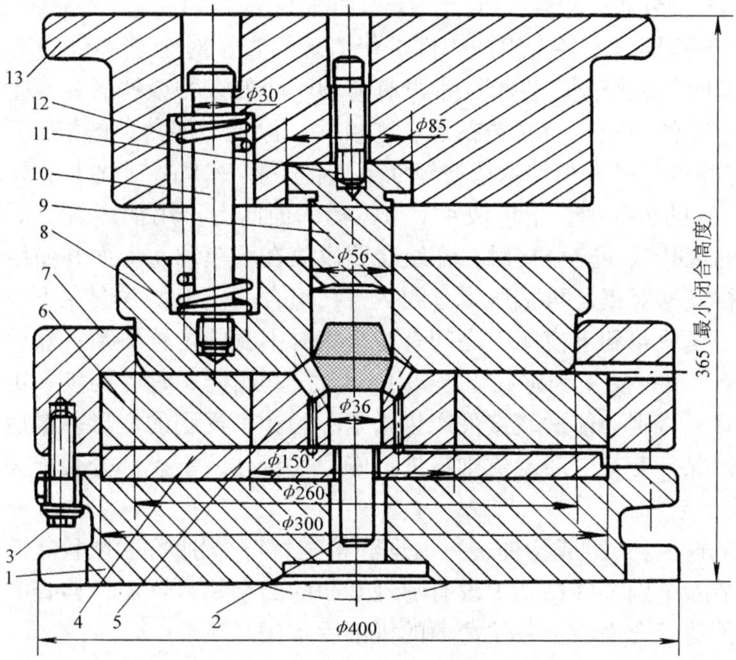

图 4-17　行星齿轮精锻模具图

1—下模座　2—顶杆　3—螺栓　4—下模块　5—凹模　6—应力圈
7—压紧套圈　8—导模　9—凸模　10—拉杆　11—内六角螺栓
12—压缩弹簧　13—上模座

内六角螺栓 11、拉杆 10、凸模 9 和导模 8 等零件组成。下模部分由下模座 1、顶杆 2、螺栓 3、下模块 4、凹模 5、应力圈 6 和压紧套圈 7 等零件组成。

（1）清理工作场地　模具装配时要求工作场地干净、整洁，不能有任何杂物。

（2）零件的准备　根据模具装配图准备和清点装配所需的模具零件，联接零件和辅助材料。

（3）准备必须的工具、量具、辅具及所需的设备　它们包括活扳手、内六角扳手、铜棒、平行等高垫块、支承环、手锤、旋具、润滑油、盛物容器、油石、模具抛光设备、游标卡尺、钢直尺、90°角尺、R 规等。

（4）组合凹模的装配　组合凹模由凹模 5 和应力圈 6 等两个零件构成。

1）装配前首先检查凹模 5 的型腔和压装配合面的粗糙度值是否达到设计要求，若粗糙度值偏大则应对其进行抛光处理；检查型腔内的棱边是否按图样要求倒圆，若未达到图样要求则应重新进行倒圆处理；检查型腔和排气孔内有无杂物，如有杂物应立即清理干净。零件检查合格后将其擦拭干净并在其表面涂上一层薄薄的机油备用。

检查应力圈 6 的锥孔面的粗糙度值是否达到图样要求，若粗糙度值偏大，则应进行抛光处理；检查零件上的棱边是否按图样要求倒圆，若没有倒圆则应进行倒圆处理。零件检查合格后将其擦拭干净并在表面涂上一层薄薄的机油备用。

2）压装。首先把支承环放在压力机工作台中间，再把应力圈 6 放在支承环上，应力圈的锥孔大端向上，然后将装配面涂油后的凹模 5 型腔面向下放入应力圈 6 的锥孔内，并保证凹模 5 的中轴线与应力圈 6 的端面垂直后开始压装。压装完成后，磨平组合凹模底面。

（5）下模部分的装配

1）首先应对下模部分的各个组成构件进行清理检查，对个别零件的不合格处，按图样要求进行修理，及时清除个别零件槽孔中没有清理干净的杂物或铁屑；检查完毕后把零件擦拭干净，并在各个零件的配合面（包括螺纹连接件）涂上一层薄薄的机油后备用。

2）装配。将两根同样大小枕木放在地面上，把下模座 1 吊到枕木上放好，再把下模块 4 装入下模座 1 上端的沉孔内，下模块 4 上带汽槽的面向上，用铜棒敲击下模块 4 的上端面使其与下模座 1 的沉孔端面充分接触；把组合凹模放在下模块 4 上面并使组合凹模的排气孔与下模块 4 上的排气槽对正，再把压紧套圈 7 盖在组合凹模上，并套在下模块 4 的外圆上以保证组合凹模与下模块 4 和下模座 1 之间有一个相对不变的位置关系；然后用螺栓 3 把压紧套圈 7、组合凹模、下模块 4 固定在下模座 1 上。拧紧螺栓 3 时，要按一定的顺序进行，并做到分次逐步拧紧，否则会使被联接件产生松紧不匀和不规则的变形。最后装入顶杆 2 并检查顶杆 2 的活动情况，若有卡滞现象则需进行修配。至此，下模部分装配完毕。

（6）上模部分装配

1）对上模部分的各个组成构件进行清理和检查，对个别零件的不合格处，按图样要求进行修理，及时清除个别零件槽孔中没有清理干净的的杂物或铁屑；检查完毕后把零件擦拭干净并在各个零件的配合面涂上一层薄薄的机油后备用。

2）上模座 13 与凸模 9 装配。凸模 9 是用内六角螺钉 11 固定在上模座 13 上的，装配时先在地上放两根枕木，再把上模座 13 吊到枕木上，并使上模座 13 的端面与枕木垂直，然后把凸模 9 装入上模座 13 中间的 $\phi85$ 的沉孔内，并用铜棒敲击凸模 9 使其配合端面充分接触后，用涂有机油的内六角螺钉 11 加上弹簧垫圈后将凸模 9 固定在上模座 13 上。

3）装配上模部分。首先检查导模 8 与压紧套圈 7 的配合尺寸是否符合设计要求，如不符合设计要求、装配后有卡滞现象，应立即进行修理。装配时在地上放两根枕木，把导模 8 吊到枕木上小端向下水平放置，再把压缩弹簧 12 装入导模 8 大端面的弹簧沉孔内，然后把固定有凸模 9 的上模座 13 吊到导模 8 的上方，慢慢放下，与此同时用手移动上模座 13 使凸模 9 的工作部分进入导模 8 中间的配合孔内，使压缩弹簧进入上模座 13 的弹簧沉孔内，最后用涂有机油的拉杆 10 把固定有凸模 9 的上模座 13、压缩弹簧 12 和导模 8 连接在一起构成模具的上模部分。

（7）合模　将装配好的上模部分与装配好的下模部分合模，即将装配好的上模部分吊到装配好的下模部分上方，慢慢放下，与此同时用手移动上模部分，使上模部分的导模 8 的小端装进下模部分的压紧套圈 7 中间的导向孔内后，这套行星齿轮精锻模具的装配过程即告结束。这套模具进入试模阶段。

三、锻模的使用与调整

1. 锻模的安装与紧固

（1）锤锻模的安装与紧固　如图 4-18 所示，锻模由上模和下模两部分组成，上、下模分别用调整楔和调整垫片固定在模锻锤锤头和模座的燕尾槽内，防止左右的移动主要靠调整楔 1 和垫片 2，防止前后移动主要靠定位键块根和小垫片 3。这种固定安装方法可避免松动，调整、安装比较方便。

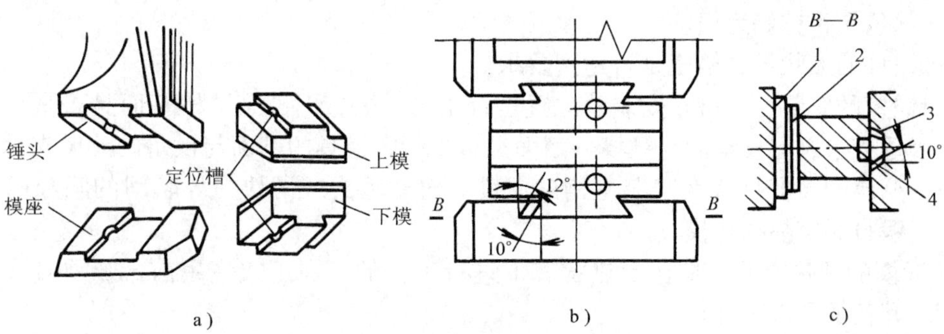

图 4-18　锻模的紧固

1—调整楔　2—卡垫片　3—小垫片　4—键

模具在锤上的安装，还要注意对准上、下模型腔。如前所述，由于上、下模是用燕尾槽和定位键固定在锤上的，所以整个模具必须以燕尾槽定位槽为基准来制造模膛。这个基准也是作为在锤上装模时，上、下模对准的基准面，如图 4-19 所示。模具的左侧面应制成与锤头和模座的燕尾槽精密吻合，上、下模的燕尾尖点连线与 xx 垂线相重合，并与侧面保持 L_1 等距，这样，侧面实际上成了新的基面，即侧基准面。同理，上、下模定位键槽对称中心的连线与 yy 垂线相重合，并与前面保持 L_2 等距，这样前面也成了新的基面，即前基准面。安装时利用这两个基准面找正，比较方便的使上、下模对准。

安装和制造锻模时，应以燕尾的底面作为整个锻模的支承面。为此，锻模燕尾的高度略大于相应锻锤的燕尾槽深度，即锻模的肩部锤头或模座间有 0.5～1.5mm 的间隙。

（2）摩擦压力机上锻模的安装　如图 4-20 所示，在摩擦压力机上使用的锻模，上、下模座用T形螺栓、压板和垫块安装在底面的工作台面上。锻模内多数设有下顶出装置，便于锻件的取出。安装后的锻模，必须牢固可靠，锻造时模具不能出现出现松动和位移。

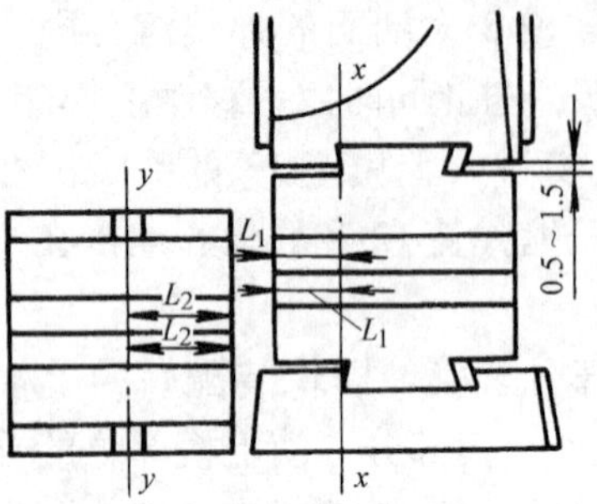

图4-19　基准面和定位燕尾槽的关系

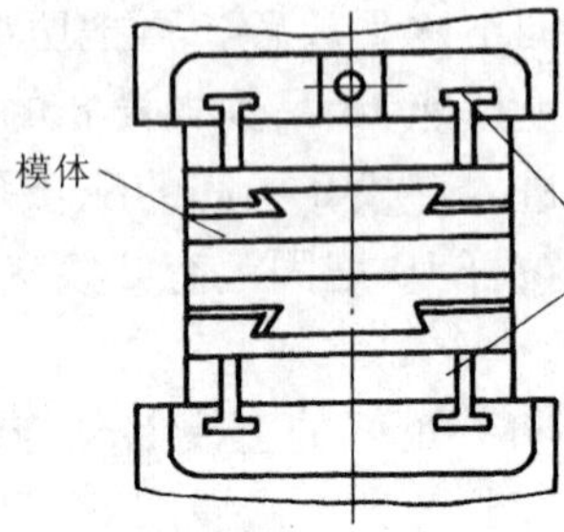

图4-20　摩擦压力机上锻模的安装

（3）自由锻锤上固定锻模　把胎模固定在自由锻锤上进行模锻简称固定模锻。其锻模在锻锤上固定安装方法与锤锻模安装及固定方法相同。

2. 锻模的使用与调整

（1）锻模使用前的检查　锻模使用前应对模具和设备进行必要的检查。锻模使用前的检查项目如下：

1）锻模的制造质量，模具的尺寸、形状和表面质量是否符合技术要求。

2）上、下模无明显错移。

3）各部位是否完好无损。

4）试锻件的形状尺寸精度是否达到要求。

5）对锻模的安装，要检查安装的位置是否正确，上、下模燕尾槽基面是否平行，与运动方向是否垂直，燕尾支承面与锻模分型面是否平行，模具的基面与设备的燕尾支承面是否没有间隙；燕尾的高度是否大于燕尾槽的深度。对于垂头或滑块与导轨间的间隙应调整适当，否则，锻打时容易损坏模具。

（2）锻模的预热　锻模是在受热状态下进行工作的，在正式使用前，必须对锻模进行预热处理，其目的有以下几点：

1）预防锻模破裂，提高锻模的使用寿命。

2）使锻件金属表层冷却减缓。

3）使锻模获得较好的综合力学性能。

4）使模具表面温度与模体温度差降低，减少了模具表层热应力，提高了模具使用寿命。

锻模预热方法有以下几种：

1）炉门烘烤。炉门烘烤就是将锻模放在热炉的炉门口烘烤。此法简单易行，但烘烤时间长，适于小型移动式锻模。

2）红热钢块烘烤。红热钢块烘烤就是将加热到1000～1100℃的钢块，放在锻模上、下模之间进行烘烤。其方法简单，但预热时间太长，对模具表面有损害，甚至会引起回火，降低模具寿命，适用于大型及固定式锻模。

3）煤气喷嘴预热。煤气喷嘴预热就是利用煤气喷嘴、油喷嘴或电热器、工频加热器预热，适用于各种结构形式的锻模。

4）模具休停保温。模具休停保温就是当模具休息（停工）时，应用红热钢块或煤气喷嘴进行保温加热。

（3）锻模预热的温度及测量　模具预热的温度应控制在150～350℃之内。预热温度的一般采用温度计测量，也可采用如下方法测量：

1）经验测温。经验测温是在模具上放上白纸，看纸是否很快变黄；滴上水或唾液，看是否迅速蒸发。

2）合金温度。合金温度是将测温合金（质量分数为36%铅+64%锡，熔点180℃；或99%锡，熔点232℃）锻成0.5～1mm的薄片与模具接触，如在2～3s内溶化，则表明模具温度比合金温度高0～100℃，预热合适。

3）快速测温笔测量。快速测温笔测量是采用测温笔划在模具上，若经两秒钟即变成指定前面颜色，表示模具达到了预热温度。

（4）锻模的冷却　模具进行冷却处理的目的是防止模膛软化和压塌，提高模具使用寿命。模锻时，高温金属不断地把热量传给锻模，使模具温度升高，模具温度一般不能高于400℃，否则会产生局部回火，使模膛软化和压塌，降低模具寿命，故在模锻时，必须对模具进行冷却处理。锻模的冷却方法见表4-1。

表4-1　锻模冷却方法

冷却方法	说　明
水冷	① 冷水或食盐水冷却，主要用于T7、T8、40Cr、45Mn等胎模锻 ② 热水（40～60℃）冷却，主要用于5CrMnMo、3Cr2W8胎模或锤锻模
空冷	用压缩空气吹冷或用压缩空气将食盐水喷成雾状进行模具冷却
间歇冷却	胎模锻打时，采用多副胎模或胎模易损零件（模垫、冲头、镶块）间歇轮换使用，增加冷却机会
内冷	冷却液在模具内循环流动冷却
注意事项：当采用外冷时，冷却液从锻模外流动，易于在模膛表面产生拉应力。为此，开始时模具的降温不可太快	

（5）锻模的润滑　锻模润滑的目的是减少金属在流动过程中与模膛之间的摩擦及锻模的磨损，提高使用寿命；润滑还可使金属容易充满模膛，使锻件容易从模膛内取出，不致于产生粘模现象而影响正常生产；润滑对模具兼有冷却作用。

锻模对润滑的要求有以下几点：

1）所用润滑剂对摩擦表面有很强的吸附力，并能形成固定的足够的润滑层，保证锻件材料在高压下产生塑性变形时润滑层不被挤出。

2）摩擦因数要低，导热性要小。

3）润滑剂应是无毒、无害、化学稳定、对环境无污染和有利于金属变形。

4）便于涂覆，便于加工后清除，对模膛和锻件无腐蚀作用。

5）对锻模兼有冷却和易于脱件的作用。

常用润滑剂的种类见表4-2。

（6）锻件氧化皮的清除　氧化皮是锻件毛坯的一大缺陷，它的存在使模具容易损坏，制件表面形状不准，因此必须做到毛坯在入模锻造前清除。

清除氧化皮的方法很多，常用的方法有以下几种：

1）采用多元氧化加热除去。

2）提高炉膛温度，进行快速加热。

表 4-2　锻模常用润滑剂种类

名称	使用方法	应用范围	优缺点
重油或废全损耗系统用油	全部用油或加入3%的石墨，依靠在封闭的模膛内燃烧时产生的高压气体，使锻模中锻件脱模	用于形状复杂难以脱模的模锻件	① 来源充分，价格便 ② 使用时产生的烟气大，不卫生 ③ 由于高压气体作用，会妨碍金属充填，其残留物会加大摩擦
盐水	① NaCl 15% + H_2O 85% ② NaCl 15% + $NaNO_3$ 5% + H_2O 80% ③ $CaCl_2$ 70% + NaCl 30% + H_2O 的饱和液	各种锻模	① 能起冷却作用 ② 使用方便、卫生条件好 ③ 对模具及设备有腐蚀作用
湿木锯末	将锯末放在模膛内，其产生的气体起脱模作用，而其灰起隔热作用，并稍起润滑作用	用于难以脱模的大型锻模	① 使用方便，价格便宜 ② 烟气大，不卫生
胶体石墨	① 水剂胶体石墨 石墨: 水 =1: （15 ~30）水分蒸发起冷却效果，石墨起润滑作用 ② 油剂胶体石墨：2% ~3%石墨 + 废机油	① 用于有色金属锻件 ② 用于中小锻件	① 润滑性能良好 ② 烟气大，不卫生
二硫化钼	二硫化钼（25%粉剂）+ 炮油或汽缸油（75%）	各种锻模	① 提高了模具寿命和表面质量 ② 成本较高
玻璃粉	低熔点玻璃粉 30% 十硅醋 70% 使用时，将低熔点玻璃粉涂在锻模上，在毛坯上可涂一点高熔点玻璃粉	各种锻模	润滑效果好，既能防止加热时氧化，又能在锻造时起润滑作用

注：表中百分数为质量分数。

3）在终锻前加一道变形工序。

4）用专用工具清除。例如用钢丝刷，对于圆形毛坯还可以用带有刷子的滚轮等工具清除。

5）用高压水强力喷除。

6）为了防止氧化皮落入模膛，一般在锻压时，都采用压缩空气吹除氧化皮。压缩空气喷嘴方向，应根据模膛排列方式而定。

（7）锻模的调整　锻模在试模中可能出现的问题、原因与调整方法见表 4-3。

表 4-3　锻模在试模中可能出现的问题、原因与调整方法

问　题	图　示	产 生 原 因	调 整 方 法
锻件在高度方向上尺寸偏差太大（欠压）	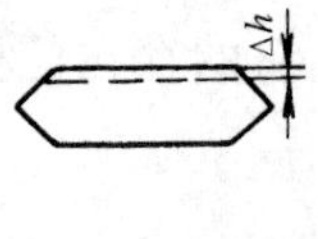	① 加热或锻造温度不合适 ② 设备吨位不足 ③ 操作工艺不合理 ④ 模具飞边槽过小或飞边阻力太大 ⑤ 模膛尺寸过小	① 合理选用锻压温度，不使终锻温度过低 ② 选择足够吨位的模锻设备 ③ 控制好锤击轻重及锤击次数 ④ 调整、修磨飞边槽尺寸，使之合适 ⑤ 加大模锻的模膛尺寸

（续）

问　　题	图　　示	产 生 原 因	调 整 方 法
锻件局部未充满，尺寸不合图样要求	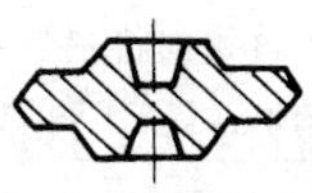	① 模锻设备吨位太小 ② 毛坯体积小 ③ 锻压温度偏低 ④ 氧化皮太多 ⑤ 飞边槽过大及阻力太小 ⑥ 模膛有气体 ⑦ 模膛尺寸加工不好 ⑧ 润滑不均匀 ⑨ 氧化皮没清除干净	① 选择足够吨位的模锻设备 ② 加大毛坯尺寸 ③ 加高温度 ④ 控制加热时间，减少氧化皮损失 ⑤ 修整有足够飞边槽阻力的飞边槽尺寸 ⑥ 增设出气孔 ⑦ 修整模膛，使之符合要求 ⑧ 润滑剂应涂抹均匀，不使过多的润滑剂留在模膛深处 ⑨ 终锻前把氧化皮清除干净
锻件沿分模面的上下部产生错移	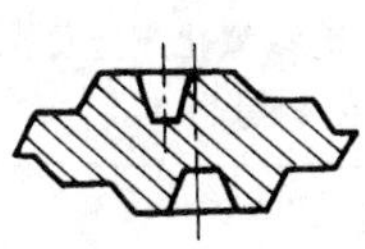	① 设备精度不够 ② 锻模精度低，上下模不同心，导向不好 ③ 锻模的紧固螺钉松动	① 调整设备 ② 提高锻模精度，重新安装与加工 ③ 拧紧螺钉，使模具稳定
锻件表面不光滑，有凹坑	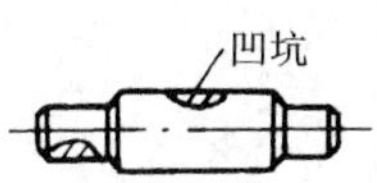	① 毛坯表面质量不好，有严重的凹坑 ② 加热温度与加热时间不当，氧化皮太多 ③ 模膛表面不光洁，粗糙	① 更换毛坯 ② 控制加热温度及加热时间，不使表面产生过多的氧化皮 ③ 抛光模膛表面
锻件有折纹	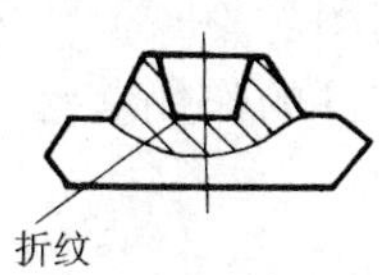	① 毛坯本身质量不好，本身有折纹 ② 毛坯体积、断面尺寸不合理 ③ 模膛设计不合理	① 更换毛坯 ② 正确设计拔长、滚压、弯曲、预锻模膛，避免终锻时在模膛产生对流，形成折纹
锻件局部金属偏多	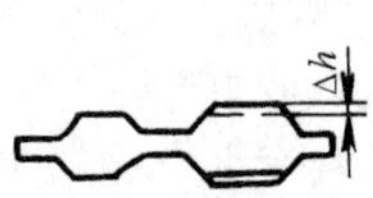	① 模具上、下模膛偏移，不在同一中心线上 ② 模具导向精度低 ③ 坯料加热不均	① 重新装配及调整模具 ② 调整模具导向系统，提高导向精度 ③ 坯料加热时要使各部位受热均匀
锻件在冲孔的边缘有龟裂或裂纹	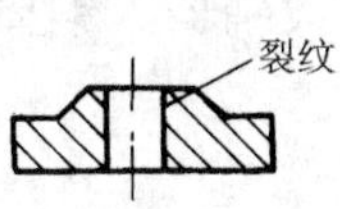	① 毛坯加热温度低 ② 凸模加热温度不足 ③ 冲头与凹模的设计不合理 ④ 变形量太大	① 把毛坯加热到足够的温度 ② 把凸模加热到规定温度 ③ 重新设计与加工冲头（凸模）与凹模，使之合理的配合 ④ 分两次锻，减少变形量

（续）

问　　题	图　　示	产　生　原　因	调　整　方　法
中心轴线产生裂纹	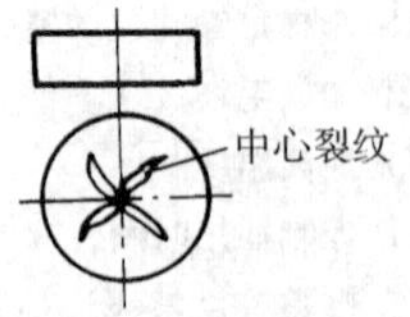	① 加热时间太短，中心温度过低 ② 加工工艺不合理	① 延长加热时间，使坯件充分烧透 ② 在型砧（摔子）内拨长，若在平砧上拔长时，应先将大圆断面毛坯压成矩形，再将矩形拔长到一定尺寸，然后压成八角形，最后压成圆形
中心轴线弯曲		① 切边凸模与凹模设计不合理 ② 冷却过急 ③ 锻件在模膛内翘起变形	① 重新设计配制 ② 注意冷却方法 ③ 改进设计或增加校形工序
锻件切边后有毛刺		① 间隙不合适 ② 刃口变钝	① 调整间隙，使之均匀 ② 磨修刃口，使之变锋利
锻件表面碰伤		① 模具尖角太大 ② 氧化皮太多，模膛内不清洁	① 修磨圆角，避免有棱角及尖角存在 ② 清除氧化皮，每次锻压时，要清除模膛内杂物

四、锻模拆装、测绘技能训练

1. 训练的目的与要求

（1）训练目的

1）熟悉锻模结构，培养实践动手能力。

2）了解模具零件相互之间的装配形式及配合关系。

3）了解模具的拆卸过程及复原装配步骤。

（2）训练要求

1）对所拆模具零件进行测绘，按要求画出相应的零件结构图。

2）对所拆模具零件进行分析，了解模具的工作原理及各零件的作用。

3）熟悉拆装过程及有关操作规则。

4）熟悉装配复原过程及有关操作规则。

5）填写好配合关系测量表。

2. 技能训练项目

（1）训练课题　锻模的拆卸、装配复原与测绘。

（2）准备工作

1）选择带导向装置的锻模一副，如图 4-8 所示类型的锻模（可根据实际生产情况予以选取）。

2）选择好必要的操作工具：包括内六角扳手、活动扳手、拔销器、铜棒、平行等高垫块、钳工台、手锤、旋具、润滑油、盛物容器等。

3）选择好测量工具：包括游标卡尺、千分尺、直尺等量具。

（3）模具的拆卸　在拆卸模具时首先将锻模吊离地面后，在锻模下面放两条等厚的枕木，锻模锻吊起的高度为略高于整木 50～100mm 为宜。用铜棒轻轻地敲击锻模的下模部分座板，从而使模具的上下模分开。决不可用很大的力来锤击其他的工作面，或使模具左右摆动，从而对模具的精度产生不良的影响。然后用卸销冲顶住销钉，用手锤将销钉卸除（无销钉可略），再用内六角扳手或活扳手卸下紧固螺钉和其他紧固零件。在拆卸过程中要注意保护模具工作零件的表面，决不可碰伤模具工作零件的表面。拆卸下来的零件应按顺序摆放。

在拆卸模具时，一般应遵照下列规则：

1）模具的拆卸工作，应按照模具的具体结构，预先考虑好拆卸程序。如果先后倒置或贪图省事而猛拆猛敲，就极易造成零件损伤或变形，严重时还将导致模具难以装配复原。

2）模具的拆卸程序一般应先拆上模、后拆下模，先拆主体部件、后拆组件。在拆卸部件或组合件时，应按从外部拆到内部、从上部拆到下部的顺序，依次拆卸组合件或零件。

3）拆卸时，应注意工具的使用要合理，必须保证对合格零件不会发生损伤，应尽量使用专用工具，严禁用钢锤直接在零件的工作表面上敲击。

4）拆卸时，对容易产生移位而又无定位的零件，应做好标记，各零件的安装方向也需辨别清楚，并做好相应标记，以免在装配复原时浪费时间。

5）对于精密的模具零件，如模具的凸、凹模，应放在专用的盘内或单独存放，以防碰伤工作部位。

6）拆下的零件应尽快清洗、擦拭干净，并在其表面涂上润滑油，以免生锈腐蚀。

（4）模具的测绘　模具测绘在模具拆卸之后进行。通过模具测绘有助于进一步认识模具零件，了解模具相关零件之间的装配关系。

模具测绘最终要完成所拆卸模具的装配图和重要零件图的绘制。由于模具测绘时主要采用游标卡尺、千分尺与直尺等普通测量工具，测量结果就远不及采用专用量具时精确，加之工具使用者的使用方法难免不够完善，由此产生的测量误差相应较大，因此需要对测量结果按技术资料上的理论数据进行必要的“圆整”。只有用“圆整”后的数据来绘制模具装配图，才能较好地反映模具结构的实际情况。

模具的测绘可按下列步骤进行：

第一步：在拆卸模具之前，应先画出模具的结构草图，并测量总体尺寸。

第二步：拆卸后对照实样勾画出各模具零部件的结构草图。

第三步：选择基准，确定各模具零件的尺寸标注方案。对于相关零件的相关尺寸，建议用彩笔标出，以便测量时引起重视。

第四步：根据设计好的尺寸标注方案，测量所需尺寸数据，并做好记录。在查阅有关技术要求的基础上，再进行尺寸数值的“圆整”工作。

第五步：完成所拆卸模具的装配图。

第六步：根据指导教师的具体要求，完成重要模具零件的结构图。

表4-4列出了锻模配合零件间的配合要求，测绘者可根据测绘过程中的实感及实测数据填写有关栏目，为完成所测绘模具的装配图做准备。表中所留空行供记录未列的模具配合零件的测绘数据用。

（5）模具的装配复原　模具装配复原的过程主要取决于模具的结构类型，一般与模具拆卸的顺序相反。模具的装配复原应在模具测绘所形成的模具装配图的基础上进行。并且在模具装配复原的过程中，要不断地修正模具装配图上的错误。一般模具装配复原程序大致如下：

表 4-4　锻模零件配合关系测绘表

序号	相关配合零件	配合松紧程度	配合要求	配合尺寸测量值	配合尺寸
1	导柱		间隙 0.25 ~ 0.5		
	导套（导向孔）				
2	导柱		H7/m6		
	导柱固定板				
3	导柱		H7/k6		
	导套固定板				
4	顶杆		H8/f8		
	与顶杆配合的孔				
5					
6					
7					
8					
9					
10					

1）先装模具的工作零件（如凸模、凹模等工作零件），一般情况下，先装下模部分比较方便。

2）在各模板上装入销钉（如无销钉可略）并拧紧螺钉。

3）总装其他零部件。

（6）实训记录与成绩评定　实习记录与成绩评定见表 4-5 所示。

表 4-5　锻模拆装、测绘实训记录及成绩记录表

项次	项目与技术要求	配分	评定方法	实测记录	得分
1	准备工作充分	8	检查评定		
2	拆绘过程安排合理，方案正确	8	分析评估		
3	拆卸操作符合要求	8	按操作规程评定		
4	测绘方法正确，数据取值合理	10	每错一项扣 1 分，缺一项扣 2 分		
5	各零件的配合关系清楚、准确	8	每错一项扣 1 分		
6	图样绘制符合标准，标注正确	30	每错一项扣 1 分，缺一项扣 2 分		
7	装配复操作符合要求	8	按操作规程评定		
8	时间安排合理（共两周）	5	安排不合理每一处扣 1 分		
9	各项数据记录符合要求	10	发现一项不符合要求扣 2 分		
10	安全文明生产	5	违者每次扣 2 分		

课题二　压铸模装配与调试

一、压铸模的结构组成

压铸模是进行压铸生产的主要工艺装备。在经济批量生产中，压铸模结构的是否正确、合理、先进和适用的程度在很大程度上影响铸件质量合格率的高低，作业循环的快慢，模具制造的难易及其使用寿命。

1. 压铸模的基本结构

压铸模的基本结构如图 4-21 所示。图中分型面 *A—A* 右边那一半模具称为定模。定模这部分是固定在压铸机定模安装板上的。*A—A* 左边那一半模具称为动模。动模这部分是随压铸机动模安装板开合移动的。

2. 压铸模架的基本形式及组成

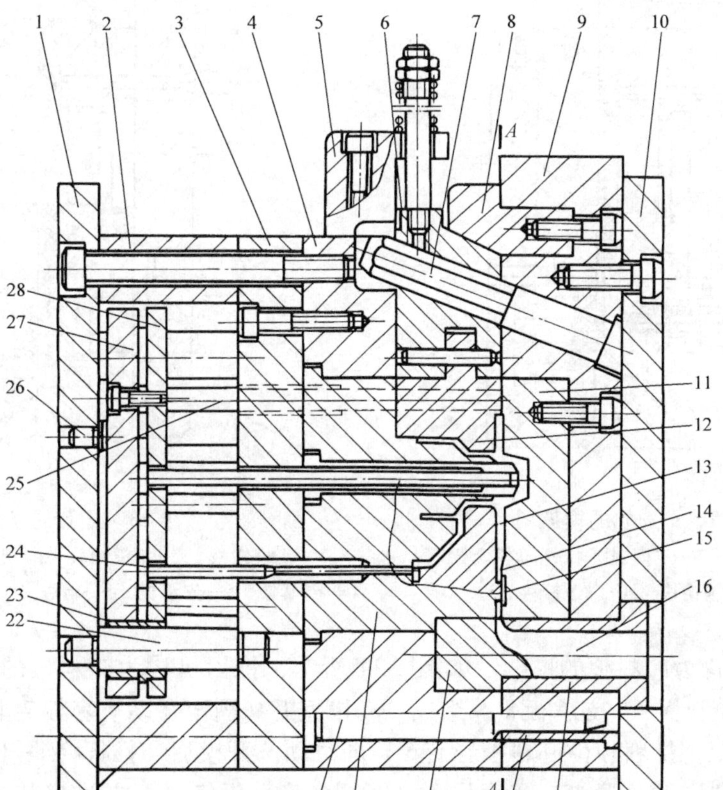

图 4-21　压铸模的基本结构

1—动模座板　2—垫板　3—支承板　4—动模套板　5—限位块　6—滑块　7—斜销　8—楔紧块　9—定模套板　10—定模座板　11—定模镶块　12—活动型芯　13—型腔　14—内浇口　15—横浇道　16—直浇道　17—浇口套　18—导套　19—导流块　20—动模镶块　21—导柱　22—推板导柱　23—推板导套　24—推杆　25—复位杆　26—限位销　27—推板　28—推杆固定板

模架是固定和设置成型镶块、浇道镶块、浇口套以及抽芯机构、导向零件等的基体。主要构件有动、定模座板，动、定模套板，支承板，卸料板以及定位销、紧固零件等。装配模架时主要根据已确定的装配方案，对有关构件进行合理、装配有序的装配。

（1）不通孔的模架　如图 4-22 所示，不通孔的模架的动、定模分别由动、定模套板 1 和 3 单体形成，定模镶块 2、动模镶块 4 及浇道镶块 5 用螺钉紧固在模体上。这种模架组成零件少，结构紧凑。

（2）通孔的模架　如图 4-23 所示，通孔的模架的动、定模架分别由动、定模套板 4 和 3，支承板 5，定模座板 1 所组成，镶块 2、6、7 固定在套板内，由支承板、定模座板压紧。模体的加工工艺性好，适用于多腔模和组合镶块的模。

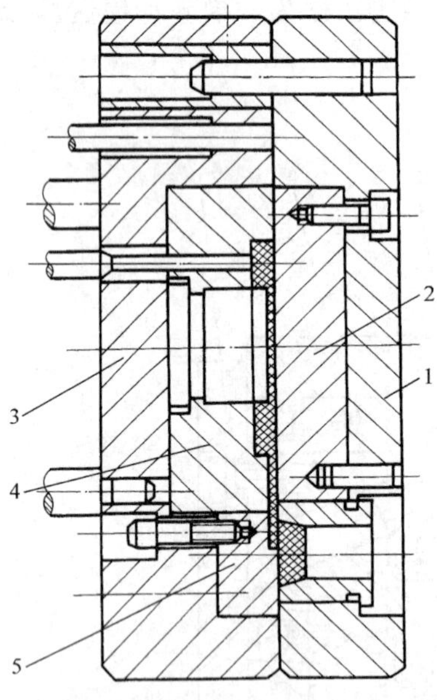

图 4-22　不通孔的模架图

1—定模套板　2—定模镶块　3—动模套板　4—动模镶块　5—浇道镶块

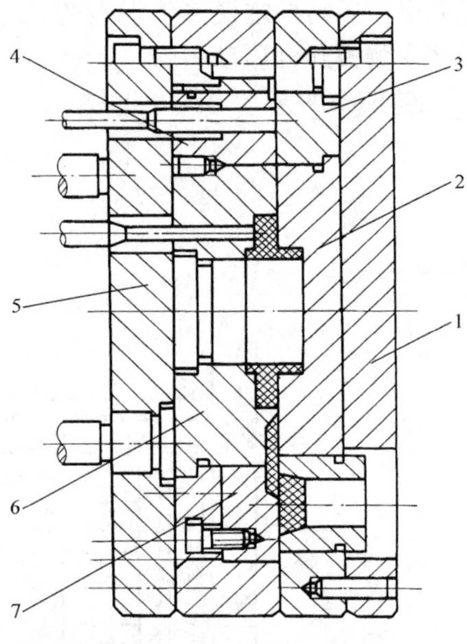

图 4-23　通孔的模架图

1—定模座板　2—定模镶块　3—定模套板　4—动模套板　5—支承板　6—动模镶块　7—挠道镶块

（3）推出机构为卸料板的模架　如图 4-24 所示，推出机构为卸料板的模架的动模模架由卸料板 5、动模套板 7、支承板 8 等组成，动模型芯 9 固定在动模套板 7 上，卸料板镶块 4 固定在卸料板 5 上，卸料板由卸料板导套 6 导向滑动。开模后，推杆将 I—I 分型面推开，通过卸料板推出铸件。铸件脱模时受力均衡，不易变形，但卸料板在推出状态时将型芯挡住，不便于上涂料。模架上组成零件较多。在铸件需要侧向抽芯时，可以把抽芯机构的导滑部分设置在卸料板上。当卸料板镶块上设有型芯时可增设推杆，组成二次推出机构。

（4）带有抽芯机构的模架　如图 4-25 所示，带有抽芯机构的模架的动、定模模架分别由动、定模套板 4 和 3，定模座板 2，支承板 6 组成，定模组合镶块 1、5 固定在套板内，由座板、支承板压紧（在不通孔镶块的模架上不需用座板和支承板），动、定模模架上设有抽芯机构各元件。型腔布置的数量受铸件的抽芯数量、位置和抽芯方向的限制。

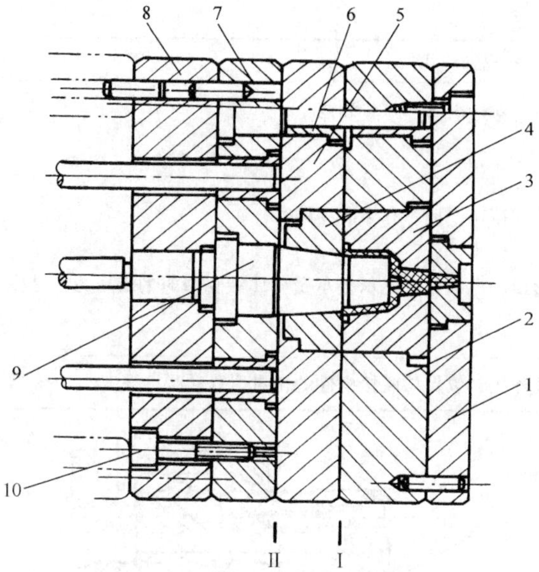

图 4-24　推出机构为卸料板的模架
1—定模座板　2—定模套板　3—定模镶块　4—卸料板镶块　5—卸料板　6—卸料板导套　7—动模套板　8—支承板　9—动模型芯　10—紧固螺钉

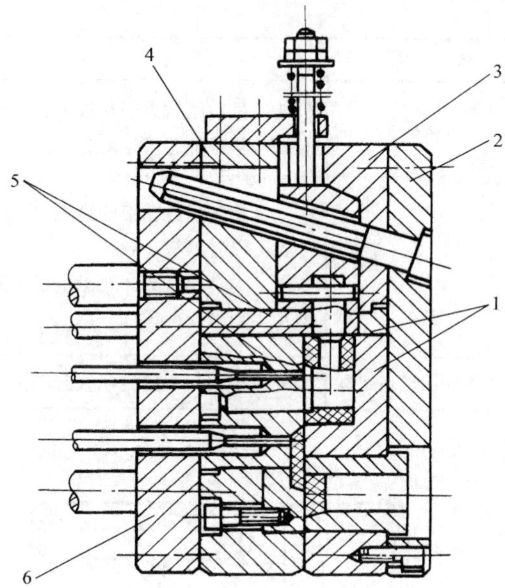

图 4-25　带有抽芯机构的模架
1—定模组合镶块　2—定模座板　3—定模套板　4—动模套板　5—动模组合镶块　6—支承板

(5) 设置斜滑块的模架　如图 4-26 所示，设置斜滑块的模架的动模模架由动模套板 3、支承板 6 等组成，动模型芯 5 采用不通孔的形式固定在支承板上，在斜滑块 4 上形成型腔，推出铸件时同时完成抽芯动作。这种形式的模架适用于铸件侧面有较浅凹槽或孔及外形阻碍出模的模具。

(6) 卧式压铸机采用中心浇口的模架　如图 4-27 所示，卧式压铸机采用中心浇口的模架的定模模架由定模座板 3、定模活动套板 5、限位板 1 和限位块 2 等组成。开模时，靠铸件对动模型芯 7 的包紧力、压射冲头送料的推力，定模活动套板 5 和余料一起随动模运动，打开 I 分型面，继续开模至限位板 1 与限位块 2 相接触时，阻止定模活动套板 5 的移动而拉断余料（或采用其他切料机构切断余料），I 分型面打开，最后推出机构将铸件从型芯上推出。当定模活动套板重量较大时，应另设导滑支撑装置。

压铸模架结构件的作用见表 4-6。

表 4-6　压铸模架结构件的作用

名　称	说　明
定模座板	①　直接与压铸机的定模板固定，并对准压铸机压室，使定模部分紧固在压铸机上 ②　在通孔台阶式镶块的模具上，与定模套板连接，以压紧镶块及导滑零件等，构成定模部分。在不通孔套板的模具上不采用
动定模套板	①　固定成型镶块、型芯、导滑零件及浇道镶块等 ②　设置抽芯机构 ③　对不通孔的动、定模架兼起到定模座板及支承板的作用 ④　推出结构为推杆形式时，动模套板上设置复位杆 ⑤　压室或浇口套均设在定模套板上

（续）

名　称	说　明
卸料板	①　推出结构为卸料板形式时，用以直接推出铸件不致变形 ②　构成抽芯机构的导滑部位
	①　用于通孔套板的模架中作压紧动模镶块、型芯和导滑零件等 ②　设置推板、导柱 ③　与动模套或卸料板组成一体后形成动模部分，支承板承受金属液充填时的反压力，是模具中受力较大的零件
定位销钉和紧固螺钉	对需要固定联接的模板起定位和紧固作用，以保持联接构件的相对位置和联接强度

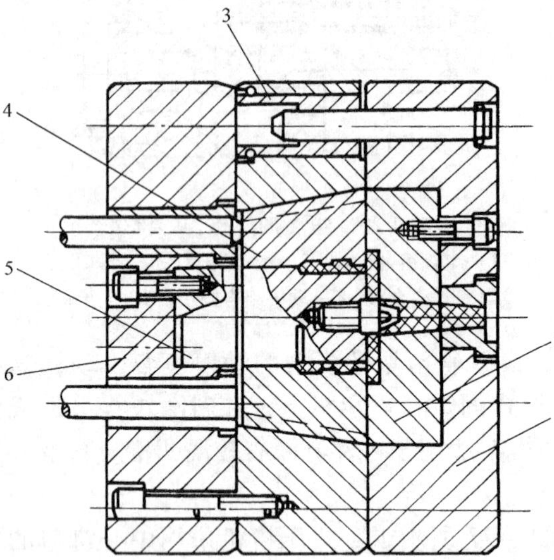

图 4-26　斜滑块模架

1—定模套板　2—定模镶块　3—动模套板　4—斜滑块　5—动模型芯　6—支承板

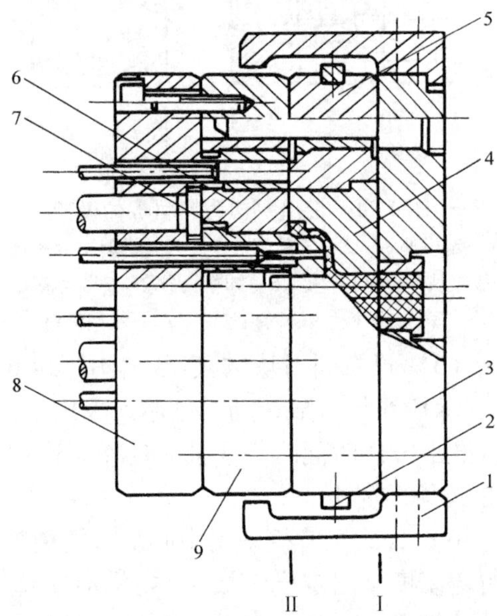

图 4-27　卧式压铸机采用中心浇口的模架

1—限位板　2—限位块　3—定模座板　4—定模镶块　5—定模活动套板　6—动模镶块　7—动模型芯　8—支承板　9—动模套板

3. 压铸模结构图例

（1）阶梯分型、推杆推出结构　如图 4-28 所示，按金属液充填方向在铸件的最后充填位置开设溢流槽和排气槽，动模镶块 5、动模套板 7 与定模镶块 6、定模套板 8 采用阶梯分型、推杆推出结构。

开模后，由推板 1 推动推杆 3、4 将铸件推出，然后取出铸件。

合模时，复位杆 2 推动推板 1，推板 1 带动推杆 3、4 复位。

（2）卸料板推杆两次推出结构　如图 4-29 所示，为防止薄壁铸件在脱模过程中产生变形，采用卸料板推出，然后再用推杆将铸件从卸料板中推出。

开模时，由于铸件的包紧力使分型面Ⅰ首先敞开脱出定模型芯 7、8、9，继续开模至距离 L 时，拉块 10 带动导板 12，打开分型面Ⅱ，卸料板 13 及动模镶块 6，将铸件从大型芯 5

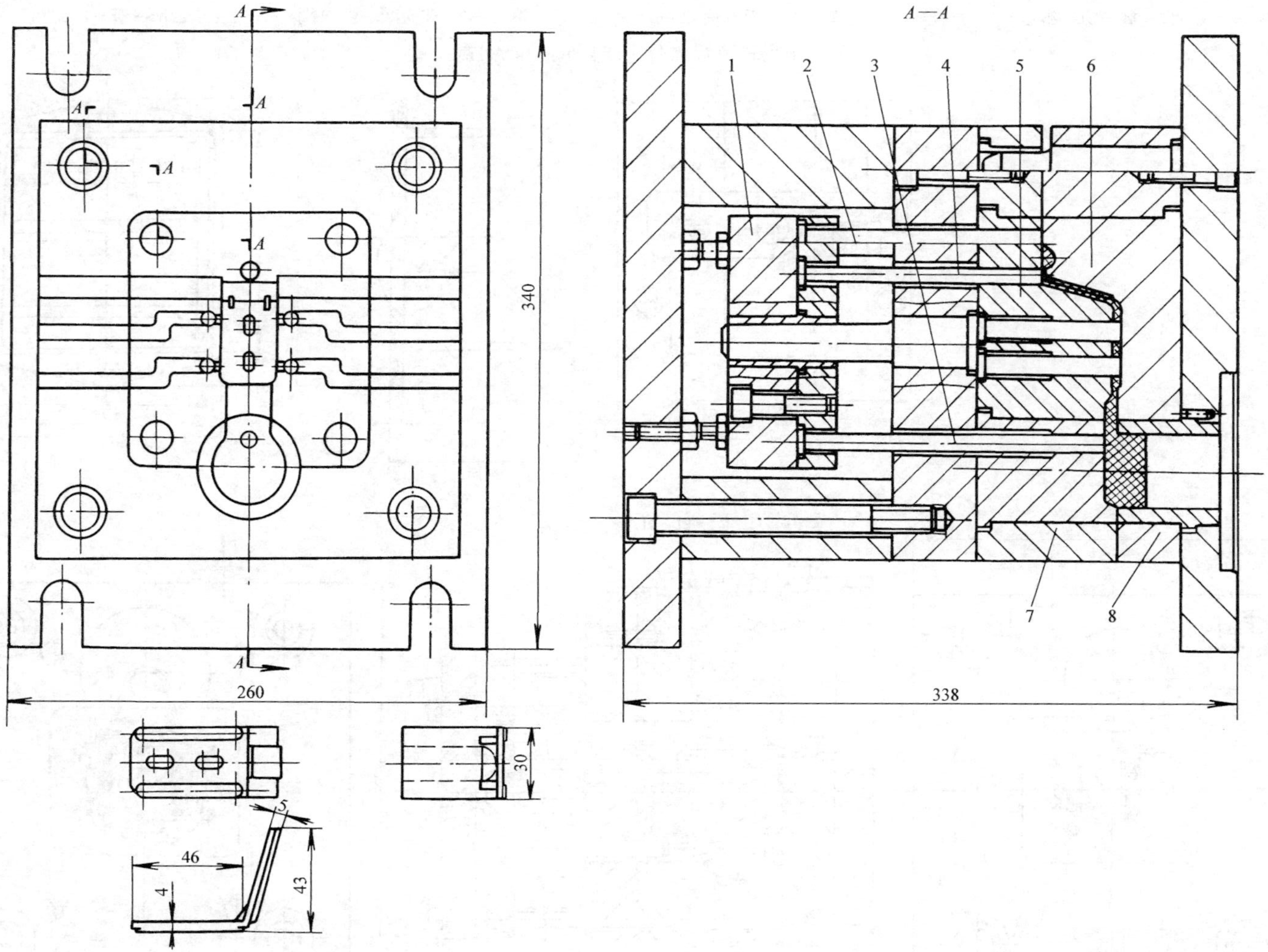

图 4-28　阶梯分型，推杆推出结构

1—推板　2—复位杆　3、4—推杆　5—动模镶块　6—定模镶块　7—动模套板　8—定模套板

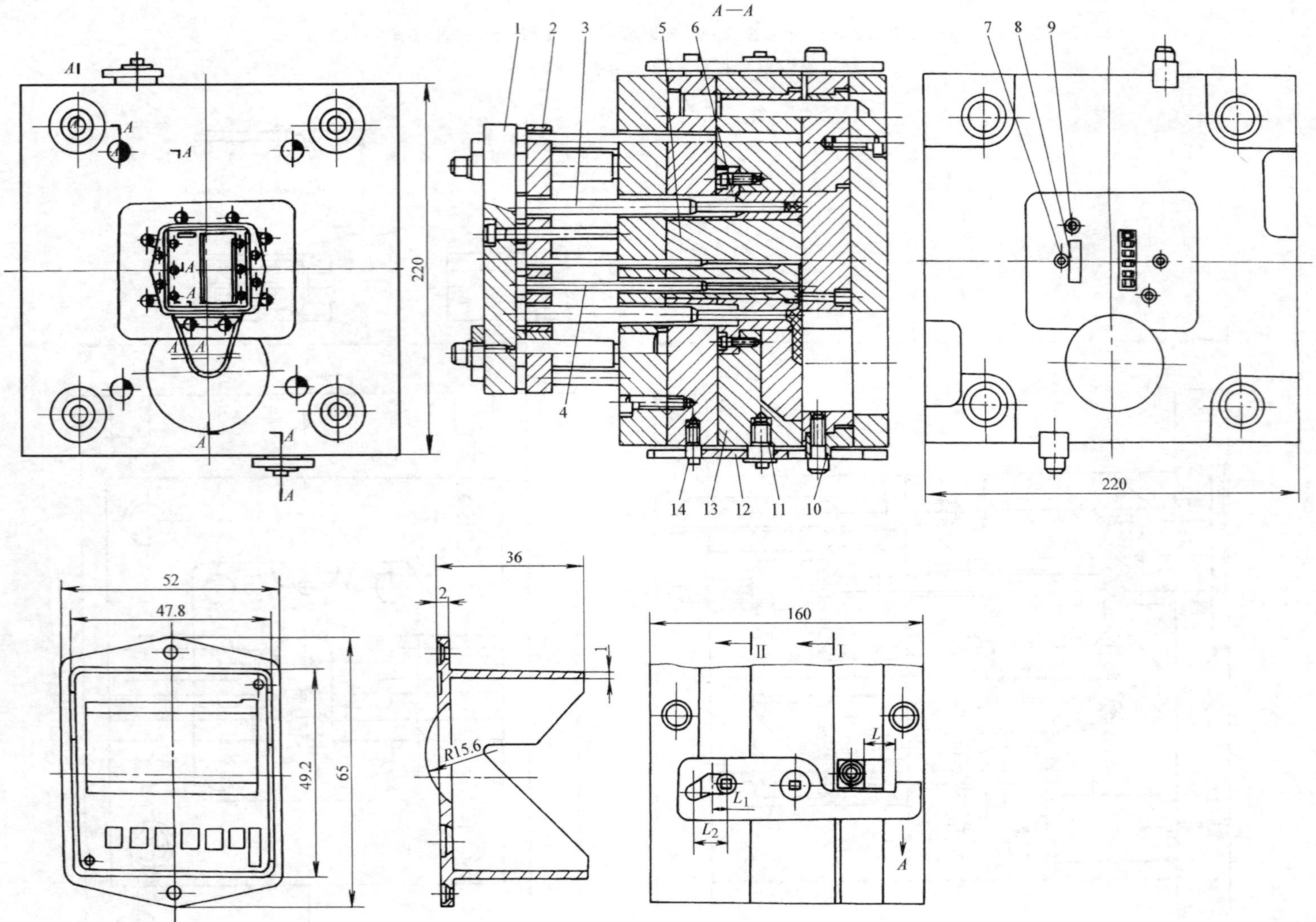

图 4-29　卸料板推杆两次推出结构

1—推板　2—推杆固定板　3、4—推杆　5—大型芯　6—动模镶块　7、8、9—定模型芯　10—拉块　11—螺钉　12—导板　13—卸料板　14—导销上推出。当分型面Ⅱ敞开距离为 L_1 后，导销 14 滑入导板 12 斜槽内，导板 12 弯钩产生 A 向运动。敞开距离为 L_2 时，导板 12 和拉块 10 脱离，分型面Ⅰ第二次打开，由推板 1 带动推杆 3、4 推出铸件。

合模时，分型面Ⅰ先合拢，然后分型面Ⅱ再合拢，由于导板 12 的槽及导销 14 的作用使导板 12 复位。

（3）内螺纹采用圆锥齿轮传动旋出的结构　如图 4-30 所示，铸件有内螺纹，开模后齿轮传动机构旋出铸件。

开模时，固定在定模上的齿条 1 带动直齿圆柱齿轮 2 转动，从而传动圆锥齿轮 3、4 及直齿圆柱齿轮 5、6 转动和带动型芯轴 7 转动，由于铸件外形有八处加强筋，因此型芯轴 7 转动时，既作脱模动作，同时又将铸件推出。为了减轻转动时的摩擦力矩，采用平面轴承以减小摩擦力。

（4）斜销不完全抽芯结构　如图 4-31 所示，铸件为薄壁长圆锥筒形，如完全抽出型芯后取出铸件，则模具尺寸较大，难以满足压铸机的技术要求，所以采用不完全抽芯结构。

开模时，由滑块 5、型芯 2 组成的滑块型芯在斜销 4 的抽拔下，作不完全抽芯，除去包紧力。

开模后，推板 3 推动推杆 8、10 和螺栓 7（二支）推动铸件和浮动滑块 6，使滑块型芯 2、5 悬空后取出铸件。铸件推出行程要高于分流锥 9，浮动滑块 6 不能脱离动模套板 11，滑块型芯 2 较理想是有两端定位。

（5）弯销延时抽芯结构　如图 4-32 所示，铸件要用滑块 2 和型芯 4 组成的滑块型芯作抽芯，并且型芯 5 要穿过型芯 4 来保证铸件的壁厚，因此采用弯销延时抽芯结构。

开模时，型芯 5 脱离型芯 4 后，弯销 3 才开始抽拔滑块 2，使型芯 4 脱离铸件后，推杆 1 将铸件推出。

合模时，弯销 3 带动滑块型芯 4 完全复位后，型芯 5 才穿过型芯 4。

延时距离必须大于型芯 5 插入型芯 4 的有效距离。

（6）斜销延时抽芯、推杆卸料板联合推出结构　如图 4-33 所示，该模具定模上有大型芯。开模时，靠抽芯滑块将铸件先从定模型芯上脱卸，故采用延时抽芯机构，然后推杆、动模卸料板联合推出。

开模时，由于滑块斜销孔呈椭圆长槽形，故需开模一段距离后斜销再起抽芯作用，实现延时抽芯。定模型芯脱出后，斜销带动型芯滑块 4（两件）抽芯，然后推板 8 带动推杆 6，动模卸料板 2 推出铸件。

为防止动模卸料板在脱模过程中脱出，设置限位杆 3，铸件推出行程 H_2 须小于限位行程 H_1（小于 5 ~ 10mm）。

（7）斜销切断余料结构　如图 4-34 所示为斜销切断余料结构。卧式机采用中心浇口时，以斜销带动切刀切断余料。

开模时，由于铸件对动模型芯产生包紧力和压射头推出余料动作，分型面Ⅰ应首先打开。在打开过程中，斜销 9 带动滑块 7 和切刀 8 切断余料。继续开模，由于拉杆 6 的作用，第Ⅰ分型面停止移动，分型面Ⅱ即打开，再继续开模，推杆 2、3 将铸件推出。压铸时应控制倒入金属液的量，使余料厚度 H 应满足下式：

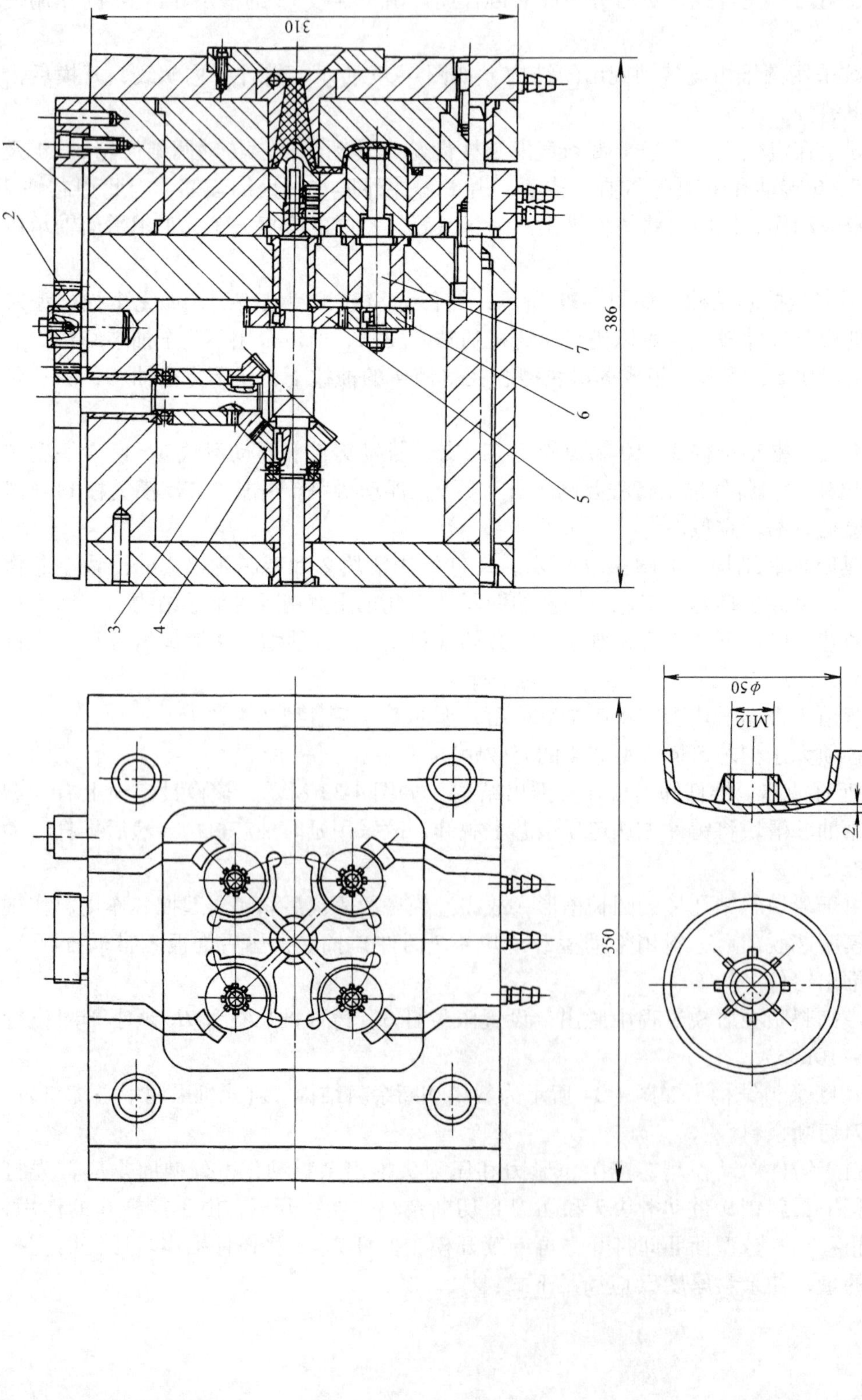

图 4-30　内螺纹采用圆锥齿轮传动旋出的结构

1—齿条　2、5、6—齿轮　3、4—圆锥齿轮　7—型芯轴

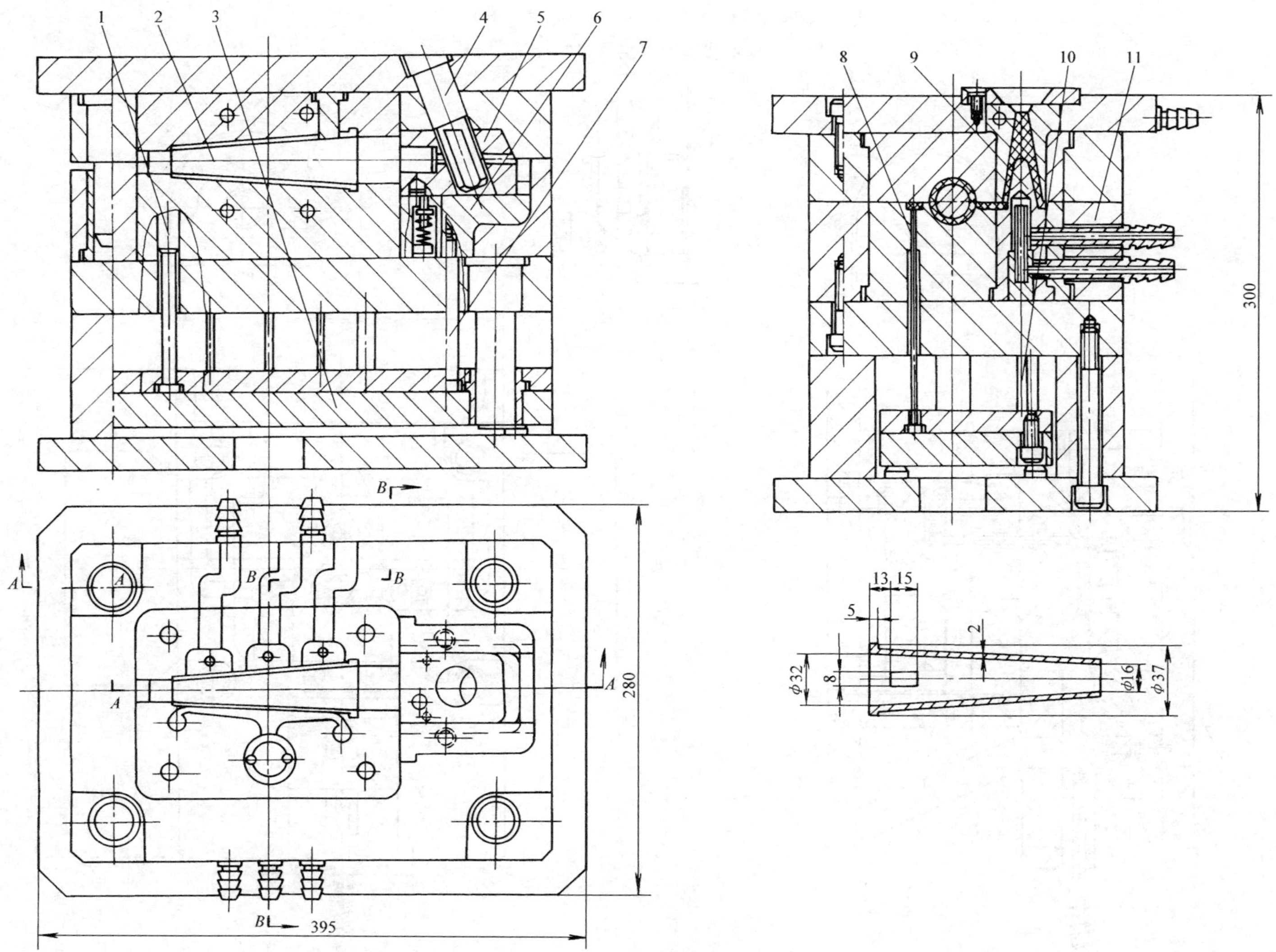

图 4-31　斜销不完全抽芯结构

1—复位杆　2—型芯　3—推板　4—斜销　5—滑块　6—浮动滑块　7—螺栓　8、10—推杆　9—分流锥　11—动模套板

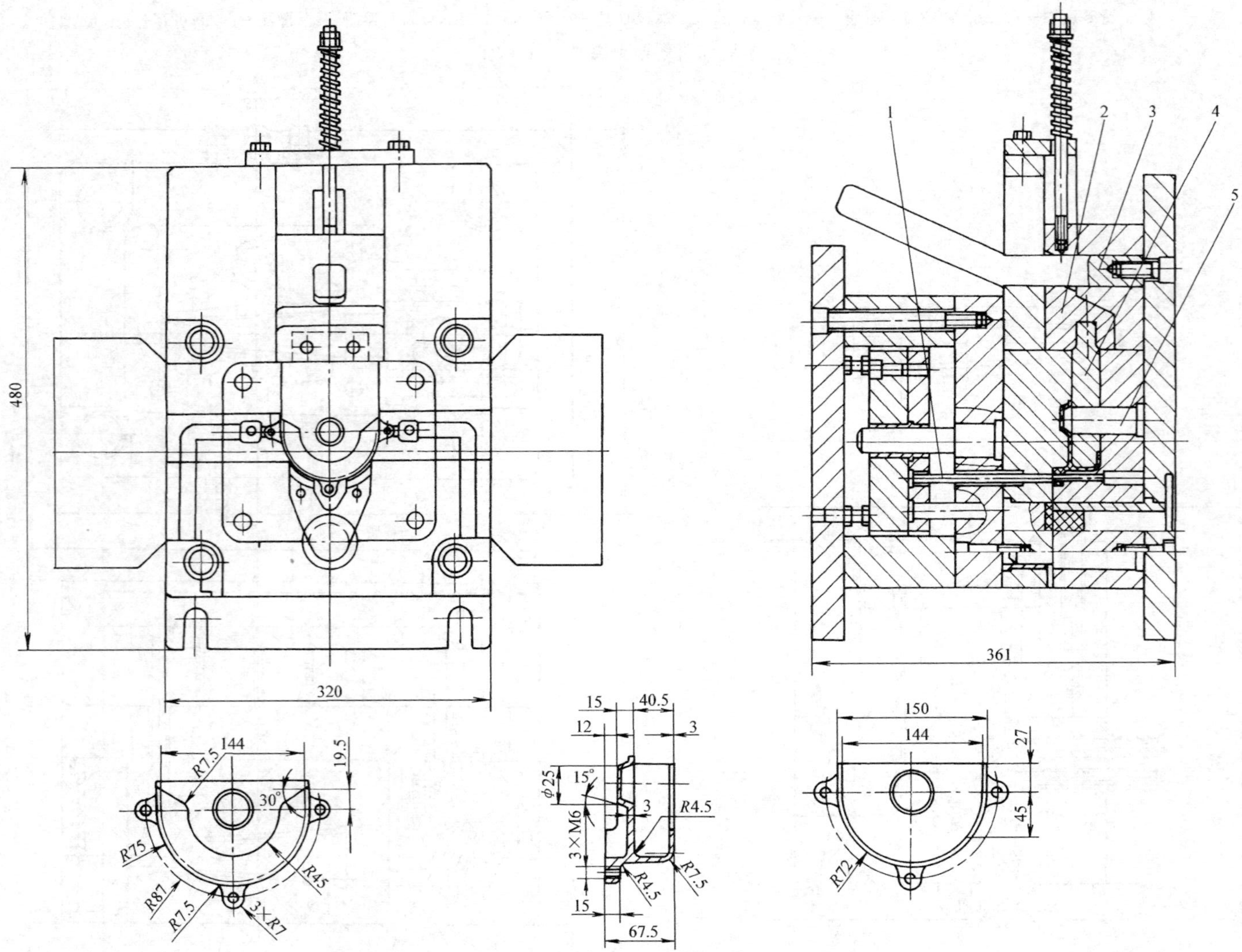

图 4-32　弯销延时抽芯结构

1—推杆　2—滑块　3—弯销　4、5—滑块型芯

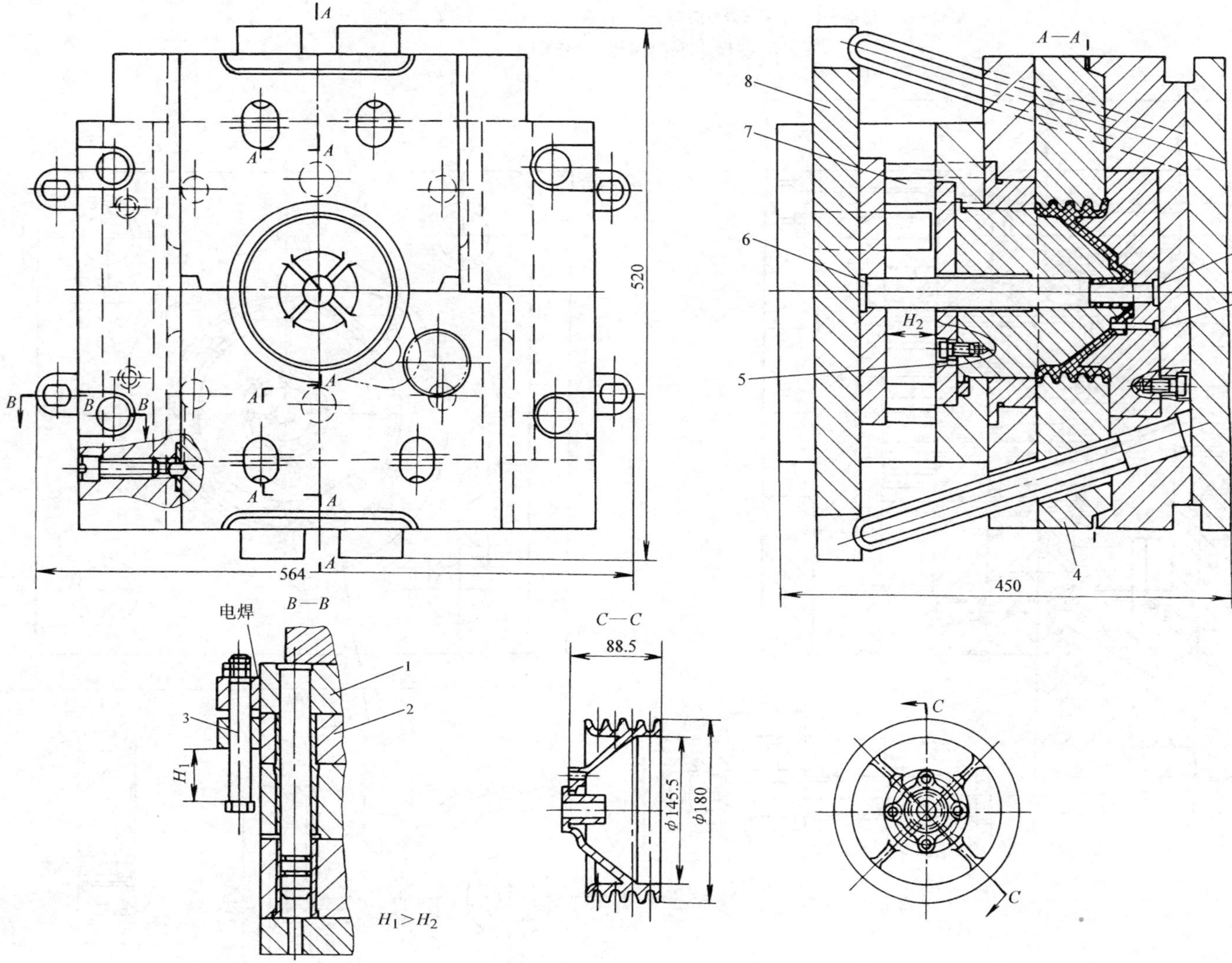

图 4-33　斜销延时抽芯、推杆卸料板联合推出结构

1—支承板　2—动模卸料板　3—限位杆　4—型芯滑块　5、9、10—型芯　6—中心推杆　7—卸料推杆　8——推板

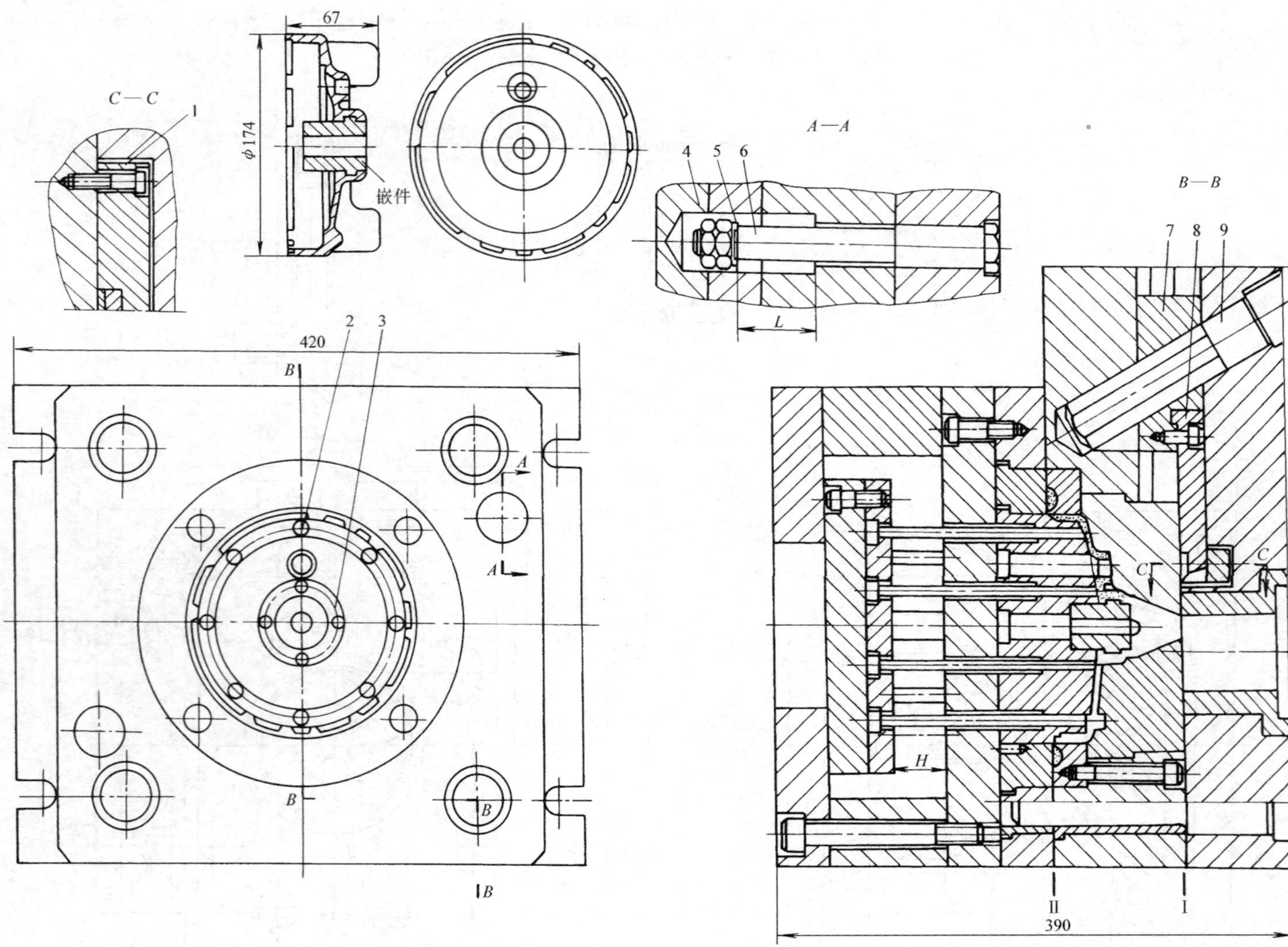

图 4-34　斜销切断余料结构

1—导向件　2、3—推杆　4—螺母　5—垫圈　6—滑块　8—切刀　9—斜销

$$H < L/\tan\alpha$$

式中　L——切刀至余料的距离（mm）；

α——倾斜角度（°）。

分型面Ⅰ分型的敞开距离 L 应大于 H。

二、压铸模装配

1．压铸模装配的技术要求

（1）压铸模总装的技术要求　压铸模装配图上需注明的技术要求有以下几点：

1）模具的最大外形尺寸（长×宽×高）。为便于复核模具在工作时，其滑动构件与机器构件是否有干扰，液压抽芯液压缸的尺寸、位置及行程、滑块抽芯机构的尺寸、位置及滑块到终点的位置均应画简图示意。

2）选用压铸机型号。

3）压铸件选用的合金材料

4）选用压室的内径、比压或喷嘴直径。

5）最小开模行程（如开模最大行程有限制时，也应注明）。

6）推出行程。

7）标明冷却系统，液压系统进出口。

8）浇注系统及主要尺寸。

9）特殊运动机构的动作过程。

（2）压铸模外形和安装部位的技术要求　压铸模的外形和安装部位有以下几点技术要求：

1）各模板的边缘均应倒角 C2，安装面应光滑平整，不应有突出的螺钉头、销钉、毛刺和击伤等痕迹。

2）在模具非工作面上醒目的地方打上明显的标记，包括产品代号、模具编号、制造日期及模具制造厂家名称或代号等内容。

3）在动、定模上分别设有吊装用螺钉孔，重量较大的零件（≥25kg）也应设起吊螺孔。螺孔有效螺纹深度不小于螺孔直径的 1.5 倍。

4）模具安装部位的有关尺寸应符合所选用的压铸机相关对应的尺寸，且装拆方便，压室安装孔径和深度须严格检查。

5）分型面上除导套孔、斜销孔外，所有模具制造过程中的工艺孔，螺钉孔都应堵塞，并且与分型面平齐。

（3）总体装配精度的技术要求　压铸模总体装配精度有以下几点技术要求：

1）模具分型面对定、动模座板安装平面的平行度按表 4-7 的规定。

表 4-7　模具分型面对座板安装平面的平行度规定　（mm）

被测面最大直线长度	≤106	>106～250	>250～400	>400～630	>630～1000	>1000～1600
公差值	0.06	0.08	0.10	0.12	0.16	0.20

2）导柱与导套对定、动模座板安装面的垂直度按表 4-8 的规定。

表 4-8 导柱、导套对定、动模座板安装面的垂直度规定 （mm）

导柱、导套有效导滑长度	≤40	>40～63	>63～100	>100～160	>160～250
公差值	0.015	0.020	0.025	0.030	0.040

3）在分型面上，定模、动模镶件平面应分别与定模套板、动模套板齐平或允许略高，但高出量应在 0.05～0.10mm 范围内。

4）推杆、复位杆应分别与型面齐平，推杆允许凸出型面，但不大于 0.1mm；复位杆允许低于型面，但不大于 0.05mm。推杆在推杆固定板中应能灵活转动，但轴向间隙不大于 0.10mm 。

5）模具所有活动部位，应保证位置准确，动作可靠，不得有歪斜和呆滞现象；相对固定的零件之间不允许窜动。

6）滑块在开模后应定位准确可靠。抽芯动作结束时，所抽出的型芯端面，与铸件上相对应型位或孔的端面距离不应小于 2mm 。滑动机构应导滑灵活，运动平稳，配合间隙适当。合模后滑块与楔紧块应压紧，接触面积不小于二分之一，且具有一定预应力。

7）浇道表面粗糙度值 R_a 不大于 0.4μm，转接处应光滑联接，镶拼处应密合，拔模斜度不小于 5°。

8）合模时镶块分型面应紧密贴合，如局部有间隙，也应不大于 0.05mm（排气槽除外）。

9）冷却水道和温控油道应畅通，不应有渗漏现象，进口和出口处应有明显标记。

10）所有成形表面粗糙度值 R_a 不大于 0.4μm，所有表面都不允许有击伤、擦伤或微裂纹。

2. 压铸模的装配

模具的装配工艺过程由以下几个部分组成：

（1）装配前的准备工作　装配前的准备工作包括以下 4 项：

1）研究和熟悉装配图，了解模具的结构、零件的作用以及相互的连接关系。

2）确定装配的方法、顺序和准备所需的工具。

3）对零件进行清理和清洗。

4）对某些零件有时要进行修配。

（2）组件装配

（3）部装和总装

（4）涂油和入库

3. 装配实例

下面以全立式压铸机用压铸模具为例叙述压铸模的装配过程。如图 4-35 所示，全立式压铸机用压铸模具由动模和定模模两部分组成，动模由导套 5、分流锥 6、1#动模镶块 7、推杆 8、螺钉 9、10、动模座板 11、推板 12、推杆固定板 13、推板导套 14、推板导柱 15、支承板 16、动模套板 17 和 2#动模镶块 18 组成；定模由定模套板 19、组合定模镶块 20、定模座板 21、支承柱 22、压室 1、座板 2、型芯 3 和导柱 4 组成。

（1）清理工作场地　模具装配时要求工作场地干净、整洁，不能有任何杂物。

（2）零件的准备　根据模具装配图准备和清点装配所需的模具零件、联接零件和辅助

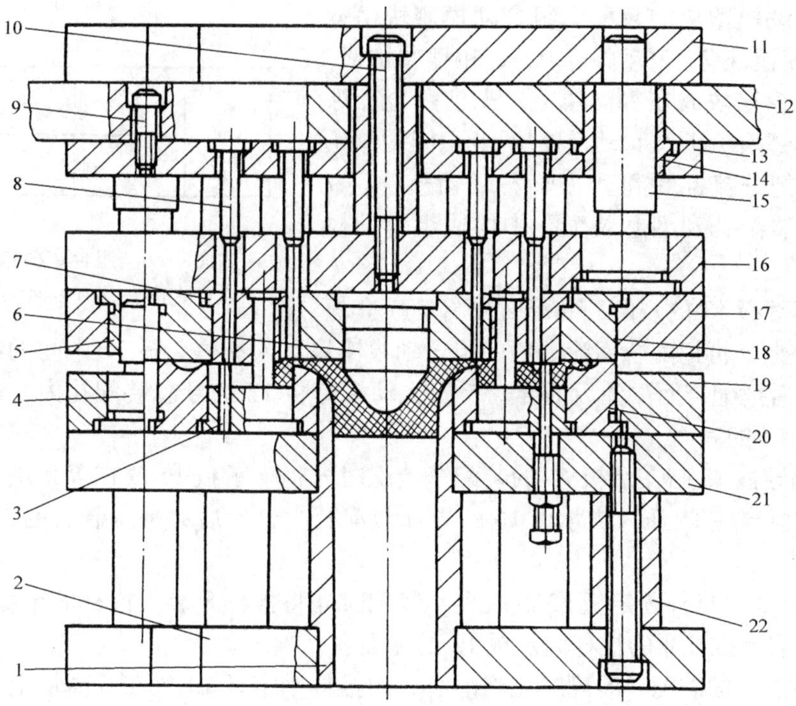

图 4-35　全立式压铸机用压铸模具图

1—压室　2—座板　3—型芯　4—导柱　5—导套　6—分流锥　7—1#动模镶块　8—推杆　9、10—螺钉　11—动模座板　12—推板　13—推杆固定板　14—推板导套　15—推板导柱　16—支承板　17—动模套板　18—2#动模镶块　19—定模套板　20—组合定模镶块　21—定模座板　22—支承柱

材料。

（3）准备必须的工具、量具、辅具及所需的设备　它们包括活扳手、内六角扳手、铜棒、平行等高垫块、支承环、手锤、旋具、润滑油、盛物容器、油石、模具抛光设备、游标卡尺、钢直尺、90°角尺、R 规等。

（4）检查并清理模具零件　装配前必须对所需装配的模具零件进行必要的检查，对个别零件的不合格处，按图样要求进行修理。在检查零件的同时，应把零件清洗、擦拭干净并在零件表面涂上一层薄薄的机油。

（5）组合定模镶块 20 的装配　如图 4-36 所示，组合定模镶块 20 由 1#定模镶块和 2#定模镶块构成。装配时，先把 1#定模镶块小端向下放在压力机工作台上，把装配面涂油后的 2#定模镶块小端向下压入 1#定模镶块中间的镶块装配孔内组成组合定模镶块 20。

（6）组合定模镶块 20 与定模套板的装配　装配时先将定模套板 19 放在等高块上，再把配合面涂油后的组合定模镶块 20 压入定模套板 19 中间的组合定模镶块装配孔内；最后把配合面涂油后的导柱 4 压入定模套板 19 的导柱装配孔中，磨平压装后的定模套板 19 的底面，并检测导柱 4 与基准面的垂直度误差。

（7）组合动模镶块的装配　组合动模镶块由分流锥 6、1#动模镶块 7、2#动模镶块 18 和型芯构成。装配时把 2#动模镶块放在等高块上，先把配合面涂油后的 1#动模镶块 7 压入 1#动模镶块 18 中间的镶块装配孔内，再把分流锥 6 和型芯压入 1#动模镶块 7 中间的分流锥装配孔和型芯装配孔中构成组合动模镶块。

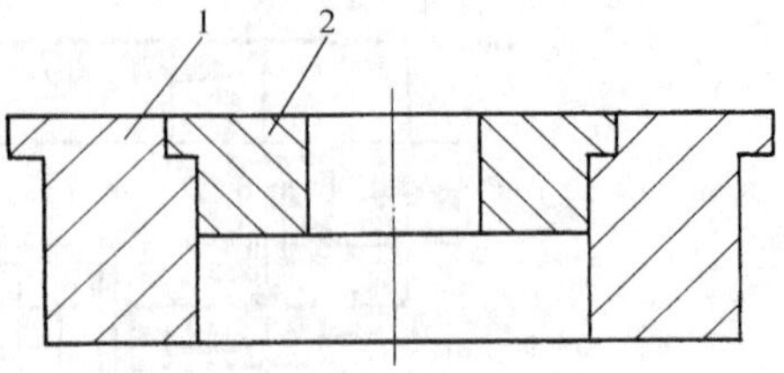

图 4-36　组合定模镶块 20

1—1#定模镶块　2—2#定模镶块

（8）动模套板 17 的装配　装配时先将动模套板 17 放在等高块上，再把配合面涂油后的组合动模镶块压入动模套板 17 中间的组合动模镶块装配孔内，然后把配合面涂油后的导套 5 压入动模套板 17 的导套装配孔内，最后磨平压装后的动模套板 17 的底面。

（9）推板导柱 15 与支承板 16 的装配　装配时先将支承板 16 放在等高块上，再把配合面涂油后的推板导柱 15 压入支承板 16 的导柱装配孔内，然后磨平压装后的支承板 16 的底面。

（10）推杆 8 与推杆固定板 13 的装配　装配时先将推杆 8 装入推杆固定板 13 的推杆孔中，然后磨平装有推杆 8 的推杆固定板 13 的端面。

（11）推板 12 的装配　装配时先将配磨后的推杆固定板 13 放在等高块上，再把配合面涂油的推板导套 14 压入推杆固定板 13 的导套装配孔中，然后将配合面涂油的推板 12 套在导套 14 上，最后用涂油后的螺钉 9 把配磨后的推杆固定板 13 和导套 14 固定在推板 12 上。拧紧螺钉时，要按一定的顺序进行，并做到分次逐步拧紧，否则会使被联接件产生松紧不匀和不规则的变形。

（12）定模座的装配　定模座由压室 1、模座 2、定模座板 21、支承柱 22 和型芯 3 构成。装配时先将定模座板 21 放在等高块上，再把配合面涂油后的压室 1 压入定模座板 21 中间的压室装配孔内；把型芯 3 装在定模座板 21 的型芯螺孔内，把支承柱 22 放在定模座板 21 上并保证支承柱 22 的螺纹过孔与定模座板 21 上的螺纹孔对正，最后把座板 2 套在压室 1 上，并用螺钉将压室 1、座板 2、定模座板 21、支承柱 22 和型芯 3 连成一体。

（13）总装

1）定模装配。定模部分由定模座、压装后的定模套板 19 和定模镶套构成。装配时将定模座水平放置，再把压装后的定模套板 19 套在定模座的压室 1 上并使型芯 3 插入定模套板 19 的型芯孔中，最后把配合面涂油的定模镶套压入压室 1 与 2#定模镶块之间的环形槽内，用螺钉把定模套板 19 固定在定模座上，至此定模部分的装配即告结束。

2）动模装配。动模部分由装配后的动模套板 17、装配后的支承板 16、装配后的推板 12、动模座板 11 和支承柱构成。装配时先把装配后的动模套板 17 放在等高块上，再把装配后的支承板 16 放在装配后的动模套板 17 上，并使它们的推杆孔对正；把装配后的推板 12 套在装配后支承板 16 的推板导柱 15 上，并使用推杆 8 插入装配后的支承板 16 和装配后动模套板 17 的推杆孔内，用螺钉将支承板 16 和装配后的动模套板 17 固定在一起；把支承柱放到装配后的推板 12 的支承柱装配孔内，将动模座板 11 套在推板导柱 15 上后用螺钉 10 把动模部分连成一体。检查推板导柱 15 和推杆 8 滑动是否灵活，若有卡滞现象，可用红粉涂于滑动件的配合表面，往复活动观察卡滞部位，分析原因并进行修配。检查完毕后动模部分的装配即告结束。

3）合模。全立式压铸机压铸模由动模部分和定模部分构成，将模具的动、定模合模后应检查导柱、导套的滑动是否灵活。若不灵活，检查完毕后模具的装配过程即告结束。该模具进入试模阶段。

三、压铸模的使用与调整

1. 压铸模安装

压铸模的基本结构同塑料注射模十分相似，它也有动、定模之分和卸件部分。压铸模所使用的压铸机与注射模所使用的注射机也极为相似。因此，压铸模的安装，实际上也就是动、定模的安装与联接。

（1）动、定模的安装与联接　安装压铸模前，先要掌握模具的闭合高度，根据闭合高度，调整压铸机装模机构的动、定模安装板之间开挡距离，使开挡距离的大小调整到比压铸模闭合高度略小为止，然后在开启状态下将压铸模固定在定模安装板上，接着松开压铸机大杆上的预紧螺母，操作点动合模。当动模安装板接触压铸模时，合型缸座后退，直至曲肘伸直，此时用压板将动模部分固定在动模安装板上，再将预紧螺母用手扳紧并装上开模挡块，至此，压铸模安装完毕。但锁模力未达到规定值（如1250kN），必须进行预紧调整。

锁模力预紧调整时，应在压铸模安装完毕的情况下，由合模状态下进行开模，并将四个预紧螺母拧紧（根据 J1113B、J1113D 说明书，拧紧进 0.6mm，相当预紧螺母过 12 格刻度，四个预紧螺母应拧紧同样刻度），装上开模挡块，调整完成。一般情况下，经过如此预紧，压铸机在合模时能产生额定的锁模力（1113B 为 1250kN）。若预紧过多，可将螺母退回适当刻度。总之，锁模力预紧应根据具体情况，调整到曲肘即能伸直、压射时分型面又不至产生熔融合金飞溅为止。

合模预紧力应在压铸工艺的许可范围内适当降低，以提高合模曲肘扩力机构的使用寿命和便于压铸模的排气。

压铸模与压铸机的联接方式，主要靠压铸机的动、定模安装板上的 T 形槽，通过压板、垫块 和螺钉、螺母固定。T 形槽的尺寸大小与位置查阅压铸机使用说明书。

（2）模具与设备之间的合模、开模和使用关系　每一副压铸模，其外形（长×宽×高）应满足所用压铸机许可装模范围，即模具的长宽外形尺寸，不能超过压铸机安装面尺寸和不能同时超过压铸机拉杆内间距，否则模具就无法安装。模具开模后，应保证制件能从模具里取出来，因此对开模距离应进行校核。

每台压铸机都具有最小合模距离 L_{min} 和最大开模距离 L_{max} 两个尺寸，故对所使用的模具相应地提出下列要求：

1）压铸机合模后能严密地锁紧模具的分型面，因此要求模具的总合模厚度 $H_{合}$ 应大于压铸机的最小合模距离，见图 4-37，即：

$$H_{合} < L_{min} + K$$

式中　$H_{合}$——合模后模具的总厚度，即 $H_{合} = H_1 + H_2$。若采用通用模座时，应包括通用模座厚度尺寸；若采用附加垫板时，应包括垫板厚度尺寸（mm）；

L_{min}——最小合模距离（mm）；

K——安全值，一般取 20mm；

H_1——定模厚度（mm）；

H_2——动模厚度（mm）。

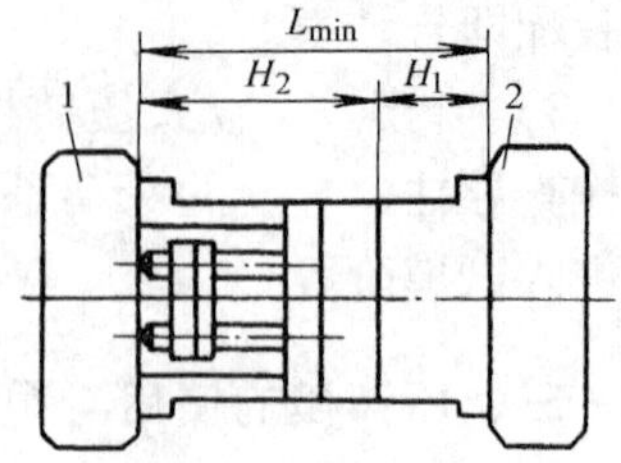

图 4-37 最小合模距离

1—压铸机动模安装板

2—压铸机定模安装板

2）压铸机开模后要求铸件能顺利取出，为此要求压铸机的最大开模距离 L_{max} 减去模具总厚度 $H_{合}$ 后，留有能使铸件取出的距离 $L_{开}$，见图 4-38，即

$$L_{开} < L_{max} - H_{合}$$

式中 $L_{开}$——开模后取出铸件（包括浇注系统）的最小距离（mm），应视模具结构和铸件尺寸而定；

L_{max}——压铸机最大开模距离（mm）。

2. 压铸模的使用与调整

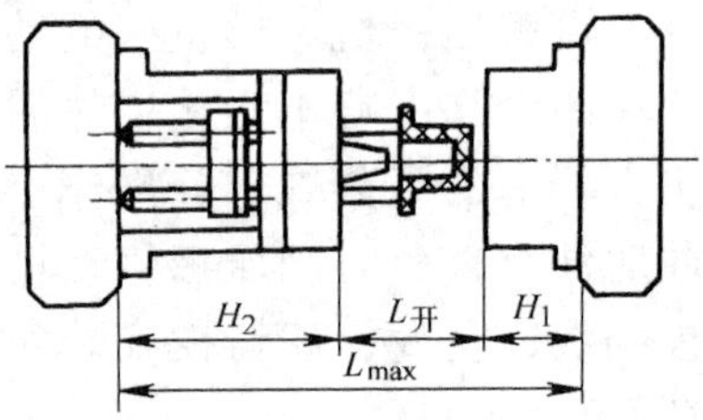

图 4-38 最大开模距离

（1）压铸模的使用特点　在压铸过程中，压铸模的成形零件工作条件极其恶劣，它们经受机械磨蚀、化学侵蚀和热疲劳的反复作用。

1）机械磨蚀。机械磨蚀就是金属液在高压、高速下进入型腔，对模具成形零件的表面产生激烈的摩擦和冲击，使模具表面产生侵蚀和磨损。

2）化学侵蚀。金属液在浇注过程中难免有熔渣带入，熔渣对成形零件表面产生复杂的化学作用，如铜合金中的锌较快地扩散到模具表面，形成一种较脆的化合物，铝和铁的化合物像尖劈一样，加速了裂纹的形成和发展。

3）热疲劳作用。热应力是模具成形零件表面产生裂纹的主要原因。在生产每一个压铸件过程中，成形件表面除了受到金属液的高速、高压冲刷外，还存在着吸收金属在凝固过程中放出的热量，产生了热交换。此外由于模具材料热传导的关系，使成形件表面层温度急剧上升，与内部产生很大的温差，从而产生内应力。当金属液充填型腔时，型腔表层首先达到高温而膨胀，而内层模温较低，相对的膨胀量小，使表层产生压应力。开模后，型腔表面与空气接触，受到压缩空气及涂料的激冷而产生拉应力。这种交变应力随着生产的延续而增长，当超过模具材料的疲劳极限时，使表面层产生塑性变形，在晶界处产生裂纹。

为了保持型面的耐用，要求型面具有热疲劳性能、耐磨损、不粘模、易脱件。所以对成形零件采用了目前应用较好的 4Cr5MoSiV1（H13）材料制造。成形零件的表面加工得比较光，尤其是对型腔的表面，常经过抛光加工，一般为表面粗糙度值 R_a 不大于 0.4μm。

（2）合金熔液温度　为了能更好地填充到压铸模所有凹孔和深处，保证金属流动时彼此融和，在使用压铸模时，应正确选择金属的浇注温度。合金压铸液体温度见表 4-9。

表 4-9　合金压铸液体温度

材料名称	压铸液体温度/℃	材料名称	压铸液体温度/℃
锌合金	420～500	镁合金	700～740
铝合金	620～680	铜锌合金	850～960

压铸合金温度选用原则：

1）浇入的金属温度越低，压铸模寿命越长。

2）用低温压铸，才有可能使排气槽深度增大而无金属液溅出的危险。

3）采用低温能减少压室与顶杆啮紧的机会。

4）采用低温能减少铸件中的收缩孔和裂纹的产生。

总之，在工艺条件允许的情况下，压铸合金温度选用低温为好。

（3）模具工作温度　压铸模的工作温度根据其压铸合金而异。表4-10为推荐值，供选用。

表4-10　压铸模工作温度选择

模具名称	工作温度/℃	模具名称	工作温度/℃
锌合金模具	150~180	镁合金模具	200~250
铝合金模具	180~225	铜锌合金模具	300

压铸模工驻模具各选择原则：

1）模具温度过低，铸件内部结构疏松，空气排出困难，难以成型。

2）模具温度过高，铸件内部结构致密，但铸件易“焊”附于模腔中，粘模不易卸出铸件。同时，过高的温度会使模体本身膨胀，影响铸件尺寸精度。

3）模具温度应选择在合适的范围内，一般经试验合适后，恒温控制为好。

（4）压铸模的润滑　润滑作为压铸模和压铸件的分型剂，便于卸件；作为压铸模和压机的活动部分的润滑剂，减少摩擦，提高使用寿命；此外，还可作为压铸模的冷却剂，并降低模具由于长期工作的热疲劳，延长了模具寿命。

1）润滑的目的就是便于卸件，减少摩擦，降低模具由于长期工作的热疲劳，提高模具使用寿命。

2）润滑剂的要求。润滑剂不能使压铸件在型腔中粘附，不能腐蚀模具型面钢料，不能产生有毒气体，在受热时不能产生灰渣，润滑后应均匀贴附在型腔及工作表面而不被高压金属冲走，价格比较便宜。

3）润滑剂的配制有以下几种：

①　全损耗系统用油85%~90%+石墨10%~15%

②　重油100%

③　石蜡30%+黄蜡30%+凡士林油14%+石墨26%

④　石墨25%+甘油20%+水玻璃5%+水50%

4）使用润滑剂时应注意的事项。使用润滑剂时应注意润滑剂可用于型腔及可动部分表面上，润滑剂喷量每次要少，而且要均匀，喷涂后最好在型面上形成一层薄膜。

（5）压铸模调整的内容　压铸模制造完成以后，要经过试模调整，选择正确的压铸条件，才能稳定地压铸出合格的铸件。

试模前，试模人员应对压铸用合金原材料进行检查，了解合金材料的特点和压铸特性；还应了解模具结构、压铸机的性能、压铸条件及操作方法。

正确选择压铸成形条件，是试模调整的关键。常常遇到即使模具的设计与制造都正确，由于压铸成形条件选择不当，同样压不出合格的铸件。相反，在某些情况下，可借助于调整压铸成形条件，克服模具的不足之处，压出了合格的铸件。为此，试模人员必须熟悉各项压铸成形条件的作用及相互关系、模具动作原理，才能正确地选择和合理地调整各项压铸成形条件。

压铸成形条件调整的内容有以下几点：

1）材料熔融温度、压射时模具温度及熔液温度。

2）压铸机的注射压力、锁模力、开模力的确定及根据制件情况所需的压射比压、压射速度大小等。

3）对压铸成的制品状况要进行修整才能获得完善的制件。

（6）压铸模的调整　压铸模试模中可能出现的问题、原因与调整方法见表4-11。

表4-11　压铸模试模中出现的问题及调整方法

问　　题	产　生　原　因	调　整　方　法
压铸件表面有花纹，并有金属流痕迹	①　内浇口通往铸件进口处流道太浅 ②　压射比压太大，致使金属流速过高，引起金属液的飞溅	①　加深浇口流道 ②　减少压射比压
压铸件表面有细小的凸瘤	①　型腔内表面有划痕或有凹坑、裂纹产生 ②　表面粗糙	①　更换型腔或进行修补 ②　抛光型腔
压铸件表面有裂纹或局部变形	①　顶料杆分布不均匀或数量不够，受力不均 ②　推料杆固定板在工作时偏斜，致使一面受力大，一面受力小，使制品变形及产生裂纹 ③　铸件壁太薄，收缩后变形	①　增加顶杆数量，调整其分布位置，使顶件力受力均匀 ②　调整及重新安装推杆固定板 ③　重新设计铸件，使其壁部加厚
压铸件表面有顶杆印痕，表面不光洁，粗糙	①　顶杆太长 ②　型腔表面粗糙，或有杂物	①　调整顶杆长度 ②　抛光型腔，清除杂物及油污
压铸件表面有气孔	①　润滑剂涂得太多 ②　排气槽被堵，气排不出去	①　合理使用润滑剂 ②　修复或增设排气槽，使其排气通畅
压铸件表面有缩孔	①　压铸工艺不合理，壁厚薄变化太大 ②　金属液温度太高	①　在壁厚的地方增加工艺孔，使壁厚均匀 ②　降低金属液温度
压铸件外轮廓不清晰，成不了形，局部欠料	①　压铸机压力不够，压射比压太低 ②　进料口厚度太大 ③　浇口位置不正确，使金属发生正面冲击	①　更换压铸比压大的压铸机 ②　减小进料口流道厚度 ③　改变浇口位置，防止对铸件正面冲击
压铸件部分未成型，型腔充不满	①　压铸模温度太低 ②　金属液温度低 ③　压铸机压力太小 ④　金属液不足，压射速度太高 ⑤　空气排不出来	①　提高压铸模温度 ②　提高金属液温度 ③　更换大压力压铸机 ④　加足金属液，减小压射速度，加大进料口厚度 ⑤　修整排气系统，给以良好排气
压铸件锐角处充填不满	①　内浇口进口太大 ②　锐角处通气不好，有空气排不出来 ③　压铸机压力过小	①　减小内浇口 ②　改善排气系统 ③　更换压力大的压铸机

（续）

问　题	产 生 原 因	调 整 方 法
压铸件结构疏松，强度不高	①　压铸机压力不够 ②　内浇口太小 ③　排气孔堵塞	①　改换压力大的压铸机 ②　加大内浇口 ③　检查排气孔，保持排气畅通
压铸件内有气孔产生	①　金属流动方向不正确，与铸件型腔发生正面冲击，产生涡流，将空气包围，产生气泡 ②　内浇口太小，金属流速过大。在空气未排出前，过早地堵住了排气孔，使气体留在铸件内 ③　型腔太深，通风排气困难 ④　排气系统设计不合理，排气困难	①　修正分流锥大小形状，防止造成金属流对型腔的正面冲击 ②　适当加大内浇口 ③　改进模具设计 ④　合理设计排气槽，增加空气穴
压铸件内有杂质	①　金属液不清洁，有杂质 ②　合金成分不纯 ③　模具型腔不干净	①　浇铸时把杂质和渣物清掉 ②　更换合金 ③　清理模具型腔，保持干净
压铸过程中有金属外溅	①　动、定模间合模不严密，间隙较大 ②　锁模力不够 ③　压铸机动、定模安装板不平行	①　重新安装模具 ②　加大锁模力 ③　调整压铸机，使动、定模安装板保持平行

四、压铸模拆装、测绘技能训练

1. 训练的目的与要求

（1）训练目的

1）熟悉压铸模结构，培养实践动手能力。

2）了解模具零件相互之间的装配形式及配合关系。

3）了解模具的拆卸过程及装配复原的步骤。

（2）训练要求

1）对所拆模具零件进行测绘，按要求画出相应的零件结构图。

2）对所拆模具零件进行分析，了解模具的工作原理及各零件的作用。

3）熟悉拆卸过程、复原装配过程及有关操作规则。

4）填写好配合关系测量表。

2. 技能训练项目

（1）训练课题　压铸模的拆卸、复原装配与测绘。

（2）准备工作

1）选择中等复杂程度的压铸模一副，如图 4-21 所示类型的压铸模（可根据实际生产情况予以选取）。

2）选择好必要的操作工具：包括内六角扳手、拔销器、铜棒、平行等高垫块、钳工台、手锤、旋具、润滑油、盛物容器等。

3）选择好测量工具：包括游标卡尺、千分尺、90°角尺、钢直尺等量具。

（3）模具的拆卸　对于小型压铸模具在拆卸模具时可一手将压铸模的定模部分托住，另一手用木锤或铜棒轻轻地敲击压铸模的动模部分座板，从而使模具分开。决不可用很大的力来锤击其他的工作面，或使模具左右摆动，从而对模具的精度产生不良的影响。然后用铜梗顶住销钉，用手锤将销钉卸除（无销钉可略），再用内六角扳手卸下紧固螺钉和其他紧固零件。在拆卸时要特别小心，决不可碰伤模具工作零件的表面。拆卸下来的零件应放在指定的容器中，以防生锈或遗失。

在拆卸模具时，一般应遵照下列规则：

1）模具的拆卸工作，应按照模具的具体结构，预先考虑好拆卸程序。如果先后倒置或贪图省事而猛拆猛敲，就极易造成零件损伤或变形，严重时还将导致模具难以装配复原。

2）模具的拆卸程序一般应先拆外部附件，然后再拆主体部件。在拆卸部件或组合件时，应按从外部拆到内部、从上部拆到下部的顺序，依次拆卸组合件或零件。

3）拆卸时，使用的工具要合理，必须保证对合格零件不会发生损伤，应尽量使用专用工具，严禁用钢锤直接在零件的工作表面上敲击。

4）拆卸时，对容易产生移位而又无定位的零件，应做好标记，各零件的安装方向也需辨别清楚，并做好相应标记，以免在装配复原时浪费时间。

5）对于精密的模具零件，如型腔镶件和型芯等，应放在专用的盘内或单独存放，以防碰伤工作部位。

6）拆下的零件应尽快清洗、擦拭干净，并涂上润滑油以免零件生锈腐蚀。

（4）模具的测绘　模具测绘在模具拆卸之后进行。通过模具测绘有助于进一步认识模具零件，了解模具相关零件之间的装配关系。

模具测绘最终要完成所拆卸模具的装配图和重要零件图的绘制。由于模具测绘时主要采用游标卡尺、千分尺与直尺等普通测量工具，测量结果就远不及采用专用量具时精确，加之工具使用者的使用方法难免不够完善，由此产生的测量误差相应较大，因此需要对测量结果按技术资料上的理论数据进行必要的“圆整”。只有用“圆整”后的数据来绘制模具装配图，才能较好地反映模具结构的实际情况。

模具的测绘可按下列步骤进行：

第一步：在拆卸模具之前，应先画出模具的结构草图，并测量总体尺寸。

第二步：拆卸后对照实样勾画出各模具零部件的结构草图。

第三步：选择基准，确定各模具零件的尺寸标注方案。对于相关零件的相关尺寸，建议用彩笔标出，以便测量时引起重视。

第四步：根据设计好的尺寸标注方案，测量所需尺寸数据，并做好记录。在查阅有关技术要求的基础上，再进行尺寸数值的“圆整”工作。

第五步：完成所拆卸模具的装配图。

第六步：根据指导教师的具体要求，完成重要模具零件的结构图。

表4-12列出了压铸模配合零件间的配合要求，测绘者可根据测绘过程中的实感及实测数据填写有关栏目，为完成所测绘模具的装配图做准备。表中所留空行供记录未列的模具配合零件的测绘数据用。

表 4-12　压铸模零件配合关系测绘表

序号	相关配合零件	配合松紧程度	配合要求	配合尺寸测量值	配合尺寸
1	导柱		H7/f 7 或 H8/f 8		
	导套（导向孔）				
2	导柱		H7/m6		
	导柱固定板				
3	推杆		H8/f 8		
	与推杆配合的孔				
4	浇口套		H7/m6		
	定模套板				
5	滑块		H8/f 8		
	与滑块有配合的导滑面				
6	镶块		H6/m6		
	与镶块配合的表面				
7					
8					
9					
10					

（5）模具的装配复原　模具装配复原的过程主要取决于模具的结构类型，一般与模具拆卸的顺序相反。模具的装配复原应在模具测绘所形成的模具装配图的基础上进行，并且在模具装配复原的过程中，要不断地修正模具装配图上的错误。一般模具装配复原程序大致如下：

1）先装模具的工作零件（如型腔或型芯、镶件等成形零件）、抽芯机构零件。一般情况下，先装动模部分比较方便。

2）装配推出机构。

3）在各模板上装入销钉（如无销钉可略）并拧紧螺钉。

4）总装其他零部件。

（6）实训记录与成绩评定　实训记录与成绩评定见表 4-13。

表 4-13　压铸模拆卸、测绘实训记录及成绩记录表

项次	项目与技术要求	配分	评定方法	实测记录	得分
1	准备工作充分	8	检查评定		
2	拆绘过程安排合理，方案正确	8	分析评估		
3	拆卸操作符合要求	8	按操作规程评定		
4	测绘方法正确，数据取值合理	10	每错一项扣 1 分，缺一项扣 2 分		

（续）

项次	项目与技术要求	配分	评定方法	实测记录	得分
5	各零件的配合关系清楚、准确	8	每错一项扣 1 分		
6	图样绘制符合标准，标注正确	30	每错一项扣 1 分，缺一项扣 2 分		
7	装配复操作符合要求	8	按操作规程评定		
8	时间安排合理（共两周）	5	安排不合理每一处扣 1 分		
9	各项数据记录符合要求	10	发现一项不符合要求扣 2 分		
10	安全文明生产	5	违者每次扣 2 分		

课题三　橡胶模的装配与调试

一、橡胶模具概述

橡胶模具是成型加工制作橡胶制品零件所必不可少的重要工艺装备。橡胶模具的结构、精度及使用寿命等因素，都直接影响到橡胶模制品零件的质量、劳动强度及生产效率等各个方面。

1. 模具的类型

同其他模制品的模具一样，由于使用条件和操作方法不同，模具的结构亦有所不同。在一般的生产过程中，所使用的橡胶模具大致可以分为以下几个主要类型：

（1）填压模　将定量胶料或预成形半成品直接填入模具型腔之中，然后合模，通过电热式（或汽热式）平板硫化机进行加压、加热、硫化等工艺流程而得到橡胶模制品零件的模具，叫做填压式压胶模，简称为填压模。这种模具有开放式填压模、封闭式填压模和半封闭式填压模等三种结构形式。

1）开放式填压模具的结构特点是上、下模板之间没有直接的定位要素，而是通过其他协件来实现相互位置的定位，如图 4-39 所示。

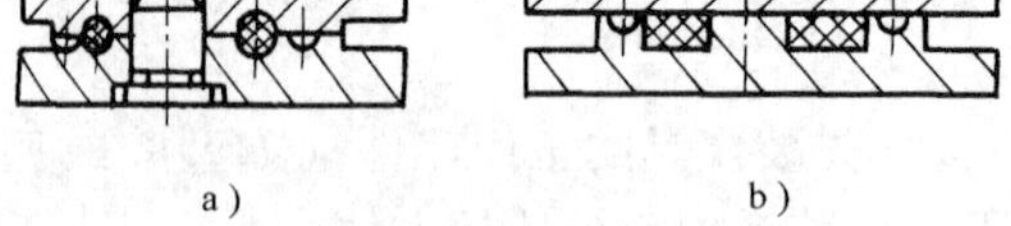

图 4-39　开放式填压模

2）封闭式填压模的结构如图 4-40 所示。这类模具的特点是上、下模板在型腔的延长部位直接进行导向和定位。这种结构的模具在生产中启模取件较难，特别是图 4-40a 所示结构。由于这类模具启模取件较难，所以，须与卸模架配套使用以解决这一问题。

3）半封闭式填压模，从结构方面看，它兼有开放式填压模和封闭式填压模的优点，如图 4-41 所示。这种结构的模具排气性能较好，制品零件的致密度也较高，胶料流失小，利用率高。这类模具亦适宜于夹织物橡胶模制品零件的模压生产。

（2）压注模　具有注胶进料结构要素的橡胶模具，称之为压注模。压注模的结构如图 4-42 和图 4-43 所示。

（3）注射模　橡胶注射模与塑料注射模基本类同，橡胶注射模也称之为注胶模，如图 4-44 所示。

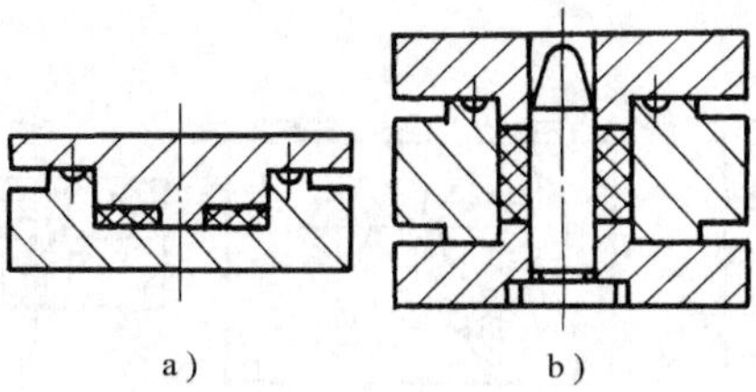

图 4-40　封闭式填压模

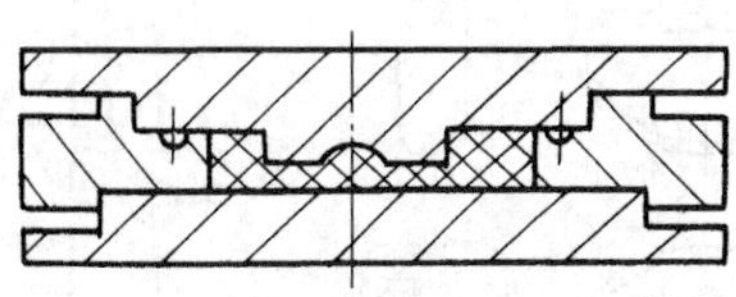

图 4-41　半封闭式填压模

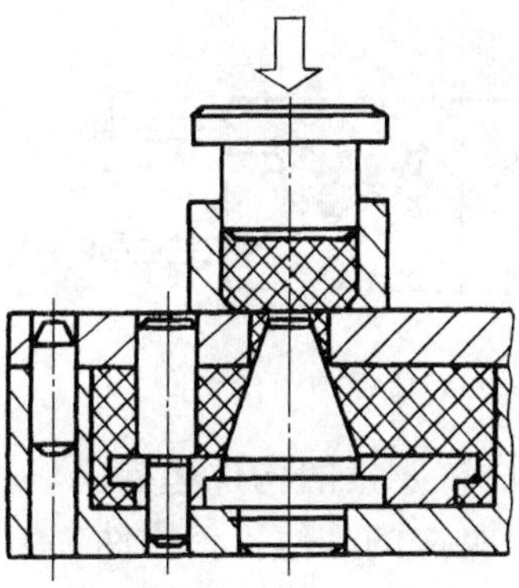

图 4-42　橡胶压注膜

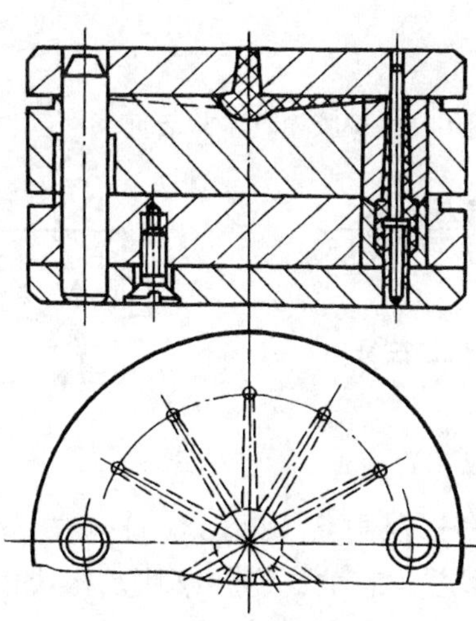

图 4-43　橡胶压注膜

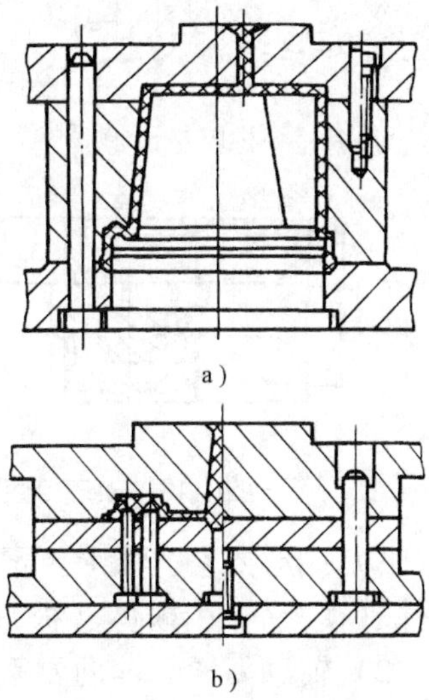

图 4-44　橡胶注射膜

（4）挤出模　橡胶挤出模具也叫做挤出模板，挤出模具是与挤压机配套使用的。这类模具结构简单，适用于截面形状不变化而长度尺寸较大的橡胶制品零件，例如各种截面形状简单的异形橡胶制品。挤出模如图 4-45 所示。

（5）多型腔模　所谓多型腔橡胶成形压胶模就是在一副模具中，设计制作了两个或者两个以上型腔的模具。多型腔模具有整体模板式结构、模芯模架式结构和可更换组合式结构等种类。

（6）活页式模具　活页式模具是以通常所使用的手工搬动操作的小型模具为基础，在其侧面增加了一种特制活页作为上、下模板的联接构件。这种结构形式的模具，就叫做活页式橡胶模具。图 4-46 所示的是橡胶模具特制活页，几种活页式橡胶模具如图 4-47 ~ 图 4-49 所示。

（7）组合式模具　组合式模具是在多型腔模具结构的基础上改进而成的，这种结构形式的模具能够方便地更换每一对单个型芯，随时可以组合模压量的大小，也可以按照制品零件规格不同，更换所有的模芯，或者组合不同规格的制品零件模芯，协调各种制品零件生产数量的比例等。

2. 橡胶模具的结构要素

所谓模具的结构要素，就是组成模具的各个构件和具有某种功能的结构形式。就一般所使用的橡胶模具来讲，结构要素可以归纳为以下几个类型：

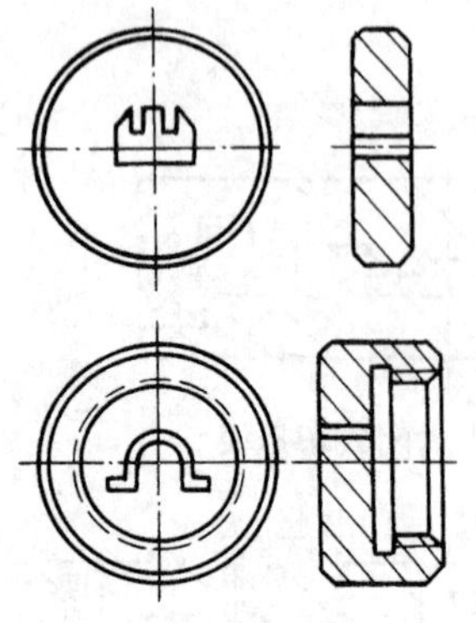

图 4-45 橡胶挤出模

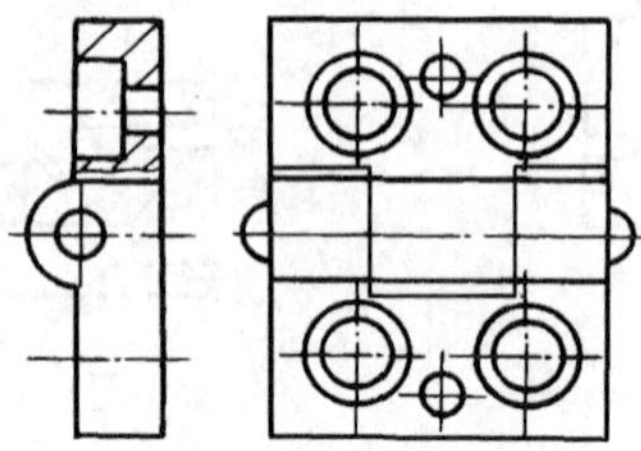

图 4-46 橡胶模具特制活页

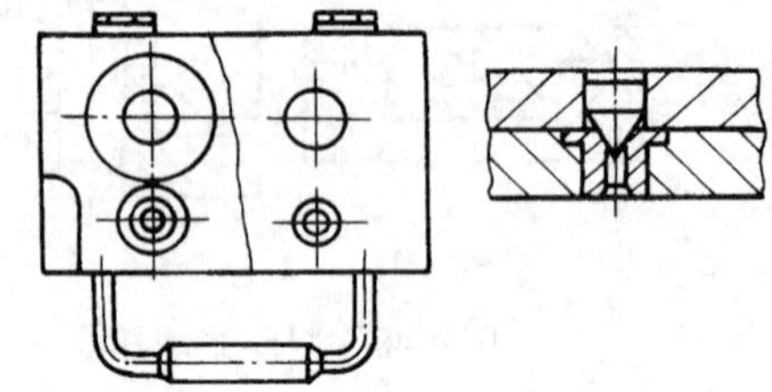

图 4-47 60°锥销定位

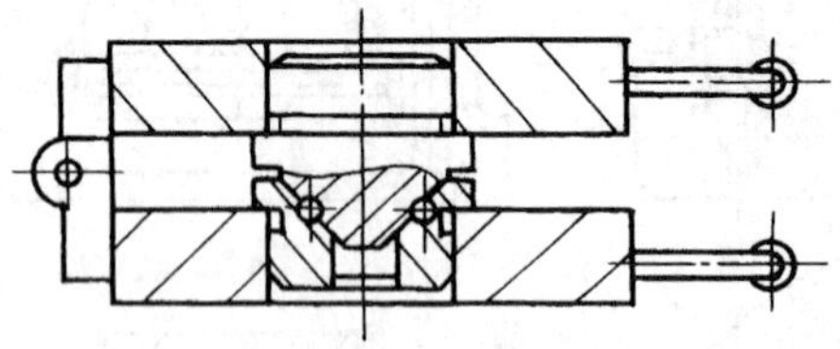

图 4-48 模芯锥度定位

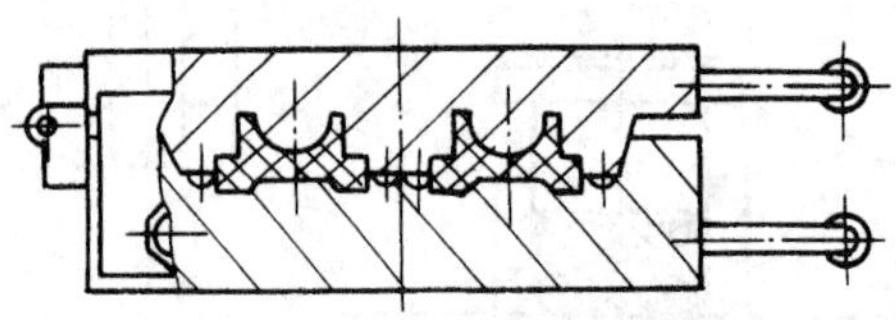

图 4-49 模体斜面定位

1）成形要素。成形要素是指形成制品零件形状的型腔。组成该要素的构件包括上、下模体（模板）、中模体（板）、型芯、芯轴、型腔镶块及构成模具型腔的其他各个构件。

2）辅助要素。辅助要素是与制品零件的成形间接有关的结构要素，但这种要素并非成形要素。橡胶模具的辅助要素包括有余胶槽、跑胶槽（或者称为流胶槽和溢胶槽）、排气孔、排气槽（即排气沟）、无飞边压胶模的切边刀刃、胶料密封槽等等。

3）联接要素。在模具结构中起联接、坚固作用的构件叫联接要素。该要素包括螺钉、螺母、螺栓、吊钉、锁紧螺钉、螺纹孔和螺纹过孔、鱼眼孔、沉头螺钉孔、专用特制活页等。

4）定位要素。定位要素就是在模具结构中对各有关构件或对嵌件起定位作用的构件和结构，包括定位销、销套、定位孔、锥销销套、模板锥销孔、导向面、导向槽、导柱、导孔等。

5）注胶要素。该要素包括料斗、柱塞、注射口、浇注系统的主浇道、窝槽、分浇道、进料口等。

6）工艺要素。所谓工艺要素就是模具在加工制造中，根据制造加工工艺的要求而在设计图上增设的结构要素。工艺要素包括工艺定位孔、工艺螺纹孔、工艺连接孔、工艺销孔、工艺堵块等。

7）操作要素。满足使用要求的各个操作机构，均称之为操作要素。该要素包括启模口（也叫做起子口或启模槽等）、手柄、套筒、卸模孔、测温孔、通用或专用卸模架等。

8）标记要素。标记要素包括有3个方面的内容：①模具在使用中，为了模具本身的安全，不发生错位、翻转或倒装等，模具在其外形结构或外侧面上制作了对模方向的缺角、缺口、层次序号、斜槽、斜缝等记号。所有这些记号均称为对模标记。②模具在生产中，为了领取模具方便和整个生产的工艺性管理，应当按照各个厂家的标准化管理的规章制度，以及工艺装备的标准化、系列化编号等要求，编制刻印了模具的代号或者编码。这就叫做模具的编号标记。③对于一些制品零件来说，要求在其形体之上的某一特殊部位要有该零件的型号或者产品代号，于是在模具型腔的相应部位也要具有成型制品零件上的型号或代号的结构要素。模具型腔中的这种要素称之为产品代号标记。

3. 橡胶模具的辅助工装

（1）卸模器　在橡胶模制品零件的生产中，为了卸模取件方便，常借助于一种叫做卸模器的辅助工装。卸模器也叫做卸模架或脱模架，有专用和通用之分。

通用卸模器是根据模具的结构分类（尺寸系列）而设计制作的多副模具所能共同使用的卸模器。专用卸模器则是按照某种结构特殊的模具或者制品零件结构的特殊性而设计制作的不能同其他模具共同使用的卸模器。通用卸模器见图 4-50 ~ 图 4-52。

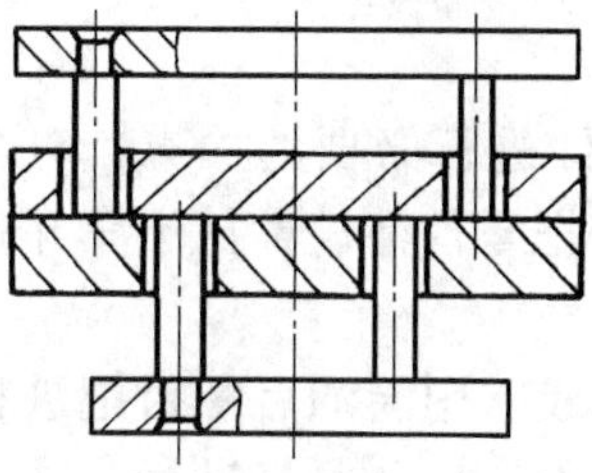

图 4-50　套筒式卸模架

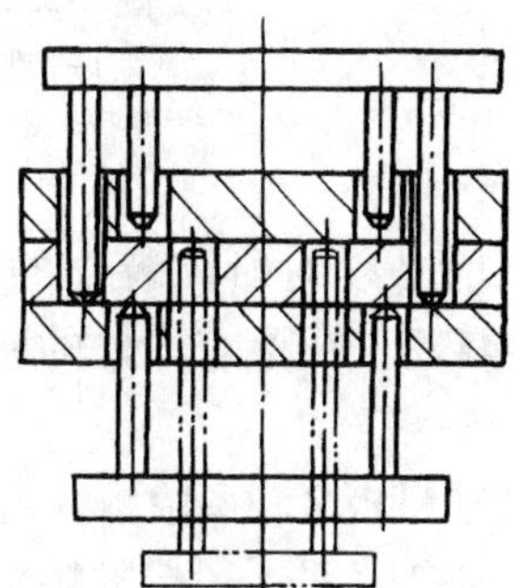

图 4-51　卸模孔与卸模架（两层式）

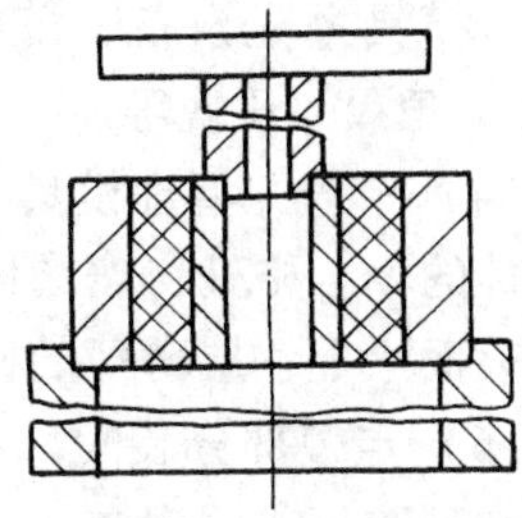

图 4-52　卸模孔与卸模架（三层式）

（2）压注器　压注器由料斗和柱塞所组成，它是压注式橡胶模具的重要组成部分之一。压注器结构如图 4-42 所示。

二、橡胶模的装配

1. 模具装配的工艺过程

模具的装配工艺过程由以下几个部分组成：

（1）装配前的准备工作　装配前的准备工作包括以下四项：

1）研究和熟悉装配图，了解模具的结构、零件的作用以及相互的联接关系。

2）确定装配的方法、顺序和准备所需的工具。

3）对零件进行清理和清洗。

4）对某些零件有时要进行修配。

（2）组件装配

（3）部装和总装

（4）涂油和入库

2. 橡胶模的装配实例

橡胶模的装配与塑料模的装配十分相似。下面以图 4-53 所示的薄片形浇口注压模具为例叙述橡胶模的装配过程。如图 4-53 所示，薄片形浇口注压模具由定模和动模两部分组成。

定模部分由进料板 2、型腔板 4 和螺钉构成，动模部分由型芯 1、导柱 3 和下垫板 5 构成。

（1）清理工作场地　模具装配时要求工作场地干净、整洁，不能有任何杂物。

（2）零件的准备　根据模具装配图准备和清点装配所需的模具零件、联接零件和辅助材料。

（3）准备必须的工具、量具、辅具及所需的设备　它们包括活动扳手、内六角扳手、铜棒、平行等高垫块、支承环、手锤、旋具、润滑油、盛物容器、油石、模具抛光设备、游标卡尺、钢直尺、90°角尺、R 规等。

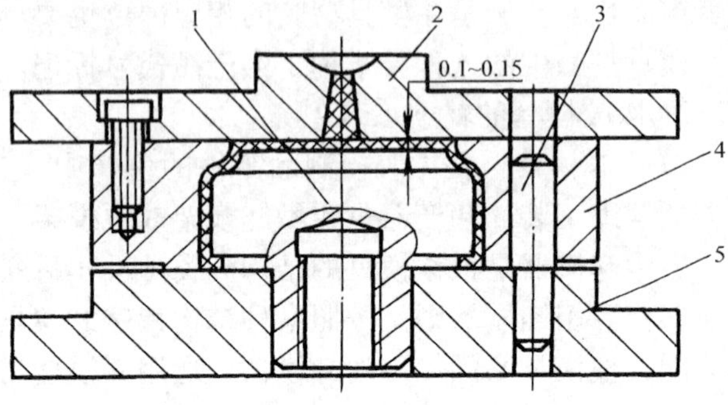

图 4-53　薄片形浇口注射模具图
1—型芯　2—进料板　3—导柱
4—型腔板　5—下垫板

（4）检查并清理模具零件　装配前必须对所需装配的模具零件进行必要的检查，对个别零件的不合格处，按图样要求进行修理。在检查零件的同时，应把零件清洗擦拭干净并在零件表面涂上一层薄薄的机油。

（5）定模部分装配　定模部分由进料板 2、型腔板 4 和螺钉构成。用涂油后螺钉把进料板 2 和型腔板 4 固定在一起构成模具的定模部分。拧紧螺钉时，要按一定的顺序进行，并做到分次逐步拧紧，否则会使被联接件产生松紧不匀和不规则的变形。

（6）动模部分装配　动模部分由型芯 1、导柱 3 和下垫板 5 构成。首先把下垫板 5 放在等高块上，再把配合面涂油后的导柱 3 插入下垫板 5 的导柱装配孔中，然后将导柱 3 压入下垫板 5 的导柱装配孔中并检测导柱 3 与动模基准面的垂直度要求是否达到设计要求；把型芯 1 装入下垫板 5 中构成模具的动模部分。装配后检查型芯 1 的滑动是否灵活，若有卡滞现象，分析原因并进行修配。

（7）合模　薄片形浇口注压模具由动模部分和定模部分构成。将模具的动、定模合模后应检查导柱、导套的滑动是否灵活，检查完毕后模具的装配过程即告结束。该模具进入试模阶段。

三、橡胶模的试模与使用

1. 橡胶模的试模

试模工作是全面鉴定模具结构设计是否合理、模具制造质量优劣的手段，也是合理使用新模具的关键。试模步骤与要求如下：

1）试模前应仔细消化制品图样和技术要求，了解所用胶料以及制品形状和大小，并估计制品重量。

2）熟悉模具结构，了解设计意图；检查模具定位性能并考虑如何加料、启模和取出制品。

3）模具去油。模具中油封的防锈油一般为厚油（俗称牛油），可用液化蒸汽气喷洗；薄油（俗称机油）可在平板硫化机中烘压加热 10 ~ 20min，而后趁热用棉纱擦洗或用汽油洗刷。

4）复验、检查模具结构是否合理（如模具开启、合模是否方便和妥当）。

5）参照制品图样和硫化临时工艺卡片，考虑加料方法，估计半成品重量（第一模胶料一般偏多为宜）。

6）试压第一模硫化制品后，观察制品有无缺陷。合格后，经修边、称重后，额外增加5%～10%胶料，复压第二模硫化制品，为制订正确的硫化工艺打下基础（内容包括半成品重量、成形形状、硫化时间、操作方法、开模时间以及其他工艺参数）。

7）核样。由于橡胶具有一系列变化过程（化学反应），特别是胶料收缩率是关系到模具设计、制品尺寸精度的主要关键之一。试样制品硫化后，一定要停放24h后按制品图样测量、核对样品外形尺寸及外观要求。测量工具有0.02mm精度游标卡尺、5～20倍投影仪以及工具显微镜等专用量具。对于尺寸大于100mm易于变形的橡胶制品，由于制品无规则变形，给测量带来一定的困难，也允许送交使用单位试装和核样，或采用回转仪（测量○形密封圈尺寸专用仪器）测量。

2. 橡胶模具的使用

橡胶模具的使用必须保证安全，操作要合理，符合模具设计要求和结构特点。通过硫化机施加给模具的压力，其值大小应该按照模具的承压面积进行计算或估算，不可过大，也不能过小。对于结构复杂或型芯、附件较多的模具以及制品零件中含有嵌件的模具必须精心操作。

橡胶模的使用一般应当注意以下几点：

1）由库房借用模具时，首先要对模具的编号等标记进行检查，看其是否与制品零件加工工艺卡上所要求的相一致；然后对模具进行认真的清洗，做好生产前的准备工作，以提高第一模制品零件的成品率（特别是含有嵌件或价格昂贵的胶料制品）。

2）非活页式结构模具，使用中每次装料合模时，一定要看清对模方向，避免倒装。

3）胶料入模之前，型腔表面应均匀涂（或喷涂）隔离剂或专用油类，如中性皂液、硅油等，以便卸模取件时操作顺利。

4）对于芯轴、活动型芯等结构，必须认真操作，不得使其碰伤跌打，每次组装都要注意位置和方向。

5）控制好入模胶量，严禁盲目装料。

6）型腔表面若有胶料斑点或锈点，清除时不得使用钢制工具、砂布砂纸来刮、锉和打磨，只能用铜制工具或竹片刀来刮除，然后再精细抛研。在制品零件生产完成之后，模具应该进行一定程序的清洗。

7）使用卸模器时，必须注意各顶杆的方位和模具的关系，特别是专用模具的卸模器。在启模取件时，不得使用钢制螺丝刀，通常可以使用铜制各类自制工具启撬模具。模具的分型面和型腔各面严禁任何划痕和擦伤。

3. 模具的清洗

对橡胶模具进行清洗是一项十分必要且重要的工作，这是因为模具的表面，特别是模腔的表面要求光滑、无麻点、纹痕、镀硬铬层脱落的现象，否则将影响制品外观质量和模具的使用寿命。

模具的清洗操作见表4-14。

表 4-14　橡胶模具的清洗规程

清洗顺序及名称	简　图	要　领	注意事项
① 浸泡		除经常性的拭擦和油洗之外，还可将污染了的模具放置在 60% ~80% 的碱液之中浸泡半小时左右。为了加速清洗，碱液中还可以通直流电	浸泡工序中应戴好防护眼镜和手套方可进行操作。一旦手指有所接触，必须以流水进行充分洗涤
② 刷洗	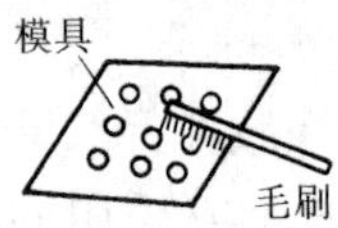	取出浸泡了预定时间后的模具，用毛刷进行刷洗。粘胶斑点还可以用竹刀刮除	
③ 水洗	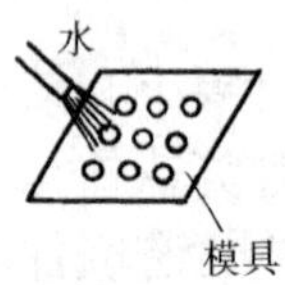	经毛刷刷洗和竹刀刮除之后，再用清水冲洗。如果还有污染点等，那么，再按浸泡、刷洗、水洗的顺序重复操作一遍，直到清洁为止	
④ 防锈处理与烘干模具	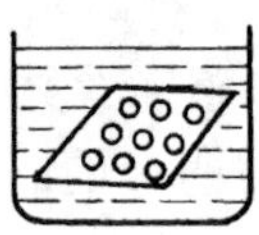	用水稀释隔离剂（20 倍）作为防锈液，模具在水洗之后，浸泡其内，然后取出，以 60°的热风吹干，或者利用硫化机平板温度进行烘干，必要时可进行两次，以备下次使用	防锈处理是模具在使用过程中的防锈措施，其程度还很不充分。所以，切忌放置在有水或湿潮之处

4. 橡胶模具的保养

橡胶模具的保管是一项非常重要的工作，这对于保护模具的精度，保护模具各个部位的表面粗糙度以及延长其使用寿命都具有很大的意义。

一副结构合理的模具，为了延长其使用寿命，除了使用中谨慎小心外，还应重视模具保养。模具使用完毕后，应送回模具库，管理人员除进行模具清洗、上油外，还必须按以下几项进行检查：

1）模具有无形变，特别是模腔或模框。

2）定位是否可靠。

3）配合部位有无松动和拉毛。

4）模腔表面是否光滑，积垢情况如何。

5）模具中活动配合型芯，顶出附件是否齐全，手柄有无松动和脱落。

如存在上述问题，应送往模具修理车间修理。

模具经检查符合进库要求后，按以下要求存放：

1）模具回库逐副进行检查，符合要求后及时上油油封或采用冷搭型可剥性塑料薄膜封存。冷搭型可剥性塑料薄膜配方如下：

过氯乙烯树脂 100g 变压器油 1g
邻苯二甲酸二丁酯 25g 羊毛脂镁皂 8g
草麻油 24g 丙酮 350g
环氧树脂 10g 二甲苯 350g

采用冷搭型可剥性塑料薄膜封存工艺过程：除油（用汽油或煤油清洗）→滤干（滤干 10～20min）→浸涂液（室温下 3～5s，一次浸液厚度 0.2mm，需要增加厚度可二次、三次浸涂，可在 5min 左右操作一次。也可采用浸液法或涂刷法，但不许用手直接拿工件。）→滤干 1～2h 冷（溶剂挥发比较慢，必须干后才能重叠，包括包装重叠。）→检验（工件表面塑料层要均匀，不允许有气泡出现，夹缝处不得无涂层。）

采用冷搭型可剥性塑料薄膜封存注意事项：①工件表面不得有锈蚀点、毛刺、氧化皮、铜锈及金属屑、油漆层工件要达到质量要求，应配置夹具或挂具。②塑料薄膜防锈封存，保存时间不宜过长，一般不超过 1 年。③超过 1 年可采用 201 防锈油；超过 3 年可采用 201 防锈油加凡士林调厚；短时期封存可用 201 防锈油加煤油稀释。

2）按模具编号送回原来模架上，模架离地面应有一定高度，做成用门开启、封闭式模架更为妥当。

3）做好模具使用情况记录卡（即模具的档案）登记工作。

四、橡胶模拆装、测绘技能训练

1. 训练的目的与要求

（1）训练目的

1）熟悉橡胶模结构，培养实践动手能力。

2）了解模具零件相互之间的装配形式及配合关系。

3）了解模具的拆卸过程及复原装配的步骤。

（2）训练要求

1）对所拆模具零件进行测绘，按要求画出相应的零件结构图。

2）对所拆模具零件进行分析，了解模具的工作原理及各零件的作用。

3）熟悉拆卸过程和复原装配过程以及有关操作规则。

4）填写好配合关系测量表。

2. 技能训练项目

（1）训练课题　橡胶模的拆卸、复原装配与测绘。

（2）准备工作

1）选择中等复杂程度的橡胶模一副，如图 4-54 所示类型的橡胶模（可根据实际生产情况予以选取）。

2）选择好必要的操作工具：包括内六角扳手、拔销器、铜棒、平行等高垫块、钳工台、手锤、旋具、润滑油、盛物容器等。

3）选择好测量工具：包括游标卡尺、千分尺、90°角尺、钢直尺等量具。

（3）模具的拆卸　对于小型橡胶模具在拆卸模具时可一手将橡胶模的定模部分托住，另一手用木锤或铜棒轻轻地敲击橡胶模的动模部分座板，从而使模具分开。决不可用很大的力来锤击其他的工作面，或使模具左右摆动，从而对模具的精度产生不良的影响。然后用卸销冲顶住销钉，用手锤将销钉卸除（无销钉可略），再用内六角扳手卸下紧固螺钉和其他紧固零件。在拆卸时要特别小心，决不可碰伤模具工作零件的表面。拆卸下来的零件应按一定的顺序放在指定的容器中，以防生锈或遗失。

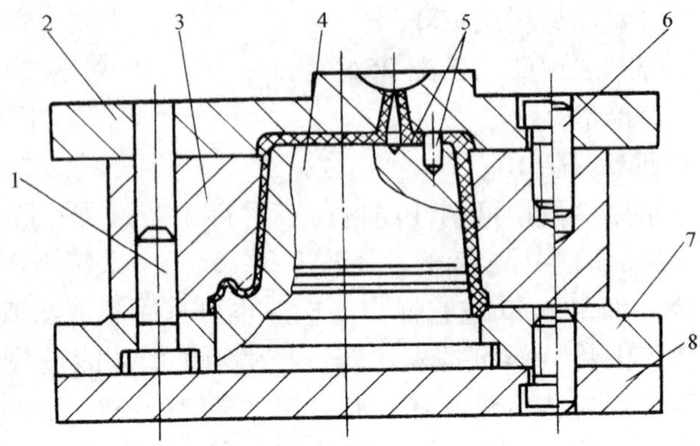

图 4-54　橡胶模

1—导柱　2—定模　3—中模　4—型芯　5—小型芯　6—螺钉　7—型芯固定板　8—垫板

橡胶模拆卸的规则与塑料模具的拆卸的规则基本相同。

（4）模具的测绘　模具测绘在模具拆卸之后进行。通过模具测绘有助于进一步认识模具零件，了解模具相关零件之间的装配关系。

模具测绘最终要完成所拆卸模具的装配图和重要零件图的绘制。对测量结果应按技术资料上的理论数据进行必要的“圆整”。只有用“圆整”后的数据来绘制模具装配图，才能较好地反映模具结构的实际情况。

模具的测绘步骤与塑料模的测绘步骤基本相同。

表 4-15 列出了橡胶模配合零件间的配合要求，测绘者可根据测绘过程中的实感及实测数据填写有关栏目。表中所留空行供记录未列的模具配合零件的测绘数据用。

表 4-15　橡胶模零件配合关系测绘表

序号	相关配合零件	配合松紧程度	配合要求	配合尺寸测量值	配合尺寸
1	导柱		H7/f 7 或 H8/f 8		
	导套（导向孔）				
2	导柱		H7/m6		
	导柱固定板				
3	圆柱销		H7/m6		
	定、动模套板				
4					
5					
6					
7					

（5）模具的装配复原　模具装配复原的过程主要取决于模具的结构类型，一般与模具拆卸的顺序相反。模具的装配复原应在模具测绘所形成的模具装配图的基础上进行，并且在模具装配复原的过程中，要不断地修正模具装配图上的错误。一般模具装配复原程序与塑料模复原程序基本相同。

（6）实训记录与成绩评定　实训记录与成绩评定见表 4-16 所示。

表 4-16　橡胶模拆卸、测绘实训记录及成绩记录表

项次	项目与技术要求	配分	评定方法	实测记录	得分
1	准备工作充分	8	检查评定		
2	拆绘过程安排合理，方案正确	8	分析评估		
3	拆卸操作符合要求	8	按操作规程评定		
4	测绘方法正确，数据取值合理	10	每错一项扣 1 分，缺一项扣 2 分		
5	各零件的配合关系清楚、准确	8	每错一项扣 1 分		
6	图样绘制符合标准，标注正确	30	每错一项扣 1 分，缺一项扣 2 分		
7	装配复操作符合要求	8	按操作规程评定		
8	时间安排合理（共两周）	5	安排不合理每一处扣 1 分		
9	各项数据记录符合要求	10	发现一项不符合要求扣 2 分		
10	安全文明生产	5	违者每次扣 2 分		

参考文献

[1] 模具制造手册编写组．模具制造手册［M］．北京：机械工业出版社，1998.

[2] 彭建声，吴成明．简明模具工实用技术手册［M］．北京：机械工业出版社，2003.

[3] 劳动和社会保障部教材办公室组编．模具钳工工艺与技能训练［M］．北京：中国劳动和社会保障出版社，2002.

[4] 翁其金．冷冲压技术［M］．北京：机械工业出版社，2003.

[5] 徐政坤．冲压模具设计与制造［M］．北京：化学工业出版社，2003.

[6] 骆志斌．模具工实用技术手册［M］．南京：江苏科学技术出版社，2000.

[7] 李昂，于成功，闻小芝．现代模具设计、制造、调试与维修实用手册［M］．北京：金版电子出版公司，2003.

[8] 许发樾．模具标准应用手册［M］．北京：机械工业出版社，1994.

[9] 王孝培．实用冲压技术手册［M］．北京：机械工业出版社，2001.

[10] 孙风勤．冲压与塑压设备［M］．北京：机械工业出版社，2000.

[11] 模具设计与制造技术教育丛书编委会．模具钳工工艺［M］．北京：机械工业出版社，2003.

[12] 冯炳尧，等．模具设计与制造简明手册［M］．上海：上海科学技术出版社，1985.

[13] 双元制培训机械专业实习教材编委会．模具钳工专业技能［M］．北京：机械工业出版社，1999.

[14] 彭建声，秦晓刚．冷冲模制造与维修［M］．北京：机械工业出版社，2000.

[15] 陈孝康，陈炎嗣，周兴隆．实用模具技术手册［M］．北京：中国轻工业出版社，2001.

[16] 劳动和社会保障部教材办公室组编．高级模具钳工工艺与技能训练［M］．北京：中国劳动和社会保障出版社，2004.

[17] ［德］Stoeckert K/Mennig G. 模具制造手册［M］．北京：化学工业出版社，2003.

[18] 《锻模设计手册》编写组编著．锻模设计手册［M］．北京：机械工业出版社，1991.

[19] 潘宪曾．压铸模设计手册［M］．北京：机械工业出版社，1998.

[20] 虞福荣，李书春．橡胶模具实用手册［M］．北京：化学工业出版社，1996.

[21] 李瑞昌．压铸模设计［M］．武汉：华中理工大学出版社，1993.